WOLFGANG SCHAD

Vom Menschlichen in der Natur

Gesammelte Schriften 5
Zoologie

WOLFGANG SCHAD

Vom Menschlichen in der Natur

Verlag Freies Geistesleben

1. Auflage 2025

Verlag Freies Geistesleben
Landhausstraße 82, 70190 Stuttgart
www.geistesleben.com

ISBN 978-3-7725-2335-9

Bei Fragen zur Produktsicherheit wenden Sie sich bitte an info@geistesleben.com
Umschlag: Walter Schneider unter Verwendung einer Grafik von Hermann Kirchner
Gesamtherstellung: GPS Group

FSC
www.fsc.org
MIX
Papier | Fördert gute Waldnutzung
FSC® C118234

Inhalt

Vorwort

Wolfgang Schad interessierte sich unermüdlich und lebenslang voller Neugierde für die Natur.

Was mit dem Sammeln von Regenwürmern und Blindschleichen als Kind begann, rundete sich in seinem letzten öffentlichen Vortrag an Michaeli 2023, wenige Tage vor seinem Tod, über die Gestaltbildung der Kreidezeit-Meeresmuschel *Inoceramaus* in der Landschaft von Schloss Hamborn, die er dort auf Spaziergängen gesammelt hatte. Jetzt aber geweitet vom Detailverständnis als sicherer Grundlage zum «geistigen Yoga» als dem Atmungsprozess zwischen genauer Beobachtung und der Einordnung in die Zusammenhänge ganzer Lebenswelten und der Evolution.

Wolfgang Schads Lebensthema war die Frage nach dem Lebendigen. Diesem wissenschaftlich sich zu nähern war sein Ziel. Dabei hat er die Verbindung und gegenseitige Befruchtung von Naturwissenschaften und Anthroposophie stets gesucht, gelebt und gelehrt. Aus diesem Bestreben heraus entwickelte er eine breite Forschungsaktivität in zahlreichen Arbeitsfeldern wie Biologie, Pädagogik, Medizin, Physik, Chemie, Paläanthropologie, Religion und Kunstgeschichte – und immer wieder zur Evolution.

Diese Auseinandersetzung spiegelt sich in seinem publikatorischen Oeuvre wider, welches nun sukzessive in den auf zwölf Bände angelegten Gesammelten Schriften herausgegeben wird. Es sei dem Verlag Freies Geistesleben gedankt, dass er dieses Projekt dem Autor vorgeschlagen hat. Ein besonderer Dank geht an die Mahle-Stiftung, ohne deren Unterstützung diese Herausgabe nicht möglich wäre, und an Herrn Dr. rer. nat. Peter Endres, der in größter Sorgfalt und Umsicht die fachliche Lektorierung besorgt.

In dem vorliegenden Band 5 sind alle Veröffentlichungen von Wolfgang Schad mit engerem Bezug zum Thema der Zoologie zusammengefasst.

Berlin und Stuttgart, Juni 2025 *Friedemann Schad und Albrecht Schad*

Vom Naturlaut zum Sprachlaut

Wir können uns nicht oft genug sagen, dass das kleine Kind ein so ganz anders empfindendes und erlebendes Wesen ist, als wir Erwachsenen sind. In der anthroposophischen Sinneslehre kommt das darin zum Ausdruck, dass das kleine Kind viel mehr der Ausbildung der «unteren» Sinne hingegeben ist als der der «oberen» Sinne.[1] In einer gewissen Weise kann man in erster Annäherung sagen, dass der Mensch im ersten Jahrsiebent besonders die unteren Sinne (Tastsinn, Lebenssinn, Bewegungssinn, Gleichgewichtssinn), im zweiten Jahrsiebent die mittleren Sinne (Geruchssinn, Geschmackssinn, Sehsinn, Wärme/Kältesinn) und im dritten Jahrsiebent besonders die oberen Sinne (Gehörsinn, Lautsinn, Gedankensinn und Ichsinn) ausbildet. Rudolf Steiner wies nun darauf hin, dass von der guten Ausbildung der unteren Sinne in den ersten Lebensjahren die wichtige Ausbildung der oberen Sinne im Jugendalter abhängt, und zwar so, dass der Ichsinn eine Metamorphose des Tastsinns sei, der Lebenssinn sich in den Gedankensinn metamorphosiere, der Bewegungssinn sich so in den Lautsinn weiter verwandle und der Gleichgewichtssinn die rechte Grundlage für das Hören bilde.

Nun lässt sich bei näherem Verfolg dieses Zusammenhanges feststellen, dass die unteren Sinne nicht so verbleiben, wie sie zuerst waren, sondern sich beim Herausbilden der oberen Sinne auch selbst qualitativ verändern, sich also auch selbst metamorphosieren. Der Tastsinn des kleinen Kindes ist noch etwas viel Umfassenderes als unser ernüchterter Tastsinn. Man kann nämlich den geschilderten Zusammenhang auch so aussprechen, dass das besondere Sinnesleben des kleinen Kindes in dem noch undifferenzierten Verwachsensein der unteren mit den oberen Sinnen besteht. Auf dem Arm der Mutter betätigt das Kind durch den unmittelbaren Berührungskontakt über den Tastsinn zugleich die Wahrnehmung des mit allen Fasern der Seele gesuchten einmaligen, unaustauschbaren Vertrauensmenschen. Der Tastsinn ist wie durchleuchtet noch vom Ichsinn. Ebenso ist der Lebenssinn gleichsam noch innig durchströmt vom Gedankensinn: Wie vernünftig und sinnvoll die Erwachsenen in der Umgebung des kleinen Kindes geordnet handeln und denken, so gesund wird die physiologische Organbildung im wachsenden kindlichen Leib werden. Was der Erwachsene über den Gedankensinn aus der mitmenschlichen Umwelt erfasst, das nimmt das kleine Kind mit dem Lebenssinn auf.

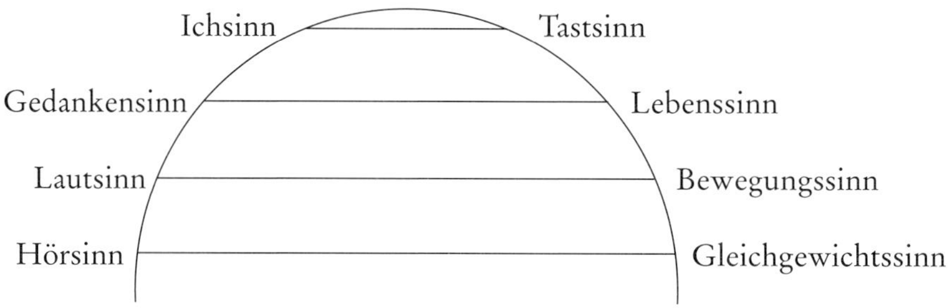

Nun kommen wir zum eigentlichen Thema, indem wir entdecken, dass auch Bewegungssinn und Lautsinn ursprünglich miteinander wie eins verwachsen sind. Das kleine Kind setzt das Erleben von Sprache und Musik immer zugleich in Bewegung um. Es kann nicht anders als hüpfen und tanzen dabei und sollte es immer dürfen im Vorschulalter. In den ersten Schuljahren aber wird es die Aufgabe der musikalischen Erziehung, die Kinder dahin zu bringen, bei zur Ruhe gebrachten Gliedern musikalisch empfinden zu lernen. Dadurch entsteht ein innerer seelischer Erlebnisraum, frei von der Anbindung an die Leibesbewegung. Das gleiche gilt wohl auch für die Spracherziehung im zweiten Jahrsiebent.

Blicken wir zurück in die alten, vorchristlichen Kulturen, so ist immer die Welt der Töne und Laute als die Welt der Bewegung und alle Bewegung in der Welt als musikalisch tönend erlebt worden. Selbst die Bewegungen der Gestirne wurden als Sphärenharmonie erfahren, der Tagesgang der Sonne als der Sturm der Horen. Shakespeare lässt im «Kaufmann von Venedig» Lorenzo sagen (5. Akt, 1. Szene):

«Komm, Jessica! Sieh, wie die Himmelsflur
Ist eingelegt mit Scheiben lichten Goldes!
Auch nicht der kleinste Kreis, den du da siehst,
der nicht im Schwunge wie ein Engel singt …
Nur wir, weil dies hinfäll'ge Kleid von Staub
Uns grob umhüllt, wir können sie nicht hören.»

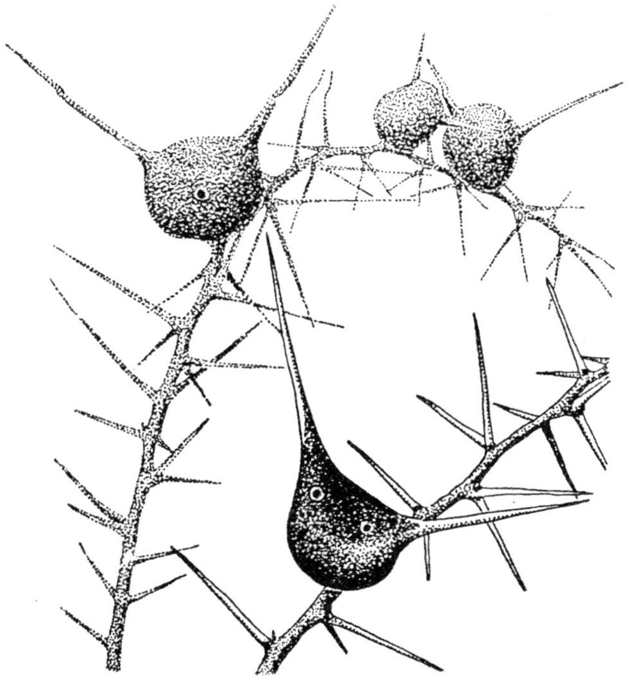

Abb. 1: Zweige der buschgroßen ostafrikanischen Flötenakazie (Acacia seyal).

Ursprünglich wurde alle Bewegung in der Natur als Laut erlebt. – Auch die Pflanzenwelt tönt, aber noch nicht von sich aus. Sie wird bewegt und rauscht, eins mit dem Winde. Die einzelne Pflanze ist selbst nur organhaftes Glied der Landschaft. Es ist der Wind, der auf dem Instrument der Wälder spielt. In der Trockensteppe Ostafrikas gibt es sogar Flötenakazien (*Acacia seyal*), deren bauchig aufgetriebene Blattansätze erklingen können, wenn der Wind darüber streicht. Aber dazu müssen gewisse Ameisenarten zuerst die Löcher in die hohlen Holzblasen bohren, in denen sie dann wohnen; die Pflanze allein flötet nicht (Abb. 1).

Gehen wir zur Tierwelt über, so tritt uns in aller Vielfältigkeit und Fülle die Welt selbsterzeugter Töne entgegen. Rudolf Steiner erwähnte 1907, dass eine künftige Zoologie die Tierwelt anders einteilen wird, als die heutige Naturwissenschaft es macht: «Nämlich in innerlich tonlose und solche, die von innen heraus tönen können. Sie finden freilich bei manchen niederen Tieren, dass sie einen Ton entfalten, aber das geschieht dann auf mechanische Weise,

Abb. 2: Fossiler Flügelabdruck eines schabenartigen Insekts (Clatrotitan) aus der Trias Australiens. Eine auffallend große Fläche des Flügels ist als Stridulationsorgan für die äußere Lauterzeugung ausgebildet.

durch Reiben usw., nicht von innen heraus. Selbst die Frösche erzeugen den Ton nicht von innen. Erst die höheren Tiere, die damals entstanden sind, als der Mensch im Tone ausleben konnte sein Leid und seine Freude, erst sie haben mit dem Menschen die Möglichkeit bekommen, durch Laute und Schreie ihren Schmerz und ihre Lust zum Ausdruck zu bringen.»[2]

Überall in der niederen Tierwelt finden wir die Erzeugung der Töne außerhalb des Leibesinnern: Der Chor der Bienen in der blühenden Linde, das tiefe Summen vorbeifliegender Hummeln, das motorhafte Brummen der Schmeißfliegen am Unrat, das hohe Sirren der Stechmücken – immer wird durch die jeweilige Frequenz der Flügelschläge die Tonhöhe erzeugt. Auch das Zirpen der Grillen und Heimchen, der schwirrende Ton der Heuschrecken, das metallische Sirren der Zikaden in den Mittelmeerländern wird mit Hilfe von außen gebauten Schrillleisten durch Flügel- und Beinbewegungen hervorgebracht. An warmen Trockenhängen hauptsächlich Süddeutschlands gibt es Schnarrheuschrecken, die mit rasselndem Klang blau- oder rotfarben leuchtend auffliegen, um sich nach einigen Metern Flug wieder zu setzen und mit ihren trübgefärbten Vorderflügeln die bunten Hinterflügel sogleich dachartig zu bedecken. Visuelle und akustische Erscheinung entsprechen sich dabei vollkommen. Die Maulwurfsgrille in Frankreich baut zusätzlich zwei trompetenartig gestaltete Gänge, die den trillernden Zirpton verstärken und aus dem unterirdischen Wohngang nach oben leiten.[3]

Alte Möbel enthalten gelegentlich kleine holzbewohnende Käfer, die mit dem Kopf so unablässig klopfen, dass sie an das Ticken eines Uhrwerks erinnern (Klopfkäfer, Totenuhr). Wer im Wald einmal einen Mistkäfer nicht nur

Abb. 3: Die zirpende männliche Maulwurfsgrille (Gryllotulpa vinaea) Südfrankreichs sitzt in ihrem selbstgebauten Lautverstärker, einem verzweigten Gang unter der Erde mit zwei nach oben offenen Schalltrichtern, durch die sie abends nach Sonnenuntergang einen so lauten Ton hervorbringt, dass er bis über einen halben Kilometer noch gehört werden kann.

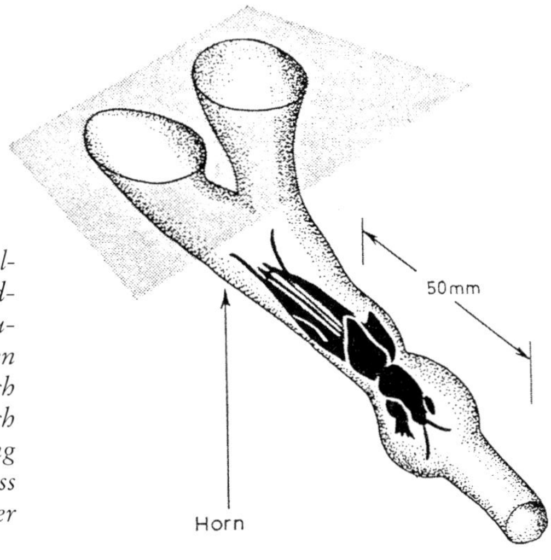

von seiner blauviolett schimmernden Unterseite bewundert hat, sondern ihn auch einmal dicht ans Ohr hielt, hörte ein feines Zirpen, das durch Gelenkbewegungen zwischen Brustteil und Hinterleib hervorgerufen wird, welche kleine Zacken (Stridulationsapparat) anreißen. Alle diese Naturlaute der Insektenwelt haben eine mechanisch-metallische Klangfarbe, welche, auf äußeren Instrumenten gespielt, der Stimmungsausdruck der äußeren Landschaft ist (Abb. 2, Abb. 3).

Es gibt meines Wissens nur eine einzige Ausnahme unter den Insekten: der jedes Jahr aus dem Süden über die Alpen zu uns einfliegende Totenkopfschwärmer. Dieser Nachtschmetterling mit dem größten Leib unter den Insekten Europas kann bei Belästigung aus seinem Innern heraus durch Ausquetschen von Luft einen brummenden Ton erzeugen. Seine daumendicke Raupe frisst an unseren giftigsten Pflanzen, den Nachtschattengewächsen, von denen Rudolf Steiner schildert, dass diese Pflanzen zu Giftpflanzen geworden seien, weil Seelisches in die Lebensvorgänge zu tief hineingegriffen habe.[4] So ist auch bei diesem Schmetterling das Seelische für ein Insekt viel zu stark verinnerlicht und drückt sich hörbar bis in seinen unheimlichen Ton aus. Und wie ein Realsymbol seines Wesens erscheint als Rückenzeichnung das Bild eines menschlichen Totenschädels. Die zu früh eingreifenden Seelenkräfte werden zu Todeskräften.

Bei den niederen Wirbeltieren, den Fischen, gibt es knurrende Lautäußerungen. Zwei Arten des *Knurrenden Dornwelses* leben in den Flüssen des tropischen Südamerikas. Mit den Brustflossenstrahlen führen sie, wenn man sie stört, Bewegungen aus, die wohl in der Gelenkpfanne schabende und kratzende Geräusche deutlich hörbar erzeugen. Es sind wie alle Welse nachtaktive Fische.

In unserer Nordsee leben der *Graue* und der *Rote Knurrhahn*, die beide zum Laichen in den Sommermonaten aus den Weiten des Atlantiks in die Küstengewässer kommen. Hier sind es Zwischenrippenmuskeln, die an der Schwimmblase angewachsen sind und wie mit Trommelschlägern dieselbe in Schwingungen versetzen. Damit beginnt anfänglich die erste echte Lautbildung im Innern. Alles Blubbern mit dem Mund an der Wasseroberfläche und Klatschen beim Aus-dem-Wasser-Springen vieler unserer Teichfische, besonders der Karpfenfische, behält noch den äußeren instrumentalen Charakter.

Die ans Land gehenden Lurche entwickeln das der Schwimmblase homologe Organ zu Lungen. Und diese innere Durchlüftung bei aktiver Einatmung der Außenluft ist ein weiterer Schritt zur Beseelung und zur Lautbildung. Das keckernde Quaken der Frösche, das dumpfe Grunzen laichender Kröten, das harte Rufen der Laubfrösche und das zarte Unken der Unken wird noch übertroffen von dem silberhellen Glöckchenton unseres kleinsten Lurches, des Glockenfrosches, der wegen seiner geschickten Verhaltensweisen bei der Eiablage auch Geburtshelferkröte genannt wird. Neuere Untersuchungen an Rotbauchunken stellten fest, dass die Tonerzeugung merkwürdigerweise in umgekehrter Richtung vor sich geht: Zuerst wird die Kehle zu einer Schallblase aufgepumpt und dann aus dem Mundraum die Luft zur Tonerzeugung in die Lunge zurückgepresst (Inspirationsrufe).[5,6] Das Tier *äußert* sich noch nicht, sondern es *verinnerlicht* sich im Tönen. So ist es bei allen Unkenverwandten (*Discoglossiden*), unseren kleinsten Froschlurchen. Die größeren Frösche und Kröten rufen, indem die Luft schon von der Lunge in den Mundraum strömt, der aber dabei noch nach außen geschlossen bleibt. Aufgeblähte Schallblasen erhöhen dabei die Lautstärke (Abb. 4).

Unter den Kriechtieren findet sich bei der Klapperschlange Kaliforniens wieder eine ganz äußerliche Instrumentierung mit den hornig eingetrockneten letzten Schwanzgliedern, mit denen die Schlange ein mechanisch rasselndes Knattern erzeugt. Schlangen und Chamäleons können zischen, Eidechsen, zum Beispiel unsere Zauneidechse, und die großen Warane können als Abwehr fauchen. Hier wird, so leise und klanglos der Ton auch erst ist, ein erstes Inneres *geäußert*, Auch Geckos sind stimmbegabt. Der nachtaktive asiatische Tokeh z.B. ist nach seinen Rufen benannt.

Mit den Vögeln und ihrer hochgradigen inneren Durchlüftung und Durchwärmung gelangen wir in das großartigste Reich tierischer Gesänge. Die die Verwandtschaftsgrade berücksichtigende Systematik hat die größten Vögel

Abb. 4: Rufende Männchen einheimischer Froschlurche. Oben, links Rotbauchunke rechts Kreuzkröte Unten, links Laubfrosch rechts Teichfrosch.

mehr zu den niederen Vögeln gestellt, während die Singvögel auch bis in ihre Anatomie hinein als die höchstentwickelten Vögel gelten. Unter den ersteren findet sich noch äußere Lauterzeugung wie beim Storchengeklapper, bei dem Flügelsirren fliegender Schwäne, dem Flügelklatschen auffliegender Tauben oder dem Meckern der Bekassine. Letztere ist eine Schnepfenart, die gerne in Wassernähe lebt. Zum Beispiel: Über einer Kuhweide hinter dem Deich der Ostseeküste ertönt in regelmäßigen Abständen ein weithin hörbares Schnarren. Ein nur wenig größerer Vogel als eine Amsel, in braunfleckigem Gefieder und mit langem Schnabel, steigt etwa 100 m in die Luft auf und lässt dann

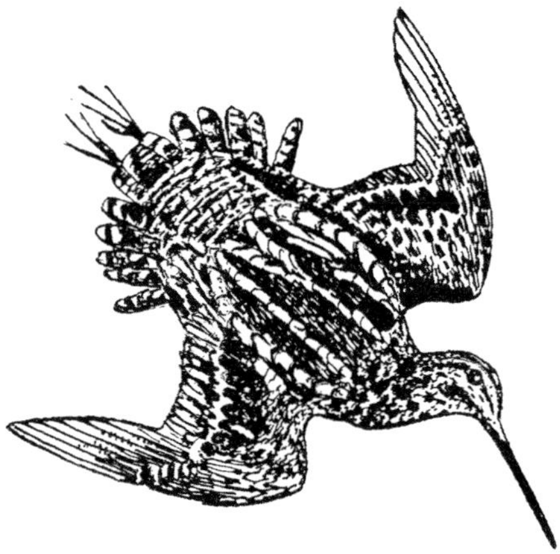

Abb. 5: Männchen der einheimischen Bekassine im Balzflug. Das äußerste Schwanzfederpaar erzeugt das Meckern.

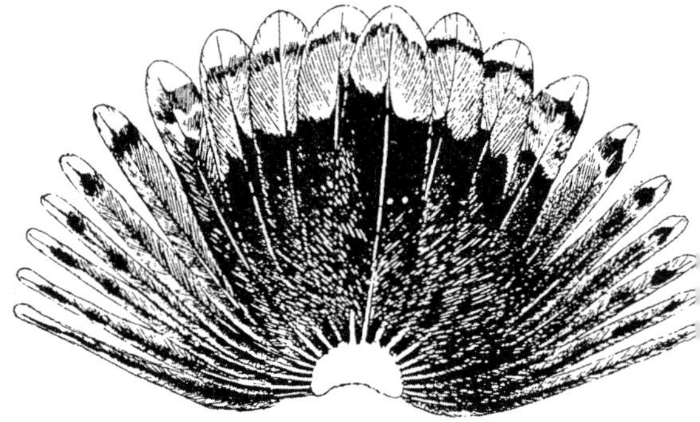

Abb. 6: Gespreizter Schwanz der nordasiatischen Bekassine (Capella megala) mit mehreren verschmälerten seitlichen Steuerfedern, die den schwirrenden Ton des Balzfluges verstärkt hervorbringen.

im Sturzflug das rasselnde Meckern erschallen. Dabei werden die äußerst weit abgespreizten seitlichsten Schwanzfedern durch den massiven Luftzug in Tonschwingungen versetzt. Rasch steigt die Bekassine wieder auf, um erneut zum Schnarren herabzustürzen. Viertelstundenlang balzt sie so über ihrem Wohnrevier (Abb. 5, Abb. 6).

Der Gesang vieler Vögel schmiegt sich deutlich in ihre Umgebung ein und verstärkt sie dementsprechend. Schon Frieling[7] und Kipp[8] machten darauf aufmerksam, wie auffällig der quarrende und wetzende Gesang vom Teich- und Drosselrohrsänger zur Klangwelt der Frösche, Enten, Bläss- und Teichhühner passt. Wie gehören andererseits der eintönigere bescheidene Ruf der Goldammer in die Felderlandschaft, wie die klangvollen Flötentöne des Pirols in die hohen Buchenhallen oder alten Parkbestände, wie das schrille Schreien der Mauersegler zur Stadt als einer künstlichen felsreichen Gegend und das schwätzende Plaudern der Schwalben ins Dorf! Das geht so weit, dass in der von Wiesenhängen voller Grillen überzogenen Landschaft der Gesang des Feldschwirls von den Insektentönen kaum zu unterscheiden ist.

Und doch werden auch diese Vogellaute in den inneren Atmungsorganen erzeugt. Dabei hat der Vogel keineswegs einen Kehlkopf, sondern er besitzt gleich zwei Stimmritzen an der Verzweigung der Luftröhre in die beiden Bronchien. Im Anklang an die mehrtönige Rohrflöte des griechischen Mittagsgottes Pan haben die Zoologen dieses Stimmorgan der Vögel die «Syrinx» genannt. Die Akrobatik des Vogelgesanges beruht also zum einen darauf, dass er zwei Stimmerzeugungsstellen hat, zum anderen darauf, dass die Lungenlappen an ihren Enden weitere Luftsäcke ausgestülpt haben, die teils in der Bauchhöhle, teils unter der Haut und teils in den hohlen Röhrenknochen liegen. So ist fast der ganze Vogelleib durchlüftet und gleichsam insgesamt ein Kehlkopf. Man muss nur einmal den kleinen Zaunkönig bei seinem erstaunlich lauten Schlag beobachten, wie es den ganzen Knirps beim Singen hin und her wirft.

Hört man sich eingehender in die Gesangeswelt der Vögel ein, so fällt auf, dass der Takt- und der Intervallcharakter fehlen. Auch der Kuckuck singt zumeist keine reine kleine Terz. Es gibt zwar bei der Wüstenlerche der Sahara ein außerordentlich wohltönendes Intervallisieren, und es gibt auch in den Tropen akkordmäßig zusammenklingende Parallelgesänge (pärchenweise Duettgesänge, etwa beim ostafrikanischen Flötenwürger), aber das sind nur um so interessantere Ausnahmen. Im Allgemeinen finden wir bei den Singvögeln gerade den *Übergang* zwischen dem mehr mechanisch äußerlich klingenden und dem voll innerlich durchseelten Ton: Unser Star wetzt und zirrt, zieht und verhackt die Töne in rasanter Folge, bis zwischenhinein herrliche Wohllaute hervorbrechen. Beim Hausrotschwänzchen überwiegt der mehr eintönige und quetschende Charakter, bei der Amsel der volltönende, aber immer ist beides herauszuhören. Selbst die Nachtigall hat metallische, hart angerissene Tonfolgen, von denen wir uns nur immer sogleich wieder durch den herrlichen, unübertroffenen Wohllaut ihres abwechslungsreichen Gesanges erholen. Bei unserer Mönchsgrasmücke, der häufigsten Grasmücke unserer Gärten, besteht der erste Teil des Gesanges aus einem noch etwas klanglosen Tongesprudel, das nach dem sogenannten «Überschlag» in die wohllautende Endstrophe übergeht. Auch Zaunkönig und Buchfink singen im Eingang ihrer Strophe «konsonantischer» und zum Schluss hin «vokalischer». Man bemerkt, wie sich der Vogel im Singen zuerst wie von außen nach innen seelisch inkarniert, um erst dann von innen nach außen zum vollen Klangausdruck kommen zu können. Der Vogelgesang ist nicht mehr nur äußerliches Tönen und doch auch noch nicht das nur von innen Herausbrechende, sondern lebt im Grenzland zwischen Außen und Innen und spielt sich in diesem Zwischenland ab. Höchstens im Quarren der Enten, im Krächzen der Krähen und besonders in der tiefen Bassstimme des intelligentesten Vogels, des Kolkraben, klingt eine schon verinnerlichte Seelenfärbung durch, die anfänglich an das Säugetier erinnert. Die meisten Vögel aber singen gar nicht aus sich selbst, sondern ganz aus der Stimmung der Landschaft und der Tagesstunde heraus. Die Feldlerche wird als einer der frühesten Vögel schon etwa eine Stunde vor Sonnenaufgang mit ihrem Gesang beginnen. Die Misteldrossel singt am liebsten allein in der heißesten Mittagsstunde einsamer Wälder, wenn alle anderen Vögel schweigen. Und kein Amselmännchen kann im Frühling widerstehen, wenn gegen Abend ein warmer Regen ausklingt und die Sonne noch einmal durchbricht. Christian Morgenstern hat das überindividuelle Wesen des Vogelgesanges in dem Gedicht ausgesprochen:

«Im Baum, du liebes Vöglein dort,
Was ist dein Lied, dein Lied im Grund?
Dein kleines Lied ist Gottes Wort,
Dein kleiner Kehlkopf Gottes Mund.

‹Ich singe› singt noch nicht aus dir.
Es tönt die ew'ge Schöpfermacht
Noch ungetrübt in reiner Pracht
In dir, du kleine süße Zier.»

Erst bei den Säugetieren sind die Rufe und Schreie unmittelbarer Ausdruck der vollen innerseelischen Empfindung. Das Muhen der Kühe abends auf der Weide schon eine Viertelstunde eher, bevor sie gewohnterweise in den Stall gelassen werden, das Blöken eines Schafes, das seine Herde aus dem Blick verloren hat, das Aufkreischen einer sich wehrenden Katze, das aggressive Bellen eines Hundes, das röhrende Gebrüll eines Löwen: In all dem drückt sich innere Empfindung in warmer Seelenhaftigkeit aus. Bei den Säugetieren können wir die Lautäußerung hochgradig als Ausdruck des Innerseelischen erfahren. Der Emotionalgehalt ist unmittelbar herauszuhören.

Es gibt ein Säugetier, welches den tonerzeugenden Luftstrom zusätzlich zu einer weiteren, nun sogar wieder instrumentalen Stimmerzeugung benutzt. Das ist der Elefant, wenn er mit Hilfe des verlängerten Nasenrüssels trompetet. Große Teile seines Kopfes sind von gewaltigen Lufträumen erfüllt. Die steile, hochgewölbte Stirn hängt nämlich nicht etwa mit einem besonders großen Gehirnraum zusammen – das Gehirn bleibt relativ klein –, sondern besteht aus nichts anderem als solchen lufterfüllten Knochenräumen. Alle Lufträume des Schädels und der Rüssel machen den ganzen Kopf zu einem erweiterten zusätzlichen «Kehlkopf». Beim Elefanten wird physisch, was beim Menschen prozessual bleibt (Abb. 7, Abb. 8).

Die akustischen Äußerungen der Tiere sind vielfach nicht nur Äußerung selbstbezogener innerer Empfindungen, sondern enthalten insbesondere für

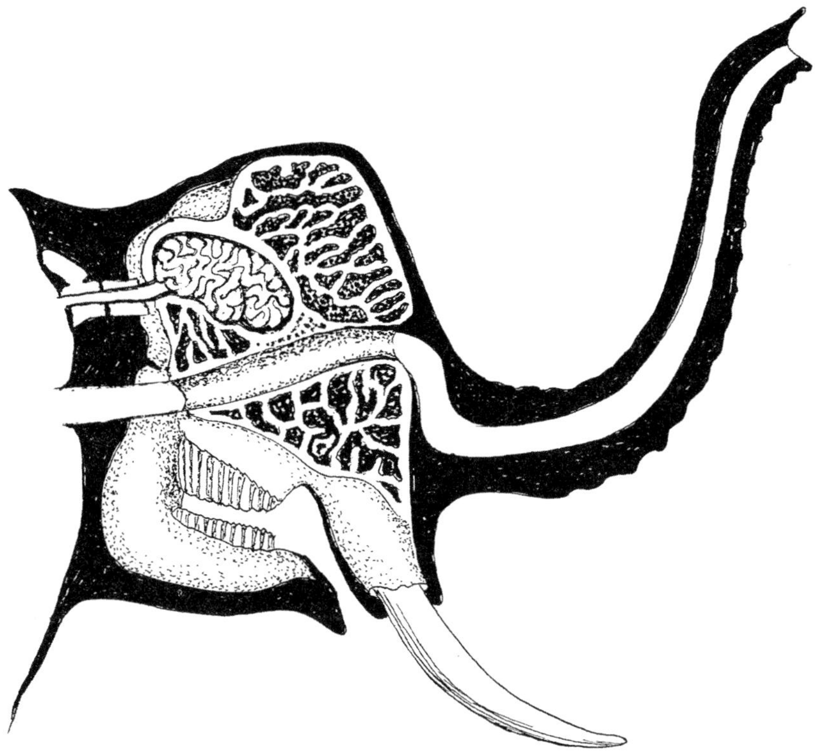

Abb. 7: Die Lufträume im Elefantenhaupt (halbschematisch).

den Artgenossen verhaltensbeeinflussende Mitteilungen. Lockrufe, Werberufe, Warnlaute, Reviermarkierung usw. werden von Tieren im Sozialverband eingesetzt. Dabei ist charakteristisch die Stereotypie der meisten dieser Klänge. So schön der Buchfink schlägt, es ist doch jeden Tag jahraus, jahrein immer das gleiche Gesangsmuster, das nur für den Kenner in sehr geringen Grenzen wahrnehmbar variiert. Die Goldammer singt unentwegt das gleiche eintönige Lied, und auch der Zaunkönig kann nichts anderes als immer den gleichen Schlag. Bei wenigen Vögeln (Sumpfrohrsänger, Singdrossel, Sprosser, Nachtigall, Papageien) kann der Ruf viele Abwechslungen annehmen, und doch sind gerade diejenigen Laute, die der sozialen Verständigung dienen, am meisten festgelegt. Das gilt gerade auch für die Rufe der Säugetiere. An Rhesusaffen hat die Forschung herausgefunden, dass diejenigen Rindenfelder des Großhirns, welche der akustischen Kommunikation im Sozialverband dienen, primäre

Abb. 8: Unten Skelett des Indischen Elefanten im Ottoneum, Kassel. Goethe benutzte den Schädel dieses Exemplars für seine Studien des Zwischenkieferknochens. Oben Die lufterfüllte Schädelhaube ist abnehmbar und zeigt extreme Pneumatisierung.

Rindenfelder sind, d.h. erblich angeboren sind.[9] Die ganze Skala der Beruhigungslaute, Warnlaute, Angstrufe, Aggressionsschreie muss also nicht gelernt werden, sondern ist starr klanglich vorgegeben.

Das gilt jedoch nicht nur für die Erzeugung, sondern auch für die sinnvoll verwendete Wahrnehmung dieser Rufe. Die Bedeutungsvergabe in der Auffassung ist also ebenfalls erblich mitgegeben. Das gilt für zahllose tierische Verhaltensweisen: Eine Zecke spricht nur auf den Buttersäuredunst warmblütiger Lebewesen an, und ein Hund hat auch keine andere Bedeutungsbelegung im Anblick einer Wurst als die, dass sie fressbar ist. Rudolf Steiner nennt deshalb die Tiere die größten Abstraktlinge.[10] Der Verhaltensforscher Köhler sprach vom «unbenannten Denken» der Tiere, indem mit der Wahrnehmung der Bedeutungsgehalt sofort exakt realisiert wird, aber eben stereotyp nur ein einziger Bedeutungsgehalt.[11] Von allen anderen sonst noch möglichen Bedeutungen wird abgesehen, also abstrahiert.

Der Mensch hingegen kann die verschiedenartigsten Bedeutungen der gleichen Wahrnehmung zuerkennen. Der Kölner Dom wird von einem Kunsthistoriker anders aufgefasst als von einem Pfarrer. Der ihn nur besichtigende Tourist hat wieder einen anderen Bedeutungshorizont als ein Botaniker, der sich für den Flechtenbewuchs des Kölner Domes interessiert. Daran wird zwar deutlich, dass allerdings auch die berufliche Spezialisierung zur eindimensionalen Abstraktheit führen kann. Menschlich aber ist erst das Vermögen, eine möglichst universelle Vielfalt im Denken der Welt entgegenzubringen. Was dagegen die Tauben vom Kölner Dom haben, ist ihnen weitgehend angeerbt.

Treten wir nun in die Tonwelt des Menschen selbst ein, so finden wir die größte Vielseitigkeit auch darin. Im Singen und Sprechen wird der Naturlaut zum menschlichen Laut. Nennen wir zuerst die größten Gegensätze: Die Schnalz- und Klicklaute in der Buschmannsprache Südafrikas wirken noch geradezu instrumental. In den expressiven Interjektionen wie «Au!», «I!», «Huh!», «Ah!» geben wir hingegen unseren Emotionen freien Lauf. Dazwischen aber, zwischen dem Aufschrei und der trockenen Information liegt das Spektrum menschlichen Gesanges und seiner Sprache. Heinz Zimmermann brachte als ein Beispiel die folgende Reihe: «Brr; Puh; es ist kalt; das Wasser ist kalt; das kalte Wasser; H_2O 12° C.»[12] Hieran wird deutlich, dass menschliche Sprache zumeist mehr ist als Interjektion oder Information. Diese beiden gibt es wohl beim Tier. Der Naturlaut wird erst zum Sprachlaut in dem Freiraum zwischen diesen Polen. Menschliche Sprache ist immer vieldeutig. «Kalt» braucht nicht nur physikalisch, sondern kann auch psychisch und da wiederum ästhetisch oder rein moralisch gemeint sein. Wir werden zu eindimensionalen Reaktionsautomaten, wenn wir an vorgeprägte Klischees definierter Worte gebunden sind. Der Umgang mit der Sprache wird nur dann zum Werkzeug des Geistes werden, wenn jedes Wort künftig zum «Teekesselwort» wird, das nur hindeutenden Charakter für das aufweist, was der Hörer sozial wahrnehmen und aktiv nachschaffen muss. Dann ist die Sprache nicht mehr Zeichenübergabe zur Ingangsetzung von Verhaltensmustern, sondern der «Schleier aus der Hand der Wahrheit» (Goethe[13]). Nicht mehr nur in dem, was sie innerlich-emotional bewegt wie bei den höchsten Tieren, noch in einer äußeren Schallweitergabe wie bei den niederen Tieren bleibt die menschliche Sprache stehen, sondern sie heilt in dem Grenzland zwischen innen und außen die existentielle Kluft dieser Trennung aus.

Der Entwicklungsgang zur organischen Eigenwärme

Wir Menschen sind von Natur aus Wärmewesen. Ganz unmittelbar gibt uns die Wärme ein Wohlbefinden, das uns so durchdringt, dass wir kaum zu unterscheiden wissen, wo es ein leibliches, wo es ein seelisches Vermögen ist. Wenn wir von der Wärme eines Mitmenschen sprechen, meint niemand dessen Körpertemperatur, sondern etwas Unkörperliches, das nicht besser als mit dem Wort Wärme genannt werden kann. Und doch ist das Merkwürdige, dass beide Seiten der Wärme kaum zu trennen sind. Die «Nestwärme», die jedes Kind braucht, besteht ebenso in warmer Nahrung, Kleidung und Wohnung wie in der seelischen Geborgenheit der Familienatmosphäre. Der Säugling empfindet beides ungetrennt im Arm der Mutter – ja, in jeder Umarmung eines geliebten Menschen sind Seelenwärme und Lebenswärme eines.

Diesem Geheimnis der menschlichen Wärme können wir uns heute auch naturwissenschaftlich nähern. Dazu möge im Folgenden etwas von der vielfältigen Fülle, wie Leben und Wärme verbunden sind, berichtet werden. Dabei kann die einfache Beschreibung schon vieles aussagen, liegt die Natur doch heute vor unseren Augen offen da.

Leben ist möglich, wo ein ausgeglichenes Maß an Wärme gegeben ist. Schon die Erde als Ganzes zeigt die Anzeichen eines eigenen Wärmehaushaltes, weil sie selbst eine eigene Wärmehülle hat. Wo, wie auf dem Mond, die Sonnenstrahlung unvermittelt auf den nackten Boden prallt, sind nur extrem heiße (+ 150 °C) und – bei Sonnenabwendung – nahezu schlagartig äußerst tiefe Temperaturen (- 150 °C) halbmonatlich vorhanden. Auf der Erde dämpfen die Luft- und Wasserhülle, die Atmo- und Hydrosphäre, die Gegensätze. Schon in den obersten Lufthüllen werden die für das Leben zu energiereichen Höhen- und Ultraviolettstrahlungen zum größten Teil aufgefangen und in Wärme umgewandelt. Besonders in der höheren Atmosphäre (Ozonosphäre) wird dieser Anteil der Einstrahlung chemisch abgebunden im Ozon, das nachklingend wieder zu Sauerstoff zerfällt und Wärme freigibt. Die tieferliegende wasserhaltige Wettersphäre (Troposphäre) vollzieht im Wechsel zwischen den drei Formzuständen des Wassers den Ausgleich nicht nur zwischen Tag und Nacht, sondern auch zwischen Sommer und Winter, Land und Meer und allen Klimagegensätzen. Die gewaltigen Wassermassen auf der Erde sind der größte Wärmestabilisator, der die Sonneneinstrahlung in globalem Ausmaß täglich verschluckt und sie in die kalten Jahreszeiten und polnahen Gegenden trägt. Hat doch das Wasser ein besonders hohes Wärmefassungsvermögen (spezifische Wärme) und dazu die Anomalie, als Eis, weil leichter, auf dem Wasser zu schwimmen, so dass nicht die Meerestiefen vereisen; unabdingbare Hilfen für das Leben.

Wo liegen die Temperaturgrenzen des Lebens? Die höchsten Werte liegen nahe am Kochpunkt des Wassers, und zwar bei den kernlosen Pilzalgen (*Myxophyceen*) in den Geysiren Islands, sie können sich noch bei 98 °C vermehren. Manche Bakterien können als Sporen bis zu 30 Stunden in kochendem Wasser überdauern.[1] Unsere Heubakterien, die die Selbstentzündung von eingebrachtem, feuchtem Heu verursachen, bringen es selbst auf eine Gärungshitze bis zu 70 °C. Kernhaltige Organismen überdauern höchstens 50 °C. Die untere Grenze erreicht das Leben bei Keimzellen, die ja mit flüssiger Luft (- 190 °C) unterkühlt werden können, ohne nach dem Auftauen ihre Funktionsfähigkeit zu verlieren.

Welches Verhältnis nehmen nun die Pflanzen zur Wärme ein? Für sie ist charakteristisch, dass sie mehr, als wir gemeiniglich vermuten, zu kühlen, frischen Temperaturen neigen. In der Sonne kühlen die Pflanzen durch die sofort vermehrte Transpiration sich so weit ab, dass sie in etwa die direkte Sonnenerwärmung kompensieren. Im diffusen Licht liegt die pflanzliche Temperatur im Allgemeinen um 0,1 bis 0,3 °C tiefer als die umgebende Lufttemperatur. Ein Versuch ergab, dass eine lebende und eine abgestorbene Eiche gleicher Dicke im Winter die gleiche Temperatur haben, wohingegen im Frühling nach der Belaubung der lebende Stamm 7 °C kühler als der tote Stamm und die Umgebungstemperatur war.[2] Aber nicht nur die Transpiration und der aus den tiefer gelegenen Bodenschichten aufsteigende Wasserstrom bewirken, dass die lebende Pflanze immer etwas kühler als die Umgebung ist, sondern gerade auch ihr zentrales physiologisches Vermögen: die Photosynthese. Ist sie doch ein endothermer Vorgang, der Licht und Wärme in den organischen Stoff hinein abbindet und so immer kühlend wirkt. Auf das Ganze der Erde gesehen, zeigt sich, dass 70 % der Photosyntheseleistung auf der Erde vom pflanzlichen Plankton im Meerwasser, besonders der kühlen polnahen Meere, erbracht werden. – Die hervorstechende biochemische Fähigkeit der Pflanzenwelt zur Autotrophie, sowohl für die Kohlenhydrat- wie Eiweißsynthesen, beruht auch im Bereich kleinster Vorgänge auf der Endothermie: Das CO_2 wird zu Kohlenhydraten, Nitrat zu Aminoverbindungen, Sulfat zu Sulfidgruppen; der Aufbau vollzieht sich also immer im reduzierenden Milieu, so dass unentwegt Licht und Wärme eingebunden werden.

Für viele Pflanzen der gemäßigten und kühlen Breiten ist sogar der Frost lebenswichtig. Bekanntlich wächst das Getreide kräftiger und bestockt sich mit mehr Halmen pro Korn, wenn man es schon im Herbst aussät und die Keimpflänzchen im Winter wenigstens bis + 4 °C auskühlen (Wintergetreide). Unsere Schwertlilie blüht nur, wenn ihr Wurzelstock im Winter durchfriert.

Wo wir im Pflanzenreich über die Umgebung erhöhte Temperaturen antreffen, finden wir nicht die aufbauenden, sondern die oxydativen Abbauprozesse im Übermaß. Solche Atmungswärme erzeugen vielfach die blattgrünlosen Bakterien und Pilze (Heubakterien!). Der Gärtner benutzt die Zersetzungswärme von frischem Pferdemist im Frühbeet. Unter der Falllaubdecke und in den modernden Baumstümpfen des Waldes herrscht immer eine leichte Wärmebildung, die viele Insekten für die Überwinterung anzieht. Unsere Spinnen, Lauf- und Schnellkäfer, die Wespen- und Hornissenköniginnen überdauern den Winter im morschen Holz bei der Atmungswärme der Zellulosebakterien.

Zum anderen finden wir die deutliche Erwärmung in den ebenfalls nichtgrünen Blüten. Das Schneeglöckchen in unseren Gärten und die Soldanellen im Gebirge schmelzen sich mit der leichten Wärmebildung ihrer stark atmenden Blüten regelrecht durch die Schneedecke nach oben durch. Palmblütenstände und die Blüten der südamerikanischen Seerose *Victoria regia* erreichen über 10 °C, Kürbisblüten bis zu 5 °C Differenz zur Umgebung. Abgezupfte Kamillen- und Schafgarbenblüten erwärmen sich in der Thermosflasche auf 45 °C. Die stärkste natürliche Wärmebildung im Pflanzenbereich bringen aber wohl die Aronstabgewächse zustande. Schon unser heimischer Aronstab (*Arum maculatum*) entwickelt in seinem Hochblatt-Trichter so viel Wärme, dass er abends viele kleine Mücken und Fliegen anzieht, die dann bei der Bestäubung helfen. Das italienische *Arum italicum* hält den Rekord: Es veratmet in wenigen Abendstunden 75 % der Trockenmasse seiner Blütenstände und erreicht so 17 °C Differenz über die Umgebungstemperatur, was bei einem warmen italienischen Frühlingsabend bis an die Temperaturgrenze des Lebens geht.[3]

Gehen wir nun zur Betrachtung des Tieres über. Für einen großen Teil der niederen Formen ist die Körperwärme mit der Umgebungswärme gegeben. Dabei herrscht im Meer eine beträchtliche Temperaturstabilität. 90 % der Meerestiere leben innerhalb von Temperaturen zwischen 9 und 19 °C. Dieses

Gleichmaß wird nicht von den Lebensprozessen jener Meerestiere selbst geleistet, sondern kommt ihnen in der Umgebungswärme einfach zu. Ihr Wärmeorganismus ist mit dem des Meeres identisch. Sie sind also ziemlich gleich warm, ohne eigenwarm zu sein (Isothermie). Ihnen wird von der Umwelt selbst die Mäßigung der tages- und jahreszeitlich drohenden Temperaturschwankungen geboten. Sie leben durchaus in einem recht stabilen, engen Temperaturbereich (Stenothermie).

Nun gehört es zu den merkwürdigsten Tatsachen der Evolution, dass viele Tiere die Geborgenheit im Wärmeschutz des Wassers verlassen haben und auf dem Lande vergleichsweise viel größeren Temperaturschwankungen ausgesetzt sind. Der Wärme-Kälte-Unterschied ist durch die geringere Pufferwirkung der Luft weitaus schroffer; hier herrscht Wechselwärme (Poikilothermie). Solche wechselwarmen Tiere, wie etwa eine Heuschrecke oder ein Schmetterling, können nur bei gehobenen Wärmegraden aktiv sein; bei niederen sinken sie in Kältestarre und müssen alle Eigenaktivität einstellen.

Doch treffen wir hier schon auf das erste Vermögen des eigenaktiven Ausgleichs: Viele Insekten suchen durch passenden Ortswechsel die ihnen zuträgliche Temperatur in der Umgebung auf. Ein Käfer begibt sich bei zu heißer Sonne in kühlere Erdritzen und sucht bei weiterer Abkühlung wieder wärmere Stellen auf. Solche Tiere führen dabei eine erste äußerliche Thermoregulation durch, indem sie durch Ortsveränderung im Mikroklima des Lebensraumes aktiv die Vorzugstemperatur aufsuchen.

Eine höhere Art der Regulation findet sich bei den sozialen Insekten. Noch nicht die Wärme im eigenen Leib, aber schon die der nächsten Umgebung wird mitbestimmt: Manche Termiten tropischer Länder bauen in Nord-Süd-Richtung stehende Kompassnester, die also der glühenden Sonne in der Mittagszeit die Schmalseite und damit die kleinste Bestrahlungsfläche bieten. Morgens und abends bei der flachen Sonneneinstrahlung von Osten und Westen nehmen die Breitseiten die geringere Erwärmung voll an. Die Tiere graben tiefe Röhren zum Grundwasser, tragen es tröpfchenweise hoch und kühlen den Bau durch die Verdunstung. Der Bau des Termitenvolkes stellt selbst eine Art erweiterter Leiblichkeit dar.[4] – Unsere Rote Waldameise (*Formica rufa*) reguliert die Wärme in ihren großen Nadelspreuhaufen so, dass bei Überhitzung die Eingänge erweitert werden, um mehr Verdunstung und damit mehr Verdunstungskälte zu bewerkstelligen; bei Abkühlung werden sie geschlossen. So wird in einer Tiefe von 15 bis 50 cm den Sommer über immer eine Temperatur zwischen 23 und 29 °C gehalten.[5] Nur im Winter geraten alle unsere Ameisen in die Kältestarre, tief in der Erde in frostsicheren besonderen Überwinterungsnestern.

Die vollkommenste Regulation unter den Wirbellosen verwirklicht die Honigbiene. Sinkt die Wärme im Bienenstock im Herbst unter 13 °C, so hocken sich alle Insassen zu einer engen «Wintertraube» zusammen, so dass die innerwärts schlafenden Bienen es extra warm haben. Bei weiterer Abkühlung werden die äußeren Bienen unruhig, versuchen ins Innere der Traube zu gelangen und aktivieren das ganze Volk so, dass nun alle Bienen sich bewegen, Nahrung aus den Honigzellen aufnehmen und mit den Flügeln schlagen. Dadurch steigt die Temperatur bis 25 °C an und sinkt dann langsam ab, bis die Selbsterwärmung des Volkes wieder einsetzt. Im Sommer wird die Nestwärme in noch engeren Grenzen, nämlich zwischen 34 und 36 °C gehalten. Beim Schwärmen halten die zur Traube zusammenhockenden Bienen auch in kalten Nächten eine Traubeninnentemperatur von 35 °C.[6] Bei kühlem Wetter drängen sich die Arbeiterinnen im Stock auf den Brutzellen eng zusammen und wärmen sie.

Droht hinwieder Überhitzung, wird viel frische Luft eingefächelt. Dann stehen einige Tiere am Flugloch und ventilieren mit surrenden Flügeln und erhobenem Hinterleib, sie *steißeln*, wie der Imker sagt; auch wird dabei Wasser eingetragen, über den Waben ausgespuckt, filmartig ausgezogen und zur Verdunstung gebracht. Alle Arbeiten gehen ungelernt, instinktsicher und harmonisch aufeinander abgestimmt vor sich.

Innerhalb der höheren Tiere, der Wirbeltiere, wiederholt sich der ganze Entwicklungsweg von der Fremd- zur Eigenwärme wiederum, wenn auch mit neuen Akzenten. Die Fische sind noch ohne eigenes Dazutun vom Wasser gegen schroffe Temperaturstürze oder -anstiege geschützt. Die das Land betretenden Lurche können zwar das feuchte Milieu noch nicht missen, setzen sich aber vermehrt dem äußeren und damit dem eigenen Wärmewechsel aus; jedoch viele unserer Frösche, zum Beispiel Wasser- und Seefrosch sowie die Weibchen des Grasfrosches, überwintern noch am Grunde ihrer Teiche. Ganz wechselwarm sind dann die Kriechtiere wie Eidechsen, Schlangen und Schildkröten. Sie können nur durch geringen Ortswechsel Temperaturgegensätze in bescheidenem Umfang kompensieren. So sind unsere Eidechsen in der Hitze höchst agil, werden aber schon in der Abendkühle und bei Regenwetter träge und erst recht in der Winterstarre bewegungslos.

Interessant sind wieder die sogenannten Ausnahmen. Schon 1835 stellte der britische Arzt John Davy auf einer Seereise an frisch gefangenen Thunfischen fest, dass ihre Körpertemperatur um 10 °C über der Wassertemperatur lag. Auch der Makohai (*Makrelenhai = Isurus oxyrhinchus*) ist *warmblütig*. Es sind recht große Hochleistungsschwimmer der Hochsee, und sie haben gemeinsam, dass die in den riesigen Muskelpaketen erzeugte Wärme durch spezielle «Wundernetze» auf den ganzen Blutkreislauf gleichmäßig verteilt wird. Neue Unter-

Abb. 1: Gelege einer brütenden Python (Nördliche Felsenpython, Python sebae; Zentral-Afrika).

suchungen ergaben, dass unabhängig von der herrschenden Wassertemperatur der Thun seine Innentemperatur zwischen 18 und 23 °C halten kann.[7] – Unter den Reptilien zeigen einige Schlangen, wie manche tropischen Giftnattern und Riesenschlangen, erste Anzeichen von Eigenwärme: Die Weibchen legen ihren langen Leib in dichten Schlingen um die abgelegten pergamentschaligen Eier und wärmen sie über die Umgebungstemperatur an, und zwar durch Muskelzuckungen, die im Abstand von einigen Sekunden vom Kopf aus den Schlangenleib entlanglaufen. Hier entsteht Wärme wie bei den genannten Fischen nur durch aktive Muskelarbeit (Abb. 1).

Die höheren Wirbeltiere, die Vögel und Säugetiere, sind es nun, die die selbstregulierte, stabile Eigenwärme in breitem Ausmaß verwirklichen (Homoiothermie). Dabei liegen die Werte der Vögel oft besonders hoch, und zwar sind kleine Arten meist heißer als die großen (Zaunkönig 41,8 °C, Strauß 37,4 °C). Doch wollen wir auch hier wieder auf Ausnahmen achten.

So gibt es unter den Vögeln wenige Fälle von temporärer Poikilothermie: Unsere einheimische Nachtschwalbe, der Ziegenmelker, sowie viele Kolibris Amerikas verfallen bei kühlen Nachttemperaturen in eine unterkühlte Starre (Torpidität). Auch unsere Mauersegler machen bei kaltem, insektenarmem Wetter unter Auskühlung (bis 20 °C) ein Hungerkoma durch, das sie bis zu 3 Wochen überstehen können. Die Ziegenmelker haben je in Afrika und Amerika eine Art, die bis 18 °C auskühlt; letzterer, der westamerikanische Poor-Will (Winternachtschwalbe, *Phalaenoptilus nuttallii*) überdauert so zweieinhalb Wintermonate in einem regelrechten Winterschlaf.[8] Das Gemeinsame dieser Kolibris, Segler und Ziegenmelker ist ihre nahe systematische Verwandtschaft zu den Eulen, jener Vogelgruppe, die in ihrem Gesamtcharakter viel vom tagliebenden, wohlsingenden Vogeltypus aufgegeben hat und bis in ihren Körperbau hinein (erste Ohrschneckenwindung) Anklänge an die niederen Säugetiere zeigt.

Bei solch urtümlichen Vögeln wie den australischen Großfußhühnern (Megapodiden) werden die Eier in feuchten Laubhaufen von der Gärungswärme von außen ausgebrütet, die der Hahn durch Öffnen und Schließen der Haufenbedeckung aktiv auf die passende Temperatur reguliert. Die eigene Körperwärme der Eltern wird nicht zum Brüten genutzt. Bei den afrikanischen Krokodilswächtern, Verwandte der Schnepfenvögel, werden die Eier im feuchten Ufersand der Flüsse allein von der Sonne ausgebrütet.[9,10]

Die höchstentwickelten Tiere, die Säugetiere, verfügen zumeist über den selbstregulierten, eigenen Wärmeorganismus. Doch wiederholen sie im eigenen Verwandtschaftskreis noch ein drittes Mal den ganzen Entwicklungsgang in ihrer Weise. So überrascht es uns nun keineswegs, wenn wir bei ihnen das ganze Spektrum vom außenweltabhängigen bis zum eigenstabilen Wärmeorganismus finden: Das primitivste lebende Säugetier ist das Schnabeltier in Australien; es legt noch beschalte Eier, säugt aber schon die daraus ausschlüpfenden Jungen. Sein Wärmehaushalt ist noch nicht voll stabilisiert. Es lebt in enger Bindung ans Wasser, in dem es seine Nahrung sucht, und baut sich auch Wohnhöhlen in die Ufererde, in denen ausgeglichene Temperaturen herrschen. Die nahestehenden Ameisenigel sind reine Landtiere, welche in der kalten Jahreszeit Südaustraliens fast noch wie Kriechtiere in die auskühlende Winterstarre verfallen. Ähnlich hochgradig wechselwarm sind alle Fledermäuse. Sie kühlen im Winterschlaf ohne Schaden bis gegen den Gefrierpunkt hin ab. Ihre Letaltemperatur liegt erst bei – 5 °C; nur durch die Muskelarbeit beim Flug steigt die Körperwärme über die Umgebungstemperatur an. Weitere niedere Säuger (Beutel-, Schuppen-, Gürtel- und Faultiere) weisen noch physiologische Normalschwankungen bis zu 10 °C auf. Die echten Winterschläfer wie unser Igel, Hamster und die Schläfer sind im Winter noch weitgehend poikilotherm, den Sommer aber schon gut homoiotherm (Heterothermie). Die große Mannigfaltigkeit der höheren Säuger aber verfügt über eine ausgezeichnete eigene Wärmeproduktion und -regulation. Als besonders stabil gelten die Raubtiere, das Pferd und der Mensch.

Unter den dem Menschen so nah verwandten Affen gibt es bei den Halbaffen jedoch auch noch wenige Fälle von Poikilothermie. So wechselt die Körpertemperatur der Fettschwanz-Makis von Madagaskar weitgehend mit der Außentemperatur, wie das Diagramm zeigt. In der kühlen Jahreszeit der südlichen hemisphärischen Wintermonate hält diese Tierart einen Trockenschlaf und lebt, wie unsere Winterschläfer, vom gespeicherten Fett, das sich in seiner Schwanzwurzel angesammelt hat (Abb. 2).

In mehreren Wellen finden wir so im heutigen Tierreich den immer stärker sich durchsetzenden Vorgang, einen eigenen, von der Umwelt emanzipierten Wärmeorganismus aufzubauen. Gegenüber der physiologischen Hypothermie des Pflanzenreiches fanden wir die Isothermie der meisten Meerestiere, die Poikilothermie der einfacheren Landtiere, die Heterothermie von Übergangsformen bis hin zur Homöothermie des Menschen und der ihm nächst verwandten Tiere. Die anfangs von außen geschenkte Licht- und Wärmehülle wird durchbrochen und hinter sich gelassen. Nun sind die unregelmäßigen Lufttemperaturen zu verkraften und stufenweise auszugleichen. Dann aber wird die Wärme selbst erzeugt und ausgeglichen. Umweltabhängigkeit geht durch *Krisen* hindurch in Eigenständigkeit über.

Der gleiche Weg vollzieht sich auch in der Entwicklung der Wärmeorganisation bei jedem einzelnen Menschen. Zuerst leben Embryo und Fötus noch ganz in der Wärmehülle des Fruchtwassers. Bei Frühgeburten ist die eigene Wärmebildung und -regulation zwar schon intakt, aber noch nicht voll wirksam, da die Haut noch zu wasserreich und zu wenig von Fett unterlegt ist. Das ausgetragene Neugeborene ist noch ein wenig temperaturlabil, doch reift das Regulationsvermögen in wenigen Wochen aus. Die tägliche Schwankungsbreite beträgt beim einjährigen Kind noch fast 2 °C, beim zweijährigen dann den bleibenden Wert von 1,4 °C im männlichen und 1,2 °C im weiblichen Geschlecht. – Als Wärmezentrum lässt sich kein einzelnes Organ ausmachen. Innerhalb der verschiedenen «Wärmeschalen» des menschlichen Organismus wird die Temperatur des «Wärmekerns» von den inneren Organen in gemeinsamer Kompensation gewährleistet.

Irrig ist die fast ein Jahrhundert geltende Lehrmeinung, dass die Leber das wärmste Organ sei. Erste exakte Messungen ergaben 1955 sogar das Gegenteil: Sie ist regelmäßig um 0,2 bis 0,6 °C kühler als die Rektaltemperatur.[11,12] Dieses

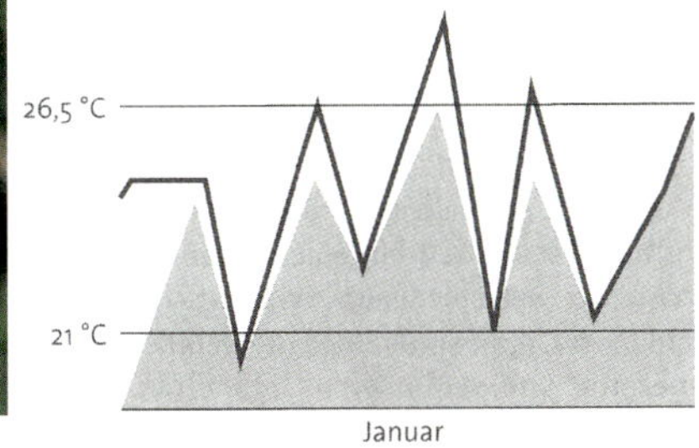

Abb. 2: Links Rötlicher Fettschwanz-Maki (Cheirogaleus crossleyi) von Madagaskar. Rechts Die Körpertemperatur (graues Feld) der Fettschwanz-Makis wechselt noch mit der Außentemperatur (durchgezogene Linie).

so besonders in den endothermen Aufbauleistungen tätige Organ ähnelt damit andeutungsweise der charakteristischen Hypothermie des Pflanzenreiches.

Unser weitgehend stabilisiertes Wärmeverhalten verhindert Abkühlung durch Muskelzittern (Wärmebildung!) und Bewegungsdrang, Überwärmung durch Schweißbildung (Verdunstungskälte!) und Bewegungseinschränkung. In die Regelung ist das Nervensystem mit dem Hypothalamusgebiet einbezogen.

Eindrucksvoll sind die Versuche zur Hitzetoleranz. So berichtete schon 1775 der Engländer Blagden von einer Versuchsperson, die 10 Minuten bei 138 °C ohne Schaden zubrachte.[13] 1948 wiederholten Blockley und Taylor den Versuch bei 115 °C über vier Stunden. Die Körpertemperatur der kreislaufstabilen Probanden stieg für eine halbe Stunde bis 42 °C, jedoch nicht höher, eine außerordentliche Leistung der Selbstregulation.[14] Neueste Versuche zeigen, dass es unbekleidete Versuchspersonen bei 200 °C bis zu 20 Minuten ausgehalten haben.[15] Darin übertrifft uns kein Tier.

Unsere äußersten Temperaturgrenzen liegen bei 24 bis 26 °C und 44 bis 45 °C. Doch gelten sie nur für das Soma. Das Keimgewebe ist weit darunter abkühlbar, und zwar sowohl das spermatogene wie das ovariale Gewebe bis minus 79 °C, wie die Re-Implantation mit erhaltener Funktionsfähigkeit im Tierversuch zeigte. Der Organismus stellt mit der Verlagerung der Hoden außerhalb der Bauchhöhle eine physiologisch notwendige Hypothermie selbst her. Sie wird verständlich, wenn wir uns verdeutlichen, dass sich hier in der uneingeschränkten Zellproliferation ein geradezu pflanzenhafter Vervielfachungsvorgang abspielt. Pathologisch geschehen solche unbegrenzten Zellvermehrungen bei den malignen Tumoren, und gerade sie sind ja auch die «Kalten Krankheiten» ohne Fieber, und sie sind bekanntlich statistisch häufiger bei fieberschwachen Menschen.[16]

Eine Reihe von Naturtatsachen haben wir vor uns ausgebreitet. Alles stand dabei unter der Frage, wie Leben und Wärme in den Naturreichen miteinander zusammenhängen. Die Pflanze leistet die Verwandlung des anorganischen Stoffmaterials in lebende Substanz. Die Wärme wird stofflich immanent, der Organismus bleibt kühl. – Das Tier baut die aus der Pflanzenwelt stammende Nahrung hingegen ab, setzt die Wärme wieder nach außen frei und produziert umso mehr freie Wärme, je heftiger es sich seelisch engagiert. Durch den Überhang oxydativer Vorgänge hat das Tier nicht nur lebende, sondern auch empfindende Substanz. Dabei wird ihm zuerst das Gleichmaß einfach wie ein Geschenk von der Umgebung zur Verfügung gestellt. In der Geborgenheit der umgebenden Wärmehülle gedeiht der Anfang alles sich künftig zunehmend verselbständigenden Lebens. Im nächsten Schritt wird diese Hülle durchbrochen und zurückgelassen, und nun müssen die drastisch wechselnden Unregelmäßigkeiten der Umwelt verkraftet und stufenweise selbst ausgeglichen werden. Dann aber wird zum Schluss wieder ein neues Wärmegleichmaß erreicht. Diese Wärme wird aber nicht mehr von außen bezogen, sondern unentwegt selbst gebildet und gegenüber den äußeren Einflüssen allein reguliert.

Der Mensch betreibt so leiblich nicht nur Wärmeproduktion durch oxydativen Abbau, sondern er regelt das Ausmaß des Abbaues auf ein selbstgeführtes Gleichmaß: Wir finden darin Wirkungen seiner personalen Autonomie bis in die physiologische Konstituierung seiner Leiblichkeit. In mehreren Anklängen fanden wir dieses Vermögen im evolutiven Trend der Tierreihe als ihr menschliches Motiv (Bienen, Vögel, höhere Säugetiere). Die ihm nahverwandten Tiere sind auch dadurch solche; sie sind von der Ich-Qualität schon wie überstrahlt.

Von einer *Biologie der Freiheit* erzählt uns das Leben, wenn wir auf seine Wärmebedürfnisse achten. Weil wir selbsttätig warme Menschen sind, können wir auch geistig uns befreiende Wesen immer mehr werden.

Vögel über uns

Ein Vogel ist mehr als was man von ihm sieht. Das wird uns immer drastisch deutlich beim defizitären Anblick gekäfigter Vögel. Sicherlich, viele Vogelarten lassen sich auf engen Raum eingewöhnen. Wenn Tiere im Käfig nicht nur fressen, sondern sich auch fortpflanzen, rechnet der Tierhalter damit, dass seine Schützlinge sich seelisch wohlbefinden. Und doch ist von unseren häufigsten Käfigvögeln der Wellensittich erst ganz das, was er ist, wenn er in kleinen oder gar größeren Schwärmen durch die australischen Eukalyptuswälder zieht. Erst in der natürlichen Strauchlandschaft sind die Zebrafinken mit ihrem stereotypen Gesang Ausdruck der weiten Stachelgras-Einöde Australiens, ja geradezu deren seelische Verkörperung. Was bleibt von einem Seeadler übrig, auch wenn er in einer großen Voliere im Zoo sitzt und alles hat, was er braucht, nur nicht die zu ihm gehörende weite Landschaft des Meeres und der Küstenländer? Kann man je den Mäusebussard und die Gabelweihe kennenlernen, ohne ihren weitkreisenden Segelflug lange bewundert zu haben?

Keine Gruppe der höheren Tiere ist so auf Bewegung veranlagt wie die der Vögel und zeigt als bloß sitzendes Leibgebilde so wenig von ihrem eigenen Wesen. Unsere heimischen Meisen können keinen Augenblick ruhig sitzen. Unentwegt hüpfen, fliegen und turnen sie vom einen zum nächsten Gezweig und leben sich dadurch erst dar. Man kann die reine Beobachtung des Bewegungswesens Vogel so verdichten, dass der Eindruck entsteht: der kleine Leib des Vogels fliegt nur dauernd hin und her, um seinem sehr viel größeren Wesen durch die leibliche Repräsentanz im Hier und Dort, hin- und herwechselnd, wenigstens ausschnitthaft nachzukommen. Der Vogel ist mehr außer sich als bei sich. Sein Seelenwesen ist viel größer, reicht viel weiter als sein Korpus.

Hier gibt es nun Gradunterschiede. Die permanenten Bewegungskünstler finden sich besonders bei den Kleinvögeln. Die Goldhähnchen, Zaunkönige, alle Meisenarten, die Laubsänger, auch die Schwalben und Segler, leben tagsüber nahezu im ununterbrochenen Bewegungsablauf. Das Gebaren beruhigt sich bei den größeren Verwandten innerhalb vergleichbarer Verwandtschaftsgruppen. Das kleine Rotkehlchen huscht mit viel mehr Unrast durch das Unterholz als die größeren Drosseln. Nicht nur beim Gesang, auch sonst kann unsere Amsel durchaus einmal eine Zeitlang ruhig dasitzen und der Welt bloß zusehen. Hühnervögel lieben auch als Wildarten besonnene Ruhe. Raben und Krähen wirken durchaus nicht so nervös wie die Elster und der Eichelhäher als ihre nächsten Verwandten. Bei den größeren Vögeln ist der Leib zunehmend selbst das Gefäß der Seele, während bei den kleineren Vertretern die Umwelt als eine Art erweiterter Leiblichkeit vom Vogel belebt wird.

Wesentliches davon zeigt sich beim Brutgeschäft. Die kleinen und kleinsten Vögel bauen dazu die kunstvollsten Nester und, was nun besonders auffällig ist, überdachen sie auch. Während das Krähennest oben offen ist, baut schon die Elster ein Dach darüber. Während die Grasmücken- und Rohrsänger-Nester halbkugelig sind, flechten unter ihren Verwandten die zarteren Laubsänger (der Fitis, der Zilpzalp und der Waldschwirrvogel) am Boden vollkommene Kugelnester mit seitlichem Eingang. Ähnliches, nur noch kunstvoller, erreichen die zwei kleinsten heimischen Vögel: der Zaunkönig mit seiner entzückenden Mooskugel und seitlichem Einschlupf und das Goldhähnchen mit noch sorgfältiger aufgehangenem Kugelnest und oberem Einschlupf. Wäre sie nicht so selten geworden, so könnte man hier noch mehr auf die heimische Beutelmeise hinweisen. Sie webt aus der feinen Baumwolle verblühter Weidenkätzchen ein ovales Hängenest mit seitlicher Einstiegsröhre und bietet so dem eigenen Nachwuchs einen hochgradigen Schutz gegenüber der Außenwelt (Abb. 1). Der ornithologische Gipfel der Nestbaukunst findet sich bei den Webervögeln der warmen Erdgebiete.[1]

Bei näherem Zusehen kommt es nicht so sehr auf die Nestkunst an, sondern auf den Schutz der Brut vor der Außenwelt. Der ausgewachsene Vogel lebt mehr in ihr als in seinem Leibe. Das klingt paradox. Aber je mehr der Vogel später die Umwelt durchseelt, desto geschützter von ihr beginnt er seine Entwicklung. Das ist das geheime Lebensgesetz. So suchen gerade die Meisen tief ausgefaulte Astlöcher als Nisthöhlen für die Aufzucht der Jungen auf. Ihre zarteste und sensibelste Art, die Schwanzmeise, baut sich ein freistehendes «Höhlennest» selber aus weichstem Material, dem der Beutelmeise nicht unähnlich. – Unter den Drosselverwandten (*Turdidae*) sind es das Rotkehlchen und die Rotschwänzchen, die halboffene Bruträume sich suchen, in die sie ihre Nester bauen (Halbhöhlenbrüter). Alle Höhlenbrüter sind im Vergleich zu nicht-höhlenbrütenden Verwandten immer die sensibleren.

Als ein letztes Beispiel möge die Reihe der entenartigen Vögel stehen. Ihre größten Vertreter, die Schwäne, brüten auf hochgetürmten Schilfhaufen. Bei

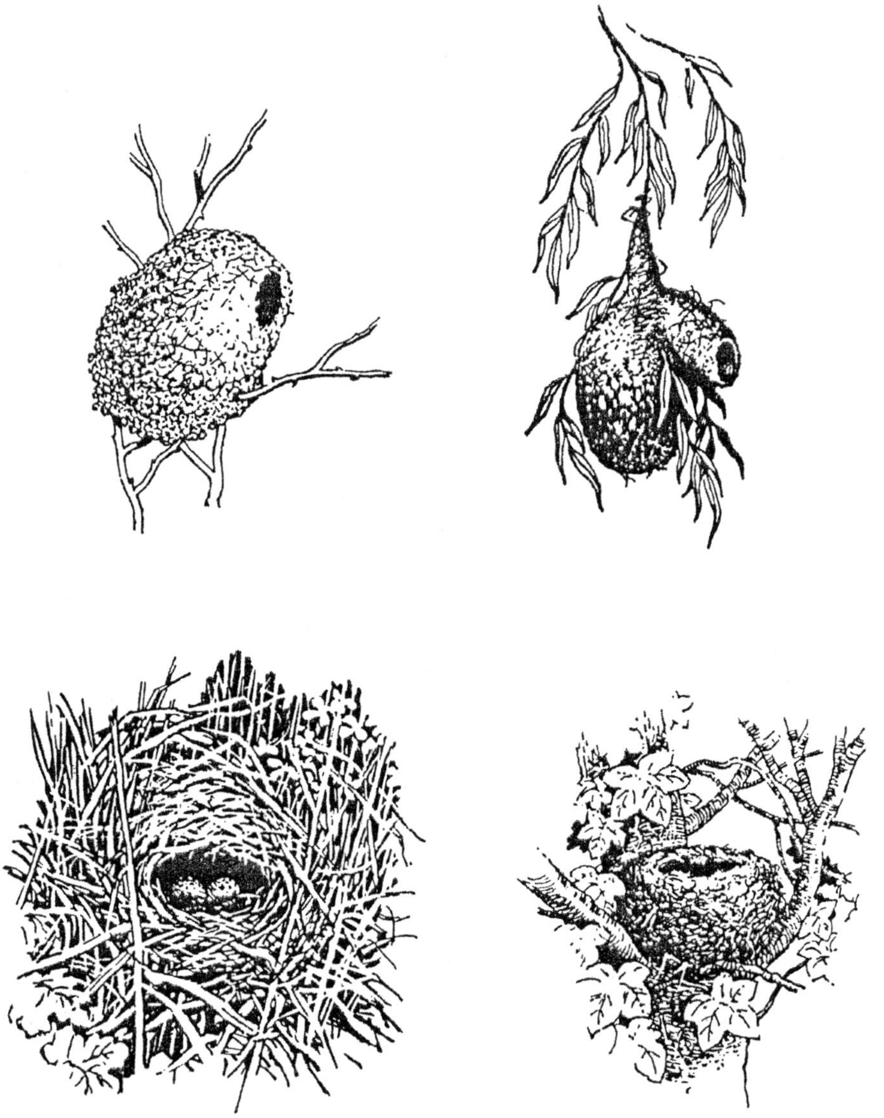

Abb. 1: Singvogelnester, von links nach rechts: Oben Schwanzmeise und Beutelmeise; Unten Fitislaubsänger und Buchfink.

den Gänsen, noch mehr bei den Schwimmenten, wird eine tiefe Kuhle als Nistnapf eingerichtet und mit viel Federflaum warm ausgestattet. Bei der kleinsten Gans, der sogenannten Brandente, bei der kleinen Schellente und den schnittigen Sägerarten aber ist der hochgradige Abschluss von der Außenwelt nötig; sie sind zu Höhlenbrütern geworden. Verlassen sie das Nest, so bedecken sie das Eigelege zusätzlich mit ihren weißlichen Daunenfedern (Abb. 2).

Das ganze Gegenteil sind die leiblich mächtigsten Vögel. Die Strauße legen ihre Eier schlicht in den freigekratzten Sandboden, ein Nestbau findet faktisch nicht statt. Schon der Jungvogel entwickelt sich so eigenvital, dass er sogleich nach dem Schlüpfen selbständig herumlaufen kann; sein großes Ei und sein eigener Körper ist ihm gleichsam sein eigenes Nest. Diese sogenannten Nestflüchter finden sich somit durchweg bei den Vogelgruppen mit großleibigen Formen. Die hochstehenden Vögel hingegen, eben die Singvögel, kommen erst halbentwickelt, gleichsam noch im Fötalzustand, aus dem Ei und brauchen als Nesthocker die besondere Geborgenheit des leibergänzenden Nestes oder der Höhle, denn der eigene Leib wird nie zur völligen Hülle.

Zu den rätselhaftesten Verhaltensweisen der Vögel gehört der Vogelzug. Von Europa aus fassen wir ihn zumeist als Flucht in den warmen Süden auf, wenn das kalte Winterhalbjahr naht. Warum aber kommen sie dann wieder zurück? Am 30. April 1983 waren in diesem Jahr die Mauersegler als letzte Zugvögel eingetroffen und mit ihrem heiseren, hohen Geschrei über den Großstädten wieder erstmals zu hören und zu sehen. Sie sind so extrem an das Leben in der Luft gebunden, dass nicht nur die Nahrungsaufnahme ausschließlich in der Luft erfolgt, sondern sie auch im Flug über das Wasser trinken können, sich im Fluge paaren und die halbwüchsigen Jährlinge sogar nachts, in großen Höhen kreisend, schlafen können.

Von kunstvollem Nestbau kann allerdings bei ihnen keine Rede sein. Mit im Fluge aufgefangenen Halmen und Fäden wird immerhin in einem dunklen Loch unter Dachsparren oder ähnlichem eine Nestmulde hergerichtet, und darauf legt der Mauersegler seine Eier. Die geschlüpften Jungen werden rasch großgefüttert. Bald stürzen sich auch diese in den Luftraum, und schon Ende Juli wird keiner mehr zu sehen sein. Weg sind sie nach Afrika, wo sie neun Monate des Jahres zubringen und vielfach sogar das Kapland erreichen. Wieso dann der große Umstand, nur für drei Monate allein zum Brutgeschäft hierherzufliegen? Es ist durchaus nicht etwa ein größeres Nahrungsangebot, sondern es sind die längeren Tage, also der größere Lichtgenuss, der offensichtlich schon in den mittleren Breiten für den Vogel fühlbar wird. Die Verkürzung des Tages nach der Sommersonnenwende löst schon fünf Wochen später wieder

Abb. 2: Nester der entenartigen Vögel (Anseriformes), von oben nach unten Gänsesäger, Blässgans, Höckerschwan.

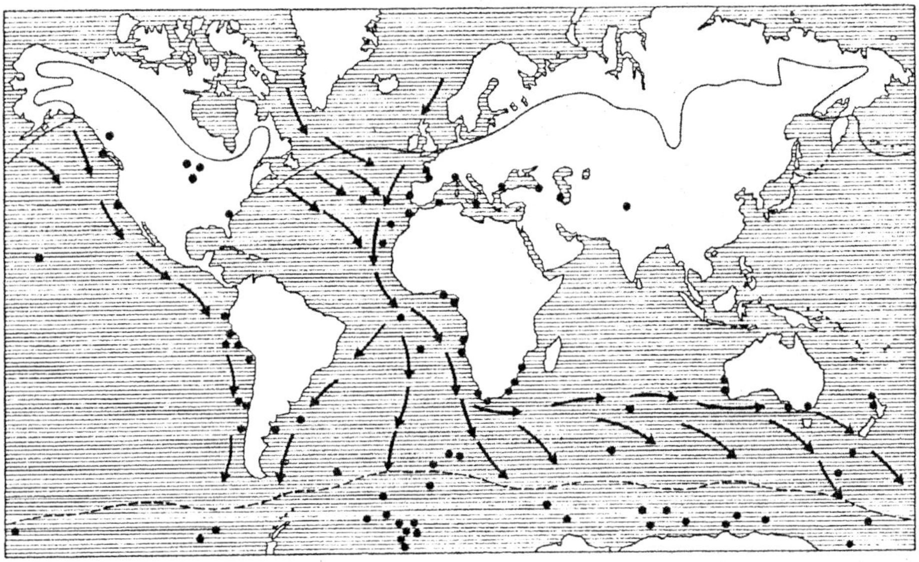

Abb. 3: Die Zugwege der Küstenseeschwalbe, die vom Nördlichen Eismeer bis in die Antarktis wandert. – = Südgrenze des Brutvorkommens, ---- = Nordgrenze des antarktischen Packeises.

den Zugtrieb zum Süden aus, obgleich im August bei uns Wärme und Nahrung doch zunehmen.

Die meisten Zugvögel ziehen aus Lichthunger! In manchen Großstädten bleiben einzelne Stare den Winter über da, weil die nächtliche Lichtreklame im Herbst den Zugtrieb nicht aufkommen lässt. Das kann man in jedem Winter am Stachus (Karlsplatz) inmitten von München beobachten. Das vollkommene natürliche Beispiel ist die Küstenseeschwalbe, die bei uns an der Nord- und Ostsee brütet, darin aber im hohen Norden bis zum nördlichen Eismeer reicht. Im Spätsommer und Herbst fliegt sie erst zum Äquator und dann weit über ihn hinaus in den Südsommer. Dort im Packeisgebiet vor den Küsten der Antarktis genießt sie erneut die extrem langen Tage des Lichtes, während derweil in weiten Teilen ihres Brutgebietes die Polarnacht herrscht. Ein halbes Jahr später kehrt sie wieder in den nördlichen Polarsommer, der ja zugleich der monatelange Dauertag ist, zurück. 17000 km fliegt dieser Vogel jährlich, nur um zum größten Lichtgenuss zu kommen (Abb. 3).

Der Ornithologe Bent schreibt dazu: «Die Küstenseeschwalben erleben mehr Stunden mit Tages- und Sonnenlicht als jedes andere Lebewesen auf der

Erde. An ihrem nördlichsten Nistplatz ist die Mitternachtssonne bereits aufgegangen, bevor die Seeschwalben angekommen sind, und sie geht nicht unter, solange die Vögel sich an ihren Brutplätzen aufhalten. Während die Seeschwalben zwei Monate in der Antarktis verweilen, sehen sie keinen Sonnenuntergang, und die übrige Zeit taucht die Sonne nur ein wenig unter den Horizont, während es die ganze Nacht hindurch hell bleibt. Die Vögel erleben daher vierundzwanzig Stunden Helligkeit für mindestens acht Monate im Jahr und während der anderen vier Monate beträchtlich mehr Licht als Dunkelheit.»[2]

Die nordischen Vögel verdienen so eine besondere goetheanistische Beachtung. Sie demonstrieren am augenfälligsten das Lichtwesen des Vogels. Sechs Singvogelarten fallen in Nordskandinavien sofort auf: die Schneeammer, die Spornammer, der Bergfink, der Birkenzeisig, die Ohrenlerche und die Wacholderdrossel. Sie alle sammeln sich zu geballten Zugscharen, wenn die Jungen flügge geworden sind. Aber nicht nur auf dem Zug in den Süden, sondern auch in den Sommergebieten ist die scharenweise Gruppenhaftigkeit für viele nordische Tiere typisch. Man denke nur an die großen Scharen der Alken, Lummen, Dreizehenmöwen, Krähenscharben und anderen an den nordischen Vogelfelsen, die sie früher zu Millionen mit Geschrei überzogen haben und es heute noch zu Hunderttausenden tun, wenn Naturschutz besteht.

Die Gruppenseele offenbart sich in der Arktis viel stärker als anderswo. Die hochnordische Prachteiderente lebt, sowie das Brutgeschäft vorbei ist, in kleinen Trupps, deren Mitglieder alles gemeinsam machen. Sie gründeln gemeinsam, holen gemeinsam zugleich wieder Luft, schlagen die Flügel gemeinsam, tauchen gemeinsam wieder unter, putzen sich, ruhen und fressen gemeinsam in einer viel stärkeren momentanen Abstimmung untereinander, als wir es bei unseren heimischen Wildenten beobachten können.[3]

Ähnliches gilt auch für viele hochnordische Säugetiere. Keine Hirschart ist so gesellig wie die Rentiere mit ihren dunklen sanften Augen, die besonders im nördlichen Kanada noch in großen Scharen ganz in der Gruppe aufgehen. Auch die Moschusochsen, die Walrosse, ja die Wale selbst, ziehen das Herdenleben dem Einzelgängertum vor. Eine Ausnahme bildet der Eisbär, das einsamste Tier der Erde. Er wandert allein über die riesigen Einöden des nordischen Packeises, Jahr um Jahr, und nur zur Paarung oder bei der Jungenaufzucht wird dieser Zustand wie ausnahmsweise unterbrochen.

Der Gruppencharakter kulminiert in der nordischen Natur auch innerhalb der Pflanzenwelt. Je näher wir dem Nordkap kommen, desto mehr nimmt zwar die Anzahl der Pflanzenarten ab, aber desto mehr vervielfältigen sich die dortigen Pflanzen. Nur wenige Baumarten, wie die Birke, Fichte, lappische Kiefer und Lärche, kommen hier noch aus. Sie aber bilden zu Myriaden Exemplaren den subarktischen Baumgürtel an der Baumgrenze von Europa, Sibirien und Nordamerika. Birken, Birken und noch einmal Birken, durchsetzt mit Fichten und gelegentlich auch mit Zitterpappeln und Wacholdergebüsch beherrschen die Taiga.

Wo der Wald an sein Ende kommt, verbleiben die Moore. Sie werden von wenigen Moosarten (Torfmoosen = Sphagnum) und Zwerggehölzen (Zwergbirke, Polarweide, Moosbeere, Rosmarinheide usw.) flächenmäßig bestimmt. An die Stelle der Artenfülle ist die Individuenfülle weniger Arten getreten. In unbegrenzter Wiederholung abstrahiert hier die Natur von ihrer sonstigen Vielfalt und artikuliert das reine Urgesetz des Ätherischen: die ewige Wiederholung des Ähnlichen.

In unseren mittleren Breiten herrschen ausgewogene Verhältnisse vor. Den vollen Gegensatz finden wir erst im tropischen Regenurwald. Viele Bäume ähneln sich zwar auch dort äußerlich, ja haben oft gleiche Blattformen, so mit ausgezogener Träufelspitze. Wenn aber der Kenner sich an die Identifikation der Arten macht, stößt er auf eine uferlose Vielfalt. Lassen wir hier Ernst Haeckel zu Wort kommen. Er machte 1900 eine Tropenreise in die südostasiatische Inselwelt, wo er begeistert die dortige Pflanzen- und Tierwelt zeichnete, malte, studierte und sammelte. Er schreibt:

«Was dem Europäer beim ersten Eintritt in den tropischen Urwald am meisten auffällt, ist die außerordentlich große *Zahl und Mannigfaltigkeit der Arten*, die ihn zusammensetzen. Bei uns in Europa finden wir vorwiegend reine Waldbestände; unsere schönen Buchenwälder sind aus einer einzigen Buchenart gebildet, die Fichtenwälder aus einer Fichtenart usw.; und selbst in unseren gemischten Waldbeständen sind meistens wenige Arten ganz vorherrschend, hinter denen die zwanzig oder dreißig anderen, einzeln dazwischenstehenden, völlig zurücktreten. Hier in dem tropischen Urwald dagegen beträgt die Zahl der verschiedenen holzigen Baumarten oft über tausend, und diese sind so bunt durcheinandergemischt, dass man oft nach wenigen Schritten ein Dutzend anderer sieht und lange suchen kann, bis man ein zweites Exemplar von ein- und derselben Art findet.»[4] – In der tropischen Landschaft spezifiziert sich die Natur, in der arktischen Landschaft generalisiert sie das wenige, das ihr bleibt.

Darwin hatte davon noch nichts bemerkt, als er auf seiner Weltreise als junger Mann auf den Galapagos-Inseln, dicht unter dem Äquator, tausend Kilometer vor der südamerikanischen Küste landete. Er bemerkte zwar sofort, dass nahezu jede Insel dieses Archipels eine eigene Landschildkrötenrasse und eigene Echsenarten besaß. Er sah das aber nur als die Folge der fehlenden Vermischung durch die Isolation. Die extreme Spezifikation auch der verschiedenen Darwinfinken-Arten, selbst auf der gleichen Insel, ist so aber nur in Äquatornähe anzutreffen. Auf arktischen Inselgruppen hätte er so etwas nicht entdecken können.

Wenige Wochen vor Weihnachten 1982 flogen durch Süddeutschland kleine Trupps nordischer Bergfinken, wie sie in jedem Winter bei uns auf ihrem Wege zu den Mittelmeerländern durchziehen (Abb. 4). Von Silvester und den ersten Januartagen an steigerten sich diese Züge zu regelrechten «Lindwürmern» riesiger langgezogener Schwärme. Eine Hundertschaft nach der anderen zog zum Beispiel vormittags eine Stunde lang ununterbrochen am Südrand Stuttgarts nach Osten, um am Nachmittag das gleiche Schauspiel in westlicher Richtung vorzuführen. Zwischendrin ließen sie sich am Boden der umliegenden Wälder nieder. Der Herbst hatte eine reiche Bucheckerntracht gebracht. Diese beliebte Nahrung klopften sie auf, flogen aber scheu davon, wenn man sich ihnen näherte. Das Jahrhundertereignis ging bald durch die Presse. Was hatte es damit auf sich?

Der Bergfink hat etwa die Größe unseres Buchfinken, jedoch eine auffällig weißliche Unterseite und einen weißen Bürzel. Kehle und Schultern sind rotbraun gefärbt; die Flügelunterseite sogar mit einem leuchtenden Gelb geziert, das im Sitzen versteckt wird. Die Weibchen haben einen blassgrauen Kopf, die Männchen einen schwarzgescheckten im Winterkleid, einen tiefschwarzen im Brutkleid.

Offensichtlich im Zusammenhang mit der Bucheckernmast verblieben die Finken drei Monate im Stuttgarter Raum. Bald entdeckten Ornithologen westlich von Stuttgart im Hölzertal bei Magstadt den Schlafplatz. Eine gute Stunde vor Sonnenuntergang, etwa von 16 Uhr an, zogen die vielen kleinen, tags getrennt herumschweifenden Trupps sich zusammen und steigerten sich zu Tausenden, Zehntausenden, Hunderttausenden, ja zu mehreren Millionen, die in wunderbaren Flugspielen auf- und niederbrausten, hin- und herschwenkten und die reinste Lufteurythmie vorführten (Abb. 5). Einmal weitete sich die Finkenwolke und dehnte sich locker in die Breite. Im nächsten Augenblick zog sie sich antipathisierend wieder eng zusammen, stürzte geschlossen abwärts, drehte die Flugrichtung, sauste in die Höhe, lockerte sich wieder auf, zog sich in die Länge und ballte sich bald wieder zusammen. Kein Vogel stieß den anderen an. Alle flogen in voller Geschwindigkeit mit vollkommener Abstimmung in nahezu gleichzeitiger gegenseitiger Wahrnehmung.

Die Massenansammlung zog die Raubvögel der weiteren Umgebung heran. Turmfalke und Sperber, Habicht und sogar der Wanderfalke und einmal eine Weihe tauchten auf. Die plumpen Mäusebussarde kreisten zahlreich darüber

Abb. 4: Das Männchen des Bergfinks (Fringilla montifringilla).

Abb. 5: Flugspiel der Bergfinken bei Sonnenuntergang über dem Schlafplatz.

hin und konnten nur hungrig zusehen; sind sie doch zu schwerfällig, um im Fluge einen Singvogel zu erhaschen, auch wenn sie es zunächst Falke, Sperber und Habicht nachzumachen versuchten und Sturzflugangriffe flogen. Nachts erschienen auch noch Waldkauz und Waldohreule am Schlafplatz, um sich zu versorgen.

Wenn die Dämmerung einbrach, fielen die Finkenscharen brausend in einem kleinen Eck des Waldes auf Buchen und Fichten ein und kamen langsam zur Ruhe. Nicht aber mit der Lautgebung. Ein ununterbrochenes Zwitschern erfüllte die ganze Nacht; kein *einzelner* Ton war mehr zu hören. Wie man bei einem Wasserfall einen einzelnen Tropfen nicht mehr heraushört, so verbrachten die Bergfinken wohl mehr halbwachend als schlafend, eingebettet in den selbstproduzierten Wasserfall ihrer Zwitschertöne, die Dunkelheit. Morgens mit Anbruch der Dämmerung erhob sich der Riesenschwarm und verstreute sich in zahllosen kleinen Trupps im Umkreis von 50 Kilometern zwischen der Schwäbischen Alb und dem Schwarzwald, um am Abend wieder genau zur gleichen Waldecke zurückzukehren. Boden und Stämme waren nach jeder Nacht weiß bedeckt von Kot. Das ganze Waldstück roch nach Hühnerstall. Kommt daher der Ausdruck «Schmutzfink»? Sie setzen sich so übereinander, dass keiner den unteren mit seinem Kot bekleckert. Der Name passt doch nicht.

Nach einem Monat wurde der abendliche Schwarm lichter. Bald wurde ein zweiter Schlafplatz in einem Wald in der Nähe von Grafenberg, am Fuße der Schwäbischen Alb, entdeckt; er wurde den Februar über benutzt. Dort steigerten sich die Vogelmassen bis zu sechs Millionen! So etwas hat man zwar in der Schweiz seit 1900 insgesamt schon sieben Mal erlebt. 1977/78 sollen es im Schweizer Jura bei Liestal 30 Millionen Tiere gewesen sein; fast die gesamte europäisch-asiatische Population muss dort versammelt gewesen sein. Aber für Baden-Württemberg war die diesjährige Bergfinken-Invasion ein erstmaliges Jahrhundert-Ereignis.

Ein Kind, das die abendlichen Vogelwolken miterlebte, fragte: «Wer von den vielen Vögeln ist denn der Anführer?» Antwort: «Keiner!» – «Aber einer muss doch den Weg wissen?» – «Nein, erst viele zusammen wissen ihn.» Selten konnte man so eindrücklich, geradezu sinnlich-anschaulich die Gruppenseelenhaftigkeit des Tieres erleben. Jeder Laut, jeder Schwenk im Flug beim abendlichen Sammeln aus allen Richtungen der Windrose drückte es aus: Der Einzelvogel ist nichts, der Gruppen-Schwarm ist alles. Was für den Menschen die geistig-tödliche Gefahr des Massenkollektivismus ist, hier beim Tier ist er gesund und normal, weil aufgehoben in der willkürfreien Weisheit der tierischen Gruppenseele, die ihr eigener Geist ist.

In der letzten Februarwoche gesellten sich am abendlichen Schlafplatz noch

50.000 Stare hinzu und nächtigten zwei Wochen lang mit den Finkenschwärmen auf denselben Schlafbäumen. Gerade eben von ihren nahen Überwinterungsgebieten südlich der Alpen als erster Zugvogel zurückgekehrt und nun mitgerissen von der Gruppenstimmung der Finken, genoss die eine Gruppenseele die andere. Um den 7. März, als mildes Wetter einbrach, wandten sich die Bergfinken wieder dem Norden zu und überließen den schwäbischen Raum den Staren.

Im alten «Brehm» finden sich Angaben von Masseninvasionen der Bergfinken im letzten Jahrhundert. Alle zwei bis fünf Jahre seien sie an ihren Schlafplätzen besonders bei Ortschaften in der Rheinpfalz erschienen. In Bergzabern hatte sich der Brauch entwickelt, nachts die Finken mit Blasrohren massenhaft von ihren Schlafbäumen zu schießen und sie gebraten zu verzehren. Was wir in unserem Jahrhundert noch erleben, ist ein geschmälerter Rest der früheren Verhältnisse.[5]

Die Bergfinken werden hoffentlich auch in Zukunft jedes Jahr wieder bis Nordafrika fliegen. Aber zu Beginn dieses Jahres haben sie besonders vorgeführt, dass sie ein Stück Leben aus dem hohen Norden sind. Sie brüten in den Birkenwäldern der Taiga in kleinen Gesellschaften ohne paarweis abgegrenzte Reviere. Damit im Zusammenhang bleibt der Gesang der Männchen unscheinbar, im Gegensatz zu unserem schmetternden Buchfink. Das Nest ähnelt dem des Buchfinks, ist aber größer und tiefer gebaut! In all dem kommt der nordischere Charakter des Bergfinken in seiner sensitiveren Gruppenseelenhaftigkeit zum Ausdruck. Nordfink müsste der Bergfink heißen.

Dort in der klaren Luft der lichterfüllten Landschaft, in ihrer jugendfrischen Pflanzenwelt, ist der Kosmos näher der Erde. Polarlichter hellen die Nächte auf, die dünne Atmosphäre lässt Sonne, Mond und Sterne viel unmittelbarer einwirken. In der nördlichen Landschaft vermeint man am Himmel direkt in den Kosmos hineinzublicken. In den Tropen mit der um mehrere Kilometer dickeren atmosphärischen Lufthülle, den nahezu täglichen Gewittern und der glühenden Brutofenwärme entwickelt der Erdorganismus hingegen sein Eigenleben.

Wenn die Zugvögel der Erde in den wärmeren Gegenden eintreffen, bringen sie ihr Wesen von den kühlen, lichtdurchfluteten, polnahen Gegenden der Erde mit. Um aber an den Ursprung ihrer Entstehung zu kommen, fliegen sie wieder in die höheren Breiten, um der nächsten Generation ins Leben zu helfen, das seelisch aus dem Kosmos stammt.

Oft greift der Dichter noch prägnanter, als die Prosa es kann. Christian Morgenstern brachte in einem kleinen Gedicht[6] ins Wort, wie das Seelenleben des Singvogels noch nicht ein innerlich-eigenes, persönliches ist:

«Im Baum, du liebes Vöglein dort,
Was ist dein Lied, dein Lied im Grund?
Dein kleines Lied ist Gotteswort,
Dein kleiner Kehlkopf Gottes Mund.

‹Ich singe› singt noch nicht aus dir.
Es tönt die ewige Schöpfermacht
Noch ungetrübt in reiner Pracht
In dir, du kleine süße Zier.»

Dieses offenbare Geheimnis des Vogelwesens deutete Rudolf Steiner in einem Vortrag aus dem Jahre 1907 an. Er machte darauf aufmerksam, wie dieses überindividuelle Seelische des Vogels ihn noch Glied der ganzen Erde sein und ihn so zum Zugvogel werden lässt:

«Wir haben gesagt, dass die Vögel ein Geschlecht sind, das auf einer früheren Stufe der Entwickelung stehengeblieben ist. Sie wissen, dass der eigentliche Fortschritt auf der Erde erst begann in dem Zeitpunkt, als sich der Mond von der Erde abtrennte. Früher, als die Erde noch mit dem jetzigen Monde zusammen einen Himmelskörper bildete, den sogenannten Erden-Mond oder die Mond-Erde, da bewegte sich dieser Körper um die Sonne in einer bestimmten Bahn und in einer gewissen Zeit, indem er ihr stets eine Seite zuwendete. In dieser Zeit wanderten alle Lebewesen einmal um den Mond herum, um einmal die Sonneneinwirkung zu empfangen. Jener Zug um den Planeten hat sich heute noch erhalten im Vogelflug, weil die Vögel damals, bevor das Ich in die Erdenentwickelung eintrat, sich abgespalten haben von der fortschreitenden Entwickelung auf der Erde.

Etwas anderes ist noch viel merkwürdiger. Mit der fortschreitenden physischen Entwickelung des Menschen und der höheren Tiere hat sich das Geschlechtliche des einzelnen Leibes bemächtigt. Jene Begierde, die im einzelnen Leibe sitzt, die heute ganz im Geschlechtlichen lebt, war vorher dort nicht vorhanden, sie war eine kosmische Kraft. Dem alten Erden-Monde strömte sie von der Sonne zu. Sie war die Ursache jener Umgänge um den Planeten, mit denen die Art zusammenhing, wie sich die Fortpflanzung vollzog. Der Frühlingszug der Vögel ist in Wirklichkeit nichts anderes als eine Art Brautzug. Bei diesen Wesen ist das Geschlechtliche noch in der Umwelt, und die kosmische Kraft ist die dirigierende Macht, die den Zug von außen lenkt und leitet, während bei den anderen Wesen diese Kraft eingezogen ist in die einzelnen Leiber. Dieselben Kräfte, die im Innern des Menschen, in seinem Leibe wirken, wirken auch im äußeren Makrokosmos. Dieselbe Kraft, die Mensch und Mensch zusammenführt, die im Leibe des Menschen als Geschlechtskraft wirkt, wirkt bei der Vogelspezies nicht im Innern der Wesen, sondern von außen und drückt sich in dem äußeren Zuge der Vögel um den Planeten aus.»[7]

So ist der Vogel kosmisch-keusches Urbild für das, was sich im Menschen aus dem Weltzusammenhang abgetrennt hat und das wieder suchen möchte, was der Vogel nie verlor.

Vom Geist in der Natur – Lebenskreis und Lebensumkreis des Mondhornkäfers

Unserer herkömmlichen Naturwissenschaft verdanken wir vieles: Förderliches wie Abträgliches. Etwas Förderliches ist in jedem Fall die Tatsachenfülle, die sie durch aufwendige, gründliche Beobachtung zusammengetragen hat. Abträglich ist manches an interpretatorischer Einseitigkeit, die sich mehr aus historisch übertragenen Bewusstseinseinstellungen ergeben hat als etwa durch die Natur selbst und die die heutige Umweltmisere letztlich mitverursacht hat. Vieles am Allgemeingültigkeitsanspruch riecht immer noch nach säkularisiertem Mittelalter, zwar säkularisiert, aber unterschwellig eben doch noch unüberwundener Anthropomorphismus.

Eine solche unterschwellige interpretatorische Einseitigkeit ist die Art, wie heute die Systematik evolutiv gewertet wird. Bei der Aufstellung von Zuordnungen der jeweiligen Pflanzen- und Tierformen untereinander in Arten, Gattungen, Familien, Ordnungen etc. achtete man allein auf die *Homologien* der vergleichenden Morphologie, Physiologie und Verhaltenslehre und deutete sie seit Lamarck, Darwin und Haeckel als *evolutiv* gewachsene Verwandtschaftsgrade. Die Stammbäume, heute alle zu Stammsträuchern geworden, reihen die evolutiven Linien entlang solcher Homologien. Alle Konvergenzen galten als nebensächlich und wurden mit Namen wie Scheinfrüchte, Scheinblüten, Scheinblätter etc. nur als morphologische Täuschungen, die die Homologien verfälschen, abgetan. Im Botanischen Garten kann man dann die Angehörigen einer Pflanzenfamilie, *erst richtig* sortiert, künstlich zusammengepflanzt wachsen sehen.

In der freien Natur aber gibt es das nicht. Hier gehören Pflanzen und Tiere der unterschiedlichsten Verwandtschaftslinien zusammen, und zwar, bei näherem Zusehen, physiologisch viel enger, als was der systematische Garten oder Zoo zusammengestellt hat. Bäume können nicht ohne Pilze, die Kühe nicht ohne die Nektarhefe und die sie übertragenden Hummeln leben, der Mensch nicht ohne Darmbakterien. Diese Symbiosen und Biozönosen haben eine viel engere evolutive Gemeinsamkeit, als die biologische Systematik und die auf ihr aufbauende, bisherige Deszendenztheorie vorweisen kann. Erst die endlich aufgebrandete Umweltdiskussion hat wieder bewusstseinsbildend dafür gewirkt, dass Biologie noch viel mehr Biologie der Lebensgemeinschaften als nur des Einzelorganismus sein muss. Die Vorstellung von der Individualität des Einzelorganismus ist bei näherem Zusehen eine anthropomorphe Verkürzung, mit der das hochindividuelle Bewusstsein des Menschen unzulässig seine eigene psychische Abgrenzung erst auf seine Leiblichkeit und, darüber weit hinaus, auf alle anderen Organismen überträgt. Die Biozönosen hingegen selbst als Organismen anzusprechen ist weit sachgemäßer, wenn auch immer noch ungewöhnlich; man lese nur die wertvollen Beiträge von Andreas Suchantke über den Gesamtorganismus des afrikanischen oder des südamerikanischen Kontinents.[1] Zumeist aber erst dann, wenn wir genügend davon zerstört haben, schlägt das wissenschaftliche Gewissen und erwacht die Denkbereitschaft. So ist man zwar heute zunehmend bereit, auch die sogenannte «Co-Evolution»[2] zu diskutieren, – wenn nur dabei die Denkgewohnheiten nicht von egozentrischen Anthropomorphismen weiterhin wimmeln würden! Da ist von «zwischenartlicher Konkurrenz», «Ernährungsstrategien», «Ausbeutung», von «Abwehrvorrichtungen», «Fitness» und «ökologischer Lizenz» die Rede. Es menschelt dabei erheblich. Nicht dass der Mensch in seinen Denkvorgängen sich selbst eliminieren kann, aber er muss selbst dabei seine geistige Tätigkeit objektivieren können und erkennen, welche «Scheinblüten» solche unreflektierten Denkbewegungen und militaristischen Wortgebräuche, recht zeitbedingt, darstellen. Er kann und sollte sich heute vielmehr die beobachtbaren Abhängigkeiten und Freiheiten seines Denkens von seiner eigenen biologischen Leibesgrundlage klarlegen. Daran würde das eigentümliche Verhältnis von geistiger Befähigung und biologischen Erscheinungen differenziert einsichtig. Dann aber wird auch der Geist in der Natur erkennbar werden. So soll im Folgenden die enge evolutive Verbindung von Huftieren, Insekten und der Pflanzenwelt in einigen Einzelheiten so verfolgt werden, dass etwas von dem in ihnen tätigen Geist beschreibbar wird. Daraus wird auch ein näheres Verständnis eines biologisch-dynamischen Präparates zu gewinnen sein.

Dung- und Aaskäfer

Auf der anderen Seite der Erde, in Australien, gibt es von Natur aus keine höheren Säugetiere. Rinder, Pferde, Kamele, Schafe, Ziegen, Hunde, Katzen, Kaninchen und Ratten wurden erst durch den Menschen eingeführt. Und auch er selbst ist sicherlich nicht auf diesem Kontinent entstanden. Es ist wohl allgemein bekannt, dass zwar noch nicht der australische Mensch und der von ihm mitgebrachte Dingo-Hund, aber seit dem letzten Jahrhundert die eingeführten Huf- und Nagetiere die gewachsenen Lebensgemeinschaften des Landes erheblich aus dem Gleichgewicht gebracht haben. Die einheimische Pflanzen- und Insektenwelt und die Existenz der etwa einhundertfünfzig dortigen Beuteltierarten sind hochgradig bedroht, von den neuerlichen Herbiziden und Insektiziden des Menschen ganz zu schweigen.

Weniger bekannt geworden ist aber, dass man, um zu helfen, in den letzten Jahrzehnten bestimmte Insekten in Australien ausgesetzt hat, und zwar Käfer. Jedes der dortigen 25 Millionen Rinder produziert täglich etwa zehn Kuhfladen. Diese bleiben monate- oder sogar jahrelang auf den Weiden liegen und bedecken Tausende Hektar wertvollen Landes. Hinzu kommt, dass die Tiere das Gras rings um den Kot meiden, weil es ihnen zu stickstoffreich ist. Man schätzt, dass dadurch pro Rind jährlich etwa vierhundert Quadratmeter Weide verlorengegangen sind.

Eine weitere Auswirkung dieser Anhäufung eingetrockneten Dungs besteht darin, dass sich verschiedene blutsaugende Fliegen, die in ihn dann ihre Eier ablegen, massenhaft vermehren konnten und zu beträchtlichen Verlusten des australischen Viehbestandes geführt haben. Es handelt sich dabei in Nordaustralien um die Büffelfliege, im übrigen Erdteil um die Buschfliege.

Warum stellt der an sich so wertvolle Rinderdung seltsamerweise in der australischen Landschaft keinen natürlichen Dünger dar? Und andererseits: warum gibt es das beschriebene Umweltproblem nicht auch in klimatisch ähnlichen Zonen Afrikas mit seinen ursprünglich unermesslichen Huftierherden aus Zebras, Elefanten, Büffeln und Antilopen? Als Biologen diesen Fragen nachgingen, stellte sich als Antwort heraus: wegen den ungefähr eintausendachthundert afrikanischen Mistkäferarten, die dort unentwegt den Huftiermist unter die Erde bringen. Dadurch erst wird er zu Dünger, verhilft der Landschaft zu neuen Mistkäfern, zu besserem Wuchs der Weidepflanzen und ermöglicht damit das Großtierleben überhaupt erst. Verschiedene Käferarten lösen sich bei ihrer Verarbeitung der unterschiedlichen Bestandteile der Dungfladen in aufeinanderfolgenden Wellen ab, graben sie ein, lockern den Boden,

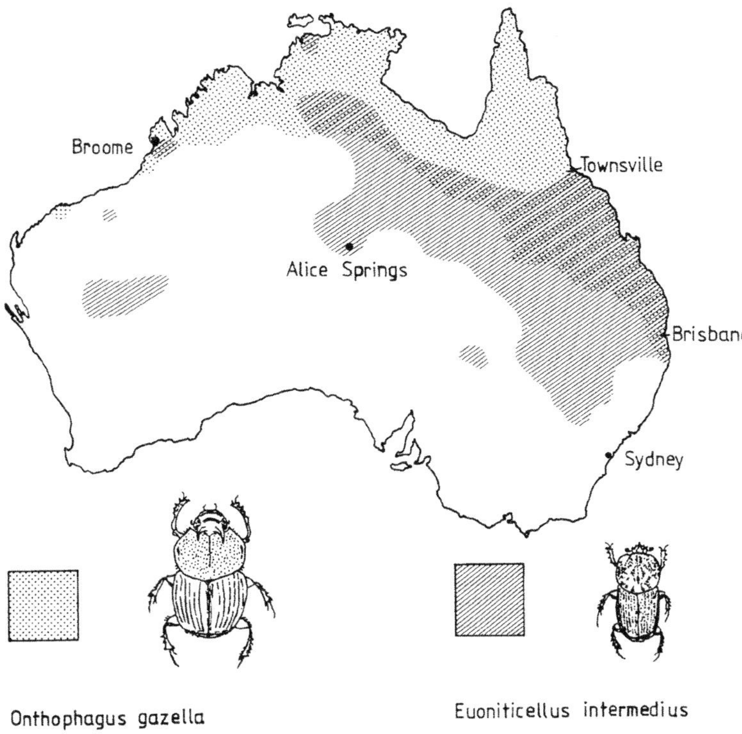

Abb. 1: Besiedlungsgebiet der afrikanischen Dungkäfer Onthophagus gazella und Euoniticellus intermedius 5 Jahre nach ihrer Einführung in NO-Australien.

verkompostieren den Dung und verlebendigen so den Boden neben der eigenen Eiablage und Brutpflege.[3] Spezifische Pflanzen, Insekten und Säugetiere gehören hier engstens ökologisch wie evolutiv zusammen. Ohne die entsprechende reichhaltige Ausbildung von Dungkäfern (Coprophaginen) wäre auch die artenreiche Huftierfauna Afrikas – allein siebzig Antilopenarten – nicht entstanden und umgekehrt.

Gibt es denn in Australien keine heimischen Dungkäfer? Durchaus, jedoch sind sie auf die australischen Säuger, die Beuteltiere, spezialisiert, welche durchweg außerordentlich harte, trockene, pillenartige Kotkügelchen ausscheiden. Die dort heimischen Käfer können sie aufbrechen und verwerten. Mit dem weichen, wässrigen Kot der importierten Huftiere können sie dagegen nichts anfangen.

Der ungarische Entomologe G. F. Bornemissza suchte nun in allen Erdtei-

Abb. 2: Unser Wald-Mistkäfer Geotrupes silvaticus; nat. Länge 1,8 cm.

len nach geeigneten Käfern für das australische Dilemma. Nach eingehender Aufdeckung ihrer Biologie konnte durch die Einführung der passenden Käferarten das durch die fremden Weidetiere gestörte biologische Gleichgewicht wiederhergestellt werden.[4] Es eignete sich dazu besonders erfolgreich der afrikanische Gazellen-Kotkäfer (*Onthophagus gazella*). Er wurde 1967 labormäßig in großen Massen gezüchtet und bei Townsville in Queensland/Nordaustralien ausgesetzt (Abb. 1). Die Käfer eroberten jährlich vierzig Kilometer Neuland. Kuhfladen werden dort heute in zwei bis drei Tagen unter die Erde geschafft. Die Büffelfliege kam so in Nord- und Ostaustralien zu 80 bis 100 Prozent unter Kontrolle.[5]

In Europa haben wir ursprünglich einheimische Huftiere und so auch speziell mit ihnen zusammenlebende Mistkäferarten. Schon beim ersten warmen Aprilwetter stakeln die schwarzblauen Wald-Mistkäfer (*Geotrupes silvaticus*) über die Waldwege (Abb. 2). Nimmt man einen dieser Käfer in die Hand und dreht ihn um, so zeigt er seine sonst gar nicht zur Schau gestellte Unterseite in herrlichem Ultramarinblau. Hält man ihn ans Ohr, so hört man ein deutliches Zirpen, das durch Gelenkbewegungen zwischen Brustteil und Hinterleib hervorgerufen wird, welche kleine, äußere Chitinzacken (Stridulationsorgan) anreißen. Säugetier-Exkremente kann er von weit her geruchlich orten und anfliegen, ebenso blutende Bäume, faulende Pflanzen und besonders auch verwesende Pilze. Es sind also eiweiß- und zuckervergärende Prozesse, die sie anziehen und deren Folgeprodukte sie eifrig verzehren.

Am liebsten nimmt diese Art Reh- und Hirschlosung an, heute aber vielfach auch menschliche Fäkalien in ortsnahen Wäldern. Unter solchen und anderen Kothaufen gräbt nun das gesättigte Pärchen gemeinsam eine bis 30 cm tiefe Röhre. In die Seitengänge wird in kleinen Portionen Mist eingetragen, wobei vorweg in das Kammerende je ein Ei gelegt wurde. Schlüpft die Made, so frisst sie sich an dem Dung groß – zumeist vom Sommer über den Winter, bis in der neuen warmen Jahreszeit die Jungkäfer an der Oberfläche erscheinen. Findet nicht sogleich die Paarbildung statt, so wird trotzdem Kot in die Tiefe gegraben, und zwar immer um vieles mehr, als selbst verzehrt werden kann.

Die verwandten Arten leben ganz ähnlich, nur dass der größere, dunklere Ross-Mistkäfer (*Geotrupes stercorarius*) (Abb. 3) mehr Pferdedung liebt, der ihm recht ähnliche Veränderliche Mistkäfer (*G. mutator*) den Kuhdung, der kleinere, metallisch blau-grün glänzende Frühlings-Mistkäfer (*G. vernalis*) Hasen- und Kaninchenkot und der seltenere Dreihorn-Mistkäfer (*Ceratophyus typhoeus*) (Abb. 4) den Schafkot, ohne jeweils streng darauf spezialisiert zu sein. Letzterer Käfer ist dadurch auffällig gestaltet, dass das Männchen drei waagerecht vorstehende, zugespitzte Hörner am Brustschild trägt, die dem Weibchen bis auf kleine Stümpfe fehlen. Mit dem Gestaltunterschied geht hier auch ein Unterschied im Verhalten der Geschlechter einher. So ist es das Weibchen, das den über einen Meter tiefen Brutgang gräbt. Das Männchen schafft die Erde auf seinen Hörnern hinaus und den Schafkot pillenweise herein. Das Weibchen knetet diesen durch und fügt ihn zu größeren Kugeln zusammen. Das Weibchen macht also die kraftmäßige Hauptarbeit, das Männchen mehr die Laufarbeit, vertreibt etwaige Feinde und bekämpft sich nähernde artgleiche Männchen. Alle diese unsere Mistkäfer sind aber nicht starr an die einzelnen Dungarten gebunden und gehen, wie schon gesagt, auch an sich zersetzende Pilze und faulende Früchte.

Das Bemerkenswerte dieser Käfer ist nun, dass sie komplizierte, durchaus aufwendige Vorsorge für ihre Nachkommenschaft betreiben, obgleich im Allgemeinen die Käfer keine sozialen Verhaltensweisen wie die Bienen, Wespen, Ameisen oder Termiten kennen. Bei den allermeisten unserer Käferarten wird das Weibchen nach der Paarung seine Eier in die nächste Nachbarschaft der passenden Futterquelle der künftigen Larve legen, bevor es dem Männchen nachstirbt, so unsere Bockkäfer ins Holz, der Maikäfer in den Grasboden, die Marienkäfer an Blattlauskolonien etc. Sieht man sich dagegen nach weiterreichender Brutfürsorge im Käferreich um, so stößt man merkwürdigerweise durchweg auf Arten, die besonderen Umgang mit verwesenden Substanzen pflegen.

Eine herausragende Gruppe dafür sind die Aaskäfer, insbesondere unsere *Totengräber-Arten* (zum Beispiel *Necrophorus germanicus* und *N. vespillo* als

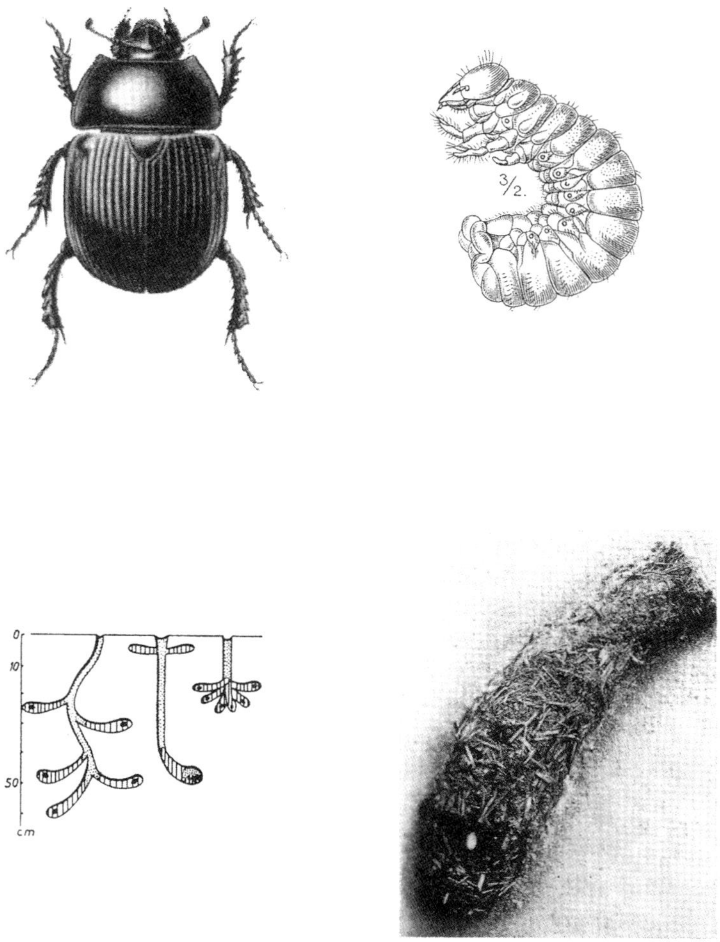

Abb. 3: Oben Ross-Mistkäfer (Geotrupes stercorarius) mit Larve 1,5x. Unten links Brutbauten verschiedener Arten, von links G. stercorarius, vernalis, spiniger. Unten rechts geöffneter Brutstollen mit Ei von G. stercorarius 0,5x.

die häufigsten von acht einheimischen Arten) (Abb. 5). Auch diese Gruppe ist für Käfer auffallend stimmbegabt. Sie können recht laut zirpen, haben sicherlich entsprechende Hörorgane, eine außergewöhnlich hohe Zahl von 30.000 Facettenaugen im Gesamtauge, können also recht scharf sehen und mit ihren keulenförmigen Fühlern ausgezeichnet riechen. Sie fliegen, angelockt durch

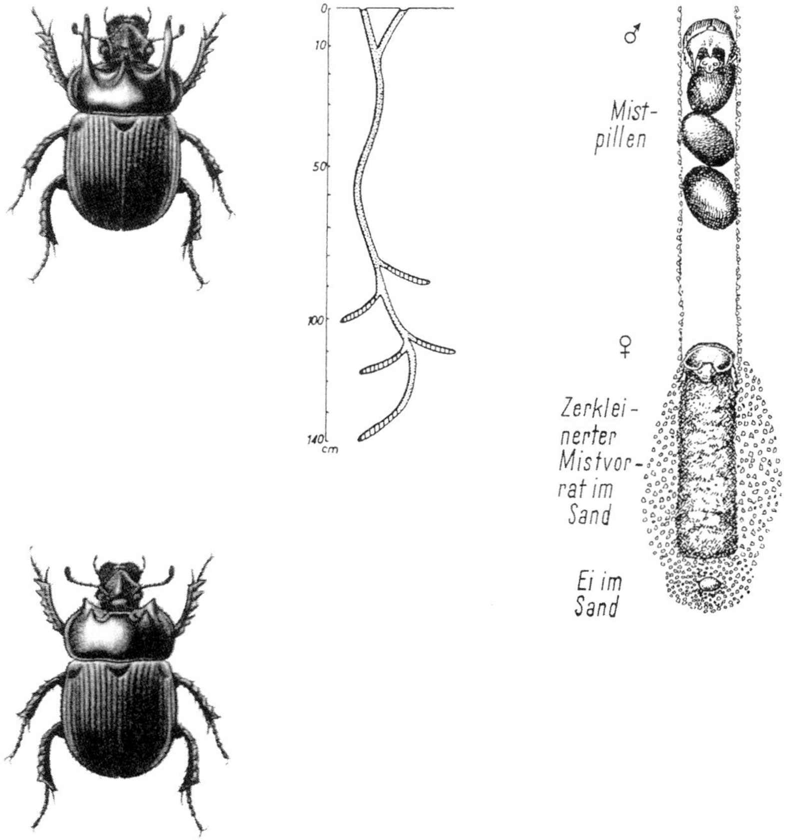

Abb. 4: Dreihorn-Mistkäfer (Ceratophyus typhoeus). Oben links Männchen, darunter Weibchen 1,5x, Mitte Brutbausystem, rechts gestaltlicher und verhaltensbiologischer Geschlechtsunterschied: das Männchen trägt die Mistpillen ein, das Weibchen stopft den Mist in die Seitenkammern nach der Eiablage.

den Verwesungsgeruch, jede Tierleiche an und fressen davon. Hat sich dabei ein Pärchen zusammengefunden, so wird jeder weitere Artgenosse gemeinsam vertrieben, so dass letztlich hier nur ein Paar mit der Grabarbeit beschäftigt ist. Zuerst wird der Graswuchs unter dem Aas weggeschoren und alle Wurzeln durchnagt. Bindet man den Kadaver (Maus, Vogel etc.) an einen Pflock an, so

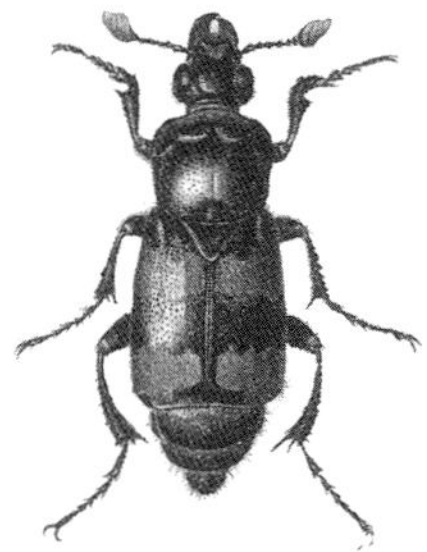

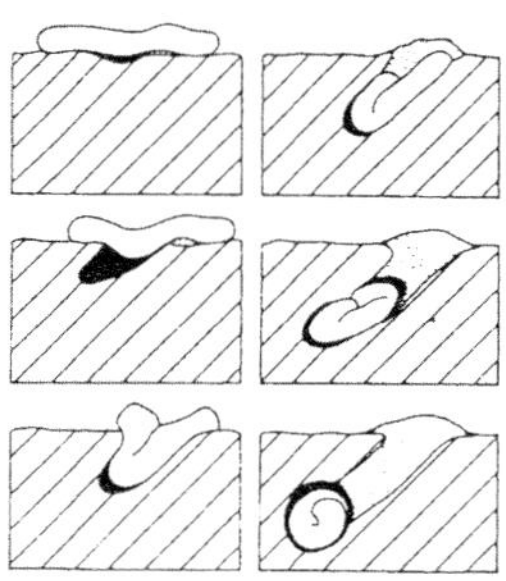

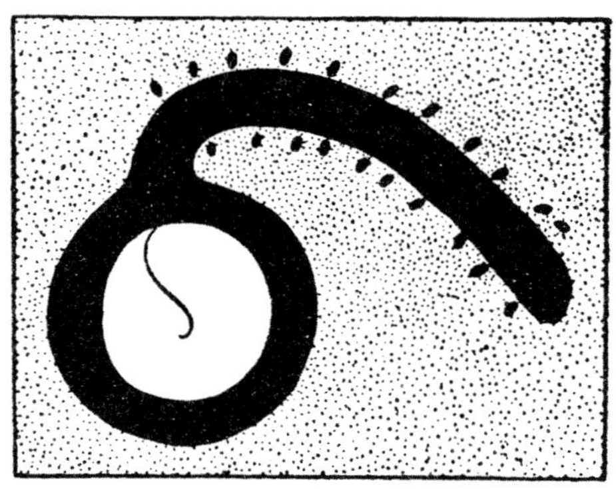

Abb. 5: Oben links Gemeiner Totengräber-Käfer (Necrophorus vespillo) 1,5x; daneben Sein Musikinstrument besteht aus 2 Reihen von etwa 130 feinen Rillen im Chitinpanzer der Oberseite des Hinterleibes; dagegen werden die Flügeldecken gerieben. 50x. Unten Einbringen einer Tierleiche in den ausgegrabenen unterirdischen Hohlraum, daneben Aaskammer mit eingerolltem Kadaver, die abgelegten Eier entlang dem waagerechten Seitengang.

Abb. 6: Oben Kleiner Mondhornkäfer (Copris lunaris) 1,5x. Unten Spanischer Mondhornkäfer (Copris hispanus) 2x.

wird die Schnur gesucht, gefunden und durchbissen. Unter dem Leichenkörper wird die Erde zur Seite geschafft. Die entstehende Mulde vertiefen sie zu einem schrägen Gang, der in etwa 15 cm Tiefe in einer runden Erdhöhle endet. Darin wird der Kadaver zu einer Kugel geformt. Haare oder Federn werden sorgfältig entfernt. Dann legt das Weibchen seine Eier in einem Seitengang in die Erde ab. Nach fünf Tagen schlüpfen die Larven. Sie finden ihre reichliche Nahrung in einer vom Weibchen geschaffenen kraterförmigen Öffnung der Aaskugel, die hier durch ausgespiene Verdauungssäfte vorverdaut wurde. Das Weibchen füttert die bettelnden Larven dabei sogar von Mund zu Mund, betreut und verteidigt sie. Durch zirpende Töne kann sie sie anlocken.[6] Die Verpuppung geschieht in der umgebenden Erde. «Bei keinem anderen Käfer kennt man einen so hochentwickelten Brutpflege-Instinkt.»[7]

Der Mondhornkäfer

Bei näherem Zusehen gibt es noch einen ähnlich begabten einheimischen Käfer, der wieder zur Gruppe der Mistkäfer (*Cophrophaginae*) gehört: der Mondhornkäfer (*Copris*) mit zwei Arten in Europa: der Kleine Mondhornkäfer (*Copris lunaris*) in Gesamteuropa und der Spanische Mondhornkäfer (*Copris hispanus*) in den Mittelmeerländern (Abb. 6). Ersterer kommt in ganz Deutschland, wenn auch nur noch selten vor; letzterer mag früher gelegentlich von Frankreich durch die Burgundische Pforte bis ins Elsass gelangt sein.[8] Der französische Insektenforscher Jean-Henri Fabre (1823–1915) war es, der die Lebensweise beider Arten in Frankreich aufdeckte.[9] Spätere Nachuntersuchungen in Jugoslawien ergänzten noch Einzelheiten.[10]

Beide Käferarten bevorzugen den Kuh- und Schafdung, gehen aber auch an die Hinterlassenschaften des Nichtwiederkäuers Pferd. Hat ein Käfer zum Beispiel einen Kuhfladen entdeckt, so gräbt er unter diesem einen schrägen, s-förmigen Gang bis in 10 bis 30 cm Tiefe und erweitert das Ende zu einer sehr geräumigen Höhle von etwa 7 bis 15 cm Länge, 7 bis 9 cm Breite und 4 bis 8 cm Höhe. Die klümpchenweise auf den Vorderbeinen nach oben gebrachte Erde verrät den Bau durch den an einen kleinen Maulwurfshügel erinnernden oberirdischen Erdhaufen. Unten werden die Wände vom Käfer sorgfältig geglättet. Beide Geschlechter können getrennt voneinander gleicherweise solche Baue herstellen. Danach wird dann der Kuhdung portionsweise nach unten geschafft und lange von dem Vorrat gelebt, ohne die Höhle derweil zu verlassen.

Findet sich ein Pärchen zusammen und findet die Paarung statt, so ändert sich beider Verhalten. Sie können dann auch gemeinsam den unterirdischen Bau anfertigen und bauen ihn nun viel sorgfältiger. Dann wird besonders gesichteter, feiner Dungstoff von beiden eingetragen und allein vom Weibchen zu einem großen Dungbrot zusammengeballt und geglättet. Beim Kleinen Mondhornkäfer bleiben Männchen und Weibchen weiterhin zusammen. Beim Spanischen Mondhornkäfer, dessen Geschlechter unterschiedlicher gestaltet sind, verlässt das großbehornte Männchen den Bau und überlässt die weitere Brutfürsorge und Brutpflege dem Weibchen. Dieses lässt das Dungbrot acht bis neun Tage ruhen, reifen und gären. Dann wird dieser Mini-Komposthaufen neu umgesetzt, und zwar bei der kleineren Art in 7 bis 8 (bis 13) Portionen, bei der südlicheren Art in 3 bis 4 (5) Portionen zerschnitten und zu birnenförmigen Gebilden geformt (Abb. 7). Das Muttertier weiß die Masse des Dungbrotes so aufzuteilen, dass kein Rest bleibt, sondern völlig gleichgroße Brutbirnen entstehen! Die Herstellung jeder Birne benötigt etwa vier Tage Arbeitszeit. Alle Birnen stehen senkrecht, jeweils mit der Spitze nach oben. In dieser wird Raum für die Eikammer gelassen. Immer wenn eine Brutbirne fertig geworden ist, wird sogleich ein und nur ein Ei in die Eikammer abgelegt und mit einer luftdurchlässigen Kappe verschlossen.

Die paarigen Ovarien der meisten Käferarten besitzen je vier Eischläuche. Beim Spanischen Mondhornkäfer ist nun ein Ovar völlig rückgebildet und vom anderen nur ein Eischlauch entwickelt, in welchem die wenigen Eier heranreifen, die im Vergleich zum Käfer sehr groß sind. Es werden nur so viele Brutbirnen vom Weibchen gebaut, wie Eier in seinem Ovar entstehen. Ähnlich ist bei den Vögeln nur das linke Ovar und der linke Eileiter ausgebildet, und ähnlich wie in einem Vogelnest liegen die Brutbirnen in der Nestkammer dieser Käfer.

Alles, was inzwischen berichtet wurde, ist Vorsorge für die künftigen Larven. Über diese Brutfürsorge hinaus geht nun noch die echte Brutpflege: Während im Inneren der Dungbirnen die Käfermaden ausschlüpfen und, wie der Vogelembryo vom Eiklar, hier vom zur Nahrung ausgereiften Dungkompost leben, ist das Weibchen fortwährend hilfreich tätig. Schimmelpilze werden weggefressen, eindringende Regenwürmer und Kurzflügelkäfer vertrieben, herabfallende Erde entfernt, beschädigte Brutbirnen repariert und der rechte Luft- und Feuchtigkeitsgrad eingerichtet. Die Möglichkeiten dieses Käfers sind also nicht wie bei den meisten Insekten nur starr angeboren, sondern zeigen eine erstaunliche Plastizität des Verhaltens gerade auch, wenn man das Brutgeschäft künstlich stört. Gibt man dem Weibchen verschimmelte Brutbirnen, so werden sie innerhalb einer Stunde gesäubert. Unentwegt bewacht der Mutterkäfer

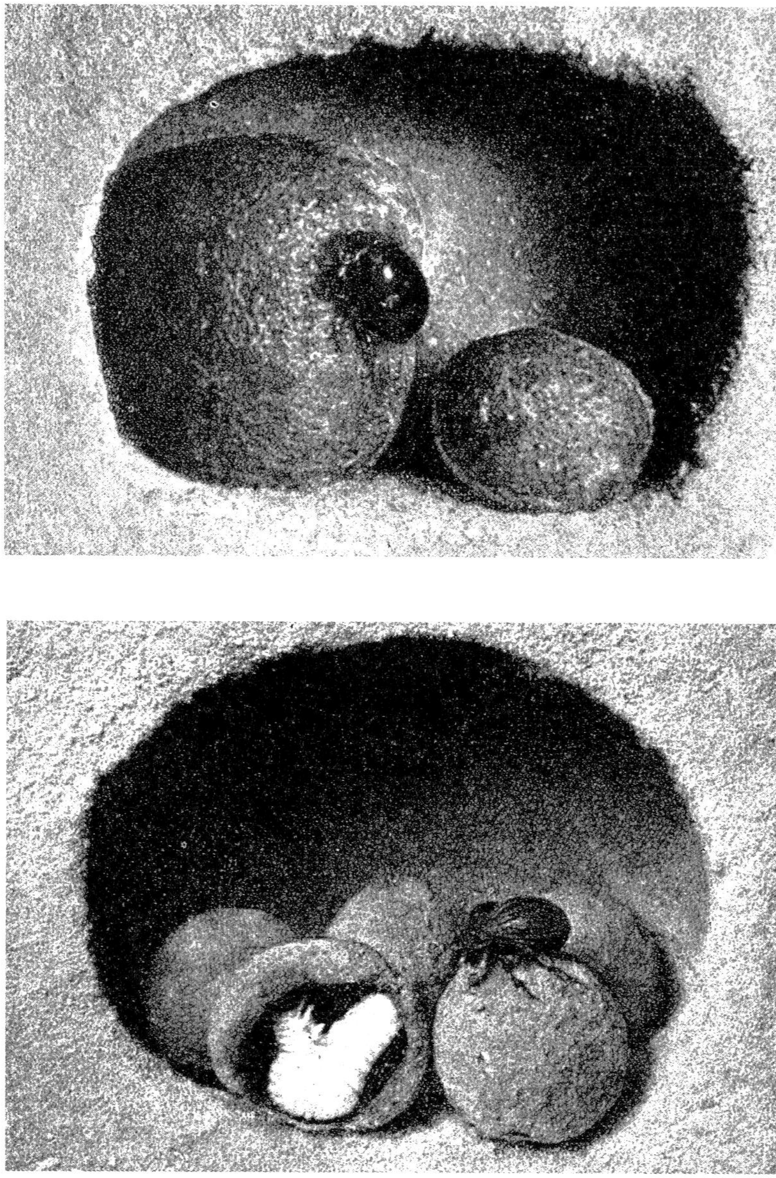

Abb. 7: Bruthöhle des Spanischen Mondhornkäfers. Oben Das Weibchen hat vom Dungbrot die erste Brutbirne abgetrennt. Unten Das Weibchen bewacht 5 Brutbirnen mit den sich darin entwickelnden Larven. Man beachte die Rückenverdickung derselben durch die Darmblindsäcke.

die Brutbirnen, tastet sie ab, hält sie feucht, weich und sauber und glättet sie. Er bemerkt trotz der herrschenden Dunkelheit sofort, wenn man eine künstliche Dungpille in das Nest zusätzlich einbringt. Das Tier knetet dann die Pille erst noch zur Brutbirne um und legt ebenfalls ein Ei hinein. Bei Störungen gibt es seine Erregung durch andauerndes Zirpen kund.

Die Brutperiode dauert von Juni bis Oktober. Die weißlichen Maden fressen sich zu dicklichen, gekrümmt in der Birne liegenden Engerlingen heran. Beim Durchbrechen der Birnenwand beteiligen sie sich mit an der Reparatur, indem sie das Loch mit dem eigenen Kot verstopfen. Auffällig ist eine buckelige Auswölbung der Rückenpartie. In ihr liegen sackartige Ausstülpungen des Darmes, in denen eine reiche Bakterienflora insbesondere von Zellulosebakterien den Nahrungsbrei chemisch gründlich aufschließt und eine sorgfältige Verdauung ermöglicht. In der Ausbildung dieser Blinddärme und der Symbiose mit Mikroben treffen wir auf eine weitere zusätzliche Eigentümlichkeit, die alle Mistkäferarten mit dem Mondhornkäfer, wenn auch in verschieden starker Ausbildung, gemeinsam haben. Auch alle ihre Larven können mit Hilfe ihrer Mundwerkzeuge zirpen.

Die Puppenruhe im Oktober beträgt etwa vierzehn Tage. Dann schlüpft der Käfer weißlich aus der Puppenhaut, härtet in einigen Tagen den lackschwarz sich färbenden Chitinpanzer aus, durchbricht die dünn gewordene Rinde seiner Brutpille und wird zusammen mit seinen Geschwistern vom Mutterkäfer durch die Eingangsröhre in die Oberwelt geführt, wo sie neue Nahrung suchen und sich bald zur Winterruhe eingraben.

Der Brutpflegebetrieb des Weibchens erlischt in dem Moment, wo es seine Jungen nach oben geführt hat. Jetzt nach vier Monaten frisst es zum ersten Mal wieder Dung. Das restlos zu den Brutpillen verarbeitete Dungmaterial kommt nämlich nur der Jungenaufzucht zugute. Die Monate währende Arbeit geht mit der völligen Enthaltsamkeit von der üblichen Nahrung einher. Nur Pilzschimmel wird verzehrt. Wir werden darauf noch zurückkommen.

Diese Fülle der bekannt gewordenen Einzelheiten zeigt manche Ähnlichkeit mit den Eigentümlichkeiten gerade jener Tiere, von deren Exkrementen sie leben. Der evolutive Zusammenhang, den die Dungkäfer und Huftiere ökologisch gegenseitig entwickelt haben, ist offensichtlich noch viel enger, als wir eingangs vermuten konnten. Ihre larvalen Verdauungsorgane haben sich gleicherweise zu speziellen Gärkammern erweitert, ohne die der zellulosereiche Anteil ihrer Nahrung nicht aufgeschlossen werden könnte. Alle nah verwandten, auch die nicht vom Dung lebenden Käferarten, sind wie die Huftiere reine Vegetarier, deren Larven oft sogar nur pures Holz oder Holzmulm fressen: Maikäfer, Rosenkäfer, Nashornkäfer (Abb. 8), Hirschkäfer (Abb. 9) etc. Vie-

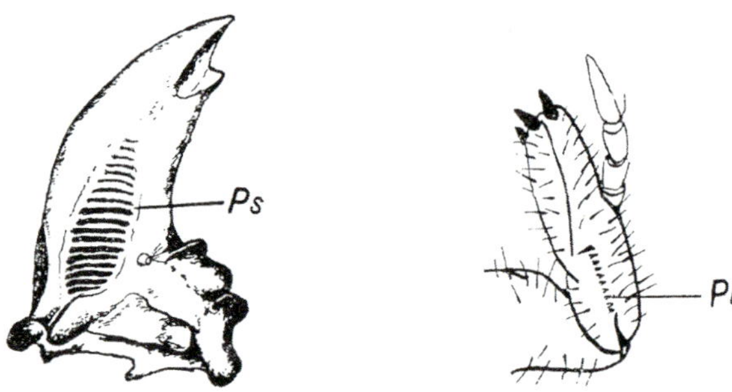

Abb. 8: Oben Männchen des heimischen, selten gewordenen Nashornkäfers (Oryctes nasicornis). Unten Die Larven leben in morschem Eichenholz und können zirpen wie die der Mistkäferarten. Dabei reiben sie mit dem Plectrum (Pl) auf der Oberseite des Unterkiefers gegen die Pars stridens (Ps) der Unterseite des Oberkiefers gleichsam wie mit den Zähnen eines Kammes über ein Waschbrett.

le dieser als Blatthornkäfer (*Lamellicornia*) zusammengefassten Arten tragen unter allen Käfern die ausgeformtesten Hörner und Geweihe. Viele bilden Widerristhöcker, wie sie ebenso den Rindern, Wisenten und Bisons gestaltlich eignen. Und wie die Wiederkäuer der Pflanzenwelt den besten Dünger geben, so verbessern ihn die Mistkäfer noch mehr.

Abb. 9: Links Einheimischer Hirschkäfer (Lucanus cervus). Rechts Japanischer Nashornkäfer (Allomyrina = Trypoxylus dichotoma).

Das Hornmist-Präparat und die Gehirnprozesse

Rudolf Steiner (1924) brachte den sorgfältigen Umgang des Hausrindes, den es mit seiner Nahrung bei der Verdauung pflegt, in einen engen Zusammenhang mit der Hörner- und Klauenbildung: «Was geschieht an den Stellen, wo die Klaue, das Horn wächst? Da wird ein Ort gebildet, der in besonders starker Weise die Strömungen nach innen sendet. Da wird das Äußere ganz besonders stark abgeschlossen.»[11] Die starke Hautverdichtung zum Horn und die spiralig sich einkrümmende Gebärde dieser Gebilde bei allen Rindern, Schafen, Ziegen und Antilopen erzählen in der wortlosen Sprache der Natur von diesem Kräfterückstau und physiologischen Konzentrationsvorgang.[12] Die behornten Wiederkäuer sammeln so in einer starken Weise die Verdauungskräfte in sich und geben sie mit ihrem Dung weiter. Rudolf Steiner fährt in der Schilderung fort und beschreibt eine Möglichkeit, wie der Mensch nun selbst diesen im Wiederkäuer sich abspielenden Prozess weiterentwickeln und intensivieren kann:

«Sehen Sie, das gibt nun einen Fingerzeig zu solchen Dingen, wie sie von unserer Seite empfohlen werden können, um dasjenige, was nun zum gewöhnlichen Stalldünger verwandelt wird, in seiner Wirksamkeit weiter zu erhöhen. [...] Nehmen wir Dünger, wie wir ihn bekommen können, stopfen wir damit ein Kuhhorn aus und geben wir in einer gewissen Tiefe [...] das Kuhhorn in die Erde. [...] Sehen Sie, dadurch, dass wir nun das Kuhhorn mit seinem Mistinhalt eingegraben haben, dadurch konservieren wir im Kuhhorn drinnen die Kräfte, die das Kuhhorn gewohnt war, in der Kuh selber auszuüben, nämlich rückzustrahlen dasjenige, was Belebendes und Astralisches ist. [...] Das ganze Lebendige wird konserviert in diesem Mist, und man bekommt dadurch eine außerordentlich konzentrierte, belebende Düngungskraft in dem Inhalte des Kuhhorns.»[13]

Was beschreibt Rudolf Steiner? Dass der Dung durch das Einbringen unter die Erde in einem Kuhhorn eine ganz besondere Veredelung und Belebungsfähigkeit erhält. Dieses Hornmistpräparat hat nun schon seit über fünfzig Jahren in der biologisch-dynamischen Pflege des Bodens seine nicht mehr wegzudenkende fruchtbare Anwendung erfahren. Wir aber bemerken nun, dass schon die Natur selbst den Huftieren jene dungveredelnden Käfer zugesellt hat, die in naturhafter Art schon immer etwas Ähnliches versteckt taten, was mit dem Hornmistpräparat uns an die Hand gegeben ist. Die Natur dynamisierte schon immer in dieser Weise die Fruchtbarkeit des Bodens. Aber jetzt, wo die seit Urzeiten gewachsenen Lebenszusammenhänge durch die totale Zerschlagung des Landschaftsgefüges zerstört werden, können wir dadurch helfen und heilen, dass wir nun auf menschliche Weise ausführen, was die Natur früher durch die Dungkäfer in Wald und Wiesen in Ordnung halten konnte. Dass die dazu leistungsfähigsten Mistkäfer mit solch kräftigen, spiralig eingebogenen Hörnern und aufgestauten Halsschildern gebaut sind, zeigt uns gestaltlich anschaubar, wie sie diejenigen Prozesse instinkthaft darleben, die wir in einem der wesentlichsten Verfahren der biologisch-dynamischen Landwirtschaft ausführen.

Wenn wir von *der Natur* sprechen, darf das nie ein Quietiv, ein Beruhigungswort sein, das uns mehr Glauben als Einsicht verleiht. Im Gegenteil, dadurch, dass wir auch in der Welt der Kleintiere das Staunen wieder lernen, wird zugleich das Denken regsam. Und so sei auch der Frage nachgegangen, warum gerade der Mondhornkäfer solche hochstehenden Verhaltensweisen, wie sie berichtet wurden, überhaupt hat.

Im Landwirtschaftlichen Kursus, in dem Rudolf Steiner 1924 die anthroposophischen Grundlagen zum Gedeihen der Landwirtschaft gelegt hat, wird in einer besonderen Betonung über den Mist und Dung gesprochen. Es sei erlaubt, dazu einiges im Wortlaut auszuführen:

«Nun muss man aber noch etwas anderes verstehen, man muss verstehen – es ist ein hartes Wort –, eine Art persönliches Verhältnis zu all dem zu gewinnen, was in der Landwirtschaft in Betracht kommt, vor allen Dingen ein persönliches Verhältnis zum Dünger und namentlich zu dem Arbeiten mit dem Dünger. Das erscheint als eine unangenehme Aufgabe; aber ohne dieses persönliche Verhältnis geht es nicht»[14]

Rudolf Steiner bezieht auch die Ausscheidungsvorgänge des menschlichen Organismus in die Betrachtung ein und findet den folgenden, unerwarteten Zusammenhang:

«Nun ist eine bestimmte Menge irdischer Materie auf der Grundlage des Prozesses, der von der Nahrungsaufnahme durch die Verdauungsverteilung im Stoffwechsel-Gliedmaßen-System sich bildet, fähig, um von da die irdischen Nahrungsmittel hineinzuleiten in den Kopf und das Gehirn, da ist eine bestimmte Menge irdischer Stofflichkeit, welche diesen Weg durchmacht, und die dann im Gehirn richtig abgeschieden wird. Aber es wird diese Nahrungsstofflichkeit nicht nur abgeschieden im Gehirn, sondern schon auf dem Wege im Darm. Dasjenige, was nicht weiter verarbeitet werden kann, wird im Darm abgeschieden, und hier tritt Ihnen eine Verwandtschaft entgegen, die Sie außerordentlich paradox finden werden, die aber nicht übersehen werden darf, wenn man verstehen will die tierische und auch die menschliche Organisation. Was ist die Hirnmasse? Die Hirnmasse ist einfach zu Ende geführte Darmmasse. Verfrühte Gehirnabscheidung geht durch den Darm. Der Darminhalt ist seinen Prozessen nach durchaus verwandt dem Hirninhalt.

Wenn ich grotesk rede, würde ich sagen, ein fortgeschrittener Dunghaufen ist das im Gehirn sich Ausbreitende; aber es ist sachlich durchaus richtig. Der Dung ist es, der durch den eigenen organischen Prozess in die Edelmasse des Gehirns umgesetzt wird und da zur Grundlage für die Ich-Entwickelung wird. Beim Menschen wird möglichst viel umgesetzt von Bauchdünger in Gehirndünger, weil der Mensch ja sein Ich auf der Erde trägt; beim Tier weniger, daher bleibt mehr drinnen in dem Bauchdünger, der dann zum wirklichen Dünger verwendet wird.»[15]

In einem Vortrag vor Ärzten riet Rudolf Steiner:

«Wenn Sie wirklich das ausführen – den jüngeren Herren lege ich das besonders ans Herz –, dass Sie vergleichende Studien machen über die Umformung des ganzen Darmsystems, sagen wir, von den Fischen herauf über die Amphibien, Reptilien – besonders die Beziehungen der Amphibien, Reptilien in bezug auf das Darmsystem sind außerordentlich interessant –, hinauf zu dem Vogel auf der einen Seite, zu dem Säugetiere und dann bis herauf zum Menschen auf der anderen Seite, so werden Sie finden, dass merkwürdige Umformungen der Organe stattfinden, das Auftreten zum Beispiel der Blinddärme, […] Und je mehr das Vorderhirn in der Tierreihe die Gestalt annimmt, welche es beim Menschen dann entwickelt, desto mehr gestaltet sich der Darm gerade nach der Seite hin aus, die zur Ablagerung der Nahrungsüberreste führt. Es ist ein inniger Zusammenhang zwischen der Darmbildung und der Gehirnbildung, und würde nicht im Laufe der Tierreihe Dickdarm, Blinddarm auftreten, so könnten auch nicht zuletzt denkende Menschen entstehen physischer Natur, weil der Mensch sein Gehirn, sein Denkorgan auf Kosten, durchaus auf Kosten seiner Darmorgane hat. Und die Darmorgane sind die getreue Reversseite der Gehirnorgane.»[16]

Karl König hatte damals diese Anregung aufgegriffen und die Entwicklung des Darmtraktes und Gehirnes in der Wirbeltierreihe näher miteinander verglichen.[17]

In einer ergreifenden Ansprache vor jüngeren Teilnehmern erwähnte Rudolf Steiner den alten Satz: «Naturalia non sunt turpia. Es sind schön alle Dinge der Natur.»[18], wobei er wieder auf den Zusammenhang zwischen den Verwesungsvorgängen und der Gehirnbildung aufmerksam machte:

«Es kann heute nicht anders der Geist gefunden werden, als wenn man auch wiederum die Möglichkeit findet, in naturgegebene Worte ihn zu kleiden. Damit werden auch die Empfindungen wieder stark werden. Denken Sie sich, Sie verwandeln dasjenige, was man heute schon wissen kann – denn die Michaelzeit ist da –, was scheinbar auch nur in Ideen lebt, in wirkliche Andacht, dann sind Sie auf dem allerbesten Wege. Sie sind auf dem allerbesten Wege, wenn Sie die Dinge in Andacht verwandeln. Ja, was kann dann alles aus den Dingen werden! Meditieren heißt ja: dasjenige, was man weiß, in Andacht verwandeln, gerade die einzelnen konkreten Dinge. Wenn man natürlich solche Dinge sagt, wie ich sie vielfach jetzt gesagt habe, dann steht man ja, ich möchte sagen, in dem Lichte einer gewissen Frechdachsigkeit. Denn diejenigen, die nicht in geistiger, sondern in konventioneller Art alt geworden sind in das zwanzigste Jahrhundert hinein, empfinden nicht das ganz tiefe Gefühl, das man bekommen kann, wenn man genötigt ist, das Gehirn des Menschen als etwas zu bezeichnen, was auf demselben Wege – nur etwas nach anderer Richtung hin – sich entwickelt hat wie der Dung. Aber empfinden Sie dieses in den Menschen hineingehende Kraftende: dass das Gehirn ist wie ein Dunghaufen sich bildend. Und empfinden Sie auch, wie im Düngen den weltenschaffenden Kräften zurückgegeben wird dieses Dung-Stoffliche, damit der Geist es dort empfangen kann in einem viel höheren Sinn, als empfangen kann der menschliche Geist dasjenige, was ihm an Stofflichem von innen gegeben wird. [...] Lernen wir so denken, dass wir nun als Menschen wirklich genötigt sind, diesen Dung in der richtigen Weise der Welt zu übergeben, dass wir ihn nicht nun so verwenden, als ob wir kleine Maschinen für die Kinder aus zusammengepresstem Dung machen wollten! So verwendet nämlich sein Gehirn der Mensch der Gegenwart. Er düngt nicht mit seinem Gehirn die Geistesfelder, damit der Geist auf diesen Geistesfeldern wirken kann, er macht Mechanismen aus demjenigen, was da ist. Und wenn man nun weiß, wozu das Gehirn bestimmt ist: den Göttern, die zu den Menschen herabkommen, die Geistesfelder zu düngen, – wenn man dann jene scheue Ehrfurcht bekommt, die aus einer solchen inneren Betrachtung der Sache hervorgeht, wenn man ahnen lernt, was da gerade im Unbewussten und Unterbewussten vor sich geht, und dann dazu übergeht, die dem Menschlichen nachgestaltete Natur in seine Erkenntnis aufzunehmen, sie nach dem, was da ist, wirklich mit dem Dung zusammen sich anzuschauen, dann sieht man, wie darinnen langsam und allmählich sich bewusst wird, was unbewusst gerade im Menschen wirkt.»[19]

Intelligenzbildung im Menschen und in der Natur

Zahllose physiologische Merkmale des Zentralnervensystems gerade des Menschen können an diese tiefgreifenden, lebensvollen Schilderungen Steiners angeschlossen werden. Die leichte Ermüdbarkeit unseres Großhirnes gerade bei konzentrierter Vorstellungsarbeit, die vitale Notwendigkeit des Schlafes zur Regeneration der Abbauvorgänge, die das Tagesbewusstsein abends hinterlässt, die extrem kurze Überlebensdauer dieses Organs bei Unterbrechung der Blutzufuhr von nur drei Minuten, all das macht ja ganz deutlich, wie viel näher als alle anderen Organe es unentwegt am Rande der Verwesung, der Leichnambildung steht. Nicht die biochemisch komplexesten Aufbauvorgänge ermöglichen leiblich unser Bewusstsein, sondern die Fähigkeit, jederzeit in den leiblichen Zerfall überzugehen. Wo leibliche Ordnung zerfällt, wird diese vom Stoff frei und geht über in die Ordnung schaffende Bewusstseinsfähigkeit. Der von Rudolf Steiner der Vergessenheit entrissene Philosoph und Psychologe Carl Fortlage (1806–1881) hatte im letzten Jahrhundert zum ersten Mal auf dieses existentielle Gesetz aufmerksam gemacht.[20]

Der Mensch ist das Alphabet, an dem wir dazu das Buchstabieren für das Lesen im Buche der Natur lernen können. Eine erste Buchstabiermöglichkeit besteht ja in folgenden allgemeinen Tatsachen: Alle Organe im Menschen, die im Zentrum der vital aufbauenden Stoffwechselleistung der Verdauung stehen (Darm, Leber etc.), arbeiten unabhängig von der Willkürfähigkeit des eigenen wachen Tagesbewusstseins des Menschen. Hingegen erfahren alle dem Bewusstsein verfügbaren Organen, im Zentrum derselben die Großhirnrinde, während der psychischen Einwirkung den physiologischen Abbau. Beide polaren Tätigkeiten, im rechten Verhältnis zueinander, sichern erst unsere Gesundheit.

Kann dieser Zusammenhang von sinnlicher und übersinnlicher Realität auch in der Landschaftsnatur erforscht und studiert werden? Woran wird uns die Vernunft und Intelligenz der Natur selbst wieder ersichtlich? Wir haben sie schon in den hochentwickelten Verhaltensweisen der Dungkäfer und Totengräber studieren können. Es beziehen diese Käfer ihre noch dumpfe Weisheit aus der verrotteten organischen Substanz gerade dadurch, dass diese zerfällt – ähnlich wie unsere eigene Intelligenz aus dem organischen Zerfall im Gehirnstoffwechsel frei wird. Was im aufbauenden Lebensprozess an unbewusster immanenter Ordnung substantiell eingebunden wurde, wird im Abbau aus dem physiologischen Substrat frei – sowohl im Menschen wie in der außermenschlichen Natur.

Damit aber gewinnen auch die Verwesungsprozesse außerhalb des menschlichen Leibes, im außermenschlichen Naturgeschehen erst ihre hohe Bedeutsamkeit. Muss nicht dort, wo sich solche, uns erst einmal unangenehm berührenden Fäulnis-, Gärungs- und sonstige Zersetzungsabläufe abspielen, nunmehr eine Art Naturbewusstsein frei werden? Geistig gesehen ist der Misthaufen auf dem Bauernhof so etwas wie das Gehirn des ganzen Betriebsorganismus, besonders wenn er gekonnt verkompostiert und mit den biologisch-dynamischen Präparaten versehen wird. Mit dem präparierten Dung bringen wir natürliche Vernunft auf den Acker und in den Boden und machen ihn damit zu etwas bereit, wovon unser Gehirn nur eine schwache Nachahmung ist.

Auch draußen in der gesunden Landschaft stehen die aufbauenden und abbauenden Prozesse im rechten Gleichgewicht. Die Hauptleistungen des Aufbaus werden von der Pflanzendecke geleistet. Sie erscheint uns auch als am wenigsten psychisch begabt. Sie befindet sich – wenn wir schon psychische Ausdrücke suchen – im fortdauernden Tiefschlaf. Die stofflich massigsten Aufbauleistungen erbringen dabei sichtbarlich die Bäume. Dem unverbildeten, direkten Naturerleben sind die lebenden Baumgestalten elementar evident als eine solche tief gesundende, kraftvolle Tiefschlafsphäre. – Am Abbau mit allen dissimilatorischen Vorgängen, insbesondere durch die Veratmung organischer Substanzen, sind die Menschen, Tiere und Chlorophyll-losen Pflanzen beteiligt. Die Hauptleistung erbringen dabei tatsächlich gerade die niederen Pflanzen: die Pilze und Bakterien.

Rudolf Steiner (1919) schilderte nun einmal für die ersten Waldorflehrer das folgende:

«Die Pflanzenwelt ist die sichtbar gewordene Seelenwelt der Erde, und daher mit dem Menschen zu vergleichen. Aber man soll nicht bloß vergleichen, sondern die wirklichen Formen der Pflanzen hineinbekommen. Erst aus dem Gesamtvergleich kann man zu den einzelnen Pflanzen kommen.

Ein leises Schlafen werden Sie vergleichen mit den gewöhnlichen Pflanzen, ein Wachen während des Schlafes mit den Pilzen – wo viele Pilze sind, da ist eine Stelle, wo die Erde wacht während des Sommers – ein ganz gründliches, tiefes Schlafen mit den Bäumen. Daraus ersehen Sie, dass die Erde nicht so schläft wie der Mensch, sondern dass die Erde an verschiedenen Stellen mal mehr schläft, mehr wacht, mehr schläft, mehr wacht. So auch der Mensch, der ja im Auge und in den übrigen Sinnesorganen gleichzeitig nebeneinander hat Schlafen, Wachen und Träumen.»[21]

Die Mai- und Junikäfer leben vom Laub der Bäume und legen Unmengen Eier, um die sie sich nie wieder kümmern. Die brutpflegenden Käfer aber gehen alle mit der Welt der Bakterien und Pilze um. Sie fressen sie reichlich mit, von ihnen leben sie ebenso wie vom Material, das die Pilze und Spaltpilze so stark besiedeln. Und wenn das Mondhornkäferweibchen vier Monate keinen Mist frisst, so nährt es sich doch noch von den Schimmelpilzen, die es sorgfältig von den Brutbirnen entfernt. Und viel sorgfältiger, ja geradezu mit Umsicht und Intelligenz widmen sie sich ihren wenigen, aber von ihnen rundum versorgten Nachkommen.

So wird auch erst näher verständlich, warum gerade die mit den kompliziertesten Verhaltensleistungen begabten Insekten, die staatenbildenden Insekten, mit Pilzen in engster Symbiose leben. Alle Termiten legen in jedem ihrer Baue regelrechte Pilzgärten an, die wie die eigene Brut angesetzt und gepflegt werden und die sie als essentielle Nahrung verwenden. (Abb. 10). Die Ameisen werden von jeder kleinen Leiche stark angezogen und setzen den Abbauprozess selbst weiter fort. Unsere kleine Glänzendschwarze Holzameise (*Lasius fuliginosus*) lebt unterirdisch in stark von Pilzen durchzogenen, in morschen Baumstümpfen angelegten Holznestern und ist so intelligent, dass sie sich von anderen Ameisen Larven und Puppen holt und die schlüpfenden Tiere als eigene Arbeiter einsetzt (Abb. 11).

Die Blattschneider-Ameisen (*Atta*, *Oecodoma*) im tropischen Südamerika sind unentwegt damit beschäftigt, zentimetergroße abgebissene Blatt-

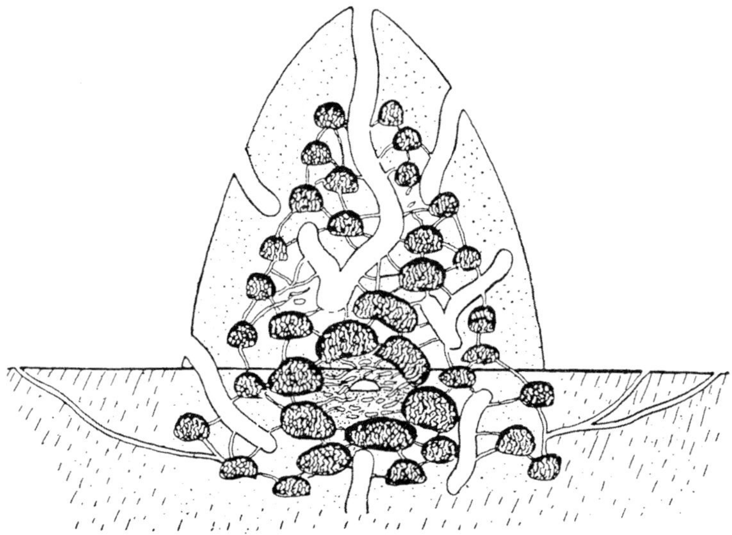

Abb. 10: Oben Schnitt durch einen Termitenhügel, unten in der Mitte die Königspaar-Zelle, rund herum zahlreiche Pilzgärten. Unten Pilzgarten aus Termitenbau in Ostafrika, nat. Größe.

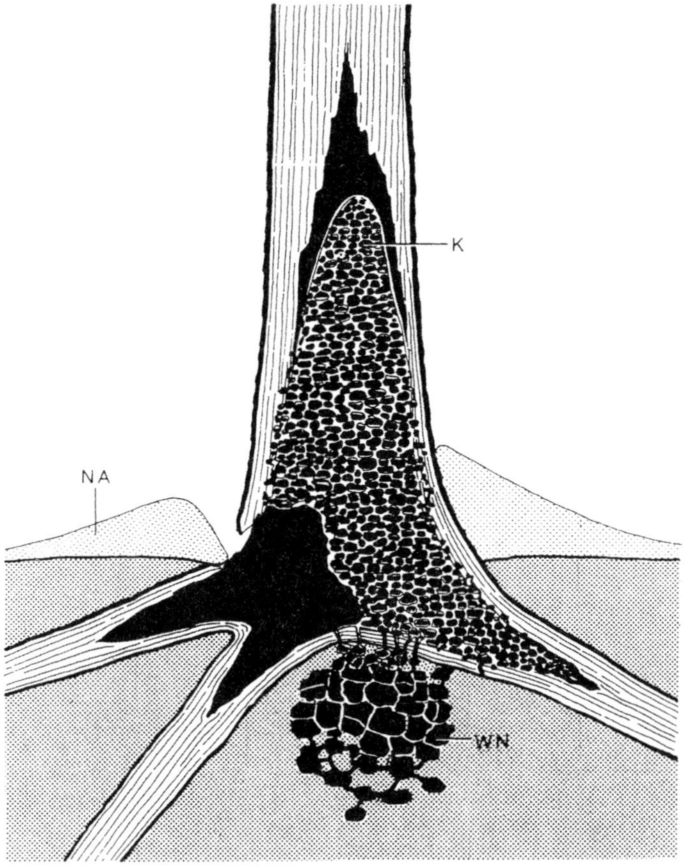

Abb. 11: Nestbau unserer Glänzendschwarzen Holzameise (Lasius fuliginosus). Das mit zusammengeklebten Holzspänen abgekapselte «Kartonnest» im Inneren geschwächter Laubbäume ist stark von Pilzgeflechten durchzogen. K Kartonnest, WN Winternest, NA Nestauswurf.

stücke in ihren unterirdischen Bau einzutragen. Dort werden sie in kleine Stückchen zerschnitten, mit Speichel und Kot zu Klümpchen geknetet und zu weichen Komposthaufen, den Pilzgärten, aufgeschichtet. Eine einzige von den Ameisen ausgewählte und eingetragene Pilzsorte wächst darauf zu Myzelien (Pilzgeflechten) aus. Diese werden vielfach durchgebissen, wodurch an den Wunden birnenförmige Wucherungen entstehen, die die Hauptnahrung dieser Ameisen und ihrer Larven bilden. 500 solcher Pilzgärten (etwa 10 cm groß) können das millionenstarke Volk ernähren. Einer Überbevölkerung beugt

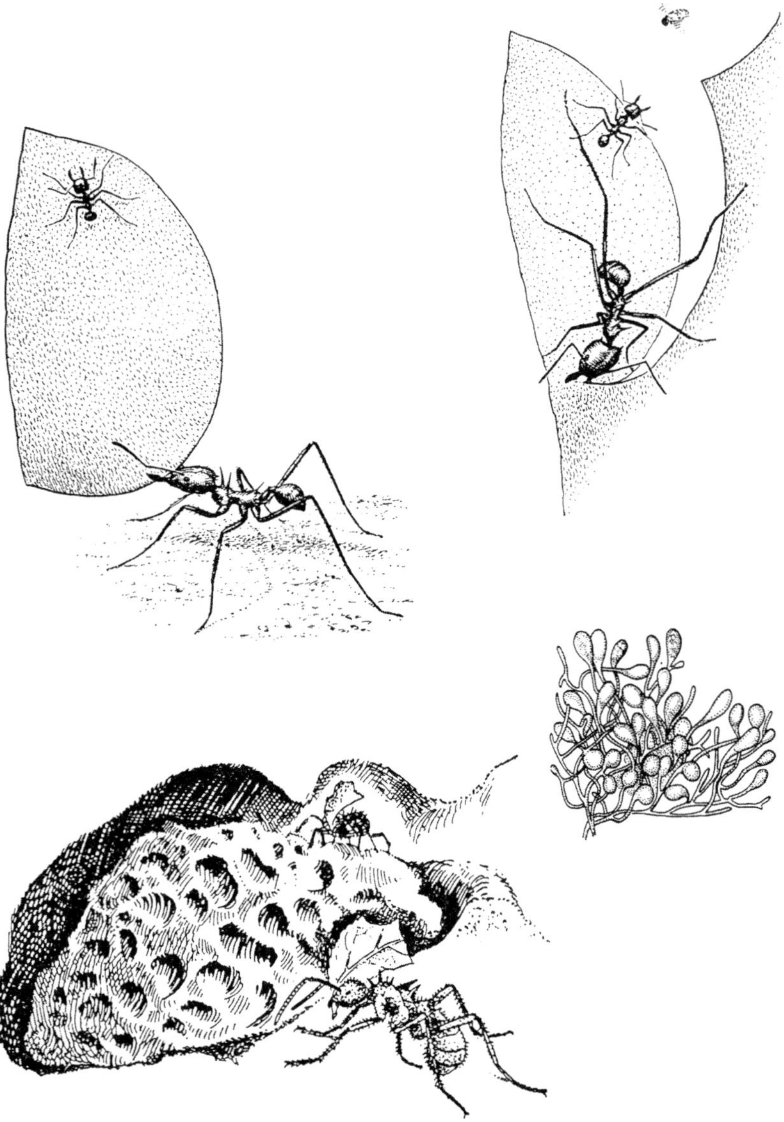

Abb. 12: Oben Große Arbeiterin der Blattschneider-Ameise (Atta cephalotes) schneidet ein Blattstück los und trägt es zum Nest. Sie ist begleitet von einer kleinen Arbeiterin, die winzige schmarotzende Fliegen vertreibt. Unten Im unterirdischen Nest wird auf den zerkauten Blattschnipseln eine spezielle Pilzart gezüchtet, von deren aufgetriebenen Wundkölbchen (Mitte rechts) diese Ameisen vorwiegend leben.

eine Schmarotzerfliege (*Apocephalus*) vor, die ihr Ei an den Hinterkopf dieser Ameise legt; die ausschlüpfende Made nährt sich von deren Kopfinhalt und tötet sie dadurch. Bei der Außenarbeit der großen Arbeiterinnen vertreiben aber die begleitenden kleinen Arbeiterinnen diese Fliegen (Abb. 12). So hält sich alles im ökologischen Gleichgewicht.

Unsere Hummeln leben in engster Symbiose mit der sogenannten Nektarhefe (*Anthomyces reukauffii*), die im Honigmagen der Hummelweibchen überwintert. Im Frühling infizieren die Hummeln damit alle nektarabscheidenden Blüten, die sie befliegen. Dadurch erhalten die Weidetiere einen für sie ebenso wichtigen Hefepilz, der die Gärung im Pansenmagen mitreguliert.[22] Aber auch die Bienen sind daran beteiligt und sorgen dafür, dass eine blumenreiche Weide die Verdauung der Weidetiere fördert. Ebenso ist das Bienenvolk selber viel gesünder, wenn die Flugbienen diese Nektarhefe im Mitteldarm und in der Honigblase besitzen; dann sind auch die Pollenpfröpfchen der Vorratswaben damit versehen, womit die Bienenmaden zuerst ernährt werden.[23] Diese frühe Beimischung von Hefepilzen in die Nahrung konstituiert die Natur der Bienen mit.

Unter den einzeln lebenden Insekten sind die großen Holzwespen (*Sirex*) als Larven Pilzhyphen-Fresser. Die Weibchen treiben insoweit Brutfürsorge, als sie aus einer besonderen Pilztasche die Hyphen eines holzzerstörenden Keulenpilzes (*Basidiomyceten*) dem Ei mitgeben, der der Larve den Wohnraum im morschen Holz bereiten hilft und von dem diese sich spezifisch ernährt. Ebenso leben die Larven der Borkenkäfer (*Scolytidae*, *Platypodiae*) von speziell übertragenen Pilzen und legen jene geometrischen Muster unter der Rinde an, die jeder Wanderer kennt und die diesen Käfern auch den Namen *Buchdrucker* gegeben haben. Sie sind ja gar keine «*Schädlinge*», sondern beginnen nun mit dem beschleunigten Abbau geschwächter und erkrankter Bäume für das ökologische Gleichgewicht.

Zum Schluss dürfen wir nochmals zur Gruppe der Mistkäfer zurückkehren. Seit Jahrtausenden hat der Heilige Skarabäus (*Scarabaeus sacer*) die menschliche Bewunderung auf sich gezogen. Von Südfrankreich und Ungarn bis über ganz Afrika hin helfen er und einige weitere Skarabäen-Arten, den Boden fruchtbar zu machen. Sowie ein Regenguss über die Landschaft gezogen ist, fliegt er umher und sucht witternd die aufgeweichten Dunghaufen der Rinder, Kamele und Büffel, lässt sich aus der Luft einfach daneben herunterfallen und stürzt auf das Ziel los. In die großen Fladen sticht er die Vorderbeine und den Kopfschild hinein und schneidet eine passende Portion heraus, die gleich weggerollt und so zur Kugel gedreht wird (Abb. 13). Findet er kleine Kotpillen, so baut er sie zur passenden Größe zusammen. Wieselflink wird das kostbare Gut

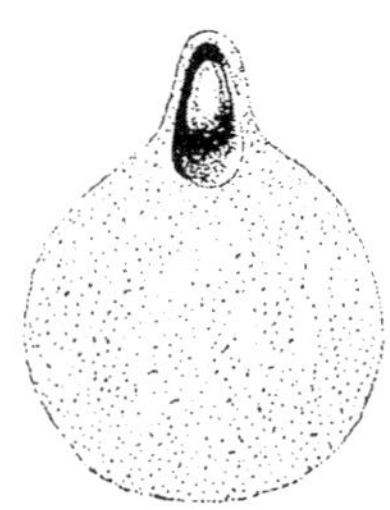

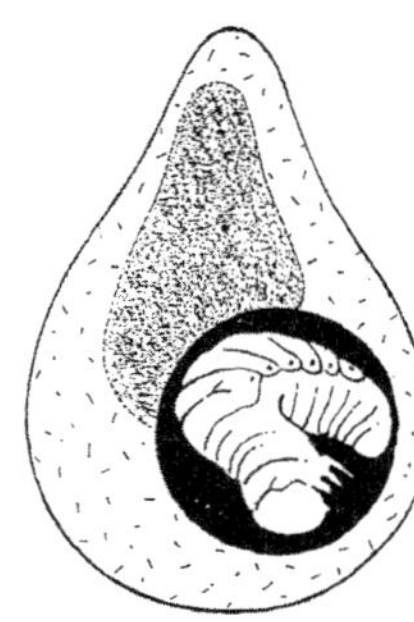

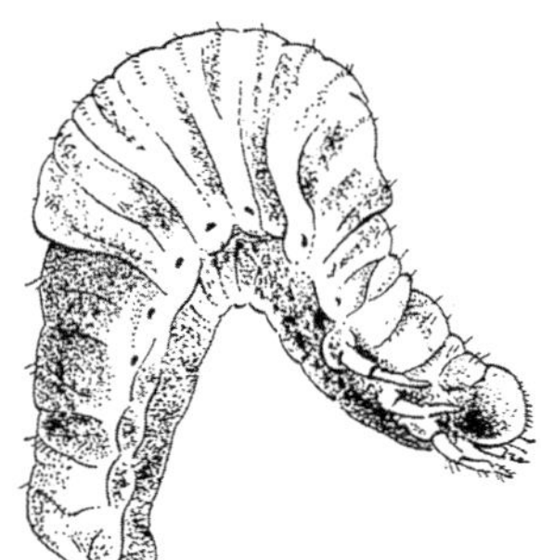

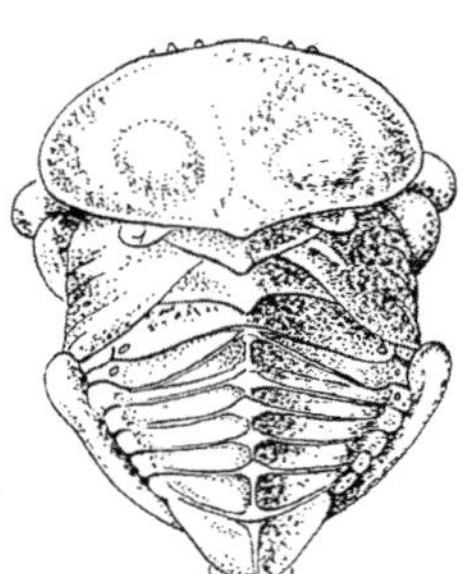

rückwärts von hintenher geschoben: mit den Hinterbeinen hält der Käfer die Dungkugel, mit den Vorderbeinen läuft er rückwärts über den Boden. Seine Bewegungen gehen viel rascher als bei unseren Mistkäfern vor sich. Gerollt wird immer bergauf. Oft wird der Vorgang unterbrochen, um sich oben auf die Kugel zu setzen und etwaige Konkurrenten zu wittern und abzuwehren. Das ist dann sogleich ein heftiger Kampf, bis der Geschickteste rasch den Schatz weiterrollt. Nach zwei bis drei Metern wird ein schattiger Platz mit lockerer Erde gesucht. Dann kriecht der Käfer unter die Pille und drückt die Erde zur Seite. Vor den Augen des Zuschauers *sinkt* der Ballen in die Tiefe, bis nur noch ein dunkles Loch sichtbar bleibt.

Ein Teil des von den Huftieren so gut vorverdauten Materials wird nun in Ruhe verzehrt und weiterverdaut. Dann kommt der Käfer wieder nach oben und geht erneut auf Suche – und so oftmals. Zur Fortpflanzung wird in der gegrabenen Hülle nur *eine* Brutbirne aus wiederum besonders ausgewähltem Dung geknetet und geformt und *ein* Ei darin abgelegt. Da Brutbirnen in mehreren Höhlen erstellt werden, vermehrt sich der Käfer durchaus genügend.

Die Naturweisheit, die in diesem unscheinbar schwarz gepanzerten Wesen zum Vorschein kommt, war für den alten ägyptischen Eingeweihten ein hohes Ziel und Ideal. Die ägyptische Kultur hatte eine besondere Beziehung zur Welt des Sterbens, Vergehens und Wiedererstehens. Der Pillendreher war darin das naturgeschenkte Realsymbol. Der tote Pharao wurde erhöht zu Osiris, der als Apis-Stier verehrt wurde. Aber in die kultisch zubereitete Mumie des Pharaos legte man an die Stelle des Herzens einen aus edlem Stein geschnittenen Skarabäus, mit Segenshieroglyphen graviert, Ausdruck des weise gewordenen Herzens (Abb. 14). Die Eingeweihten des Altertums verstanden noch die Herkunft der Naturvernunft in diesem Käfer aus dem Umgang mit dem Todesrätsel. Wir können das erst heute denken lernen im Sinne des Goethe-Wortes von der Natur:

«Gedacht hat sie und sinnt beständig,
Aber nicht als Mensch, sondern als Natur.»[24]

Abb. 13 (linke Seite): Der Heilige Pillendreher (Scarabaeus sacer) der Mittelmeerländer. Oben Kleine Kotpillen fügt er zu größeren zusammen (aus großen Fladen sticht er sich die passende Größe heraus). Darunter Zwei Käfer streiten um eine Kotkugel. Links Eingegraben unter die Erde, wird die Brutbirne mit einem Becher zur Eiaufnahme versehen. Daneben Die Brutbirne mit Brutkammer und darin aufgehängtem Ei. Rechts in die Brutbirne sich einfressende Larve (Der leergefressene Raum wird mit dem eigenen Kot gefüllt). Unten Larve mit Buckelrücken voller mit Nahrung gefüllter Blinddärme für die Zelluloseverdauung durch Zellulosebakterien; Puppe von hinten.

Abb. 14: Oben Skarabäus an Dungkugel. Unten Herzskarabäus der ägyptischen Königin Tuju, unterseits von Segenshieroglyphen bedeckt, nat. Größe, um 1400 v. Chr..

Abb. 15 (Links): Der einheimische Pillendreher Sisyphus schaefferi, nat. Größe.
Abb. 16 (Rechts): Von oben Sisyphus schaefferi 1,5x und Gymnopleurus mopsus nat. Größe.

In Mitteleuropa selbst können wir keine Skarabäen beobachten. Doch gibt es gelegentlich auf warmtrockenen Schafweiden Süddeutschlands noch den kleinen Pillenwälzer (*Sisyphus schaefferi*), der – wie sein griechischer Name sagt – ebenso emsig seine Pillen bergauf stemmt. Männchen und Weibchen betreiben die Brutpflege gemeinsam. Auf Kalkböden längs des Rheins, in Mainfranken sowie am Kaiserstuhl ist er noch am ehesten anzutreffen (Abb. 15).

Auch noch eine andere, größere, wenn auch recht scheue einheimische Pillendreher-Gattung gibt es bei uns mit zwei Arten (*Gymnoplaurus cantharus* und *G. mopsus*, Abb. 16). Sie fliegen im heißen Sonnenschein aus und lieben steiles Gelände. Doch sind sie selten geworden. Noch aber können wir so viel von ihnen lernen, dass die Welt des Unbeachteten uns geisterfüllt vorlebt, was wir im Großen zu denken und im Einzelnen zu tun haben.

Fliegende Feuer und verschattete Falter in Nordamerika

Wenn Sie, lieber Leser, die warme Jahreszeit irgendwo in den USA oder im südlichen Kanada je zubringen sollten, so werden Sie an jedem Straßenrand eine merkwürdige, großblättrige Pflanze finden. Sie wächst ebenso an jeder Müllkippe, auf jedem Rohboden – kurz überall, wo der Mensch mit alltäglicher Rücksichtslosigkeit auch dort in die gewachsene Natur eingebrochen ist, wo er seine Straßen-, Wohn- und Fabrikschneisen in den *virgin forest* hineingetrieben hat und die Humusdecke des Bodens zerrissen hat.

Knie- bis hüfthoch wächst diese Pflanze. Großflächige glattrandige, etwas dickliche Blätter von graugrüner Farbe sitzen in Zweierwirteln kreuzgegenständig an dem meist unverzweigten, ebenfalls dicklichen Stängel. In Quasten quellen rosagraue Blütenstände aus den oberen Wirteln hervor. Bricht man irgendwo die Pflanze an, so quillt ein dicker weißer Saft hervor. *The Common Milkweed* nennt der Amerikaner sie deshalb (Abb. 1 links). Diese Pflanzenmilch ist giftig. Trotzdem zieht gerade diese Pflanze zahlreiche Insekten an, denn den Blütenbüscheln entströmt ein zart-süßlicher Geruch von auf die Dauer betörendem Aroma. Einen blühenden Stängel ins Zimmer gestellt, und schon ist die Luft von einem blumigen Duft erfüllt, der ebenso rasch einnimmt, wie er bald auch als abstoßend empfunden wird.

Es ist *Asclepias syriaca*, wegen ihrer langen Samenhaare auf Deutsch *Seidenpflanze* genannt, aus der Familie der *Asclepiadaceen* = Schwalbenwurzgewächse, einer weit in den warmen Gürteln der Erde verbreiteten Pflanzengruppe. Der einzige mitteleuropäische Vertreter ist die bei uns an warmen Waldrändern auf Kalk in ungestörter Natur wachsende Schwalbenwurz (*Cynanchum vincetoxicum = Vincetoxicum officinale*) mit ihren unauffällig kleinen, weißen Blüten unter dunkelgrünen Blättern. Die amerikanische Schwester aber ist ein Zivilisationsfolger ersten Ranges, der überall die marodierten Böden mit seinem einnehmenden Duft geruchlich übertönt.

Abb. 1: Links Asclepias syriaca, the Common Milkweed, am Straßenrand in Maine/USA. Rechts Der königliche Monarch (Danaus plexippus) an der Seidenpflanze, Ontario, Kanada.

In der Neuen Welt sind den menschlichen Siedlungen nicht nur das *Milkweed* gefolgt, sondern ebenso die an es gebundenen Insekten. Häufig sitzt auf den Blüten die sich farblich völlig anpassende Krabbenspinne, hier also in schmutzig-rosafarbener Ausgabe. Sie macht sich nicht mehr die Mühe, ein Fangnetz zu weben, sondern fängt einfach die duftbetörten Fliegen, Mücken oder nachts die Motten von den Blüten weg. Noch enger gehört ein knallorangener, schwarz-gefleckter, langfühleriger Bockkäfer zum Milkweed: das *Milkweed Longhorn* (*Tetraopes basalis*), das häufig auf ihr herumklettert und dessen Larve in den Stängeln und Wurzeln bohrt und sich von dem giftigen Saft ungeschoren ernährt. Ähnlich knallrote Farben trägt auch das *Milkweed Bug* (*Lygaeus kalmii*), eine häufige Blattwanze am gleichen Kraut.

Noch auffälliger aber umflattert diese Pflanze einer der schönsten Tagfalter Nordamerikas: ein Feuerrausch in glühenden Farben von leuchtend pastosem Orange, mit eleganten schwarzen Rändern und weißen Flecken darin noch zusätzlich kostbar verziert. Auffällig groß, übertrifft er alle europäischen Dimensionen von Tagfaltern. Immer wieder hängt er sich an die fahlfarbenen Blüten des Milkweed und saugt sich voll von der betörenden Süße.

Noch eindrucksvoller ist das Flugverhalten. Mit schlappem Schlag schwimmt der große Falter zeitweise ruhig durch die Luft an Waldrändern, über Wiesen, Straßendreck und Betonpisten bis weit vor die Küste über die Meereswellen dahin. Seine gekonnten Gleitflüge unterbricht er immer wieder mit raschen Schlagfolgen seiner großen Flügel. Dann kann er in rasendem Flug durch den Luftraum stürzen und jedem anderen Schmetterling spielerisch nachjagen. Ja selbst den darüber hinschießenden Schwalben setzt er aufsteilend mühelos nach, begleitet oder verjagt sie und lässt wieder von ihnen ab: ein rasant fliegender Könner ersten Ranges – und immer dabei ein auffälliger Schauspieler, der sich jedem, der ihn sehen will, prunkend vorführt. Einen König, den «Monarch», nennen ihn die Amerikaner, *Danaus plexippus* aus der Familie der *Danaiden* die Entomologen (Abb. 1 rechts und Abb. 2).

Jeder Vogel in der Umgebung des Monarchen sieht ihn, aber kaum einer soll sich an ihm vergreifen. Und wenn doch, so soll er es nur einmal im Leben tun, denn jener ist voller Gift, das den Vogelmagen zu Krämpfen schüttelt. Das Gift, Alkaloide aus der Gruppe der Cardenolide, hat schon die Raupe aus ihrer Futterpflanze aufgenommen, und diese ist eben das Milkweed. Zusammen mit dieser Schuttpflanze ist der Monarch ein hervorstechender Siedlungsfolger des Menschen geworden. Einst im tropischen Südamerika zu Hause, hat er sich über fast ganz Nordamerika verbreitet (Abb. 3). «So popular is this butterfly, in fact, that attempts are currently underway to designate it the national insect of the United States.»[1] Why not to designate the Milkweed-plant too?

Nun wollen wir uns die Biologie und Geographie dieses feurigen Falters Nordamerikas näher ansehen. Es ist bei etwas Aufmerksamkeit nicht schwer,

Abb. 2 (rechte Seite): Oben Der Monarchfalter Danaus plexippus, ein Männchen mit sichtbarem dunklen Duftfleck auf jedem Hinterflügel, in Montreal/Kanada; Flügelspannweite 10 cm. Unten links Ausgewachsene Raupe an Asclepias syriaca; man beachte die langen Tastorgane. Unten rechts Die golden bepunktete, eng zusammengezogene Stürzpuppe des Monarchen.

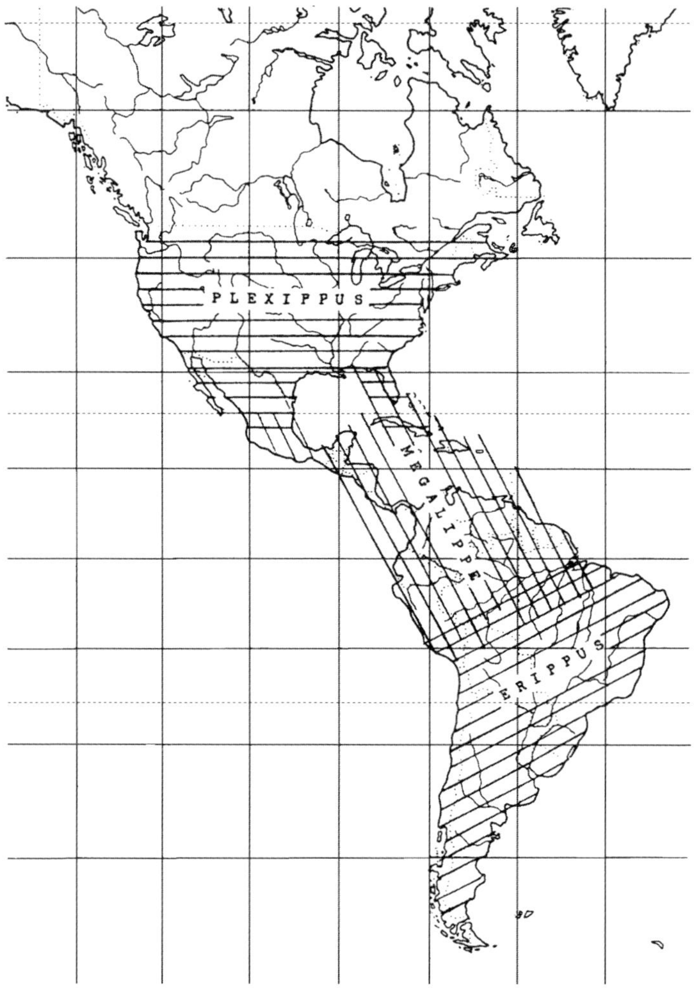

Abb. 3: Die geographische Verbreitung der drei Subspezies von Danaus plexippus.

die Raupe an besagter Futterpflanze zu suchen und zu finden. Die zu halbfingerlanger Größe auswachsenden «caterpillars» mit ihrer auffällig schwarz-weiß-gelb gestreiften Musterung verstecken sich ebenfalls nicht. Vielmehr klettern sie offen an ihrer Wirtspflanze herum, raspeln die giftigen Blüten und Blätter ab und saugen deren Milchsaft in sich hinein – die noch jungen Raupen am liebsten die zarte, süße Substanz der Blüten, die älteren verdauungstüchtigeren Stadien vermehrt die zellulosereicheren Laubblätter. Doch auch sie fressen die jüngeren Blätter lieber als die älteren. Jedes Mal wird das Schmackhaftere lustvoll bevorzugt.

Das Merkwürdigste aber sind an den Raupen lange, dünn ausgezogene schwarze Auswüchse: je ein Paar auf dem Vorder- und Hinterteil. Beim Kriechen und Fressen tasten diese fortwährend nervös die nächste Umgebung ab und lassen so den Eindruck der dumpf vor sich hinbrütenden sonstigen Schmetterlingsraupen weit hinter sich. Hohe Sensitivität, unerwartete seelische Präsenz, dauernd wechselndes Agieren und Reagieren heben schon diese Larve *von Adel* über den Pulk des üblichen Raupenvolkes heraus.

Die Phasen der Verwandlung sind auffallend kurz: so die kurze Zeit des Herumlaufens der ausgewachsenen Raupe, dann der Verpuppungsvorgang und auch die Puppenruhe selbst. Die verpuppungsreife Raupe hängt sich an ihrem festgesponnenen Hinterteil kopfüber auf und streift wenige Stunden später ihre Raupenhaut ab. Nach der Manier unserer Flecken- und Augenfalter (*Nymphaliden* und *Satyriden*) hängt die «Stürzpuppe» kopfüber in den Luftraum herab, leuchtend hell-smaragdgrün gefärbt mit einer Reihe und einigen weiteren Tupfen goldschimmernder Punkte verziert, die nichts anderes als eingeschlossene Luft in der Puppenhaut sind. Die Puppenhaut selbst ist hauchdünn und völlig glasartig durchsichtig (Abb. 4). Alles, was nun geschieht, ist so ebenfalls demonstrativ nach außen sichtbar!

Schon nach 10 bis 12 Tagen (bei unseren großen Tagfaltern dauert die Puppenruhe meist mindestens 14 Tage) tritt innerhalb von wenigen Stunden die Verfärbung ein: Schwarz zeichnen sich Kopf, Rüssel, Beine und Flügelkanten des kommenden Schmetterlings unter der Puppenhaut ab, tiefrot und schwarzweiß gefleckt die Flügelanlagen. Und nicht erst wie bei unseren Tagfaltern um 9 oder 10 Uhr morgens, sondern früh um 7 bis 8 Uhr wird geschlüpft, um dann so bald wie möglich ins Licht zu fliegen. Zuerst werden die Flügeladern voll Lymphe gepresst, dadurch das knittrige Farbenkleid gespreitet und gedehnt. Nähert man sich dem in Entwicklung begriffenen, frisch geschlüpften Falter, so wendet er sich hin und her und macht sofort auf sich aufmerksam. Nichts von Scheu, sondern ganz im Gegenteil: Die Selbstdarstellung überwiegt. Innerhalb einer Stunde sind die Flügel getrocknet, gehärtet und zum kommenden Flugschauspiel vorbereitet. Alles weitere Leben spielt sich im Licht- und Luftraum ab.

Zu den wenigen Berührungen mit der Welt der Gegenstände benutzt er statt wie die meisten Insekten nicht sechs, sondern nur vier Beine. Das vorderste Beinpaar ist zu kleinen Putzorganen verkümmert – bezeichnenderweise beim Männchen noch mehr als beim Weibchen (Abb. 5).

Weibchen und Männchen sehen nahezu gleich aus. Nur ist das Weibchen

Abb. 4: Schlüpfender Monarch und seine durchsichtige, glasklare Puppenhaut.

um ein weniges größer, das Feuerorange etwas heller und die dunklen Flügeladern etwas breiter gefärbt; doch fehlt ihm der dunkle «Duftschuppenfleck» mitten auf den Hinterflügeln, der beim Männchen gut sichtbar da ist und einen besonderen Duft produziert, der für die Paarung wichtig ist. Die Falter finden sich im weiten Luftraum visuell, in der Nähe durch Geruchssubstanzen, Pheromone genannt. Beim Danaus wird das Pheromon Danaidon genannt. Es wird während der Balz aus einem Alkaloid, dem Danaidal, frisch gebildet, das in den Duftschuppen der Männchen angereichert ist und das schon die Raupe aus der Nahrungspflanze aufgenommen hat. Wie das Milkweed aus seiner lebendigen Chemie sein Blütenaroma erzeugt, so der Danaus-Falter aus den gleichen Substanzen seine wohl ähnlichen Düfte.

Trifft ein Männchen auf ein Weibchen im Flug, so beginnt ein wilder Wirbeltanz in der Luft. Ein hoch zeremonialisiertes Empfindungsleben spielt sich nun ab. Das Weibchen hängt sich rasch am nächsten Baum an einen Zweig oder ein Blatt und gibt sich kopulationsbereit, ohne es schon zu sein. Das Männchen hat nun eine ausführliche Werbung vorzuführen. Es trägt am Hinterleibsrande

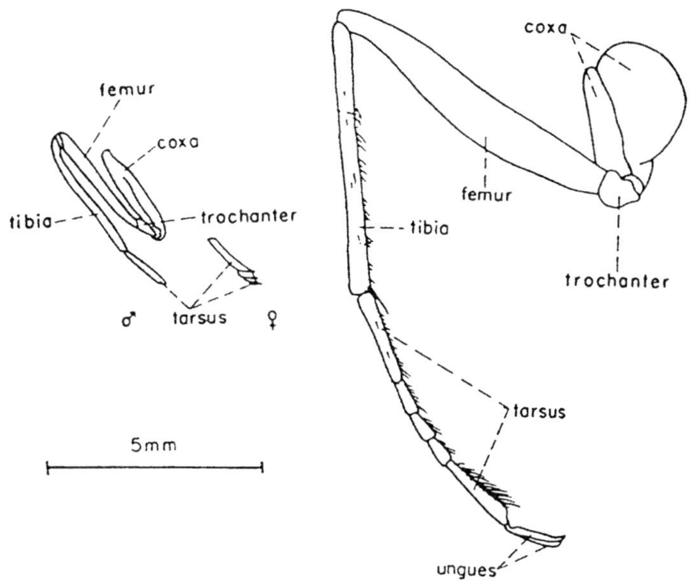

Abb. 5: Das Putzbein des Prothorax ist beim Männchen des Monarchen am Tarsus noch mehr verkümmert als beim Weibchen. Daneben das linke Bein des Mesothorax.

kleine Haarbürsten, mit denen es die Duftschuppen seines Duftschuppenfleckes auf den eigenen Hinterflügeln abstreift. Die dabei freigesetzten Danaidon-Pheromone streut es in Puderform über dem Kopf des Weibchens aus. Erst wenn dessen Fühler davon getroffen sind, ist dieses begattungsbereit. Wird das Pärchen in copula gestört, so fliegt das Männchen aktiv los und trägt das ruhig an ihm hängende Weibchen mit. Bald finden Befruchtung und Eiablage statt. Auch hier ist das Weibchen wählerisch. Es bevorzugt auffällig alleinstehende Einzelpflanzen (weniger die Massenbestände des Milkweed), an die es vereinzelt die Eier ablegt, bis zu 600 insgesamt. Selten, dass mehr als eine Raupe an einer Pflanze frisst. In vier bis sechs Wochen – je nach Wetterlage – ist der gesamte Generationszyklus durchlaufen. Die alte Generation stirbt, die neue wächst heran und fliegt weiter, und das geschieht drei- bis viermal im Jahr.

Der Monarch ist nämlich im Sommer nur kurze Zeit standorttreu, wenn insbesondere die Männchen eigene Flugreviere verteidigen und dabei alle Schmetterlinge, ja selbst Vögel darin angreifen. Dieses Revierverhalten dauert aber nicht lange. Bald sind die Männchen, besonders aber die Weibchen unterwegs

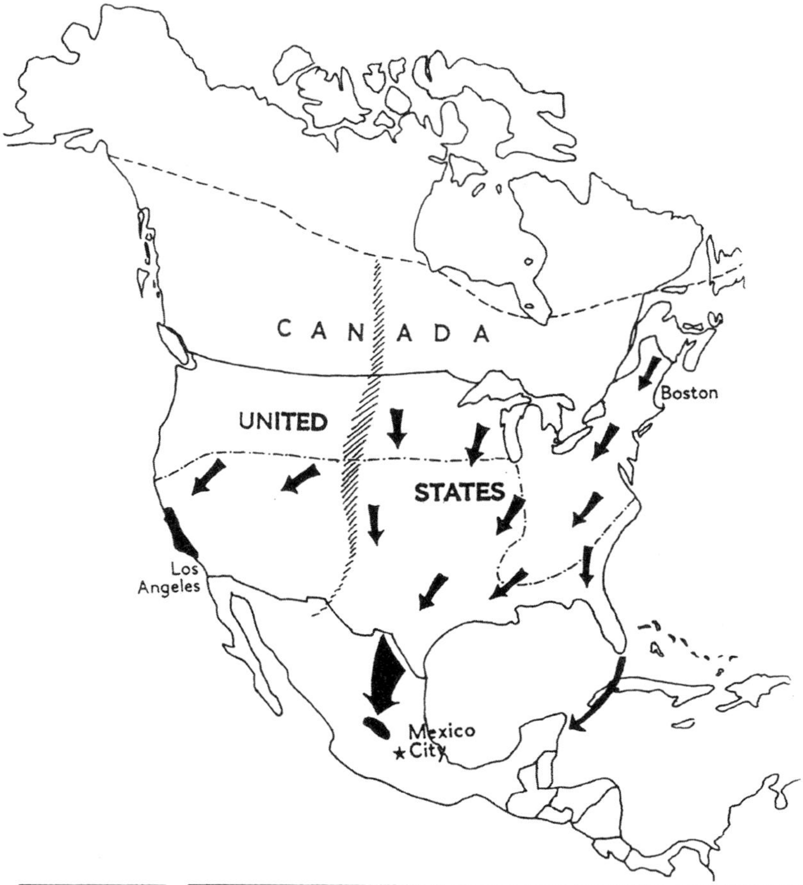
C A N A D A
UNITED
STATES
Boston
Los
Angeles
Mexico
City

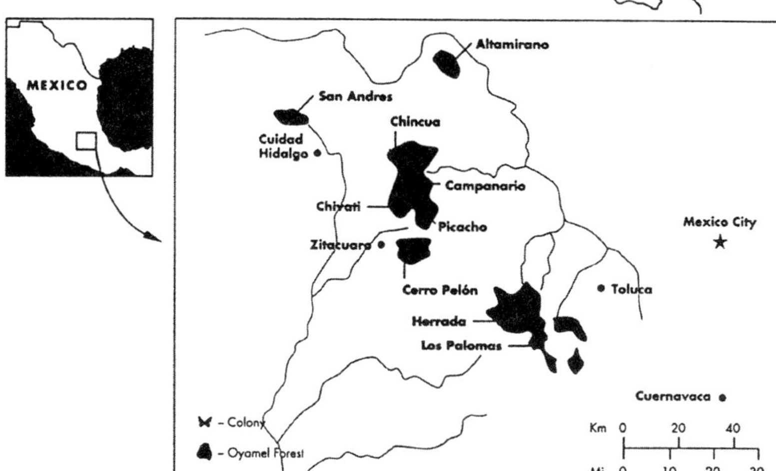
MEXICO
Altamirano
San Andres
Chincua
Cuidad
Hidalgo
Campanario
Chivati
Picacho
Zitacuaro
Mexico City
Cerro Pelón
Toluca
Herrada
Los Palomas
Cuernavaca
- Colony
- Oyamel Forest
Km 0 20 40
Mi 0 10 20 30

auf Wanderschaft. Er ist der einzige Tagfalter Nordamerikas, der wie viele Zugvögel regelmäßige, in sich geschlossene Rundwanderungen durchführt. Im Frühling fliegt er nach Norden, die nachfolgenden Generationen leben im Juli und August vermehrt in den nördlichen USA und in Kanada. Bis zum Südzipfel der Hudson Bay, wo im Mittwinter die Eisbären erscheinen, breitet sich sommers der tropenverwandte Monarch aus. Die nächste Generation führt im September und Oktober den Zug nach Süden durch, die nördlichsten Falter wandern über mehr als 6000 km zurück (Abb. 6)! Es fliegt über das Jahr hin also kein einzelner Falter den gesamten Wanderweg ab, sondern eine Generation nach der anderen löst sich dabei ab. Keine individuelle Erfahrung, sondern der pure Gruppeninstinkt, das Artgedächtnis, bringt das Verhalten im Jahreszyklus zustande.

Am prononciertesten tritt dieses Kollektivvermögen bei der Überwinterung in Erscheinung. Sie geschieht im Falterzustand im südlichen Westen der USA und in Mexiko. Dabei kommt es zu Massenkonzentrationen von Millionen von Exemplaren, die sich in ganz bestimmten Tälern auf ganz bestimmten Bäumen, die jährlich wieder aufgesucht werden, zu einem überwältigenden Naturschauspiel zusammendrängen. Es sind etwa 200 Millionen Falter, die sich zum Beispiel an nur neun erst seit 1975 entdeckten Bergschluchten in Zentral-Mexiko einfinden: die Gesamtpopulation östlich der Rocky Mountains.[2,3] Bis zu 10 Millionen pro Hektar hängen dann dort in den Nadelbäumen der montanen Region von Ende Dezember bis Ende Februar (Abb. 7).[4] Die Westpopulation überwintert in den Küstenwäldern zwischen San Francisco und Los Angeles. Heute kann man Touristenführungen zu den inzwischen unter Naturschutz gestellten Plätzen bekommen; so für die Westpopulation bei der Stadt Pacific Grove an der Monterey Bay nicht weit südlich von San Francisco in den Wintermonaten. In dieser Massenverdichtung zieht sich winters in zwei Gegenden physisch zusammen, was im übrigen Jahr über den größten Teil des riesigen nordamerikanischen Kontinents weit ausgebreitet als Monarch-Population umherfliegt. Bei diesem Falter kommt es auf solche Weise zu einem besonders massiven Ausdruck seiner Gruppenseelenhaftigkeit in seinem Winterquartier.

In Südosteuropa gibt es in einer kühlen Schlucht des Tales Petaloudes auf der

Abb. 6 (linke Seite): Oben Nordgrenze des Verbreitungsgebietes des Monarchen: gestrichelte Linie; der Queen: punktiert gestrichelte Linie. Pfeile: Rückwanderung der Spätsommer-Generation des Monarchen zu den Überwinterungsgebieten an der kalifornischen Küste, in Zentral-Mexiko und auf Yucatan. Schraffiert: Überlappungsgebiet der westwärts und der südwärts wandernden Populationen des Monarchen. Unten Die erst 1975 entdeckten Überwinterungskolonien in ca. 3000 m Höhe der zentralmexikanischen Gebirge.

Insel Rhodos ein annäherndes Schauspiel des dort übersommernden Bärenspinners *Euplagia* (= *Panaxia*) *quadripunctaria* = Russischer Bär.[5,6] Innerhalb der noch so anonym erscheinenden Welt der wirbellosen Tiere kommt es auch hier zu einer Verdichtung einer sonst nur den höheren Tieren zustehenden Subjekthaftigkeit – wenn auch erst ganz gruppenhaft.

Sehen wir uns nun im Weiteren in der Verwandtschaft des Monarchen um. In den Südstaaten der USA gibt es eine zweite nahverwandte Art, auch sehr elegant geformt und schön gefärbt, aber nicht so kontrastreich schwarz geädert, sondern noch orangener: die Königin, die *Queen* (*Danaus gilippus*) (Abb. 8). Sie macht nicht so ausgedehnte Wanderungen nach Norden, sondern hat sich über jene Areale im Süden verbreitet, wo der Monarch selten ist. Beide Arten kommen auch in Mittel- und Südamerika vor, hier von weiteren Danaus-Arten in tropischer Schönheit ergänzt. Monarch und Queen sind ja letztlich selbst Gesandte der Tropen im Norden. Die kalten Rocky Mountains meiden sie zumeist, aber sie stören die Wanderzüge nicht, läuft das Felsengebirge doch selbst in Nord-Süd-Richtung. Anders als in Europa und Asien fehlen ja in Nordamerika die westöstlichen Gebirgsschranken. So leben in den nördlichen Eichen- und Buchenwäldern solch südliche Tiere wie die Beutelratte und das Stachelschwein und fliegen der leuchtend rote Kardinal (ein großer Fink), die Kolibris und eben der Monarch bis weit nach Kanada hinein. Nichts hindert hier die Gegensätze daran, sich zeitweise zu vermengen.

Der Monarch fliegt oft weit auf den Atlantik hinaus und erreicht gelegentlich – wohl bei günstigen Winden – sogar die Küsten Westeuropas. Er besiedelt seit 1880 die Kanarischen Inseln und seit 1980 Spanien, nachdem er schon 1840 Neuseeland und 1870 Australien erreicht hatte. Die Hauptfülle an Danaus-Arten lebt im tropischen Asien. Im tropischen Afrika ist *Danaus chrysippus* zu Hause und kommt über die Levante[7] und Nordafrika nach Europa gerade bis Sizilien herauf. Das aber ist schon eine kleinere, blass-rötelfarbene Art. Giftig jedoch sind sie alle, weil ihre Raupen von den Schwalbenwurzgewächsen oder anderen Giftpflanzen wie den nahe verwandten Hundsgiftgewächsen (*Apocynaceen*) leben. Das nordamerikanische Milkweed ist inzwischen auch nach Europa gelangt und verwildert hier, so in Spanien, Südfrankreich, Korsika und Dalmatien.

Fassen wir alle Beobachtungen und Eindrücke über den Monarch und seine

Abb. 7 (linke Seite): Oben und Unten Millionen von Monarch-Faltern bedecken ihre Schlafbäume, zumeist immergrüne Nadelbäume, mit ihrem leuchtenden Feuerorange, wenn die Sonne sie bescheint und sie ihre Flügel öffnen. Piedra Herrada Butterfly Sanctuary, Mexico. Dezember 2019.

nahen Verwandten zusammen, so begegnen wir in ihm einem leibhaftig Natur gewordenen Wahrbild einer letztlich vertrauten Qualität. Suchen wir diese Qualität in den Ereignissen des menschlichen Seelenraumes auf, so kennen wir sie als eine nicht ganz ungiftige Art der Selbstdarstellung, Selbstvorführung, der seelischen Lust an der Überrumpelung durch die brillierende Überraschung, kapriziös in der Wahl, doch immer sich souverän gebend, weil unangreifbar, und von allen bewundert. Der Monarch ist ein unschuldig lebendes, herrliches Insekt jenseits von Gut und Böse. Aber er ist zugleich ein naturhaftes Realbild des Luziferismus, Ergebnis und Ausdruck einer geographischen Natur-Spiritualität, der es beliebt, über dem zerstörten Grund die blendende Verführung zu zelebrieren.

Auffällig zählebig ist er und merkwürdigerweise viel schwerer zu töten als andere vergleichbare Schmetterlinge. Hält man sie einzeln in Flugkäfigen mit passender Nahrung, können sie ein Jahr lang überleben.

Rudolf Steiner schilderte manches von der Naturspiritualität Nordamerikas. In einem in St. Gallen 1917 gehaltenen Vortrag sprach er von einer *geographischen Medizin* oder *medizinischen Geographie*.[8] Auf dem amerikanischen Kontinent komme aus dem Untergrund eine Tiefenwirkung hoch, die im Menschen eher zum Erlebnis des inneren Doppelgängers führe als anderswo. Damit ist die Personifizierung der ungeläuterten Dunkelmächte im Seelenleben jedes Menschen angesprochen. Die Begegnung mit den Mächten der Widersacher und Verführer liege in Amerika viel näher direkt unter der Seelenoberfläche und führe zu anderen Krankheitsdispositionen als anderswo.

Dasjenige, wovon Rudolf Steiner berichtete, waren und sind offensichtlich nicht nur geschichtliche Ereignisse in der dortigen menschlichen Bevölkerung, sondern hatte in den gewaltigen Zeiten der Evolution auch auf die Natur seine Wirksamkeit gehabt. So macht uns heute die dortige Natur selbst in objektivierter und somit freilassender Weise darauf aufmerksam, was auf jeden innerseelisch zukommt, der diese Seite der Erde hellfühlend kennenlernt. Nicht im Milkweed und Monarch allein, sondern in vielen weiteren Naturerscheinungen scheint diese besondere Äthergeographie, die Seelenlandschaft und die Geistveranlagung der Neuen Welt – wenn erst einmal bemerkt – auf.

Abb. 8 (linke Seite): Oben Danaus gilippus, the Queen. Unten Agraulis vanillae, the Gulf Fritillary.

Wir wollen davon noch einen weiteren Aspekt in der Evolution der amerikanischen Natur verfolgen. Monarch und Queen werden nicht nur von den Menschen oder auch den Vögeln beachtet, sondern von einer Reihe anderer Schmetterlinge scheinbar «nachgeahmt»: und das nicht nur im Verhalten, sondern sogar bis ins Aussehen! Zumeist handelt es sich um Angehörige der nahverwandten Fleckenfalter (*Nymphaliden*), zu denen bei uns so bekannte Schmetterlinge wie der Kleine Fuchs, das Tagpfauenauge, der Admiral, der Kaisermantel, der Distelfalter, aber auch der seltene Eisvogel gehören. Danaiden und Nymphaliden haben – wie schon gesagt – die Stürzpuppe gemeinsam, ebenso am ausgebildeten Falter die Verkümmerung des vordersten Beinpaares zu Putzbürsten. Nicht mehr mit sechs, sondern nur noch mit vier Beinen wird die gegenständliche Welt berührt. Und die Verpuppung als Stürzpuppe zeigt ja ebenfalls die geringste Berührungsneigung mit der Gegenstandswelt: eben nur noch mit der Hinterleibsspitze. Ansonsten hängt die Puppe kopfüber im freien Raum.

Eine nahestehende, artenarme und deshalb wenig bekannte Schmetterlingsfamilie bilden die Schnauzenfalter (= *Libytheidae*) mit ihren charakteristischen schnauzenartig verlängerten Kopftastern und ausgeschnittenen Flügelformen. Bei ihnen sind die Männchen ebenfalls vierbeinig, die immer etwas größeren Weibchen hingegen aber sechsbeinig und damit wieder erdenhafter! Doch schlüpfen beide immer aus einer Stürzpuppe.

Von unseren Fleckenfaltern kommt der Kaisermantel (s. Abb. 13) in Größe und Farbe, aber auch in seinem komplexen Balzverhalten[9], dem Monarch am nächsten, und mehrere ähnliche Arten fliegen auch in Nordamerika, zum Beispiel *Speyeria cybele*. Zum Verwechseln ähnlich dem Monarch aber ist dort ein naher Verwandter unseres ganz anders aussehenden, oberseits dunklen Eisvogels (*Limenites populi*). Jener aber sieht dem Monarch im Flugverhalten, in Gestalt und Färbung täuschend ähnlich und fliegt auch im gleichen Lebensraum der offenen Landschaft. Nur wenig kleiner ist er und trägt als ein Unterscheidungsmerkmal für den Kennerblick aus der Nähe eine dunkle Querbinde auf jedem Hinterflügel, die dem Monarch fehlt. Es ist der «Vizekönig» oder, wie ihn die Amerikaner nennen: Viceroy (*Limenites archippus*) (Abb. 9). Vögel

Abb. 9 (rechte Seite): Nordamerikanische Eisvögel aus der Familie der Nymphalidcn. Oben Limenites archippus, the Viceroy. Mitte Limenites arthemis ssp. arthemis, the Banded Purple = White Admiral, recht ähnlich vielen europäischen Eisvögeln. Unten Limenites arthemis ssp. astyanax, the Red-Spotted Purple, benannt nach seiner rotgefleckten Unterseite.

können die beiden Arten nicht unterscheiden. So vermutet man, dass sie den Viceroy nicht fressen. Einen solchen Mitschutz nennt man nach seinem Erstentdecker Bates[10] «Bates'sche Mimikry».

Dass die täuschende Ähnlichkeit nicht zufällig ist, zeigt die Tatsache, dass in den Südstaaten, wo die Queen im Vergleich zum Monarch überwiegt, die dortigen Lokalrassen des Viceroy das Aussehen der dortigen Lokalrassen der Queen angenommen haben. So ist *Limenites archippus ssp. obsoleta* sehr *Danaus gilippus ssp. strigosus* ähnlich und ebenso *Limenites a. ssp. floridensis* dem *Danaus g. ssp. berenice*. Er hat sich also immer nach der häufigsten Danaide im eigenen Fluggebiet evolutiv ausgerichtet.

Nicht anders ist es beim *Golf-Perlmutterfalter = Gulf Fritillary* (*Agraulis vanillae*), der in täuschend ähnlichem Schnittmuster der Flügel und seiner ganzen Farbgebung ebenfalls weitgehend die Queen «nachahmt», denn er kommt wie diese in den USA auch nur in den Südstaaten um den Golf von Mexiko vor (s. Abb. 8 unten). Seine Nahrungspflanze ist – wie bei allen *Heliconiden*, zu denen *A. vanillae* von den *Nymphaliden* aus den Übergang bildet – die Passionsblume (*Passiflora*), deren Gift ebenfalls Raupen und Falter für viele Vögel ungenießbar macht. Warum er trotzdem zum «Mimic», zum «Nachahmer» der Queen geworden ist, ist durch deren Giftigkeit nicht zu erklären, ist der *Gulf Fritillary* doch selbst giftig. Die einfache Erklärung als eine Bates'sche Mimikry mag wohl in solchen Fällen mitspielen, reicht aber, wie wir sehen, nicht aus. Das fiel mir selbst schon auf, als ein frisch geschlüpfter Monarch, den ich aus einer Raupe aus Maine (NO-USA) 1991 gezogen hatte, auf dem Spannbrett von deutschen Wespen begierig angefressen wurde. Insbesondere der Hinterleib dieses Weibchens muss auf sie wie von süßem Aroma erfüllt gewirkt haben. Die Knollige Seidenpflanze, *Asclepias tuberosa*, eine Schwesternart des *Common Milkweed* und ebenfalls aus den östlichen USA stammend, wurde in meinem Garten in Deutschland von der Ackerschnecke (*Deroceras reticulatum*) bevorzugt abgefressen, ohne dass diese Schaden litt. Urquhart[11] zählt eine Reihe von Insekten und Vögeln auf, die den Monarch und seine Raupe anstandslos gefressen haben. Am Überwinterungsort des Monarchen in Zentral-Mexiko fressen der Schwarzkopf-Kernknacker *Pheucticus melanocephalus* und der Stärling *Icterus galbula* in Mengen diesen Schmetterling unbeschadet. Für die 37 anderen Vogelarten der gleichen Region ist er aber giftig. Von fünf dort lebenden Mäusearten ist eine (*Peromyscus melanotis*) immun gegen das Gift und kann sich von den herabgefallenen Faltern ernähren, nämlich vorwiegend vom Innengewebe der Hinterleiber.[12] Das Gift konzentriert sich nämlich mehr in den Chitinhüllen. Also wohl besonders in den Flügeln?

All das spräche noch für eine denkbare Deutung des Monarchs bzw. der Queen als «Vorbild» für ähnlich gefärbte Falter im Sinne der Bates'schen Mimikry, wenn nicht erstmalig neuere Fütterungsversuche mit dem Viceroy gezeigt hätten, dass er für die in Frage kommenden Vögel ebenso giftig wie der Monarch und in Florida sogar giftiger als die dortige Queen ist, so dass sie eher durch den Viceroy geschützt ist als umgekehrt.[13] Es handelt sich bei diesen Ähnlichkeiten also um gleichwertige Konvergenzen im Sinn der «Müller'schen Mimikry» und nicht um das Bates'sche Muster von «Vorbild» und «Nachahmer». Die Beteiligten dieses Mimikry-Ringes sind von gleichen, übergreifenden Bildebedingungen in ihrem Erscheinungsbild gestaltet. Die Giftigkeit des Monarchen, der Queen, des Viceroy und des Golf-Perlmutterfalters sowie ihre Prunkfärbungen sind letztlich simultane, korrelative Erscheinungsformen eines durchgängigen Lebensgestus. Die besondere Eigentümlichkeit macht sich durch sich selbst verständlich. Die Goethesche Erfahrung «Man suche nichts hinter den Phänomenen; sie selbst sind die Lehre.»[14] schließt uns so die vorgelebte Naturspiritualität auf.

Verschattete Falter

Wer ein Herz für Schmetterlinge hat, wird schon einmal sprachlos vor der Schönheit und Eleganz unseres heimischen Schwalbenschwanzes (Abb. 10) gestanden haben: der Inbegriff des Falterwesens schon in der zwischen seinen sechs Beinen ruhenden Gestalt und noch mehr im Flug. Abwechselnd segelnd und locker die großen Flügel schlagend, schwingt er sich mühelos über Büsche und Wiesen und liebt besonders herausragende Hügel- und Bergkuppen in der offenen Landschaft. Von strahlend gelber Grundfärbung sind die hochelegant geschnittenen Flügel behaucht und der zarte Leib mit samtschwarzen Rändern und Streifenmustern untergliedert, auf den geschwänzten Hinterflügeln dazu mit blauschimmernden Flecken und am inneren Hinterrand mit orangeroten Augenflecken geziert, die zum unauffälligeren Kopfpol auffällig kontrastieren: als ob ein umgekehrt ausgerichtetes Tier einen anschaut.

Trifft man nun auf seine nächsten Verwandten in Nordamerika, so ist die Eleganz des Flugverhaltens ebenso da. Aber die Farbgebungen sind vielfach verschattet. Auch wo die gelbe Grundfärbung bei einigen nordamerikanischen Schwalbenschwanz-Arten da ist, hat die Schwarzfärbung zumeist zugenommen. Bekannt ist, dass in den Tropenwäldern mit ihren tiefen Schattenräumen

Abb. 10: Der Schwalbenschwanz Papilio machaon, der von Europa über Asien bis ins nordwestliche Amerika vorkommt.

sehr viele Falterflügel voll samtener Schwärze sind. Aber hier im Norden Amerikas fliegen sie in der offenen Landschaft zwischen lichten Sommerwäldern in der Sonne. Sind es bloß eingewanderte Tropenfalter wie der Monarch oder gehören sie ursprünglich hierher? Merkwürdig, wie so ein großer schwarzverschatteter Papilionide mit nur etwas Gelb in den Randsäumen, aber dunkelroten Flecken auf der Unterseite, an den gleichen Blüten nippt, woran noch eben ein leuchtender Monarch gesogen hat.

Verfolgt man die Rassenvariationen des Eurasiatischen Schwalbenschwanzes, so nimmt schon von Europa bis China die Ausbreitung der schwarzen Musterung auf den Flügeln zu.[15] Bei seinen nächsten Verwandten in Nordamerika aber, mit denen er sich z.T. noch hybridisieren kann, wird diese Tendenz die vorherrschende.

Auch unter den Heuschrecken gibt es dort diese Erscheinungen. Bei uns sind die Ödlandschrecken auf den Hinterflügeln rot oder blau gebändert; Farben, die reizvoll im Auffliegen aufleuchten.[16] Die auffällig große Ödlandschrecke Nordamerikas (*Spharagemon collare*), an allen Straßenrändern und Kieshaufen häufig, zeigt im Auffliegen eine breite schwarze Bänderung der Hinterflügel. Sie gaukelt so schmetterlingsartig durch die Luft, dass man zuerst meint, einen großen schwarzen Falter zu sehen. Auch viele der häufigeren Libellenarten haben einfach oder mehrfach schwarz betupfte Flügel, die auffällig vorgezeigt werden.

Die Verschattung unter den großen Tagfaltern Nordamerikas findet ihre Steigerung, ja Kulmination in einem eigenen zweiten Mimikry-Ring, also einem Gestaltkreis sich im Aussehen ähnelnder Arten von durchaus verschiedener verwandtschaftlicher Herkunft. So wie wir schon auf den Mimikry-Ring um die leuchtend roten Danaiden-Falter Nordamerikas, Monarch und Queen, aufmerksam wurden, sei hier ein zweiter Trachtkreis ganz anderer Färbung in die Darstellung einbezogen (Abb. 11).

Die Raupe eines tiefschwarzen, nach hinten blaugrün überhauchten Schwalbenschwanzes frisst am «Pipevine», der Pfeifenwinde, einer rankenden Osterluzei (*Aristolochia sipho*). Von ihrem Gift ist auch der daraus entstehende Falter, der Pfeifenwinde-Schwalbenschwanz (*Battus philenor*), durchsetzt. Der an den Lorbeergewächsen *Sassafras* und *Lindera* herangewachsene Gewürzstrauch-Schwalbenschwanz (*Papilio troilus*) ist ungiftig und «ahmt» jenen zum Verwechseln ober- wie unterseits nach. Beim gelblichen, schwarzgestreiften Tiger-Schwalbenschwanz (*Papilio glaucus*) ist es eine seiner zwei noch größeren Weibchenformen (*forma glaucus*), die ebenfalls das gleiche fast völlig dunkle Aussehen aufweist, während die andere Weibchenform (*forma turnus*) und alle Männchen wie ein auffällig vergrößerter, gelbgefärbter Segelfalter aussehen. Im gleichen Fluggebiet gibt es des Weiteren einen Eisvogel-Verwandten aus der ganz anderen Familie der Fleckenfalter (Nymphaliden), den breit weißgebänderten «Weißen Admiral» (*Limenites arthemis ssp. arthemis*). Zwei mit ihm sich fruchtbar vermischende, nach Süden zu häufiger werdende Unterarten sind die Subspezies *astyanax* (s. Abb. 9, Oststaaten der USA) und *arizonensis* (in einigen Südweststaaten). Beide sind oberseits weitgehend tief dunkelblau gefärbt und haben sich offensichtlich dem blauschwarz-farbenen Mimikry-Ring angeschlossen. Von einer weiteren *Nymphaliden*-Art, der Diana (*Speyeria diana*), ist es ausschließlich das Weibchen, das schwarz-blau gemustert auftritt, während das Männchen völlig anders erscheint, nämlich familientypisch, ähnlich unserem orange gefärbten Kaisermantel, so dass es dem Monarch-Ring näherkommt. Das Weibchen von Diana gehört zum blaudunkel-verschatteten Erscheinungs-Ring, sein Männchen zum leuchtend-orangenen Formenkreis!

Hat man sich einmal in diese Vielfalt starker und geringer Unterschiede der Farbkleider eingesehen, so fällt rasch auf, dass es unter ihnen – wenn die Geschlechter unterschiedliche Färbungen tragen – nahezu immer die Weib-

Abb. 11: Der Mimikry-Ring der großen dunklen Tagfalter Nordamerikas: Pipevine-Swallowtail = Battus philenor, Eastern Black-Swallowtail = Papilio polyxenes, Spicebush-Swallowtail = Papilio troilus, Tiger-Swallowtail = Papilio glaucus, Red-Spotted Purple = Limenites arthemis ssp. arthemis, Diana Fritillary = Speyeria diana.

chen der Falter sind, die dem dunklen Trachtkreis zuneigen; so – wie gesagt – beim Tiger-Schwalbenschwanz und beim Diana-Fleckenfalter. Das gleiche trifft ebenso für den im nordamerikanischen Osten weit verbreiteten *Eastern-Black-Swallowtail* (*Papilio polyxenes*) zu: Während sein Weibchen oberseits fast durchweg dunkel und nur mit zwei schmalen Reihen graugelber und dazwischen mit einer breiten Reihe blauer Flecken gefärbt ist, zeigt das Männchen diese zwei Reihen in breiter hellgelber Fleckung, die ihn entfernt unserem europäischen Schwalbenschwanz ähnlicher macht, während die blaue Fleckenreihe stark verkleinert ist. Dieser Eastern-Black (es gibt auch noch einen Western-Black an der pazifischen Küste) legt seine Eier an Dolden- und besonders an Rautengewächse (*Rutaceen*; die Weinraute und der Diptam gehören bei uns dazu) ab. Die Raupen reichern sich mit den starken ätherischen Ölen ihrer Wirtspflanzen bis zur Giftigkeit an. So führt der männliche *Black-Swallowtail* einen zusätzlichen Mimikry-Ring im Anschluss an den Pipevine-Mimikry-Ring an, während sein dunkelfarbenes Weibchen ganz letzterem angehört. Oder «ahmt» der männliche *Eastern-Black-Swallowtail* etwa selbst den ebenfalls giftigen, an Aristolochia heranwachsenden, ihm sehr ähnlichen, nur etwas größeren Polydamas-Schwalbenschwanz (*Battus polydamas*) nach? Jedenfalls gehören trachtmäßig auch noch der *Kurzschwänzige Schwalbenschwanz* (*Short-tailed swallowtail*, *Papilio brevicauda*) und der *Riesen-Schwalbenschwanz* (*Giant Swallowtail*, *Heraclides cresphontes*) dazu, die beide ebenfalls an Rautengewächsen und Doldenblütlern mit deren starken ätherischen Ölen ihre Raupenzeit verbringen. Als letztes ist noch der *Palamedes-Schwalbenschwanz* (*Papilio palamedes*) zu nennen, der wie der *Gewürzstrauch-Schwalbenschwanz* an den dortigen, alkaloidreichen Lorbeergewächsen (*Sassafras*, *Lindera*, *Persea*) aufwächst. Es bleibt um so mehr die Frage: Wieso ahmen sich so viele Arten unter den schwarzverschatteten Faltern gegenseitig nach, wenn sie zumeist alle selbst giftig sind? Wir sehen gerade bei näherer Beobachtung vor Ort, dass die Mimikry nicht allein nur dem Überlebensvorteil entspricht, sondern übergreifenden Bildungsmöglichkeiten entspricht. Worin bestehen sie?

Nahe Verwandte der Schwalbenschwanz-Schmetterlinge sind bei uns die selten gewordenen Apollo-Falter: weiß-schwarz-rotfleckige Bergfalter der mittleren Breiten. Durchgängig zeigen hier die Geschlechter starke Größen- und Färbungsunterschiede. Die Männchen sind kleiner und weißer, aber gerade die Weibchen größer und schwärzer gefärbt! Das gleiche Motiv führen uns bei näherer Aufmerksamkeit fast alle unsere eigenen, häufigsten Wiesenfalter vor: die Kohlweißlinge und Bläulinge. Die weiblichen Kohlweißlinge haben immer mehr dunkle Flecken auf den hellen Vorderflügeln als die Männchen. Bei den

Abb. 12: Unser Himmelblauer Bläuling (Lysandra bellargus) ist nur als Männchen blau, als Weibchen unscheinbar braun. Jener wagt sich im Flug höher in den blauen Luftraum, während dieses zumeist bodennah den Grasdschungel durchflattert.

meisten Bläulingen sind nur die Männchen himmelfarben bläulich, die Weibchen hingegen stumpfbraun beflügelt (Abb. 12). Ist doch selbst das Weibchen des amerikanischen Monarchen mit einer breiteren Schwarzzeichnung versehen, während das Männchen mehr von der auffälligen Farbenfläche besitzt. So sind auch beim heimischen Aurorafalter (*Anthocharis*), bei den Heufaltern (*Colias*) und dem Zitronenfalter (*Gonepteryx*) die Männchen mit rot, orange oder zitronengelb leuchtenden Zusatzfarben versehen. Bei unserem seltenen Schillerfalter schillert nur das Männchen. Dafür sind die wiederum farblich unauffälligeren Weibchen zumeist etwas größer.

Das gilt auch für unsere Scheckenfalter, allen voran für den Kaisermantel (*Argynnis paphia*) (Abb. 13). Bei ihm verlieren die um ein weniges größeren Weibchen von dem prunkenden Orangeton der Männchen und bilden die schwarzen Flecken deutlich größer aus. Ja, eine allein nur bei den Weibchen vorkommende Farbvariante (*forma valesina*) wird in gedämpftem Ton grünlich und verliert so alles Feuer in der Färbung! Bei einer verwandten Art in Ja-

Abb. 13: Unser Kaisermantel (Argynnis paphia). Links Männchen; Mitte Weibchen mit größeren Flecken; Rechts Die grünverschattete Form valesina, die es nur bei den Weibchen gibt.

pan (*Damora sagana*) sind die grauen Weibchen die Regel.[17] Bei unserer Form *valesina* ist der Erbgang dominant über die Normalform orangener Weibchen. Trotzdem macht jene nur die Minorität der Weibchenpopulation des Kaisermantels aus. Die Balz der Männchen verläuft anfangs verwiegend optisch und bevorzugt dadurch die orangenen Weibchen.[18] Die grünlichen Weibchen hingegen vermeiden die sonst arttypisch aufgesuchten sonnigen Waldeslichtungen und bevorzugen den Waldesschatten, mit dem sie optisch besser verschmelzen und damit weniger von den Männchen gefunden werden, so dass ihre Nachkommen immer eine Minorität bilden.[19]

Natürlich gibt es wie immer in der lebenden Natur um so interessantere Ausnahmen. Unser häufiges *Großes Ochsenauge* (*Maniola jurtina*) aus der Familie der Augenfalter (*Satyriden*) zeigt, wie viele seiner Familienmitglieder, als Weibchen mehr Farbe als das Männchen. In den Tropen heute aller Kontinente ist der Nymphalide *Hypolimnas misippus* (Abb. 14) in der Weibchenform eine «Nachahmung» des *Danaus chrysippus* aus Afrika in rötlichen Farben, während das Männchen tiefschwarz ist, allerdings von weißen und violett-irisierenden großen Flecken aufgelichtet. Bei näherem Zusehen hängt der jeweilige Dimorphismus, wie wir noch sehen werden, auch mit den unterschiedlichen Flugräumen der Geschlechter und deren Beleuchtungsverhältnissen zusammen.

Trotzdem ist die Abdunklung und Vergrößerung der Weibchen der weitaus überwiegende Bildegestus bei den Schmetterlingen.[20] Dieser erreicht seinen absoluten Höhepunkt in den größten Papilioniden der Welt: den extrem

Abb. 14: Hypolimnas misippus, ein stark sexualdimorpher Nymphalide aus Afrika, der inzwischen in alle Tropen eingeschleppt worden ist. Oben Männchen; Unten Weibchen.

großen, deshalb in der Luft wie Vögel wirkenden «Vogelflüglern» (*Ornithoptera*) Neuguineas und der benachbarten südostasiatischen Inseln. Riesig, bis zu einer Flügelspannweite von 27 cm, werden die weitgehend stumpf-dunkelbraunen Weibchen des größten Vertreters (*Papilio alexandrae*). Die auffälligeren, immer etwas kleineren Männchen der ganzen Gruppe irisieren in allen Urwaldfarben wie Edelsteine: grün, gelb, blau, rot. Sie fressen alle als Raupen an *Aristolochia*-Arten, sind deshalb giftig und scheinen zumindest als Weibchen trotzdem zusammen einem visuellen Mimikry-Ring anzugehören, ohne dass sich die eine Art von einer anderen färbungsmäßig schützen lassen muss. Die dunklere Färbung der Weibchen gehört eo ipso zu ihnen.

Nicht anders ist es bekanntlich bei den handgroßen Morpho-Faltern der südamerikanischen Urwälder. Die Männchen schillern oberseits in unbeschreiblich leuchtendem Blau; die Weibchen sind braun bis schwarz – so in der Mehrzahl der Arten.

Um ein angemessenes Verständnis für die verschatteten Falter zu finden, sei das Gesamt dieser Tiere so umfassend wie möglich in den Blick genommen: Wir sehen die phänomenale physische Erscheinung des Tieres, und zugleich erleben wir dabei in seinem Gebaren, seiner Färbung, seiner Gestaltung etwas, was in uns auslöst, dass wir es anfänglich seelisch einfühlen können. Wir sprechen damit Selbstverständlichkeiten aus, aber gerade auf sie zu achten, darauf kommt es an: Jedes Tier hat selbstverständlich eine stofflich-leibliche Existenz. Und ebenso selbstverständlich spricht es sich immer als ein empfindendes Subjekt aus, sonst erlebten wir es nicht als ein Tier, sondern als eine bloß vegetierende Pflanze. Von einem physischen Leib und einem Empfindungsleib = Astralleib spricht deshalb die geisteswissenschaftliche Tierkunde.

Wir sollten damit aber nicht in einen bloßen Dualismus von Leib und Seele fallen, den im 17. Jahrhundert René Descartes mit seinen Termini *res extensa* und *res cogitans* philosophisch festschrieb. Tiere wie Menschen sind keine gespaltenen Wesen. So ist die fruchtbare Frage erst, wie physische Erscheinung und seelisches Vermögen in einem Tier oder in uns selbst denn kommunizieren, miteinander umgehen, eben zusammenhängen und zusammengehören können. Hier hilft uns die alltägliche Selbstbeobachtung ein Stück weiter, dass bekanntlich mein eigenes, subjektives Begehren zwar meinen äußeren Leib in Bewegung setzen kann, aber ohne diesen keine anderen Gegenstände. Dass ich allerdings die Stoffesmenge meiner eigenen Hand intentional bewegen kann, liegt offensichtlich daran, dass sie ein lebendes Organ meines Organismus ist. Mit diesem Urphänomen gehen wir in jedem Augenblick um, wir sollten damit auch erkenntnismäßig umgehen: Seelisches und Stoffliches können nur zueinander finden, wenn zwischen ihnen die Brücke des Lebens ist. Die Lebensfähigkeit führt wie jede Brücke also nach beiden Richtungen. Seelisches kann über die Lebensprozesse des Leibes Einfluss auf die dingliche Seite der Welt nehmen: Ich will arbeiten und kann den Hammer bewegen. Umgekehrt können bloße Stoffe, man denke nur an ein Psychopharmakon, über die lebendige Physiologie des Organismus seelische Auswirkungen hervorbringen. Zwischen dem *physischen Leib* und dem *Empfindungsleib* finden wir immer einen *Lebensleib = Ätherleib* vor, wenn die beiden ersteren miteinander zu tun haben.

Der Lebensleib ist für die Reflexion so unbekannt, weil er nicht subjekthaft-seelisch und nicht objekthaft-räumlich ist, sondern als die eigenständige Brücke das Unbewusste und Unsehbare in uns ist. Als solches hat er aber einen einmaligen Vorzug: Nur er kann mit beiden Welten gleicherweise kommunizieren, mit der Welt der Stoffe durch den biologischen Stoffwechsel (schon in jeder Muskelbewegung) und mit der Welt des Seelischen (zum Beispiel in der Erinnerungsbildung aus dem Unbewussten zum Bewussten) über das Nervensystem. Die Lebensorganisation kann so wechselweise dem leiblichen Aufbau wie andererseits dem seelischen Vermögen zur Verfügung stehen.

Beide Wirkfelder der Lebensorganisation sind in ihr selbst in einer gewissen Weise durchaus Gegenspieler, Antagonisten. Hier ziehen wir die Auswirkungen einer so gearteten Polarität für unser Thema heran: die schon bemerkten Farbtracht-Differenzen zwischen vielen Männchen und Weibchen der Schmetterlinge. Wir konnten sie ja schon gut verfolgen. Ohne einseitig zu trennen – denn das Leben ist immer universell –, lässt sich doch beobachten, dass das Männchen aktiver auf der seelischen Ebene veranlagt ist. Schon sein Fluggebaren ist heftiger, expressiver. Das Monarchmännchen verteidigt zeitweise geradezu seine Flugreviere. Sein Balzverhalten ist aktiver. Sein Geruchsempfinden ist oft gesteigerter, so am meisten bei den vorwiegend nächtlich aktiven Spinnern (*Saturniden*), die über Kilometer hinweg den Duft eines Weibchens in unvorstellbarer Verdünnung bemerken. Mit dem stärkeren Seelenvermögen aber werden antagonistisch die physiologischen Möglichkeiten geringer. Wie wir sahen, bleibt oft seine Leibesbildung kleiner. Die Zuwendung der Lebenssphäre zur Leibesbildung ist geringer als zur Empfindungsseite. Bei den männlichen Keimzellen, den Spermien, kommt dieser Gestus in der extremen Armut an Zellplasma prinzipiell zum Vorschein.

Anders das Schmetterlingsweibchen im Allgemeinen. Sein Verhalten ist träger, es gibt sogar flügellose, flugunfähige Weibchen, so bei den Sackspinnern und Frostspannern. Oder man denke bei den Johanniskäfern an die im Grase sitzenden, flügellosen Weibchen, die der Volksmund deshalb nur Glühwürmchen nennt. Dafür hingegen sind sie meist deutlich größer. Das extremste Beispiel schlechthin im Reich der Insekten ist die unförmige Termitenkönigin. Die Zuwendung der Lebenspotenz an den physischen Leib überwiegt gegenüber der Zuwendung an den Empfindungsleib. Die weibliche Keimzelle selbst, das Ei, ist außerordentlich groß gegenüber allen anderen Zellen des gleichen Organismus. Der weibliche Falter führt urbildlich bei der Eiablage seine besondere Neigung zur empfindungsfreien Pflanzenwelt vor, während das Männchen nur von ihrem Blütenbereich und noch mehr von einem Tier, eben von seinem Weibchen, angezogen wird.

Dieser Richtungsunterschied im ätherischen Vermögen der Geschlechter kommt nun am sichtbarsten in der Farbtracht zur Erscheinung. Die männlichen Falter führen die auffälligeren Farben vor. Es überwiegt der Astralleib über den physischen Leib. Die weiblichen Falter neigen hingegen zur Abdämpfung einer drastischen Färbung und kleiden sich oftmals in schwarze, braune, dunkelblaue oder dunkelgrüne Töne. Die Dominanzen liegen umgekehrt. Dafür ist in Nordamerika der schon genannte Diana-Falter (*Speyeria diana*) das vollkommenste Beispiel (Abb. 15). Aber auch die nächsten Verwandten *Speyeria cybele* und *Speyeria nokomis* zeigen den Beginn der schwarzen Verschattung der Weibchen in den rumpfnahen Flügelpartien.[21] Das Weibchen von *Battus philenor* ist noch schwärzer gefärbt als das schon schwarzblaugrün irisierende Männchen, obgleich beide wohl gleich giftig sind. Und selbst das Monarch-Weibchen ist bei genauerem Hinsehen breiter schwarz geziert als das Männchen, was keine Bates'sche Mimikry-Interpretation erklären kann.

Zugleich bilden die Schmetterlingsweibchen zumeist generell den physischen Leib größer aus, voll von dotterreichen Lebenskeimen, den Eiern, die ja massenmäßig die Voraussetzung für die physische Vermehrung der Population darstellen. In der einen Richtung wendet sich der Ätherleib mehr dem Astralleib zu und verzehrt sich dabei. In der anderen Richtung wendet er sich mehr dem physischen Leibesaufbau zu und verirdischt fortwährend in ihn hinein.

Wir haben es nun in Nordamerika hauptsächlich mit zwei großen Schmetterlings-Mimikry-Ringen zu tun, die beide Tendenzen verwandtschaftsübergreifend hervorheben: der eine in leuchtenden Feuerfarben, der andere in schwarzblauen Abdunklungen. In beiden Ringen finden sich ihrerseits jedoch auch *Unterringe*, die die Extreme mildern: im orangefarbigen Kreis mit schwarzer Streifung, im schwarzfarbigen Kreis mit gelber Fleckung. So sind die evolutiven Gestaltungen nie starr, sondern auch mit Ausgleich versehen. Der Übersicht halber seien alle nordamerikanischen Tagfalter östlich des Felsengebirges, die miteinander Mimikry-Ringe bilden, mit ihren zoologischen Namen zusammengestellt. Alle giftigen Arten sind unterstrichen; in Klammern ist die Familienzugehörigkeit genannt (D = Danaiden, H = Helioconiiden, N = Nymphaliden, P = Papilioniden).

Abb. 15: Pärchen des Diana-Falters (Speyeria diana). Die rumpfnahen Flügelabschnitte sind tiefschwarz gefärbt, die peripheren Bereiche beim Männchen vorwiegend orange, beim Weibchen vorwiegend schwarz und blau: Die Geschlechter gehören polaren Mimikry-Ringen an. Das Männchen klaftert 8 cm, das Weibchen 10,5 cm. Bernardino Mountains/Kalifornien 1988.

Die Farbgebungen der Oberseite sind:

Orange mit schwarzer Streifung

Danaus plexippus (D)
Limenites archippus, Nordform (N)
Speyeria diana ♂ (N)

Weitgehend Orange

Danaus gilippus (D)
Dryas iulia (N)
Limenites archippus, Südform (N)
Agraulis vanillae (N bzw. H)

Weitgehend Schwarz und Blau

Battus philenor (P)
Papilio troilus (P)
Papilio polyxenes ♀ (P)
Papilio joannae ♀ (P)
Papilio glaucus f. glaucus ♀ (P)
Basilarchia astyanax (N)
Speyeria diana ♀ (N)

Schwarz mit wenig Gelb

Papilio polyxenes ♂ (P)
Papilio joannae ♂ (P)
Papilio brevicauda (P)
Papilio indra (P)
Battus polydamas (P)
Papilio palamedes (P)
Heraclides cresphontes (P)

Die beiden darin herrschenden Bildungstendenzen sind nun in Nordamerika nicht nur im Geschlechtsdimorphismus einer Reihe von Schmetterlingsarten auffällig ausgeprägt, sondern darüber hinaus in besonders gesteigertem Ausmaß in beiden Mimikry-Kreisen von Natur aus hervorgehoben. Jetzt fällt es uns wie Schuppen von den Augen: Im Mimikry-Ring um die nordamerikanischen *Danaus*-Falter Monarch und Queen überwiegt die Zuwendung der Lebensvorgänge an die Astralität. Die Falter sprühen geradezu in feurigen Farben. Im Mimikry-Ring der verschatteten Falter des gleichen Lebensraumes aber überwiegt der Anspruch des Physischen an die Lebensorganisation. Die Falter verkohlen bildlich gesprochen in ihrer schwärzlichen Ausdrucksgestalt. Man kann im übertragenen Sinne auch sagen: Im *Danaus plexippus/gilippus*-Ring findet eine trachtmäßige Vermännlichung statt, im *Papilio philenor/polyxenes*-Ring eine trachtmäßige Verweiblichung.

Hatten wir den feuerlodernden Trachtring als luziferisch kennzeichnen können, so vermittelt der Anblick eines großen verschatteten Falters in der sonnenhellen Landschaft den verfremdeten Eindruck des Finsteren. Diese zweite Naturspiritualität wirkt ahrimanisierend.

Die Verbindung zu den Nahrungspflanzen

Jeder Schmetterling steht in engster Symbiose mit seinen Nahrungspflanzen: mit den Wirtspflanzen, an denen er als Raupe fraß, und mit den Blütenpflanzen, deren Nektar er bevorzugt genießt. Die Erscheinung der Schmetterlingsmimikry machte uns besonders auf die Giftpflanzen aufmerksam, die dabei eine Rolle spielen. Werfen wir so einen ergänzenden Blick auf die Nahrungspflanzen der Raupen, insbesondere der zentralen Vertreter der beiden nordamerikanischen Mimikry-Ringe: auf die *Asclepiadaceen* und die *Aristolochiaceen*.

Die Asclepiasblüte (Abb. 16) ist so aufgespreizt, dass die jeweils fünf Kelch- und Blütenblätter weit zurückgeschlagen sind. Sie stülpt sich gleichsam aus, obgleich die Familie zu der großen Gruppe der «Verwachsenblumenblättrigen» (*Sympetalae*) gehört. Der Fruchtknoten bleibt oberständig, versteckt sich also nicht im Blütenstiel. Die eigentliche Spezialität der Asclepiadaceenblüte ist interessanterweise gerade ihre männliche Organisation: die besondere Ausgestaltung der Staubblätter. Sie haben sich sehr verkompliziert. Jedes Staubblatt spaltet sich in einen blütenblattartig gelappten, farbigen und in einen pollentragenden, mehr nach innen stehenden Anteil auf. Erstere bilden zusammen gleichsam eine zweite Blüte in der Blüte, eine Nebenkrone, die reichen Honig an ihrem tütenartigen Grunde trägt. Die pollentragenden Anteile hinwiederum haben unter sich und mit der Narbenplatte des Fruchtknotens Berüh-

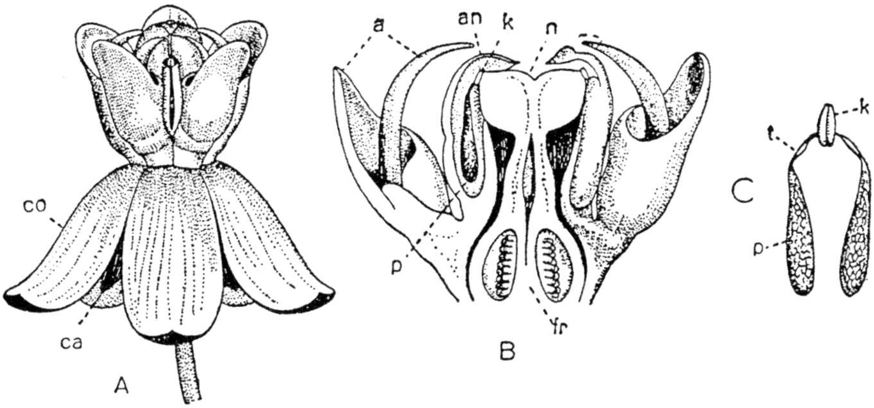

Abb. 16: Blütenbau von Asclepias syriaca. A: Blüte, co Krone, ca Kelch. B: Gynostegium im Längsschnitt; die Staubblätter mit den Anhängseln a und den Antheren an, in der linken ein Pollinium p sichtbar; fr Fruchtknoten, n Narbenkopf. C: Translatoren t mit dem Klemmkörper k und den Pollinien p.

rung. Zwischen sich scheiden sie eine kompliziert erhärtende Masse aus, die wie eine winzige Pinzette gebaut ist. Dieser «Klemmkörper» ist mit je einem benachbarten Pollenklumpen-Päckchen (dem «Pollinium») verbunden. Da alles an der Blüte porzellanen-glatt gebaut ist, versuchen die reichlich von dem wohlig-süßlichen Geruch angezogenen Insekten – Fliegen, Bienen, Hummeln, Schmetterlinge, Käfer etc. –, sich in den Spalten der inneren Blütenteile festzuhalten. Dabei geraten sie mit ihren Füßchen in die Klemmkörperpinzetten, ziehen beim Abflug diese samt den anhängenden Pollinien heraus und übertragen sie zur Befruchtung auf die nächste Blüte.

Ein hochkompliziertes, sich an das Insekt anklemmendes Spezialorgan, das also gar nicht zellulär vorgebildet ist, sondern aus Ausschwitzungen entsteht, nicht unähnlich den klebrigen Pollinien der meisten Orchideenarten, tritt hier auf. Die kleinen Samen, die sich im Fruchtknoten bilden, sind mit langen, seidigen Flughaaren versehen und können mit dem Wind dadurch weit verbreitet werden: Alle generativen Bildungen sind umweltoffen. Zumindest den starken Wohlgeruch einer blühenden «Wachsblume» (*Hoya carnosa*) kennt jeder aus dieser Familie, halten wir diesen Gast aus den Tropen Asiens doch oft auf unseren Fensterbänken. Giftig sind alle, ist doch selbst unsere einzige einheimische Asclepiadacee, die Schwalbenwurz, früher zur Vergiftung der Wölfe benutzt worden und heißt deshalb auch «Hundswürger». Ihr botanischer Name *Cynanchum* (kynos = Hund, anchein = erwürgen) erinnert noch daran. Aus den nahverwandten Familien zum Beispiel der Hundsgiftgewächse (*Apocynaceen*) stammt das schwere Herzgift Strophanthin und der Strychnosgewächse (*Loganiaceen*) das schwere Gift Strychnin. Aber herrlich duften alle ihre Blüten. Man denke auch an den Oleander, eine *Apocynacee* des Mittelmeergebiets. Verwandtschaftlich nahestehend ist auch der überall bei uns eingeführte *Chinesische Sommerflieder* (*Buddleja davidii*; eigene Familie), dessen besonders wohlriechendem Blütenaroma auch keiner unserer Schmetterlinge widerstehen kann. Alle letzten noch vorhandenen Tag- und Nachtschmetterlinge zieht dieser «Schmetterlingsstrauch» heute in unseren Gärten an. Der Monarch aber hat allein schon in Nordamerika 77 Arten der Gattung *Asclepias* als Nektar- und Futterpflanze zur Auswahl. Ihm fehlt es in dieser Beziehung an nichts.

Noch typischer für den Charakter der Asclepiadaceen ist die tropische Gattung Dischidia in Südostasien. Sie hat einen ähnlichen Blütenbau von tiefkorallenrotem Glanz und Früchte mit ebenfalls reich mit Flughaaren versehenen Samen. Diese keimen epiphytisch in den Rindenritzen bestimmter Dschungelbäume (zum Beispiel des Mangobaumes), können aber nur lebensfähig aufwachsen, wenn sie von den Arbeiterinnen spezifischer Ameisenarten (*Iridomyrmex myrmecodiae* Emeri u. *cordatus* Smith) gepflegt werden.[22,23] Die lianenartig sich um Gebüsch und Baumäste schlingende Pflanze bildet zwei völlig verschiedene Sorten grüner Blätter aus: etwa pfenniggroße Kleinblätter und fingerlange Urnenblätter. In letzteren sammelt sich nicht nur Wasser und kompostartiger Detritus, sondern in sie wachsen Adventivwurzeln ein, womit sich die Pflanze aus ihren zahlreichen selbstgeschaffenen Humushäufchen als ihren privaten Miniaturböden ernährt. Die symbiontisch mit ihr verbundenen Ameisen bewohnen gerne diese Urnenblätter, tragen so oftmals die Dischidia-Samen in sie ein und bringen sie auch dort zur Keimung, so dass dann diese Asclepiadacee sogar aus ihren selbstfabrizierten, von der Außenwelt abgegrenzten «Mini-Böden» wieder hervorwächst. Besser ist die selbstbezogene Erdflüchtigkeit in Pflanzengestalt nicht vorzuleben.

Ganz anders ist nun die Blütenbiologie der Aristolochiaceen beschaffen (Abb. 17). Alle wesentlichen Blütenorgane sind bei ihnen nach innen in einen Dämmerungs- oder Dunkelraum eingeschlossen. Nicht nur der Fruchtknoten ist unterständig in den Blütenstängel eingesunken. Auch die Blütenkrone ist zu einem Schlauch oder Sack verwachsen. Das ist um so ungewöhnlicher, als alle ihnen nahestehenden Pflanzengruppen getrennte, unverwachsene Blütenblätter in der Blütenkrone zeigen (*Dialypetalae*). Die Aristolochiaceen werden trotz der Blütenblattverwachsung nicht zu den Verwachsenblumenblättrigen (*Sympetalae*) gerechnet, bilden also in ihrem Verwandtschaftsumkreis hierin ihrerseits wiederum eine Ausnahme. – Bei den Asclepiadaceen liegt das gleiche

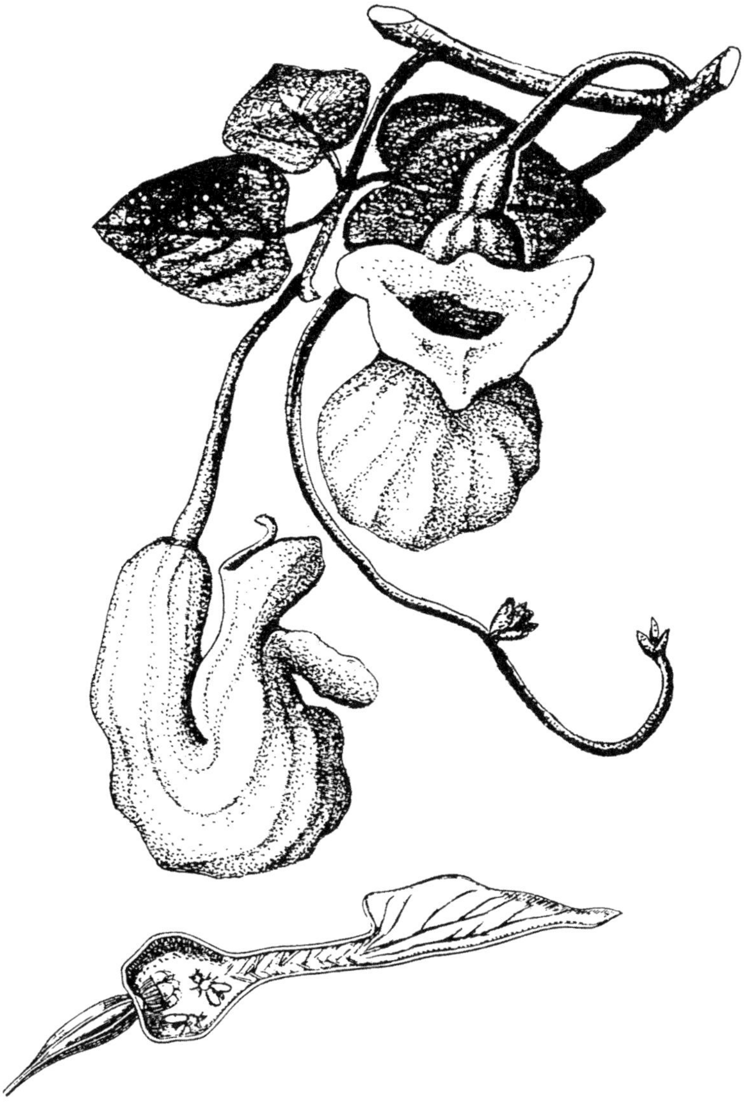

Abb. 17: Oben Aristolochia californica, the California Pipevine, zeigt die typische Ausbildung der tropischen und subtropischen zumeist rankenden Arten. Unten Die Blütenröhre von Aristolochia clematitis im Längsschnitt zeigt die Lage der Reusenhaare und der gefangenen Insekten.

in umgekehrter Weise vor: Sie gehören zu den Verwachsenblumenblättrigen, scheinen aber mit ihren auseinandergespreizten Blütenorganen gerade nicht dazuzupassen. Die jeweiligen Blütengestalten sind also sehr ausnahmshaft.

Kehren wir zur weiteren Betrachtung der so ganz andersartigen *Aristolochia*-Blüte zurück. In die Blütenröhre, die oft auch krug- oder gar sackförmig geformt ist, erhalten die anfliegenden Insekten nur durch eine raffinierte innere Haarreuse Zugang. Haben sie sie durchkrochen, so hält die Blütenfalle sie so lange gefangen, bis der Blütenstaub herangereift ist und die Insekten sich mit ihm eingepudert haben. Dann verwelken die Reusenhaare, der Ausgang ist wieder frei, aber bei nächster Gelegenheit sitzen die Insekten in der nächsten Falle und bestäuben sie. Schmetterlinge, Hummeln und Bienen eignen sich nicht dazu. Von dem meist ekligen Fäulnis-, Kot- oder Leichengeruch, den diese Blüten ausströmen, werden nämlich besonders Aasfliegen angelockt und eingefangen. Es sind selbst, besonders bei den tropischen Arten, leicht vergängliche, rasch zusammenfallende, verwesende Blütenschlünde, oft in schwarzbraune Kotfarben getaucht und groß und schwer aus dem eigenen, lianenhaften Geranke herabhängend. All das kennzeichnet die so ganz andere Qualität, in der hier das Ätherische allzu leicht dem Physischen verfällt.

Dieser Verwesungscharakter gewinnt im Reich der Blütenpflanzen seinen absoluten Gipfel in der nahverwandten südostasiatischen «Schmarotzerblume» (*Rafflesia*). Sie nährt sich ausschließlich unterirdisch aus dem süßen Saft der Wurzeln einer wilden Weinrebe (*Cissus*). Keine grünen Blätter, nicht einmal Sprosse werden gebildet. Sie kann mit dem Licht nichts anfangen und sich so auch nicht aus dem Licht ernähren. Nach außen wird dicht über dem Erdboden nur die kohlkopfgroße Blütenknospe sichtbar, die bei der Sumatranischen Riesenblume (*Rafflesia arnoldii*) zu einem 1 m breiten Blütenteller aufgeht: zur größten Riesenblüte der Erde! So rasch sie aufplatzt, so rasch beginnt sie zu verwesen und die Luft mit dem Geruch faulen Fleisches um sich her zu verpesten. Die der Bestäubung dienenden Schmeißfliegen versammeln sich auf ihr zuhauf.

Wo noch wenigstens grüne Blätter hervorgebracht werden, nämlich bei den nahverwandten *Aristolochia*-Arten, fressen nun die Raupen der größten Schmetterlinge der Welt, die der erwähnten südostasiatischen Vogelflügler, mit ihren riesigen dunkelverschatteten Weibchen. Die reichste Formenfülle hat die *Aristolochia*-Gattung aber in Süd- und Mittelamerika mit über hundert Arten hervorgebracht; das sind mehr als die Hälfte ihrer Arten auf der Erde. Dieses *Aristolochia*-Eldorado nährt in Fülle die verschatteten Schwalbenschwanz-Falter, die auch zu den Vorbildern des dunkelfarbigen Mimikry-Ringes geworden sind. Was davon nach Nordamerika vorgedrungen ist, haben wir im

Mimikry-Ring um den Pfeifenwinde-Schwalbenschwanz vor uns gehabt. Auch hier hängen sich viele *Aristolochia*-Arten als Lianen wie rankender Wein an Büschen auf und lassen ihre «Pfeifen» herabbaumeln, selbstüberlassen der Schwere. Der durchgängige Hang, die Absterbeprozesse über die l.ebenspotenzen immer wieder gewinnen zu lassen, ist nicht zu übersehen. Es ist die polare Art von Giftigkeit, die diese Pflanzen den Raupen vieler verschatteter Falter mitgeben.

Verschattete Papilios haben wir in Europa nicht. In Südeuropa gibt es allerdings einen eng verwandten *Osterluzei-Falter* (*Zerynthia polyxena*), der als Raupe an der *Osterluzei Aristolochia clematitis* frisst. Er bleibt aber verhältnismäßig klein und von gelben, schwarzen und roten Zickzackmustern gezeichnet. Um ihn hat sich auch kein Mimikry-Ring gebildet. Seine Nahrungspflanze ist zu uns mit den Römern, die einst den Weinbau nördlich der Alpen einführten, eingewandert und als Weinbergunkraut bekannt. An den kleinen gelben Blütenröhren kann man gut in den Reusenbau Einsicht nehmen. Diese geradegestreckten, schlanken Tüten werden, anders als bei vielen südlicheren Osterluzei-Arten, etwas aufrecht gehalten. Nicht im Urwalddämmerlicht, sondern offen in der vollen Sonne steht dieser straff-aufrechte, keineswegs rankende kleine Strauch. So untypisch wie diese südeuropäische Osterluzei für ihre Familie ist, so ist es auch der sie begleitende *Osterluzei-Falter*. Aber schon der Apolloverwandte Apollonius-Falter (*Archon = Doritis apollinus*) aus der Türkei und Levante frisst als Raupe an *Aristolochia*-Arten mit stinkenden Blüten (zum Beispiel *A. paecilantha u. maurorum*) und verschattet als Falter seine Farbmuster.

Nun gibt es in Mitteleuropa auch eine eigene heimische Aristolochiacee, nämlich als einzige die Haselwurz (*Asarum europaeum*), ein giftiges Brechmittel (Abb. 18). Sie wächst versteckt als Bodenkraut im dunkelsten Waldschatten in auf Kalk stehenden Buchenwäldern. Nur zwei nierenförmig eingebogene, dunkelgrün glänzende Blätter hebt sie wenig über die Erdschicht. Und noch von diesen Blättern zusätzlich beschattet steht direkt am Boden auf ganz kurzem Stiel die eine schwarzbraune, dreizipfelige Blüte mit eingekrümmten, sich kaum öffnenden Kelchblättern, mehr schon einer verderbenden Frucht ähnlich. In ihr versteckt sich lichtscheu etwas von der ahrimanisierten Naturspiritualität, die uns in Amerika und Südostasien um vieles drastischer begegnet. Sie wird erst dann gefahrlos, wenn man sie kennt und erkennt. Die verschatteten Falter haben uns auf sie aufmerksam gemacht.

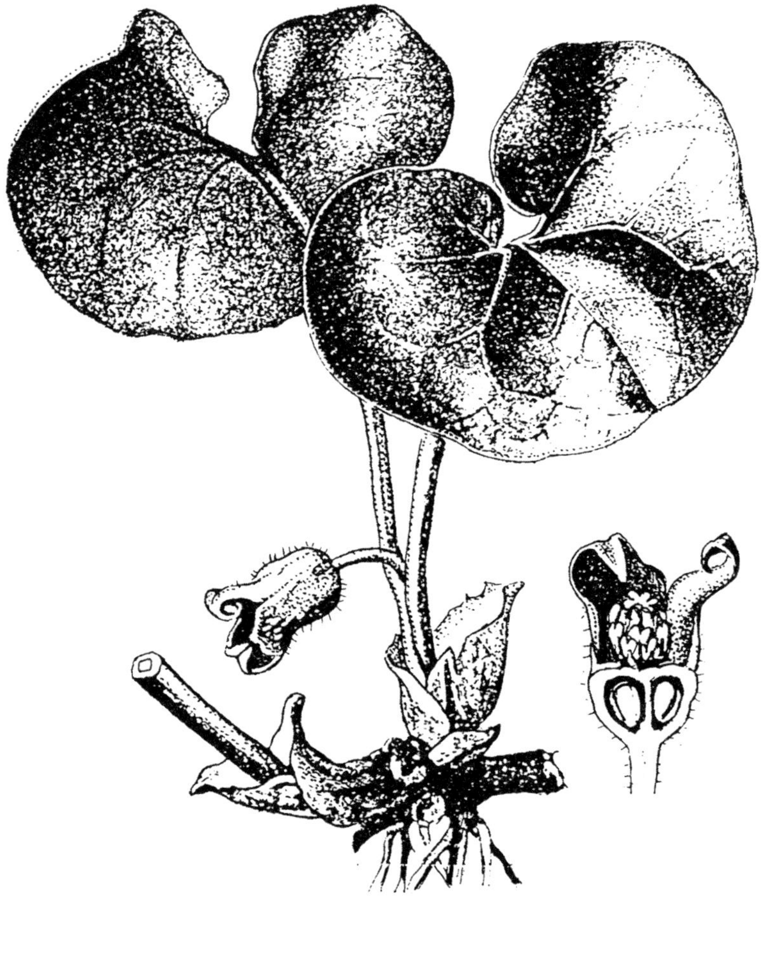

Abb. 18: Unsere Haselwurz Asarum europaeum. Blühende Pflanze und Blütenlängsschnitt.

Es haben uns die Polarisierungen in der Schmetterlingswelt Nordamerikas interessiert. Eine Verständnishilfe war schon, den qualitativen Gestus des Geschlechter-Dualismus zu verstehen: Die Männchen neigen zur stärkeren Erdflüchtigkeit und bleiben kleiner, die Weibchen leben stoffverhafteter und werden größer. Nun ist ein durchaus aufhelfender Einwand, dass sich diese Verhältnisse im höheren Tierreich, besonders bei der Mehrzahl der Wirbeltiere und beim Menschen, umkehren: Das männliche Geschlecht wird größer, das weibliche kleiner. Rudolf Steiner sprach allerdings auch davon, dass der Mann in seiner Konstitution zumeist zu tief inkarniert ist, die Frau vergleichsweise zu locker. Er sprach aber auch davon, dass mit der Pubertät der menschliche Ätherleib eine umgekehrte Tingierung bekommt: Der Ätherleib des Mannes wird lockerer, eben weiblicher, umgekehrt der der Frau vitaler, tiefer mit dem physischen Leib verbunden und damit – so möchten wir es verstehen – erst zur Gravidität fähig. Was beim Menschen und den höheren Tieren nicht so sehr physisch, sondern vielmehr ätherisch gilt, bleibt bei den wirbellosen Tieren physisch wie ätherisch gleichartig, so zum Beispiel bei den Schmetterlingen. Das ist wohl eine wichtige Entdeckung.

Wir haben die angesprochene Polarität nicht nur im Sexualdimorphismus, sondern auch in den Verwandtschaftsgruppen der Schmetterlinge artenübergreifend bemerken können, so im Vergleich der Kaisermantelverwandten (*Argynninae*) mit den Eisvogelverwandten (Limenitinae) innerhalb der Nymphaliden. Man denke ebenso an die Segelfalter (*Leptocircini*) gegenüber den Apollos (*Parnassiinae*) unter den Papilioniden oder die Feuerfalter (*Lycaeninae*) gegenüber den Bläulingen im engeren Sinne (Polyommatinae) unter den Lycaeniden. Hier haben wir es also mit Verwandtschaftspolarisierungen zu tun, die evolutiv gesehen schon genetisch variabler waren als die immer streng vorgegebene Geschlechtertrennung.

Besonders sei nochmals auf die schmetterlingsbezüglichen Arbeiten von Andreas Suchantke und Hans Vereijken aufmerksam gemacht. Sie haben, teils in den Tropen teils in der heimischen Fauna, die Einbettung der Farbgebungen und Farbmusterungen in das Licht-, Farben- und Schattenspiel des jeweiligen Flugbiotops studiert und einfühlsam geschildert. Suchantke unterschied den umbrophilen, heliophilen, geophilen und intermediären Komplex.[24] Ob wir es wirklich mit einer evolutiv sich steigernden Viergliederung zu tun haben, oder mit trichotomen Polaritäten und Vermittlungen, oder mit beiden Bildegesten zugleich ineinander, das bedarf der weiteren Befragung. Sicher aber gilt das von beiden Autoren Beschriebene auch für die nordamerikanische Falterwelt: Die auffällig gefärbten Falter fliegen weniger im Schattenraum des Waldesinneren, die verschatteten Falter eher in schattenreichen Kleinräumen und, wenn schon im freien Lichtraum, so doch bodennah und besonders in feuchten Biotopen. Das ist zum Beispiel im Flugverhalten des so dunklen *Papilio troilus* auffällig, während der leuchtend gelbe *Papilio glaucus* recht hoch über die Büsche und entlang der Waldränder fliegt. Leider konnten wir seine dunkle Weibchenform nicht im freien Flug beobachten. Mit den Fragen aber steigern wir schon unsere Aufmerksamkeit.

Ganz zu unserem Polarisierungsthema gehört auch der Saisondimorphismus, den in der europäischen Falterwelt unser «Landkärtchen» (*Araschnia levana, Nymphalidae*) in klassischer Weise vorführt (Abb. 19).[25] Das Weibchen ist etwas größer und mit stärker abgerundeten Vorderflügelspitzen gebaut, dadurch im Flug langsamer; es ähnelt aber immer in der Färbung seinem gleichzeitig fliegenden Männchen. Trotz feiner Geschlechterunterschiede ist nun die ganze Frühjahrsgeneration, die im letzten Spätsommer als Raupe schon verkürzte Tageslängen erfuhr, heller rötlich gefärbt (*f. levana*). Die Sommergeneration lebt als Raupe um Johanni im Langtag und fliegt als Schmetterling im Juli/August mit dunkler Eisvogelzeichnung (*f. prorsa*) – so klein der Falter auch ist. Neben der Tageslänge spielt auch die Unterbrechung der Entwicklung im Puppenstadium über den Winter hin eine maßgebliche Rolle (Latenzentwicklung versus Subitanentwicklung). Vorwiegender Lebensraum sind halblichte Auwälder. Suchantke beschrieb den Zusammenhang der Farbkleider mit den Lichtverhältnissen im Frühjahrswald und Hochsommerwald: einmal hell, einmal schattiger.[26] Das erstere Farbkleid steht stärker unter dem Einfluss des Winterhalbjahres, das zweite unter dem des Hochsommers. Auch darin zeichnet sich eine Begünstigung einmal mehr des Astralischen, das andere Mal mehr des Ätherischen ab. – In den Tropen gibt es entsprechende Saisondimorphismen von Regen- und Trockenzeiten.

Über den Wechsel der Jahreszeiten hinaus geht der Blick damit weiter zu den Klimazonen. Suchantke schildert zum einen, wie zur Arktis hin die Schmetterlingsfarben umbrophiler werden, zum Äquator hin heliophiler.[27] Andererseits konnte er auch feststellen, dass zur Arktis hin die Endogenität der verwandtschaftstypischen (zum Beispiel gattungstypischen) Farbmuster vorherrscht,

Abb. 19 (rechte Seite): Das Landkärtchen Araschnia levana. Oben Frühjahrsgeneration; Mitte Hochsommergeneration; Unten Ein eierlegendes Weibchen zeigt die nicht dimorphe Flügelunterseite.

während in den Tropen die exogen überspielenden Umweltwirkungen, zum Beispiel die Mimikry, sich drastisch verstärken.[28]

Für die nordamerikanischen Mimikry-Ringe lässt sich beides verfolgen. Der Monarch stammt wohl sicher aus den amerikanischen Tropen und zieht sich noch heute im Winter bis zu den Subtropen aus dem Norden zurück. Auch die Papilionidengattung *Battus* mit den nach Nordamerika vorgedrungenen Arten *B. philenor* und *B. polydamas* sind Tropenkinder. Hingegen sind die verschatteten Verwandten der *Papilio machaon*-Gruppe ursprünglich von Ost- und Nordostasien über die Subarktis von Alaska her nach Nordamerika eingewandert und haben die Arten *Papilio polyxenes*, *brevicauda*, *joannae* und *indra* ergeben. Der dunkle Mimikry-Kreis ist geographisch so von zweierlei Herkunft. Beide Aspekte Suchantkes treffen hier zu.

Die Polarisierungen in die Geschlechter, in die Unterfamilien, in weitere Verwandtschaftsgruppierungen, dann innerhalb der Biotope, der Landschaften, der Jahreszeiten und Klimazonen der Erde zeigen jedes Mal zwar nie die gleichen, aber doch sehr wohl ähnliche Verflechtungen jener Gegensätze, die in jedem Tierorganismus im kleinen als Zuwendung zum Stoffwechsel und andererseits zur seelischen Sensibilität sich gegenseitig ergänzen oder antagonistisch sich gegenseitig einschränken. Über diese hierarchisch sich jeweils übergreifenden *Überorganismen* hinaus war hier ein neuerlicher Versuch unternommen, etwas davon zu umschreiben und zu charakterisieren, was sich in seiner Ausprägung nun nicht in allen Klimazonen in gleichartiger Weise vorfindet, sondern als kontinenttypisch erscheint. Nordamerikas Tagfalterwelt mag in vielen Zügen mit derjenigen Europas und noch mehr Asiens, besonders Ostasiens reiche Gemeinsamkeiten besitzen. Aber die so weit in die höheren Breiten vorgedrungenen beiden Mimikry-Ringe und ihre scharfe Polarisierung sind so wohl einzigartig für dieses große Land der Gegensätze, wo besonders östlich der Rocky Mountains sich Kalt- und Warmfronten zu reißenden Hurrikans verwirbeln, wo vor der Küste im Meer Labrador- und Golfstrom aufeinanderprallen und wo an der Südspitze der Hudson-Bay im Winter die Eisbären die Müllkippen visitieren und im Sommer der Rubinkehl-Kolibri und der Monarch an den Blüten des Milkweed nippen.

Rund um den Großen Eisvogel – Mit einem Vorschlag zur natürlichen Gliederung der Tagfalterfamilien

Begegnung

Ein großer, dunkler Falter fliegt einen breiten Holzabfuhrweg entlang inmitten der Fichtenwälder des westlichen Hochharzes. Es ist ein heller Sonnentag Anfang Juli 1995 in der frühen Nachmittagszeit, auf circa 600 m Höhe. Relativ ruhig und gleichmäßig bewegt er seine Flügel – ohne das hastige Flattern etwa eines Distelfalters oder Admirals, aber auch ohne viel zu segeln wie ein Schwalbenschwanz oder Segelfalter. Hier auf den lichten Schneisen des Waldes wäre der fast ebenso große, orange leuchtende, vielgefleckte Kaisermantel zu erwarten, aber er ist es nicht, sondern ein für den ersten Anblick recht schwarzbrauner Geselle. Wir laufen ihm zu dritt nach, wollen ihn in seinem steten Weiterflug aufhalten, um ihn ansprechen zu können. Er lässt sich aber weder in seiner Flugrichtung noch in seiner niedrigen Flughöhe von 1 bis 2 Metern viel beirren. Auch setzt er nicht, wie es jeder andere Falter getan hätte, zur rasanten Flucht mit wild schlagenden Flügeln an. Im Gegenteil: Erst nach circa zehnminütiger *Begleitung* verlässt er den offenen Waldweg und ist im lockeren Unterholz wie verschwunden. Als er kurz einmal die Flügel bewegt, erkennen wir ihn, mit offenen Flügeln an einem Bachgerinnsel auf einem Fichtenzapfen sitzend (Abb. 1, oben). Die dunkle Flügelfärbung verschmilzt mit den Schattensprenkeln des ins Dickicht eindringenden Sonnenlichtes. Mit ausgestrecktem Rüssel trinkt er in aller Ruhe das Bachwasser. Wir nähern uns ihm vorsichtig bis auf einen Meter, ohne dass er sich an unserer gedämpften Unterhaltung stört. Nach weiteren zehn Minuten klappt er die Flügel zusammen, und die sanft orangefarbig gemusterten Unterseiten mit ihren blau-grün bestäubten, wie Eis irisierenden hellen Querbinden kommen überraschend

Abb. 1: Oben und unten Männchen des Großen Eisvogels.

zum Vorschein (Abb. 1, unten): Er ist unterseits farbenfroher gefärbt als oberseits – gleichsam eine Umkehrfärbung. Aber auch diese Farbtracht verschmilzt visuell mit dem sonnerhellten Rötelton des Holzmoders und Fichtenzapfens. Inzwischen hat sich unser großes Waldwunder in die Sonneneinfallsrichtung etwa nach Norden so genau eingestellt, dass seine schönen Unterseiten kaum beleuchtet sind und er unsichtbarer ist denn je.

Es ist ein Männchen des *Großen Eisvogels*, *Limenites populi*, des größten heimischen Tagfalters überhaupt. Die blauweißen Areale der Unterseite der Hinterflügel veranlassten den deutschen Namen. Wie der lateinische Artname – 1758 von Linné gegeben – sagt, frisst er als Raupe an Pappeln. Tatsächlich säumen kleine Zitterpappelgebüsche hier die Waldwege, zusammen mit Salweide, Eberesche und Bergahorn, eingestreut in die lichten Ränder der hier überwiegenden, dunklen Fichtenhochwald-Bestände. Wir haben das Glück, einen der seltensten heimischen Tagfalter in seinem ureigenen Lebensraum in aller Ruhe zu betrachten, zu erleben, zu fotografieren und der Begegnung nachzusinnen.

Ging es denn nur uns so, dass die gelassene Unbekümmertheit dieses größten heimischen Nymphaliden in seinem Fluggebaren und in seiner Sitzruhe uns so beeindruckte? Der alte Brehm erzählte seinen Eindruck im letzten Jahrhundert wie folgt:

«Ich sah vorzeiten Mitte Juni, denn nur zu dieser Zeit fliegt der Schmetterling einige Wochen, eins der viel selteneren und von den Sammlern gesuchten Weibchen hoch oben in den Lüften über eine Lichtung im Walde herbeigeflogen kommen und neben einem Bache förmlich einfallen, als wenn es von weitem das Wasser gewittert hätte. In diesem Zuge und Flug lag etwas ganz anderes, als man für gewöhnlich bei den Schmetterlingen beobachtet, und welches in Worte übersetzt etwa so lauten würde: ‹Ich habe gar nichts zu versäumen; komme ich heute nicht hierher, so ist morgen auch ein Tag, und komme ich morgen nicht, so liegt wenig daran, das Wohin bleibt sich ja ganz gleich, wenn ich nur meine Zeit in gemächlicher Bewegung verbringe.› Jenes Weibchen wusste, wohin es wollte.»[1]

Brehm berichtet hier von seiner Begegnung mit einem Weibchen. Es ist mit circa 10 cm Spannweite noch etwas größer als das Männchen, mit stärkeren Abrundungen der vorderen und hinteren Flügelspitzen und – bei gleicher Grundfärbung – mit breitem weißen Band auf der Oberseite der Hinterflügel, das sich auf den Vorderflügeln in je zehn weiße Flecken auflöst, die allerdings auch das Männchen schon schwach besitzt (Abb. 2). Sie können bei manchen Männchen bis auf den hellen Apikalfleck verschwinden (*var. tremulae*, zum Beispiel in der Fränkischen Alb und im Badischen), während bei wieder ande-

ren Männchen die Hinterflügelbinde sogar heller wird, ohne jedoch das starke Weiß der Weibchen zu erreichen.

Bekanntlich sind oft die Weibchen von Tagfaltern dunkler gefärbt, wenn ein Trachtunterschied zwischen den Geschlechtern einmal vorliegt.[2] Hier jedoch nicht. Der Kenner wird sogleich vermuten, dass die verschiedenen Trachten damit zusammenhängen, dass hier unterschiedlich durchlichtete Flugräume bevorzugt werden. Und so ist es: Die Männchen leben mehr im Waldesschatten der bodennahen Zone, die Weibchen hingegen sitzen tagsüber im Blätterwerk des obersten besonnten Baumkronenbereiches, weshalb sie sehr viel seltener gesehen werden.[3] In den frühen Morgenstunden finden sich indessen beide Geschlechter wassersaugend am Ufer von Wassergerinnseln, Bächen und Flüssen zusammen. Noch vor 10 Uhr begeben sich die Weibchen in das Baumkronendach; die Männchen hingegen verbleiben vorerst in den untersten Stockwerken der Waldschneisen und Waldwege. Oft erst zum Paarungsspiel finden sich die Geschlechter beim Höchststand der Sonne im Tanz um herausragende Bäume oder Hügelkuppen wieder (*treetopping*, *hilltopping*).

Diese Falterart ist ansonsten insofern viel mehr mit dem feuchten als dem durchsonnten Milieu verbunden, als sie so gut wie keine Blüten besucht. Die Weibchen saugen vorzugsweise an den Blattausscheidungen des Laubdaches (Blatthonigtau), an Früchten und Baumverletzungen; nur zweimal wurde ein solches auch an den Blüten des feuchtigkeitsliebenden Mädesüß (*Filipendula ulmaria*) und Wasserdost (*Eupatorium cannabinum*) gesehen.[4] Die Männchen werden von tierischen Exkrementen angezogen, so von scharf riechendem Fuchs-, Hunde- und Pferdekot, mit denen man sie ebenso wie mit stark duftendem Käse anlocken kann. Sogar der Schweiß schwitzender Pferde lockt sie herbei.[5] Das Weibchen liebt also mehr zuckerhaltige, das Männchen eiweißhaltige Nahrung. Ähnliches gilt für die heimischen Schillerfalter.

Der Große Eisvogel schlüpft, wenn die Heckenrosen aufblühen, und hat den Höhepunkt seiner Flugzeit um Johanni. Es ist die Zeit, wenn das noch recht *bunte* Grün, mit dem die verschiedenen Baum- und Straucharten im Frühling ausgeschlagen haben, dem nun gemeinsamen dunklen *Unisono*-Grün der Wälder gewichen ist. Die Hauptblütezeit der Blumenwelt, so im Frühjahr und Hochsommer, war schon beziehungsweise ist noch nicht da. Die Natur hält in ihrem vegetativen Höhepunkt zur Zeit der Sommersonnenwende, wenn vor-

Abb. 2 (linke Seite): Oben Weibchen des Großen Eisvogels bei der Eiablage im Freiland an einem Blatt der Zitterpappel. Unten Mit zusammengeklappten Flügeln zeigt es die orange leuchtende Unterseite, kontrastiert von eisblauer Komplementärfarbe; rechts unten das Ei, stark vergrößert.

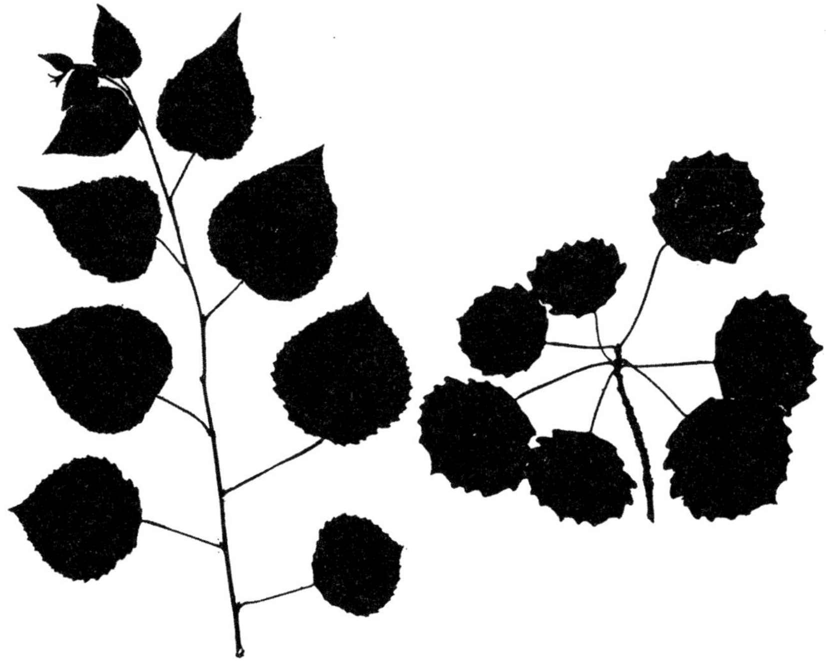

Abb. 3: Vegetative Blattvariationen der heimischen Zitterpappel. Links Langtrieb, rechts Kurztrieb.

wiegend die Gräser, Getreide und Linden verhalten blühen, gleichsam ihren Atem an. Die kürzesten Nächte sind da, die Photosynthese steht in der Landschaft quantitativ auf ihrem Höhepunkt, der Große Eisvogel erscheint.

Nun wollen wir ein Loblied auf die Nahrungspflanze der Eisvogelraupen anstimmen: auf die Zitterpappel, *Populus tremula*. Dieser Waldrandbaum, der besonders auch höhere Lagen voller Regen und Bergfrische bevorzugt, ist von einer wundervollen Ätherizität. Wie alle Pappeln, so ist gerade auch unsere Espe zu einer besonderen, rein vegetativen Blattwandlungsfähigkeit begabt (Abb. 3).

Die jedes Jahr erneut auswachsenden Langtriebe der Kronenperipherie bringen große, spitzzipfelige Blätter hervor, die alt und älter werdenden Kurztriebe hingegen die bekannten langgestielten, breiten, wellenrandigen kleineren Blätter, die in jedem Lufthauch sich drehen: Der ganze Baum legt wenig Wert darauf, seine Blätter zur Lichtaufnahme strikt horizontal zu halten, sondern

Abb. 4: Vegetative Blattvariationen der Euphratpappel. Von links Stockausschlag, Langtrieb, Kurztrieb. Israel: Nahal Arugot und En Avdat 1986.

lebt mehr mit der Feuchtigkeit im Untergrund zusammen, zeigt sich oft mehr als Busch denn als Baum und spielt mit seinen Blattformen, auch ohne zu blühen. Ob stark- oder schwachwüchsige Lang- und Kurztriebe, ob Wurzel- oder Wasserschößlinge, – jedesmal ist die Blattgestalt abgewandelt. Die Blattmetamorphosen sind hier gerade nicht – wie bei der Mehrzahl der krautigen Blumen – an den Blühimpuls gebunden, sie fallen aber auch nicht weg wie bei den meisten Bäumen, sondern spielen sich hier rein im Vegetativen als jeweiliger Ausdruck desselben ab.

Dieses Vermögen zeigen bei näherem Zusehen alle Pappeln, so recht gut auch die Silber- und Graupappeln; am wenigsten die riesigwüchsigen Schwarz- und Kanadapappeln. Am grandiosesten zeigt sich diese Proteus-Natur der Gattung Populus an der in den Subtropen von Japan bis Westafrika beheimateten Euphratpappel (*Populus euphratica*) mit schier unerschöpflichen Gestaltverwandlungen der Blätter (Abb. 4).

Unser großer Eisvogel meidet die Randextreme Europas: die Mittelmeer-

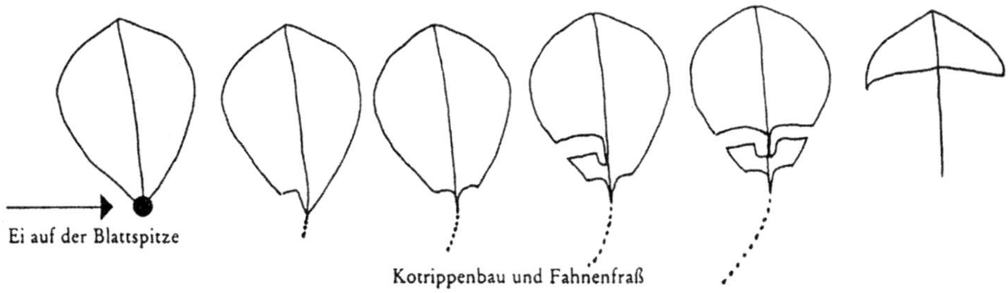

Abb. 5: Fraßverlauf am Espenblatt von der Jungraupe des Großen Eisvogels im ersten Jahr.

länder, den atlantischen Westen und den hohen Norden. Im gemäßigten Klima hat er einen breiten Gürtel von Mitteleuropa bis Japan besiedelt. Hier legt er nun seine Eier klassischerweise an die Zitterpappel, seltener an die Schwarzpappel (*P. nigra*), nie an die Silberpappel (*P. alba*). Das begattete Weibchen legt seine Eier nun nicht irgendwo an einer passenden Pappel ab, sondern wählt mit großer Sorgfalt Baumindividuum, Ast und Zweig aus. Es sucht sich dazu Reihen oder Gruppen von gut besonnten und zugleich recht luftfeuchten Espen am Waldmantel von Nadelwäldern in der Umgebung von Quellhorizonten aus und darunter dann die herausragenden größeren Baumexemplare. Die Eier werden dann einzeln, an jedem Baum nur drei, vielleicht vier, und davon jedes an einem anderen Blatt an Zweigen in (3) 4 bis 5 (6) m Höhe abgelegt, soweit diese vom Licht der Morgensonne beschienen werden, also nach Osten oder wenigstens nach Süden gerichtet sind.[6] Der Lebensraum der Raupen muss Schutz vor der Abendsonne haben. Horizontalwüchsige, herausragende Zweige werden am ehesten belegt.[7] Lederer fand «jahrelang immer an genau demselben Espenast einige Raupen». Das Ei wird einzeln meist ziemlich genau an der Spitze des Blattes auf dessen Oberseite abgelegt. Die Raupe schlüpft Anfang August und frisst zunächst nur die Blattspitze links und rechts der Mittelrippe, und das ebenfalls nach einem genauen Verhaltensmuster: Die Jungraupe betreibt «Fahnenfraß» (Abb. 5). Es wird nicht einfach wahllos das ganze Blatt verzehrt, sondern es werden schmale Streifen beidseitig bis zur Mittelrippe gefressen. Die jeweils stehenbleibenden, nicht befressenen Fahnen verdorren und knüllen sich unter der Mittelrippe zusammen, woran man noch am ehesten die besiedelten Blätter erkennen kann. Die Basis des Fress-Blattes wird nicht mehr gefressen, sondern ab Mitte August abgetrennt und – wie wir später noch sehen werden – schon jetzt für die Vorbereitung der Überwinterung, die im halbwüchsigen Raupenstadium geschieht, verwendet.

Wir erwähnen diese Einzelheiten, weil an ihnen sichtbar wird, wie überaus eingepasst der Lebenszyklus gerade dieses Schmetterlings in seinen Biotop im Großen wie im Kleinen bis ins Einzelne ist. Alles ist sorgfältig abgestimmt und entbehrt nicht einer charakteristischen Umständlichkeit. Von daher wird auch verständlich, warum diese Art so selten ist. Geringe Änderungen im Habitat, wie etwa das Abschneiden herausragender Zweige oder das Fällen weniger Bäume, können das über viele Generationen aufgebaute Fortpflanzungsverhalten durcheinanderbringen und den Lebenszyklus abbrechen lassen. Hierin unterscheidet sich der Große Eisvogel zusammen mit seinen näheren Verwandten eminent von der Mehrzahl der häufigen, bekannten Schmetterlinge wie zum Beispiel vom Kleinen Fuchs, dem Tagpfauenauge, dem Distelfalter, den Kohlweißlingen und dem Großen Ochsenauge. Deren Raupen fressen an Brennnesseln, Kreuzblütlern und Gräsern, also an Ruderal-, Acker- und Wiesenpflanzen, die oft jährlich abgemäht oder abgeerntet werden. Ist der Falter geschlüpft, so sucht er sich leicht irgendwo anders einen neuen Lebensraum, wie es ja auch seine Nahrungspflanzen jederzeit vermögen. Einerseits enge, gliedhafte Einbindung in den Biotop, andererseits hohe Flexibilität in der Annahme neuer Biotope sind Ausdruck zweier regelrecht polarer Einbettungen in die Landschaftsräume.

Bei den letzteren haben wir es mit Pionier-Arten zu tun, die gerne Erstbesiedler von kurzfristig durch Mähen, Kahlschlag, Bodenaufriss und ähnliche *Störungen* entstandenen, artenarmen Standorten sind. Sie schweifen vielfach weiträumig umher oder sind gar regelrechte Wanderfalter. Sie entwickeln sich rasch vom Ei zum Falter, haben oft mehrere Generationen im Jahr und so stets eine hohe Vermehrungsrate. Durch großen Nahrungsbedarf kann das Nahrungsangebot sogar zerstört werden, so dass die Populationen stark schwanken können.

Ganz anders die standorttreuen Falter. Sie legen weniger Eier, die dafür sorgfältig platziert werden. Die Vermehrungsrate ist meist niedrig, auch dadurch, dass nur eine Generation pro Jahr den Lebenszyklus schließt. Der Nahrungsbedarf im artenreichen Lebensraum ist relativ gering. Bei den recht komplizierten Entwicklungsprozessen vom Ei zum Falter bleibt die Populationsdichte so lange relativ stabil, als der Lebensraum selbst stabil bleibt.

Gestaltet man sich diese so charakteristisch verschiedenen Lebensweisen bildhaft aus, so wird bald deutlich, dass die stark fluktuierenden Pionierfalter in die mehr von Destruktionen gezeichneten Biotope gehören, die hingegen verhaltensmäßig hoch evoluierten standort-gebundenen Falter zum Bestand der intakten, lebensmäßig artenreichen, wachstümlich stabilisierten Biotope gehören. Erstere Falter sind stärker von der eigenen Sinnesorganisation, letztere von ihren Stoffwechselpotenzen bestimmt; erstere stärker kurzzeitig astralisiert, letztere langzeitig ätherisch beherrscht. Erstere sind die auffälliger gefärbten, letztere die verhaltener gefärbten, dafür oft größeren Schmetterlinge.

Diese polare Populationsdynamik kann in grober Annäherung auch mathematisch beschrieben werden. Wird die Anzahl an Individuen einer Art in ihrem gemeinsamen Lebensraum zum Ausgangszeitpunkt t_0 mit N (= Numerus) bezeichnet, dann ist das Wachstum der Population mit dem Verhältnis von dN zu dt beschrieben. Das Wachstum geht umso rascher vor sich, je mehr Individuen schon da sind, und ist außerdem bestimmt von dem art- und umweltspezifischen Wachstumsvermögen r (= *intrinsic growing rate*). Dann gilt die einfache Formel:

$$\frac{dN}{dt} = r \times N$$

Danach ist das Wachstum – unabhängig von der jeweils schon vorhandenen Populationsdichte – gleichmäßig exponentiell, solange die Nahrungsgrundlage nicht erschöpft ist. Das liegt bei allen typischen Pionierarten vor.

In der polaren Gruppe aber ist das Wachstum der Population abhängig von der Größe der schon vorhandenen Population, also von der Populationsdichte. Der Verlauf eines exponentiellen Wachstums wird hier nämlich durch die maximale Aufnahmefähigkeit des Habitats, bezeichnet als K (= *carrying capacity*), gemindert. Dann gilt also.

$$\frac{dN}{dt} = r \times N - r \times N \times \frac{N}{K}$$

Die Minderung (negatives Glied) ist also umso größer, je näher N an K kommt. Entscheidend ist somit das Verhältnis der Individuenzahl (N) zur maximalen Individuen-Kapazität des Habitats (K). Wird N = K, so wird das Wachstum der Population

$$\frac{dN}{dt} = 0$$

Es gilt also hierfür allgemein:

$$\frac{dN}{dt} = r \times N \times \left(1 - \frac{N}{K}\right)$$

In der militarisierten Sprache des von daher gar nicht so reduktionistischen Neodarwinismus spricht man deshalb von r-Strategen und K-Strategen. Erstere können in ihrer Population sich so hochschaukeln, dass sie die Nahrungsgrundlage zerstören und sich so innerartliche (= intraspezifische) Konkurrenz machen. Letztere tun das hingegen nie, was sich darin ausdrückt, dass die Anzahl der Individuen nicht über den K-Wert hinauswächst, so dass das ökologische Gleichgewicht mit der Vegetation erhalten bleibt.

Von mehr oder weniger miteinander konkurrierenden Strategen sprach die Biologie erst zunehmend, als sich im Laufe dieses Jahrhunderts die politische Welt in immer größere Machtblöcke aufteilte und das Wettrüsten nicht nur die Köpfe der Militärs und Politiker besetzte, sondern ebenso die der *scientific community*. Für den einen ist ein halbes Glas Wasser halb voll, für den anderen halb leer. Wenn sich in einem Biotop verschiedene Biozönosen in ihrer natürlichen Sukzession abwechseln, kann man ebenso sagen, dass sie sich gegenseitig Platz machen, wie auch, dass sie sich gegenseitig verdrängen. Für den einen verhalten sie sich miteinander selbstlos, für den anderen selbstisch. Einmal sind es die Individuen, die Populationen oder ganze Biozönosen, welche im «struggle for life» als konkurrierende *Selbste*, als Subjekte interpretiert werden. Das andere Mal treten sich diese *Subjekte* in ihren Sukzessionen ihre Nischen gegenseitig ab. Hier kann man zwar mit Goethe sagen: «Der Mensch begreift niemals, wie anthropomorphisch er ist.»[8] Doch sollte es nicht so schwer sein, es dennoch zu bemerken. Sonst hätte Goethe den Satz wohl auch nicht formulieren können.

Wenn eine Massenpopulation von Kohlweißlingen ein Kohlfeld kahlfrisst, wird sie zusammenbrechen und der von Schlupfwespen nicht befallene Rest an Individuen auswandern, was ihrer raschen weiträumigen Verbreitung zugutekommt. Wir haben es mit einem «r-Strategen» zu tun. Man kann aber sehr viel wertneutraler, nämlich biologischer denselben Sachverhalt so beschreiben, dass – wie in den Sinnes-Nervenprozessen des Einzelorganismus – hier die Landschaftsbiozönose unter verstärkten Abbauprozessen steht, die von nachhaltigen Erholungsphasen begleitet sind. Bei einem sogenannten «K-Strategen» hingegen liegt ein hoch ausgewogenes Funktionsgleichgewicht mit seinem Lebensraum vor. Alle Beteiligten erfahren keine großen Schwankungen ihrer Lebensprozesse, sondern sind gerade dadurch zu nahezu ununterbrochener, in stabilen Rhythmen schwingender Aktivität befähigt – so wie in uns selber die wechselseitig stabilisierten Stoffwechseldominanzen der aufbauenden Organe.

Ein klassisches Beispiel für den Stoffwechselpol im Landschaftsgefüge stellt jene Lebensgemeinschaft der die Bergwälder begleitenden Zitterpappelbestände dar, zu der unser Großer Eisvogel gehört. Das Kühl-Feucht-Ätherische überwiegt über alles Bunte, Blütenfarbige, nur kurz Aufleuchtende. Die Farben sind gedämpft, die morgendliche Frische charakteristischer als die Nachmittagshitze, der sorgfältige, langzeitige Umgang mit allen Gegebenheiten wichtiger als der kurze Durchzug. – Dass die anthropogene Veränderung der Landschaften diese Qualität zurückgedrängt hat, spricht nicht für unseren angemessenen Umgang mit der Welt des Lebens, weil die Todesprozesse überwiegen. Darum gibt es unter den Schmetterlingen auch hier in Mengen die kleinen Füchse und Tagpfauenaugen, jedoch so selten die Eisvögel.

Wo ausgesprochen lebensarme Extremstandorte bewohnt werden, herrscht immer geringe Artenvielfalt bei hoher Individuenzahl. Man zähle nur die Stechmücken und Torfmoospflänzchen in den Hochmooren Lapplands. Umgekehrt liegen die Verhältnisse im tropischen Regenwald: «Hier im tropischen Urwald dagegen beträgt die Zahl der verschiedenen holzigen Baumarten oft über tausend, und diese sind so bunt durcheinander gemischt, dass man oft nach wenigen Schritten ein Dutzend anderer sieht und lange suchen kann, bis man ein zweites Exemplar von ein und derselben Art findet».[9] Hier herrscht reiche Artenvielfalt mit vergleichsweise geringerer Individuenzahl. In unseren mittleren Breiten liegen, auch diesbezüglich, mittlere Verhältnisse vor, indem sich beide Tendenzen in abgemilderten Formen begegnen: Wo lebensbeschränkende Faktoren einbrechen, blühen die Pionierarten auf. Wo ausgewogene Standorte voller Leben da sind, herrscht reiche Artenvielfalt mit vergleichsweise geringerer Individuenzahl. So sind gerade an die Pappeln, noch mehr an die Eichen, zahlreiche Insektenarten gebunden. Hier ist der Große Eisvogel zu Hause, wenn sich langfristig die besonders engverschränkten Artengemeinschaften unbehelligt aufbauen konnten.

Sein K-Verhalten reguliert seine Anzahl so weit mit, dass die Nahrungsgrundlage nie beeinträchtigt wird. Seine innerartliche Ausgewogenheit führt im ungestörten Biotop von sich aus nie zum Aussterben der Art. Bodenständige Abstimmung in intakten Habitaten steht den in starken Amplituden schwankenden Gelegenheitsfaltern mit ihrer Massenentfaltung gegenüber. Der heutige Einfluss des Menschen in der Landschaft beeinträchtigt die ersteren und begünstigt die letzteren. Auerochse, Wisent und Elch haben wir bei uns weitgehend ausgerottet, aber die Mäuse werden wir nicht los.

Verfolgen wir den weiteren Entwicklungsfortgang des Großen Eisvogels als Raupe (Abb. 6). Diese ist wie viele Tagfalterraupen zuerst schwarz und färbt sich im Zuge der Chlorophyllaufnahme über die Nahrung zunehmend grün. Sie verfügt über drei aufeinander folgende hochspezifische Kunstfertigkeiten. Zuerst verlängert sie durch eigene Spinntätigkeit die freigefressene Mittelrippe des Nahrungsblattes, auf der sie sitzt, an deren Spitze, indem sie in den gesponnenen Faden den eigenen Kot einbaut. Sie fällt dadurch weniger auf, als wenn sie auf der grünen Blattfläche säße. Schon ab Mitte August beginnt sie sich ein eigenes Gehäuse zu bauen. Dazu schneidet sie aus der Basis ihres Fressblattes ein pfenniggroßes Stück aus, klebt es auf dem Zweig fest und spinnt es zu einer Art Tüte von 1 cm Länge zusammen. Hierin verkriecht sie sich halbwüchsig im zweiten oder dritten Larvenstadium zur Überwinterung. Den Unbilden des kommenden Frostes entgeht sie durch hochgradige eigene Entwässerung, so dass sie auf die Hälfte ihrer Länge von nun nur noch 4 mm Länge zusammenschrumpft. Im Frühjahr saugt sie sich wieder voll Wasser, verlässt Anfang Mai ihr Überwinterungsversteck (das *Hibernaculum*) und frisst das neu ausschlagende Espenlaub, wobei sie die ersten drei Tage nach der Nahrungsaufnahme regelmäßig in ihr Versteck zurückkehrt. Nach einer nochmals eingelegten Häutung erreicht sie in drei Wochen ihre Endgröße. Ihre Färbung aus grünen, braunen und grauen Partien entspricht jetzt völlig dem Licht-Schatten-Spiel im belaubten Espengezweig – so gelungen ist die optische Angleichung. Etwa zehn bis zwölf Blätter zweigeinwärts vom letztverzehrten Blatt wählt sich die rund 4 cm lange, reife Raupe Ende Mai/Anfang Juni ein lebendes, intaktes Blatt aus. Sie überspinnt nun die Oberseite desselben, das sich dadurch zu einer halboffenen großen Tüte einrollt. Darin befestigt sich die Raupe mit ihrem Hinterende am Blattansatz des Blattstieles und verpuppt sich zur Stürzpuppe, wie sie von allen Angehörigen der Familie der Nymphaliden hervorgebracht wird. Das sich immer mehr durch die austrocknenden Spinnfäden einrollende Blatt verbirgt die Puppe bald großenteils bis vollständig.

Dieser Entwicklungsmodus wird hier nicht deshalb so breit bis in die Einzelheiten geschildert, um den Leser unbedingt zum Spezialkenner des Großen Eisvogels zu machen. Vielmehr berichten wir davon, um zu veranschaulichen, wie gerade dieser K-Schmetterling eine hocheingepasste, kaum etwas dem Zufall überlassende Lebensweise praktiziert.

Die Puppe (Abb. 7) wendet ihre dunklen Flügelanlagen der Schattenseite zu und wird so mehr von der Gegenseite beleuchtet, quasi in Vorbereitung

Abb. 6: Oben links Jungräupchen an der abgefressenen Mittelrippe der Blattspitze mit Kotrippe. Oben rechts Das Jungräupchen baut aus einem Ausschnitt der Blattbasis sein Überwinterungsquartier (Hibernaculum) am Zweig. Unten links Das Winterräupchen im Hibernaculum erscheint wie eine der Baumknospen. Unten rechts Ausgewachsene Raupe im zweiten Jahr.

der künftigen *Verkehrtfärbung*. Außerdem ist ein mit braungelber Flüssigkeit gefülltes Säckchen auf der Rückseite des basalen Abdomens so merkwürdig wie charakteristisch. Es soll eine spezielle Hilfsfunktion für den glatten Ablauf des Schlüpfvorganges haben.[10] Die Falter schlüpfen nach circa vierzehn Tagen Puppenruhe zumeist in den späten Vormittagsstunden auf den Mittag hin (die Mehrzahl der Tagfalter am frühen Vormittag); die Männchen dabei um etwa drei Tage eher als die Weibchen. Diese werden in den Mittagsstunden ihres zweiten Lebenstages von den dann fünf Tage alten Männchen begattet. Fünf Tage danach beginnt das Weibchen mit der Eiablage. In erstaunlich regelmä-

Abb. 7: Links Dorsal- und Rechts Lateralansicht der Stürzpuppe des Großen Eisvogels, charakteristisch aufgehangen an der Mittelrippe der Blattbasis. Durch vorher angelegte Spinnfäden krümmen sich die Blattränder schützend zusammen.

ßiger Lebensrhythmik verlaufen so alle Einzelheiten des Lebenszyklus ohne Übereilung. Der Große Eisvogel ist ja auch – im Gegensatz zu den mehrbrütigen Pionierfaltern – im Jahreszyklus bloß einbrütig.

Verwandtschaftskreise

Leben besteht in Zusammenhängen. Wir haben bisher auf die der Ontogenese-Stadien untereinander und deren Zusammenhang mit der räumlichen und jahreszeitlichen Umgebung geachtet. Darüber hinaus ist der Große Eisvogel in den evolutiv gewachsenen Zusammenhang seines Verwandtschaftskreises – seiner Gattung, Familie und Ordnung – eingebettet. Was kann uns diese seine Stellung innerhalb seiner Mitverwandten über ihn aussagen? Es hat immer viele Versuche zu einer natürlichen Ordnung der Tagfalterfamilien gegeben. Hier ist die besondere Kunst geboten, die oftmals von der Umwelteinpassung herrührenden Konvergenzen von denjenigen Eigenschaften zu unterscheiden, welche die systematische Verwandtschaftlichkeit aussprechen. Dabei zeigt sich, dass noch am ehesten der zur Imago ausgebildete Falter in seiner auffälligen Erscheinung den Betrachter irreführen kann. Zu sehr ist die Farbtracht mit dem Licht- und Farbenraum seines Flugbereiches abgestimmt[11], und das umso mehr, je weiter wir in die niedrigen Breiten der Erde kommen.[12] Schon die Raupengestalt und auch die Oberflächenprofilierung des Eies sind davon unabhängiger und für die verwandtschaftliche Herkunft sprechender. Vieles spricht dafür, dass sich aber dafür am besten jenes Stadium eignet, zu welchem sich die reife Raupe gerade vom Umweltkontakt am meisten *zurückzieht* und sogar selbst in die teilweise Auflösung ihrer Organe übergeht: das Puppenstadium. Wir betrachten dazu vorerst nur die heimischen Falterfamilien. Nachtfalter verpuppen sich meist in Dunkelräumen, nämlich unter der Erde, so die meisten Schwärmer (Sphingidae) und Eulen (Noctuidae), und selbst die teilweise farbenfrohen Bären (Arctiidae) und Spinner (Lymantriidae, Saturnidae) verpuppen sich im gedämpften Dämmerlicht ihrer geschlossen gesponnenen Kokons.

In allen echten Tagfalterfamilien zeigen die Falter keulig verdickte Fühlerspitzen, daher insgesamt *Rhopalocera* (= Keulenfühlertragende) genannt. Die Mehrzahl der Nachtfalter fasst man als *Heterocera* (= Verschiedenfühlertragende) zusammen. Die Dickkopffalter (Hesperiidae) sind deutlich rhopalocer, doch ruht die Puppe liegend oder aufrechtstehend zumeist in einem selbstgesponnenen bodenständigen Kokon in der Moosschicht. Sie hat damit – ähnlich den Heterocera – einen großflächigen Berührungskontakt mit ihrer nächsten, engeren Umgebung.

Dieser Bodenkontakt wird bei den typischen Tagfaltern stufenweise zurückgenommen. Zum einen erfolgt die Verpuppung offen im Lichtraum vielfach im Gezweig, auch wenn in diesem Zustand überwintert wird, zum Beispiel beim Schwalbenschwanz. Die verpuppungsbereite Raupe spinnt sich etwa an einem Stängel mit ihrem Hinterende fest an und legt zusätzlich noch einen gesponnenen Faden aufrechtstehend um ihren Thorax, bevor sie die Raupenhaut abstreift. Eine solche Gürtelpuppe (Pupa succinita) ist charakteristisch für die Familien der Ritterfalter (Papilionidae), Weißlinge (Pieridae) und Bläulinge (Lycaenidae) (Abb. 8).

Völlig minimiert wird der Berührungskontakt bei den fortgeschrittensten Faltern. Ihre Raupen spinnen sich nur am Hinterende an, so dass die Puppen kopfabwärts frei im offenen Raum hängen. Eine solche Stürzpuppe (Pupa suspensa) haben bei uns alle Fleckenfalter (Nymphalidae) und die meisten Augenfalter (Satyridae). Wir möchten darin die natürlichste Dreigliederung der klassischen Tagfalterfamilien sehen und stellen in der folgenden Übersicht alle auf der Erde vorkommenden in den drei Ordnungen der Nymphaloidea, Papilionoidea und Hesperioidea zusammen:

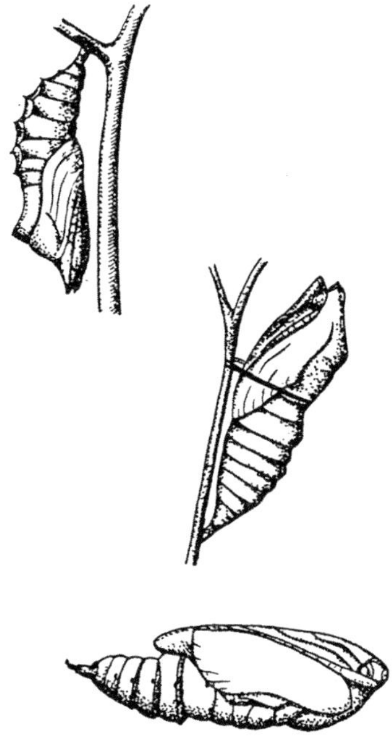

Abb. 8: Stürzpuppe (Nymphalidae), Gürtelpuppe (Papilionidae), Erdpuppe (Noctuidae).

Tagfalter = *Rhopalocera*

mit Stürzpuppe *Nymphaloidea*	mit Gürtelpuppe *Papilionoidea*	mit Erdpuppe *Hesperioidea*
Nymphaliden	Papilioniden	Hesperiiden
Morphiden	Pieriden	Megathymiden
Libytheiden	Lycaeniden	
Satyriden	Riodiniden	
Riodiniden		
Danaiden		
Heliconiiden		
Ithomiiden		
Acraeiden		
Brassoliden		
Amathusiiden		

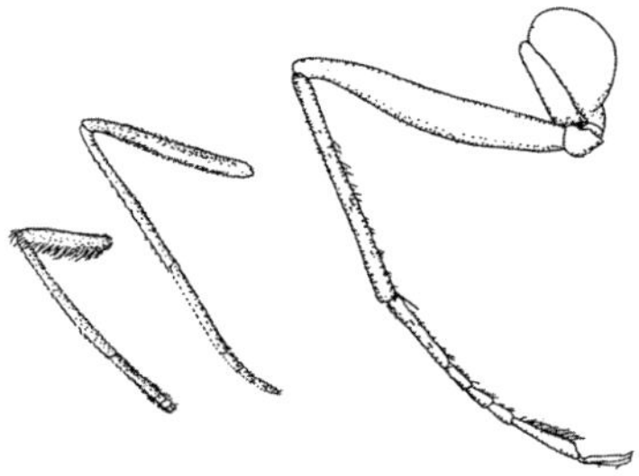

Abb. 9: Von links Reduzierte Vorderbeine (Putzbeine) eines männlichen und weiblichen Nymphaliden, daneben ausgebildetes Bein des Mesothorax zum Vergleich. Die kleinen Krallen beim Weibchen deuten auf einen Rest motorischer Verwendung, die stärkere Behaarung beim Männchen auf die erhöhte Tastintensität.

Zuerst ist daran deutlich, dass der Formenreichtum gerade in dem Maße zunimmt, wie die Offenheit der Puppe zum Umgebungsraum gesteigert wird. Es sind die Nymphaloidea, welche polar zu den Hesperioidea die Verhaftung an den Erdkontakt am meisten gelöst haben. Das kommt nicht nur in ihren durchgängigen Stürzpuppen sprechend zum Ausdruck, sondern auch darin, dass die entwickelten Falter den jeweils angeflogenen festen Halt, ihren einzigen Erdkontakt, nur mehr mit vier Beinen berühren und nicht mit sechs wie alle anderen Schmetterlinge. Das vorderste Beinpaar ist nämlich bei fast allen Nymphaliden zu kleinen Putzbeinen verkümmert. Und das bei den sensitiveren Männchen noch mehr als bei den Weibchen (Abb. 9).

Die artenarme Familie der Libytheiden (Schnauzenfalter) bildet einen Übergang, indem hier allein die Männchen vierbeinig geworden sind, während die schwereren Weibchen voll sechsbeinig geblieben sind! In Europa gibt es hiervon nur den Zürgelbaumfalter (Libythea celtis) Südeuropas, der sich gelegentlich bis Mitteleuropa verfliegt. Er ist wie alle seine wenigen Familienangehörigen über die Erde hin an den schnauzenartig verlängerten Tastern (Palpen) erkennbar.

Auch innerhalb der Papilionoidea gibt es eine Familie, in der die Männchen vierbeinig geworden sind: die Scheckenfalter (= Riodinidae = Nemeobiidae = Erycinidae). Diese besonders in Südamerika mit über tausend Arten verbreitete Familie kommt auch in den übrigen Tropen vor, entsendet aber nach Europa nur eine kleine, unscheinbare Art: den Würfelfalter oder Frühlingsscheckenfalter (*Nemeobius = Hamearis lucina*). Seine Raupe, die bei uns nachts an den Blättern der Frühlings-Schlüsselblume (*Primula veris*) frisst, ähnelt den kurzbeinigen, asselartigen, ebenfalls nachtaktiven Raupen der Bläulinge (Lycaenidae), mit denen die Riodinidae auch näher verwandt sind. Alle Lycaenidae haben als Falter schon etwas verkürzte Vorderbeine, wobei es gerade wieder die Männchen sind, die statt der typischen Doppelkralle aller Insekten nur noch einen einfachen Endhaken haben: der Kontakt zur anfassbaren Welt verringert sich hier ebenfalls anfänglich! Sehen wir von jenem Fremdling aus dem Süden ab, so stehen die drei Familien der europäischen Papilionoidea in einem dreigliedrigen Verwandtschaftsorganismus der Bläulinge (Lycaenidae), Weißlinge (Pieridae) und Ritterfalter (Papilionidae). Dabei sollte man sehr viel mehr als gewohnt die Körper- und Flügelgröße der Falter mit einschätzen. Mit zunehmender Größe wird die Wachstumsleistung der Stoffwechselpotenz unmittelbar anschaulich. So sind die Lycaeniden die zarter gebauten Kleinformen, die Pieriden von mittlerer Größe und die Segelfalter, Schwalbenschwänze und Apollos die kräftigsten Gestalten. Zusammen bilden sie eine *mittlere* Gruppe insgesamt. Die Gürtelaufhängung der Puppe um ihren *Thoraxbereich* ist durchaus nicht nur von hohem systematischem, sondern auch von unmittelbar goetheanistischem Aussagewert.

Bei den Bläulingen kann es sogar bis zur Carnivorie der Raupen kommen. So fressen die der Gattung *Maculinea* im fortgeschrittenen Stadium die Maden und Puppen der ihnen im eigenen Nest Behausung gewährenden Ameisen oder lassen sich wenigstens von ihnen mit deren Nahrungssaft füttern. Auch der Geschlechtsdimorphismus, der für viele Bläulinge, Pieriden und Apollos auffällig ist, spricht für *mittlere* Dominanzen. Wir schlagen so die folgende, möglichst natürliche Feingliederung vor:

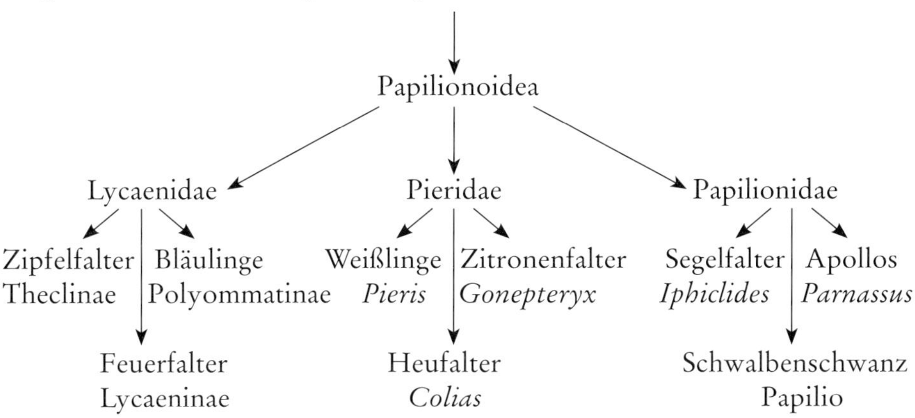

Charakteristisch ist bei näherem Zusehen die Variabilität des Puppenstadiums. Unter den Lycaeniden gibt es von der abwärtshängenden Stürzgürtelpuppe mancher Feuerfalter bis zu den gürtellosen Erdpuppen der Ameisen—symbiontischen, «myrmekophilen» Bläulinge alle Übergänge. Die Pieriden haben durchweg gute Gürtelpuppen, aber nur die der Weißlinge im engeren Sinne (Gattung *Pieris*) stehen aufrecht; die der Heu- und Zitronenfalter hängen meist waagerecht. Innerhalb der Papilioniden sind es gerade die träge fliegenden, schönen Apollos, deren Puppe tatsächlich *ohne* Gürtel, in losem Gespinst in Felsspalten am Boden liegend, den Falter heranreifen lassen!

Nun interessieren uns zum Schluss natürlich am meisten die aus den Stürzpuppen schlüpfenden Nymphaloidea. Sicherlich ist nach Gestaltung, Anzahl und Verbreitung die Familie der Fleckenfalter (Nymphaliden) die charakteristischste. Unser Vorschlag zur dreigliedrigen Verwandtschaftsordnung der heimischen Vertreter ist:

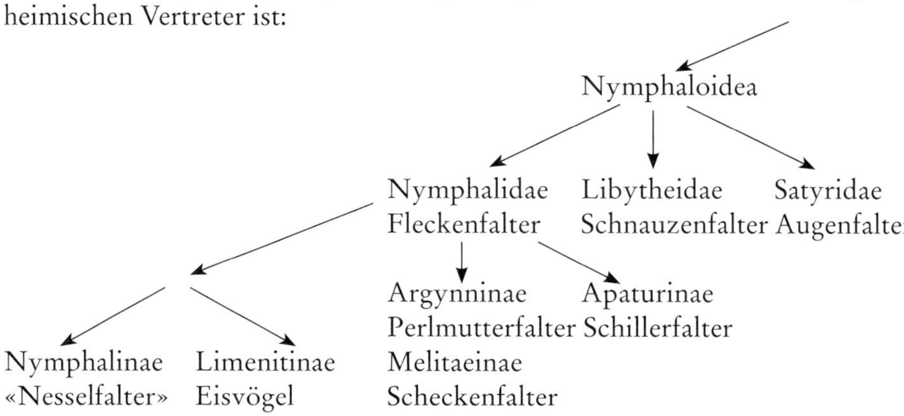

Die Augenfalter spielen das Puppenthema von der klassischen freihängenden Stürzpuppe des unsere Wiesen noch häufig belebenden Großen Ochsenauges über die schon am Boden aufrecht stehende Puppe des Schachbrettfalters bis zur horizontal unter der Erde versteckten Puppe des im Walde lebenden Waldportiers durch.

Die Schnauzenfalter schlüpfen aus typischen Stürzpuppen. Sie zeigen mit ihren sechsbeinigen Weibchen einen verstärkten Geschlechterdimorphismus an. Zugleich stellt diese vollwertige Sechsbeinigkeit innerhalb der Nymphaloidea ein ausgesprochenes Primitivmerkmal dar. Solche finden sich oft verstärkt in *mittleren* Verwandtschaftsgruppen, wie die Gestaltanalyse zum Beispiel in der Verwandtschaftsordnung der Säugetiere vielfach gezeigt hat. Die Hörnchen als *mittlere* Nager zeigen embryonal noch Eckzahnanlagen, die bei allen anderen Nagern *wegspezialisiert* sind; die Schweine als *mittlere* Vertreter übertreffen alle anderen Huftiere an Primitivismen.[13] Ähnliches lässt sich leicht bei den Käfern zeigen: die Adephagen (zum Beispiel Raubkäfer) sind sehr viel urtümlicher organisiert als die Curculionidae (Rüsselkäfer) einerseits und die Lamellicornia (zum Beispiel Hirsch-, Nashorn-, Mistkäfer etc.) andererseits. Extreme sind eben immer spezialisierter.

Die meisten Raupen der Fleckenfalter sind mit verzweigten Dornen verziert. Nur die der Schillerfalter wirken wie Nacktschnecken und meiden sogar noch als Falter den hell durchsonnten Lichtraum. Die Perlmutt- und Scheckenfalter stellen mit ihren leopardenfleckigen Trachten, die auch zu einem schwachen Geschlechter-Dimorphismus neigen, den *mittleren* Typus dar. Suchantke kennzeichnete sie als «intermediären» Trachtkomplex.[14]

Am besten bekannt sind die an Brennesseln als Nahrungspflanze gebundenen «Nesselfalter»: Kleiner Fuchs, C-Falter, Landkärtchen, Pfauenauge, Admiral, die weitgehend als r-Falter ihrer Pionierpflanze überallhin folgen. In naher Verwandtschaft gerade zu ihnen stehen nun unsere so ganz anderen K-Falter, die «Eisvögel»; tragen ihre Raupen doch wie jene paarweise, verzweigte Dornen – im Gegensatz zu den dornenlosen Raupen der Schillerfalter. In Konvergenz zu den Schillerfaltern, diese an Abdunklung und Verkehrtfärbung nur noch übertreffend, haben sie die Bevorzugung der feuchten Frische der Bergwälder noch mehr entwickelt. Ihre besondere Beziehung zum Wasser als dem Medium alles Lebendig-Ätherischen kommt einzigartig an ihrem Bau der Puppe selbst zur Geltung. Trägt diese doch am obersten Abdomen dorsal jenen schon erwähnten auffälligen kleinen Auswuchs als Wasserbeutel, der den werdenden Falter durch die zwei Wochen der Puppenruhe begleitet und ihn nicht nur zum glatten Schlupf verhilft, sondern ihm die lebenslange Liebe zum Wasser und zu den wasser-liebenden Pappeln mit auf den Weg gibt. Ist doch der Gattungsname *Limenitis* zugleich der Beiname aller Schutzgöttinnen der Häfen und des Wassers in der Antike gewesen. Der aus dem dänischen Ort Tondern stammende Johann Christian Fabricius (1745–1808), ein Schüler Linnés, hatte einst diesen Namen wohl mit Bedacht den Eisvogelfaltern gegeben, um ihren besonderen Hang zum Wasserelement anzusprechen.

Methodische Annäherungen

Leben ist immerwährende Veränderung im Lebenszyklus und im Evolutionsverlauf. Betreibt der Mensch Lebenskunde, also Biologie, so sucht er unablässig nach Gesetzen oder wenigstens Gesetzmäßigkeiten, um einen *sicheren* Boden für die nie enden wollende Fülle der Erscheinungen zu bekommen. Gäbe es das unveränderliche Gesetz für alle Erscheinungen, könnten diese nicht mehr unbegrenzt variieren. Diese Schere zwischen Abstraktion und Phänomenalismus hilft aber auf Dauer nicht weiter, hingegen immer ein offener Pluralismus der Aspekte und Methoden. So blicken wir zum Abschluss erneut fragend auf die Anfangseindrücke zurück: die besondere Farbtracht des Großen Eisvogels.

Seine dunkle Oberseite mit den wenigen weißen Flecken fügte sich nahtlos in den von Lichtsprenkeln durchsetzten Dämmerschatten des waldigen Flugbiotops ein. Vom oft höher im Licht fliegenden Weibchen wird sein heller Flugraum mit mehr oberseitigem Weiß beantwortet. Ob selektionistisch zu deuten oder nicht – die Farbtrachten sind jedenfalls deutlich von den Belichtungsverhältnissen der zugehörigen Umgebung, also «extrinsisch» bestimmt. Suchantke spricht hier insgesamt vom umbrophilen = schattenliebenden Typ, der sich durch viele Falterfamilien hindurch verfolgen lässt.

Wozu nun aber die so auffallende leuchtende Färbung gerade auf der Unterseite? Sie wird erst in der Ruhehaltung eindrucksvoll sichtbar. Wäre nicht auch hier – wie bei den meisten Schmetterlingen – eine kryptische Dunkelfärbung sehr viel angebrachter? Warum ist die übliche Verbergungstracht nicht ebenso von irgendwelchen Beutefängern per Selektion herausgezüchtet worden? Der Eisvogel verbirgt sich mit geschlossenen Flügeln weniger als beim Sonnen mit aufgeklappten Flügeln. Hier versagt die extrinsische Erklärung. Die einst gattungsbildende Potenz selbst ist gefragt. Sie ist weniger vom Biotop her, sondern aus der Verwandtschaftsordnung zu ermitteln.

Unsere dreigliedrige Analyse derselben (siehe letztes Pfeilschema) beachtet, dass die Eisvögel (Limenitinae) als nächste Verwandte der sinnesbetontesten Tagfalter überhaupt, der Nymphalinae unter den Nymphalidae, nach Lebensverhalten und gesteigerter Körpergröße eine deutlich wachstumswirksamere Stoffwechselleistung gewonnen haben.

Die goetheanistische Trachtanalyse bei Säugetieren (leicht auch bei anderen Tiergruppen auffindbar) zeigte oftmals, dass eine sekundäre *Verstoffwechselung* primär sinnesorientierter Veranlagungen trachtmäßig zu Umkehrfärbungen neigt. Die typische Verbergetracht vieler sinnesbetonter Säugetiere (zum Beispiel die meisten Mäuse) besteht in oberseits abgedunkelten und unterseits aufgehellten Färbungen. Großwüchsige, stoffwechselstarke nahe verwandte Gruppen zeigen im Gegenzug die *Verkehrtfärbung*: die Unterseite wird tief dunkel, die Oberseite – besonders auch des Kopfes – wird auffällig kontrastreich maskiert. So bei den Blindmäusen, dem Feldhamster und Stachelschweinen unter den Nagern, beim Iltis innerhalb der Wieselverwandtschaft, bei allen Dachsarten unter den Marderartigen etc.[15]

Bei den Flügelfärbungen der meisten Tagfalter bieten die morphologischen Unterseiten den unauffälligeren Anblick, wenn das Tier mit zusammengeklappten Flügeln ruht; hingegen demonstrieren die morphologischen Oberseiten im Fliegen zumeist auffällig die Bewegungsaktivität. Diese allgemein vertraute Trachtordnung ist nun gerade bei den Eisvögeln umgekehrt ausgefallen. Sie harmoniert für den Kenner mit der sekundär verstärkten Stoffwechselqualität, wie wir sie allein schon in dem sorgfältigen, abgestuften Fressverhalten der Limenites-Raupen kennengelernt haben. Aus der Eigenart des Tieres wird so die Zusammengehörigkeit seiner Einzelmerkmale verständlich – ein intrinsischer Verständnisansatz. Wir haben oben vieles dazu zusammengetragen.

Nun neigt unser spontanes Begriffsvermögen dazu, aus Vereinfachungsgründen allein nur einem einzigen Ansatz die Vorhand zu geben. Das wird bei unbefangenem Zusehen nicht von der Sache vorgegeben, sondern liegt im allgemein beliebten Hang zu Denkvereinfachungen gegenüber pluralen Ansatzmöglichkeiten begründet. Hat man das aber bemerkt und enthält man sich daraufhin bewusst dieser Gefahr, so befriedigt der fortlaufende Wechsel der Standpunkte und Blickwinkel auf die Dauer jedoch auch nicht. Die reine Trennung, zum Beispiel zwischen extrinsischen und intrinsischen Erklärungsansätzen, zahlt sich dann doch nur als ein unaufgelöster Dualismus von Individuum und Umwelt negativ aus.

Dabei besteht aber doch zugleich die Denkchance, sich an der beobachtbaren Natur selbst darüber aufzuklären, dass eine allzu rigide Trennung zwischen Organismus und Umwelt eine anthropomorphisierende Projektion ist. Sie rührt eben daher, dass der Mensch schon biologisch (in seiner hohen physiologischen Autonomie) und inzwischen noch mehr kulturell (bewusstseinsmäßig und technologisch) sich seiner früheren Einbettung in die Naturabhängigkeiten weit mehr entzogen hat als jedes andere Lebewesen auf der Erde. Die zahllosen gleitenden Übergänge dahin in der noch außermenschlichen Natur beinhalten deshalb immer viel mehr *Einbettung*, als wir von uns aus zu sehen gewohnt sind.

So ist uns eine Falterart erst einmal ein auffallend stabiler Arttypus, der gerade auch in seinen Individuen abgegrenzt von seiner Umgebung erscheint. Andererseits ist seine Eigennatur mindestens ebenso Glied seiner ihm zugehörigen Umgebung, wobei jene zugleich diese zumindest partiell mitkonstituiert. Was fehlt einem espenreichen Bergwald, wenn der Große Eisvogel dort ausgerottet ist? Doch wohl ein unersetzliches Ausdrucksphänomen dieses Bergwaldes selber. In seinem frischen, von Lichtgarben durchbrochenen Dämmerdunkel lebt der Wald unter seinem Kronendach selbst jene Bildung eines Eigenraumes vor, der den Lebensformen von Dachs und Iltis entspricht, die sich in ihren Wohnhöhlen ihrerseits zusätzliche Miniatur-Innenräume bauen. Baut sich die junge Eisvogelraupe für den Winter nicht auch eine Art Miniaturhöhle?

Im Brennesselgestrüpp freigeschlagener, lichtexponierter Ruderalräume hängen hingegen die Puppen des Landkärtchens, Kleinen Fuchses und Tagpfauenauges offen sichtbar mit ihrem golden-metallischen Glanz feiner, spiegelnder Luftfüllung der Puppenhaut. Wasserreich, zur dunklen Blattseite gekehrt, deren Ränder durch Spinnfäden fast wiederum zu einer Miniaturhöhle geschlossen sind, hängt die dicke, bizarre Puppe des Eisvogel-Falters unmittelbarer Ausdruck seiner Biotopeinbindung ebenso, wie seiner systematischen Stellung unter seinen Mitverwandten, wie wir zu zeigen versucht haben. Eigennatur und Mitwelt sind gar nicht geschieden, sondern jedes nur Anblicksformen innerhalb der gleichartigen Zusammengehörigkeit. Was könnte unser allzu trennendes Denken daran lernen?

Systematik wird nur möglich, wenn eine serielle Abfolge von Unterschieden definiert werden kann. Hierin denken wir zumeist im Entweder-Oder, also binär. Polarisierungsvorgänge bestimmen auch die innere Differenzierung jedes individuellen Organismus. Er könnte aber nicht leben, wenn nicht auch Regulationen hin zur Kompensation, also eine wechselseitig bezogene Abstimmung der physiologischen Spannungen möglich ist. So wie sich kein Lebensvorgang unisono – zum Beispiel chemisch nie in einer Reinsubstanz allein – abspielen kann, sondern zahllose Niveaudifferenzen allein schon in seinen energetischen Spannungspotentialen aufweist, so muss auch der aufeinander abgestimmte Wechsel der Gegensätze, die rhythmische Abfolge von Auf- und Abbau im zyklischen Ausgleich vorhanden sein. Leben realisiert sich also phänomenaliter nie nur polar, sondern immer triadisch, die Gegensätze vermittelnd, im Kleinen wie im Großen.

Diese durchgängigen Trichotomien können an charakteristischen Merkmalen verstärkt beobachtet werden. Dabei zeigt sich, dass sie nicht nur ontogenetisch, sondern auch phylogenetisch und damit teilweise auch systematisch auftreten. So haben wir in den drei Verpuppungsformen – Stürzpuppe, Gürtelpuppe und Bodenpuppe – solch eine tragfähige Dreigliederung aller Tagfalter vorgefunden. Die Ordnung ist natürlich keine definitorische, weil sich jede Gruppe im Sinne der Übergruppe und zugleich in eigencharakteristischer Abwandlung differenziert. Das aber beinhaltet, dass die evolutive Differenzierung ebenso eine intrinsische ist – entsprechend ihrer Polaritäten und Vermittlung –, als auch eine extrinsische darstellt – nach Maßgabe der Landschaftseinbettung. Letzteres bemerken wir umso mehr, je besser wir die Landschaft als Großorganismus in den Blick bekommen.

Unsere Vorschläge triadischer Gliederung zusammengehöriger Falterfamilien legt zugleich ein adäquateres Verständnis von Konvergenzen nahe als vielfach üblich. Diese sind dann nicht als bloßer Gegenbegriff zu den Homologien aufzufassen: das eine funktionsbedingt, das andere abstammungsbedingt. Vielmehr haben dann die Konvergenzen auch einen Anteil an der jeweiligen

Differenzierung der Umwelt selbst in ihrer mehr oder weniger ausgewogenen Eigenart, wie die Homologien wiederum nicht ohne irgendeine Art von Einbettung in einen co-evolutiven Zusammenhang zu denken sind. Die Landschaft ist eben nicht nur ein *Außen*, sondern auch ein *Eigen*, wie der individuelle Organismus nicht nur ein *Eigen*, sondern auch gliedhafter Anteil des *Außen* ist. Letztlich gelten immer die Verflechtungsverhältnisse von Organismus und Umwelt, können aber zugleich in voller Bandbreite unterschiedlich gewichtet sein.

Sehen wir uns daraufhin den Trachtmodus sich primär offen exponierender (sinnesbetonter) und sekundär sich deutlich internalisierender Falterkonstitutionen an. Im letzten Pfeilschema waren es die folgenden Verwandtschaftsgruppen:

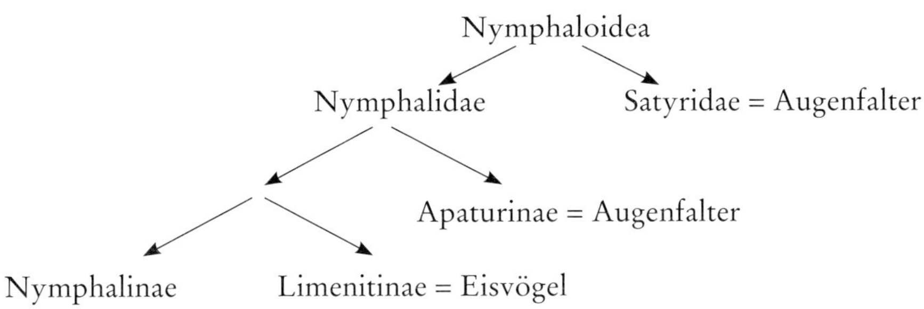

Obgleich alle drei nach rechts gerichteten Endgruppen jeweils nähere Verwandte (die ausgelassenen mittleren Vertreter) besitzen, als erstere untereinander verwandt sind, zeigen die von eben jenem gleichen evolutiven Bildungsmodus hervorgebrachten Formen eine Fülle phänomenologischer Konvergenzen. Alle drei Gruppen beinhalten recht dunkle Falter, welche prangende Auffälligkeitsfärbungen vermeiden. Der kryptische Trachtgestus überwiegt gegenüber dem semantischen. Wenn schon semantische Anklänge, so unter zunehmender Inanspruchnahme der Flügelunterseiten: Die Umkehrfärbungen treten, wenn auch in verschiedener Weise, auf. Man nehme sich zum näheren Verfolg zum Beispiel ein Taschenbuch der heimischen Schmetterlinge zur Hand.

Bei den Satyriden beispielsweise finden sich reiche Augenfleckenmuster, und zwar kontrastreicher auf der Unterseite als auf der Oberseite, besonders der Vorderflügel. Im ruhigen Sitzen – oft auf dem Boden – werden diese zwischen die geschlossenen Hinterflügel geschoben, hinter deren kryptischer Farbgebung sie unauffällig verschwinden. Viele Arten dieser Familie, so besonders schön die Rostbinde *Hipparchia semele* oder das Große Ochsenauge *Maniola jurtina*, schieben bei der kleinsten Störung sofort die Vorderflügel hoch, so dass der auffällige Augenfleck erscheint (Abb. 10). Entfernt man sich ruhig, so verschwindet das Flügelauge wieder, nähert man sich, so tritt es hervor.[16] Ist es mimischer Erregungsausdruck oder feindgerichtete Abschreckwirkung? Wohl ersteres, denn die volle Verbergungstracht ist sicher überlebenstauglicher, als noch extra auf sich aufmerksam zu machen. Bei der Bodenbalz präsentiert sich das Männchen der Rostbinde vor dem ruhig sitzenden Weibchen mit seinen auffällig vorgerissenen Vorderflügel-Unterseiten, die nun jede sogar zwei Augen vorzeigen, ohne dass das Weibchen sie unbedingt sieht.[17] Sie sind in der Flügelfärbung und im Verhalten Ausdruck per se der hohen Erregung des Männchens.

Bei den Schillerfaltern sind unterseits Augenflecken am Vorder- wie Hinterflügel. Ersterer ist auffällig größer und besonders auf der Unterseite sichtbar. Er wird ebenfalls in der Ruhehaltung hinter den Unterflügeln versteckt, wobei ein größerer Teil des Vorderflügels als bei den Satyriden sichtbar bleibt. Die gesamte Unterseite ist so kontrastreich weiß-rötelbraun gefärbt, dass die Umkehrfärbung gegenüber den meisten Satyriden zunimmt. Natürlich ist die Oberseite mit ihren weißen Bändern auf dunkelbraunem Grund und besonders der Blauschiller der Männchen ebenfalls kontrastreich. Wie im Verwandtschaftssystem ist der Schillerfalter auch in seiner Tracht eben voller Übergänglichkeiten.

Bei den Eisvögeln ist nun die Umkehrtracht am stärksten ausgeprägt. Sie sind auch die größten, also stoffwechselstarken Vertreter der umgebungsoffensten Nymphaliden. Die Oberseiten dunkeln verstärkt ab, die Unterseiten leuchten in warmem Orange und kühlem Eisblau eindrucksvoll auf. Augenmuster sind unterseits verschwunden. Die Vorderflügel werden auch in Ruhehaltung nicht zwischen die Hinterflügel geschoben. Vollflächig setzt sich der ruhende Falter in Erscheinung.

Diese eindrucksvolle Abwandlung der beginnenden Umkehrfärbung von den kleinen Augenfaltern bis zu ihrem Höhepunkt beim Großen Eisvogel verlohnt es, auch innerhalb jeder Gruppe in sich zu verfolgen. Man sehe sich den Abbau der Augen und die Zunahme des großflächigen Kontrastreichtums der Unterflügel bei den großen Vertretern der Satyriden an (*Hipparchia fagi*, *Brintesia circe*); oder umgekehrt die Mäßigung der Umkehrfärbungen bei den kleineren Vertretern unter den Schillerfaltern und Eisvögeln.[18] Auch die feinen, *durchwachsenen* Verhältnisse bei den Bläulingen, die – wenn auch in der ausgewogenen Gesamtgruppe der Papilionoidea stehend – die Polarisierung zwischen Sinnesbetonung und Zurücknahme derselben ebenfalls durchgemacht

Abb. 10: Oben Weibchen des Großen Ochsenauges Maniola jurtina in Verbergetracht und daneben auffällig sein Augenmuster zeigend. Darunter Weibchen und vor ihm balzendes Männchen der Rostbinde Hipparchia semele. Unten Flügelmuster der Unterseite vom Großen Schillerfalter Apatura iris.

haben, sind der gleichen Beachtung wert. Hierzu sei dem Leser die Erprobung der genannten Aspekte selbst anheimgestellt. –

Zur Abrundung des Gesamtbildes ist auch noch die folgende Trachtmerkwürdigkeit beachtenswert. Bei der überwiegenden Mehrheit der Tagfalter auf der Erde sind es die Weibchen, die die abgedunkelteren Trachten tragen, während die Männchen sich zumeist farbenfreudiger präsentieren. Man sehe sich nur die größten Falter der Erde, die Vogelflügler (Ornithoptera) Südostasiens, an. Aber auch schon unsere Bläulinge, der Aurora- und Zitronenfalter zeigen den gleichartigen Geschlechtsdimorphismus; ebenso tragen die Weibchen bei den Kohlweißlingen, dem Kaisermantel, dem Monarch und dem Apollo mehr Schwärzung.[19]

Und doch gibt es davon *Ausnahmen*, also geradezu eine *geschlechtsdimorphe Umkehrung*. Unser Großer Eisvogel ist dafür wiederum hochcharakteristisch. Die Weibchen mit ihren breiten weißen Binden tragen die auffälligere, hellere Oberseitenfärbung! Diese Trachtumkehrung hängt einerseits, wie wir schon wissen, unmittelbar mit der Umkehrung des Flugverhaltens der Geschlechter zusammen. Farbenkräftige Bläulingsmännchen fliegen gerne relativ hoch über die Wiesen, die oft dunkelbraunen Weibchen mehr niedrig durch den Grasdschungel. Das Eisvogelmännchen hingegen fliegt häufiger im Unterwuchs seiner Wälder, das Weibchen im Kronendachbereich.

Auch beim Großen Schillerfalter (*Apatura iris*) sind die weißen Binden der Flügeloberseiten bei den Weibchen sowohl absolut wie relativ größer, beim etwas kleineren Männchen seinerseits schmaler, obgleich der Unterschied bei weitem nicht so drastisch wie beim Großen Eisvogel ist. Bei den Satyriden ist bei den heimischen Arten, soweit ein Sexualdimorphismus der Färbung vorkommt, ebenso immer das Weibchen oberseits farbiger ausgebildet als das Männchen (!), wenn es auch nur noch von Hellbraun bis Rötel spielende, gedämpfte Farben sind. So bei den Arten:

Aphantopus hyperantus = Brauner Waldvogel
Coenonympha glycerion = Rotbraunes Wiesenvögelchen
Hipparchia semele = Rostbinde, Samtfalter
Hyponephele lycaon = Kleines Ochsenauge
Lasiommata megera = Mauerfuchs
Maniola jurtina = Großes Ochsenauge
Minois dryas = Blauäugiger Waldportier

Der vorletzt genannte Satyride ist unser häufigster Augenfalter und im Sommer in jeder Wiese zu sehen.

In den Tropen sind es die Männchen insbesondere der Nymphalidengattung *Hypolimnas*, die dunkel mit Blauschiller oder gedämpftem Blau gefärbt sind, während die Weibchen extrem polar oft leuchtend orangene Farbmuster oberseits tragen. Die Beobachtung im natürlichen Lebensraum ergibt auch hier, dass diese Männchen vorzüglich im Waldesinneren zu Hause sind, während die Weibchen über dem Kronendach oder vor den Waldrändern in der offenen Sonne fliegen; nur im Grenzgebiet treffen sich die Geschlechter.[20]

Diese Identität vom Flugraum in seinen Lichtverhältnissen, von Farbgebung und Verhalten haben wir gleicherweise an unserem heimischen Eisvogel wieder beobachten können: zuerst in der überraschenden Begegnung vor Ort. Dann hat uns dieser größte heimische Falter durch seine Besonderheit auf weithin wirksame Zusammenhänge innerhalb der Tagschmetterlinge überhaupt aufmerksam gemacht. Möge er nie ausgerottet werden.

Über die Färbung und Zeichnung der Vogeleier

(Mit Roselies Gehlig)

Wohl der auffälligste Unterschied zwischen den Eiern der Reptilien und der Vögel besteht darin, dass die Eierschalen der Reptilien ungefärbt sind und Vogeleischalen in der verschiedensten Weise pigmentiert sein können. Diese Färbungen und Zeichnungen müssen mit der Eigenart der Vögel zusammenhängen. Welches ist der wichtigste Unterschied zwischen den stammesgeschichtlich älteren Reptilien (Echsen und Schlangen, Schildkröten, Krokodile) und den evolutiv jüngeren, höher stehenden Vögeln? Reptilien sind wechselwarme Tiere, angewiesen auf die Wärme ihrer Umgebung. Die meisten Kriechtiere entfalten ihre volle Tätigkeit erst, wenn ihr Körper eine Temperatur zwischen 25 und 38 °C hat.[1] Vögel hingegen haben in ihrer Evolution durchgängig einen eigenen inneren Wärmehaushalt entwickelt und sich dadurch von äußeren Temperaturschwankungen weitgehend unabhängig gemacht. Ihre Körpertemperaturen liegen meistens höher als bei den Säugetieren und beim Menschen: 40 bis 42 °C sind normal für Vögel; vor allem die Singvögel – das Rotkehlchen erreicht ein Maximum von 44,6 °C – sind noch wärmer.[2] Für den Menschen wären solche Temperaturen tödlich. Dem autonomen inneren Wärmehaushalt entspricht das viel ausgeprägtere seelische Innenleben und reichere Verhalten der Vögel als bei den Reptilien. Am schönsten äußert sich ihr Seeleninneres im Gesang. aber auch in der Brutfürsorge und Aufzucht der Jungen, wenngleich es dazu auch schon Anklänge bei den Riesenschlangen und Krokodilen gibt. Könnte die durchgängig verinnerlichte Wärme der Vögel etwas mit den erstmalig in der Evolution aufgetretenen Färbungen und Zeichnungen der Vogeleier zu tun haben? Verschaffen wir uns zunächst einen Überblick über die verschiedenen Arten der Eischalenpigmente und ihre Entstehung, bevor wir uns der Frage zuwenden, welche Bildekräfte die Pigmentierung der Eischalen bestimmen.

Die Arten der Eischalen-Farbstoffe

Trotz der großen Vielfalt an Färbungen und Zeichnungen der Vogeleier gibt es neben einem flüchtigen rosafarbenen, sich schnell zersetzenden Pigment – zum Beispiel als rosa Anflug auf frischen Taubeneiern – nur zwei Farbstoff-Typen: zum einen das Protoporphyrin IX mit geringen Anteilen an Uro- und Coproporphyrin III und zum anderen das Biliverdin IX-a, das zum Teil als Zinkkomplex vorliegt.[3]

Das *Protoporphyrin IX* bildet je nach Konzentration gelb-rot-braune bis schwarze Farbtöne. Man findet es überwiegend in der Zeichnung (Fleckung) der Schalenoberfläche, besonders auffällig zum Beispiel bei den oft sehr großen, fast schwarzen Flecken auf Wachteleiern. Bei den Eiern von Nachtigall und Sprosser (einem der Nachtigall nahe verwandten Vogel mit leicht gewölkter Brust und weniger rostrotem Schwanz; im Gesang fehlen die anschwellenden Strophen) ist die Dichte der Flecken so hoch, dass ihre Eier fast einheitlich braun oder grünlichbraun aussehen. Die Flecken können auch in verschiedenen Niveaus der Schale eingelagert sein, wie bei Möweneiern. Doch auch hier wird das Pigment während der Eischalenbildung immer von außen sozusagen aufgetragen und dann nur durch weitere Kalkschichten bedeckt. Diese Flecken schimmern dann mehr oder weniger verschwommen durch die etwas transparente Kalkschicht nach außen durch. Tritt das Protoporphyrin als homogen verteilte Grundfärbung (zum Beispiel bei braunen Hühnereiern) auf, so erscheint es auch hier nur in der Oberflächenschicht der Schale. Löst man diese Schale mit einem in Salzsäure getränkten Wattebausch an, so kommt schon bald unter der braunen Oberfläche die weiße Kalkschicht zutage.

Inzwischen ist es durch neuere Veröffentlichungen sicher, dass es sich bei diesem Farbstoff nicht um ein Hämoglobin-Abbauprodukt handelt, sondern um das aus dem *Blutaufbauprozess* stammende Protoporphyrin IX. Darauf weisen auch die Anteile an Uro- und Coproporphyrin hin. Proto-, Uro- und Coproporphyrin treten nämlich in der Häm-Biosynthese nur vor der Entstehung des Häms auf.[4] Dieser Biosyntheseweg verläuft in den roten Blutkörperchen in folgenden Schritten:

δ-Aminolävulinsäure ⟶ Porphobilinogen ⟶ Uroporphyrinogen III ⟶ Coproporphyrinogen III ⟶ Protoporphyrinogen IX (farblos) ⟶ Protoporphyrin IX (rotbraun) + Fe^{2+} ⟶ Häm (rot)

Dieser Syntheseweg ist *nicht* umkehrbar.[5] Die Angaben von Giersberg[6] (1921) und selbst in neuer Literatur[7], das Porphyrin als Pigment der Vogeleischalen stamme aus dem Abbau des roten Blutes, sind unrichtig.

Das zweite wesentliche Pigment in den Vogeleischalen ist das blaue oder blaugrüne *Biliverdin IX-a* mit seinem Abkömmling, dem *Zink-Biliverdin IX-a*. Im Gegensatz zum Protoporphyrin erscheint es immer als homogene Grundfärbung, reicht bis in die Tiefe der Schale und kann hier sogar bevorzugt in der innersten Schalenregion in einer dunkelgrünen Schicht angereichert sein, die nach außen grünlich durchschimmert (Schweif-Waldhuhn, Königshuhn).[8] Die Biliverdin-Färbung tritt niemals als Fleckung der Oberfläche auf. Solche homogen gefärbten und nicht gefleckten Eier legen zum Beispiel der Star, der Gartenrotschwanz und die Reiher; die Drosseleier haben zusätzlich eine braune Fleckung. Allgemein findet man das Biliverdin mehr bei den Landvögeln als bei den Wasservögeln, und ganz besonders bei Höhlen- und Halbhöhlenbrütern. Insgesamt betrachtet ist die auf Biliverdin beruhende Blaufärbung der Eischalen seltener als die Färbung durch das Protoporphyrin. Durch Überlagerung mit feinen Protoporphyrin-Schichten können solche Eier auch gelbgrün, olivgrün oder grün aussehen.

Wie entsteht das Biliverdin, und wie lässt sich diese Substanz charakterisieren? Biliverdin IX-a bildet sich grundsätzlich durch den *Abbau des roten Blutes*. Dieser Prozess findet bei den Vögeln normalerweise nur in der Leber statt, bei Säugetieren und beim Menschen in den retikuloendothelialen Zellen von Leber, Milz und Knochenmark und in geringem Ausmaß auch in den Nieren. Bei Gewebsblutungen (Blutergüssen) werden rote Blutkörperchen aber auch in den Körperzellen der betroffenen Gebiete abgebaut; die Verfärbung eines Blutergusses von blau nach grün und gelb ist ein Ergebnis dieses Vorganges. Dabei wird der Porphyrinring des Häms in eine lineare Kette aufgespalten und das Eisen abgetrennt.[9]

Häm (rot) – Fe2+ ⟶ Biliverdin IX-a (blau, blaugrün)

Vögel beenden diesen Hämoglobinabbau beim Biliverdin, während die Säugetiere und der Mensch das Biliverdin zum braunroten Bilirubin reduzieren und dieses an Serumalbumin gebunden zur Leber transportieren. Dort wird es mit Zuckerresten (Glucuronat) verbunden, dadurch wasserlöslicher gemacht und als Bilirubin-Diglucuronid in die Galle abgegeben. Darmbakterien wandeln diese Verbindung weiter in gelbes Urobilin und Stercobilin um, welche dann aus dem Organismus ausgeschieden werden. Nur ein kleiner Teil dieser Gallenfarbstoffe wird im Darm wieder rückresorbiert und gelangt über den enterohepatischen Kreislauf wieder zurück in die Leber.[10]

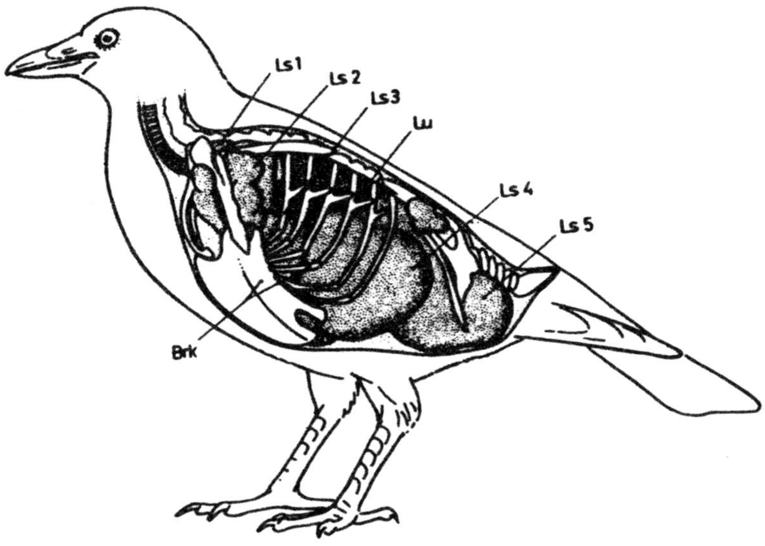

Abb. 1: Anordnung der Luftsäcke im Vogelkörper. Die Luftsäcke (Ls1 bis Ls5) nehmen einen erheblichen Teil der Leibeshöhle ein und entsenden auch Ausläufer ins Skelett. Sie bestehen aus zarten, durchsichtigen Häuten und haben keine eigene Muskulatur. Sie wirken wie ein Blasebalgsystem, das durch die Atembewegungen des Brustkorbs (Brk) in Gang gehalten wird und die Ventilation der Lungen (Lu) sichert.

Vögel bilden also eine stärker oxidierte (und damit auch ohne Verbindung mit Zucker besser wasserlösliche) Form des Gallenpigments als die Säuger. Die Säuger produzieren das zwar schlechter lösliche Bilirubin, dieses wirkt aber durch seinen chemisch reduzierten Zustand als gutes Reduktionsmittel vor allem in den Zellmembranen und auch im Blutplasma. Hier dient es wie das Vitamin C (Ascorbat) und Vitamin E als Oxidationsschutz, indem es Peroxide abfängt. Bilirubin, Urat (eine Harnsäure-Verbindung) und Ascorbat sind die wichtigsten Anti-Oxidantien im Blutplasma.[11]

Vögel sind Wesen, welche die Luft als Lebensraum erobert haben. Das drückt sich bis in ihre morphologischen, physiologischen und seelischen Eigenschaften aus: die Gestalt des Federkleides und der Flügel ist für das Leben in der Luft gebildet. Die symmetrische Lunge deutet auf eine Sinnes-Nerven-Beziehung; gerade die Fernsinnesorgane wie die Augen und die Ohren sind symmetrisch angelegt, während ein asymmetrischer Organbau für Stoffwechselorgane wie den Darm und die Leber charakteristisch ist. Von der Lunge aus durchziehen Luftsäcke fast den ganzen Vogelkörper bis hinein in die

Knochen.[12] (Abb. 1) Luft wirkt durch ihren Sauerstoffgehalt oxidierend. So erscheint es verständlich, dass die Vögel sich mehr mit oxidierenden als mit den reduzierenden chemischen Kräften verbinden. Das gilt für die oxidative Tendenz im Blut, seine hohe Temperatur und auch für die Gallenfarbstoffbildung. Weiterhin verlaufen viele endogene Rhythmen im Vogelorganismus (Gesang, Brut, Vogelzug usw.) parallel zu den äußeren Lichtverhältnissen. Im Seelischen drückt sich die Beziehung der Vögel zur Luft beziehungsweise durchlichteten Luft in der Grundfärbung des Gefieders und im Gesang aus. Morphologisch, physiologisch und seelisch ist also der ganze Vogelorganismus sozusagen *durchluftet*.

Es fällt auf, dass die Vögel Biliverdin ausschließlich für die Grundfärbung und nie für die Zeichnung der Eischalen einsetzen, während das Protoporphyrin oft sehr markant vor allem die Zeichnung der Vogeleier bestimmt. Grundfärbung und Zeichnung werden also eindeutig verschieden gehandhabt. Damit steht in Übereinstimmung, dass diese beiden Pigmente polaren Prozessen – Blutaufbau und Blutabbau – entstammen. In welcher Weise und in welchem Ausmaß diese Differenzierung betrieben wird, ist artspezifisch sehr verschieden. Bevor wir darauf näher eingehen, betrachten wir, wo, wie und wann die Farbstoffe während der Bildung der Eischalen entstehen.

Die Bildung der Eischalen-Farbstoffe im Ovidukt

Verfolgt man den Weg des Eies durch das Ovidukt, so lässt sich angeben, wo die verschiedenen Eihüllen gebildet werden.[13] (Abb. 2) Vom Trichter (Infundibulum) aus wandert der Eifollikel in den Eileiter (Tube) und von dort in das Magnum, wo ein Teil des Eiweißes (Eiklar) ausgesondert wird. Dieses Eiweiß ist aber noch dichter und weniger voluminös als beim abgelegten Ei. Erst im Isthmus und auch noch im Uterus wird ein flüssigeres Eiweiß (ca. 50 bis 60 % des Gesamtalbumins) ausgeschieden und diffundiert durch die im Isthmus innerhalb von 2 Stunden gebildete organisch-faserige Schalenmembran und die zum Teil schon ausgebildete Kalkschicht. Nach weiteren 6 bis 7 Stunden ist die Aufnahme wässriger Eiweißlösung im Uterus erst beendet, wobei das Gesamteiweiß durch Wasseraufnahme dünnflüssiger wird und an Volumen zunimmt (Quellung). Die Bildung und Ausreifung der Kalkschale erfolgen während der nächsten 13 bis 14 Stunden im Uterus. Die Pigmente werden der sich im Uterus bildenden Kalkschale beigemischt beziehungsweise aufgesetzt. Für die

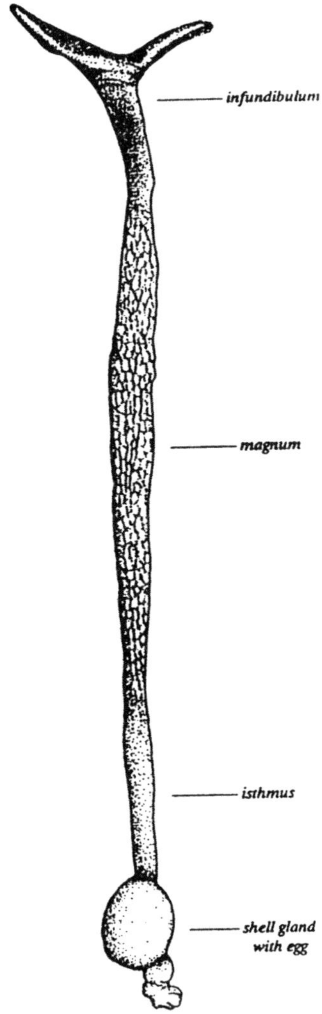

Abb. 2: Ovidukt des Haushuhns (Gallus gallus). Vom Trichter wandert der Eifollikel in den Eileiter, wo im Bereich des Magnums ein Teil des Eiklars ausgesondert wird. Im Isthmus bildet sich die Schalenmembran und im Uterus (= Schalendrüse) die Kalkschale des Vogeleies. Hier werden der Eischale auch die Pigmente aufgesetzt.

Entstehung der Schalenfarbstoffe sind in der Literatur verschiedene Möglichkeiten angegeben:

Giersberg beobachtete an einem Turmfalken, einem Kirschkernbeißer und an einer Krähe, dass der ganze Eileiter während der Eischalenbildung und ihrer Pigmentierung ein entzündungsartig aufgetriebenes, prall mit Blut gefülltes Epithel hatte. Das eiweißhaltige Lumen des Eileiters war mit rotbraunem Farbstoff erfüllt, zusammengeballt an den Wänden des Eileiters, vor allem zum Uterus hin. Im Bereich des Isthmus waren die Wände frei von Pigment, im eiweißhaltigen Lumen schwammen jedoch Farbstoffpartikel. Die Farbstoffe waren schon in den Kapillaren des Eileitergewebes nachweisbar, von wo aus sie zusammen mit roten Blutkörperchen in das Lumen des Eileiters gelangten. Von dort aus wanderten sie in den Isthmus und weiter in den Uterus, wo sie sich auf dem oberen, stumpfen Pol des Eies ablagerten. Giersbergs Schlussfolgerung, das rotbraune Pigment sei ein Produkt aus dem Zerfall der Erythrozyten, ist nach den Arbeiten von Baird et al., Lang & Wells und Solomon allerdings nicht zu halten, denn bei dem rotbraunen Pigment handelt es sich ja um Protoporphyrin IX (+ Uro- und Coproporphyrin III) aus dem Blutaufbau.[14] Dennoch sind die Beobachtungen Giersbergs aufschlussreich: Das entzündungsartige Aufgetriebensein des Eileiter-Epithels geht mit der Haupt-Pigmentierungsphase während der Eibildung parallel. Entzündung bedeutet im allgemeinen Blutandrang (Rötung), Schwellung, Wärmeentwicklung und Schmerz (rubor, calor, dolor im medizinischen Sprachgebrauch). Vermehrt wird hier also das warme rote Blut herangezogen, um die *Pigmentierung der Eischalen* zu betreiben. Ein erster Hinweis darauf, dass die Färbung und Zeichnung der Eier auch mit der *Blutwärme* zusammenhängt!

Wird das Protoporphyrin de novo an Ort und Stelle in den Erythrozyten der Uterus-Schleimhaut gebildet oder wird es mit dem verstärkten Blutstrom herantransportiert und in den Zellen des Uterus-Epithels akkumuliert? Baird et al. und Lang u. Wells beobachteten im Uterus-Epithel vom Haushuhn unter UV-Licht eine starke rote Fluoreszenz durch das Protoporphyrin, die während der Schalenbildung um das Dreifache zunahm.[15] Im unteren Bereich des Isthmus-Epithels war sie nur sehr schwach (d. h. kaum Protoporphyrin vorhanden), im Uterus-Epithel aber maximal. Lang u. Wells gehen davon aus, dass das Protoporphyrin an Ort und Stelle in den Zellen des Uterusgewebes neugebildet wird. Baird et al. nehmen dagegen an, dass das Protoporphyrin dem roten Blut entstammt. Rote Blutkörperchen der Vögel können nämlich Porphyrin synthetisieren.[16] Nach einer Abschätzung von Baird et al. müssten die Uterus-Epithelzellen jedoch mindestens 25 % ihres eigenen Volumens zum Ende der Kalkschalenbildung ausscheiden, um die für die Pigmentierung nötige Synthese von Protoporphyrin leisten zu können. Baird et al. betrachten das als sehr unwahrscheinlich. Da der Blutstrom beziehungsweise die Blutfülle im Uterusgewebe während der Calcifizierung der Eischale bis auf das Dreifache zunimmt, könnten die roten Blutkörperchen entsprechend mehr Protoporphyrin bilden, welches dann aus dem Uterus-Epithel auf die Eischale übertragen wird.[17] Der erhöhte Blutstrom im Uterusgewebe spricht im Sinne von Giersbergs Beobachtung, der eine entzündungsartige Blutansammlung im Eileiter während der Hauptpigmentierungsphase konstatierte. Ob nun das Protoporphyrin an Ort und Stelle neu gebildet wird oder ob es mit dem Blutstrom herangeführt wird, bedarf noch weiterer experimenteller Klärung. Die neueren Autoren sind sich jedenfalls darüber einig, dass das Protoporphyrin den Aufbauprozessen des roten Blutes entstammt.

Wenn auf- und abbauende Blutkräfte die Eischalenfärbung und -zeichnung bestimmen, so ist zu erwarten, dass sich im Falle von Alter und Krankheit das Verhältnis dieser Kräfte zueinander verschiebt. Bei Hühnern mit braunschaligen Eiern beispielsweise reduziert sich mit zunehmendem Alter des Tieres die Pigmentierung der Schale, und die Schale wird brüchiger.[18] Alterung heißt, dass die abbauenden Kräfte gegenüber den aufbauenden Kräften überwiegen. Da das Protoporphyrin den aufbauenden Kräften entstammt, ist es verständlich, dass mit zunehmendem Alter weniger Protoporphyrin gebildet wird. Ebenso ist es verständlich, dass die Schalenpigmentierung durch Infektionen wie Bronchitis stark reduziert wird.[19] Krankheit und Alter bedeuten verminderte Aufbaukräfte in einem geschwächten Organismus. Könnte ein ähnlicher Effekt auch für die Reduktion der Schalenfärbung innerhalb ein und desselben Geleges auftreten? Es ist bekannt, dass selbst bei Wildvögeln das zuletzt gelegte Ei ungezeichnet sein kann, während die vorher gelegten Eier deutlich gezeichnet sind.[20] Die Legezeit stellt zusätzliche Anforderungen an den Organismus des Vogels hinsichtlich verstärkter Substanzbildung und erhöhtem Calcium-Metabolismus. Es ist gut vorstellbar, dass sich zum Ende der Legezeit die aufbauenden Kräfte des Organismus erschöpfen und dadurch die Protoporphyrin-Pigmentierung reduziert wird.

Im Folgenden wollen wir weitere Faktoren betrachten, welche die Färbung und Zeichnung der Vogeleier beeinflussen. Dabei sollen uns vor allem Gemeinsamkeiten und Unterschiede zwischen den verschiedenen Vögeln interessieren. Im Hintergrund steht die Frage, ob und wie der Charakter der einzelnen Vögel darin zum Ausdruck kommt. Steht die Pigmentierung der Vogel-Eischalen damit im Einklang?

Die verschiedenen Aspekte der Eischalen-Pigmentierung

Beschäftigt man sich mit den Färbungen und Zeichnungen der Vogeleier, so steht man zunächst vor einer verwirrenden Vielfalt an Erscheinungen. Warum sind die Eier mancher Vögel weiß, anderer Vögel aber gelblich, braun, gelbgrün, blaugrün oder blau gefärbt? Warum sind manche Eier in der verschiedensten Weise mit Punkten und Flecken gezeichnet, andere aber ganz ungefleckt? Es stellt sich die Frage, ob das mit der charakteristischen Konstitution des jeweiligen Vogels zusammenhängt. Dabei spielt auch die Art und Weise eine Rolle, wie sich die Vögel in ihre Umgebung einfügen. Sicherlich ist hierfür auch die Phylogenese der Vögel zu beachten: Handelt es sich um primitivere, archaischere Arten oder um höher entwickelte? Beginnen wir mit der Frage, wie sich primitivere Vögel in der Färbung und Zeichnung ihrer Eischalen von den evolutiv höher entwickelten Vögeln unterscheiden.

Evolutive Aspekte

Tabelle 1 gibt einen Überblick über die verschiedenen Vogelordnungen. Am Anfang stehen die evolutiv einfacheren Vögel und am Schluss die höher entwickelten. Diese Ordnung ist Grzimek (1980b) entnommen, und die Beschreibungen der Vögel und ihrer Gelege folgen Grzimek, Harrison, Sauer und Schönwetter.[21]

Betrachten wir die Eier der Vogelordnungen von den Steißhühnern bis zu den Gänsevögeln im Hinblick auf ihre Zeichnung: sie sind meistens nicht gefleckt, mit auffälliger Ausnahme der Seetaucher und ferner der Albatrosse, mancher Reiher und einiger Ibis-Vögel (Löffler). Während die Eier der Lappentaucher weiß sind (und erst später durch Nistmaterial bräunlich gefleckt werden), haben die viel größeren Eier der Seetaucher eine sand- bis oliv- oder rostbraune Grundfärbung mit kleinen und mittelgroßen schwarzbraunen Flecken. Das ist zunächst verwunderlich, da die Vögel beider Ordnungen viele gemeinsame Merkmale haben: gutes Tauchvermögen in Süß- und Salzwasser, Füße weit hinten angesetzt und dadurch ungeschickter Gang. Zoologisch unterscheiden sich aber die Lappentaucher von den Seetauchern so stark, dass man sie heute in verschiedene Ordnungen gliedert.

Lappentaucher sind erdgeschichtlich alte, drossel- bis entengroße Vögel, häu-

1	Steißhühner	(Tinamiformes)
2	Laufvögel	(Struthioniformes)
3	Lappentaucher	(Podicipediformes)
4	Seetaucher	(Graviiformes)
5	Pinguine	(Sphenisciformes)
6	Röhrennasen	(Procellariiformes)
7	Ruderfüßer	(Pelecaniformes)
8	Stelzvögel	(Ciconiiforrnes)
9	Flamingos	(Phoenicopteriformes)
10	Gänsevögel	(Anseriformes)
11	Greifvögel	(Falconiformes)
12	Hühnervögel	(Galliformes)
13	Kranichvögel	(Gruiformes)
14	Wat- u. Möwenvögel	(Charadriiformes)
15	Taubenvögel	(Columbiformes)
16	Papageien	(Psittaciformes)
17	Kuckucksvögel	(Cuculiformes)
18	Eulen	(Strigiformes)
19	Nachtschwalben	(Caprimulgiformes)
20	Seglervögel	(Apodiformes)
21	Kolibris	(Trochiliformes)
22	Mausvögel	(Coliiformes)
23	Trogons	(Trogoniforrnes)
24	Rackenvögel	(Coraciiformes)
25	Spechtvögel	(Piciformes)
26	Sperlingsvögel	(Passeriformes)

Tabelle 1: Systematische Übersicht der Vogel-Ordnungen nach Grizmek (1980b)

fig mit heller Brust, hellem Hals und gleichmäßig braunem Rücken (Abb. 3). Einige Arten tragen einen ohren- oder haubenartigen Kopfschmuck. Die Lappentaucher entwickelten sich auf der Nordhalbkugel, bewohnen heute aber alle Erdteile außer der Antarktis. Ihr Name bezieht sich auf die «Schwimmlappen», die beim Rudern die Zehenfläche verbreitern. Schwimmhäute, welche die Zehen miteinander verbinden, haben sie nicht. Die Zahl der Halswirbel beträgt 17 bis 21, bei den Seetauchern nur 14 bis 15. Die Nester der Lappentaucher bestehen aus faulenden Pflanzen, schweben halb im Wasser und werden an Schilfrohr und Zweigen verankert. Ihre weißen Eier sind mit einer kreideartigen Kalkschicht überzogen und werden beim Verlassen des Nestes bedeckt.

Abb. 3: Haubentaucher (Podiceps cristatus) im Brutkleid. Oben Der entengroße, creme- und graubraunfarbene Haubentaucher gehört zur Ordnung der Lappentaucher. Im Brutkleid trägt er eine dunkelbraune, bewegliche Federholle und einen braun-rostroten Halskragen. Er liebt ruhige, fischreiche Gewässer. Unten Das Nest enthält weiße, mit einer kreideartigen Schicht überzogene Eier, die sekundär durch Nistmaterial bräunlich gefärbt werden.

Abb. 4: Eistaucher (Gavia immer) im Brutkleid. Der schwarz-weiße Eistaucher gehört zur Ordnung der Seetaucher. Sein rotes Auge wirkt wie ein Edelstein im umgebenden dunklen Gefieder. Trotz gemeinsamer Merkmale und Lebensräume sind Seetaucher nicht mit den Lappentauchern verwandt, sondern stammen wohl von Möwenvorfahren ab. Wie die Möweneier sind auch ihre Eier braun gefärbt und dunkelbraun gezeichnet.

Seetaucher sind meistens größer, dickhalsiger und gedrungener als die Lappentaucher. Ihr weiß-grau-schwarzes Gefieder zeigt am Hals und auf den Flügeln eine schöne schwarz-weiße Streifung und Perl-Zeichnung (Abb. 4). Seetaucher leben in der nördlichen Wald- und Tundrazone der Alten und Neuen Welt. Ihre Füße sind mit Schwimmhäuten ausgestattet. Aufgrund ihrer zoologischen Unterschiede nimmt man heute an, dass die Seetaucher nicht näher mit den Lappentauchern verwandt sind, sondern vielleicht von Möwenvorfahren abstammen. Die Wat- und Möwen-Vögel sind aber eine evolutiv schon deutlich höher stehende Ordnung. Die Eier der Seetaucher und der Möwen sind rahmfarben bis braun gefärbt und mit kleinen bis mittelgroßen grauen, hell-, rot- und dunkelbraunen Flecken übersät. Diese Verwandtschaft der Seetaucher mit den Möwenvögeln erklärt den Unterschied zwischen den Eiern der Lappentaucher und der Seetaucher. Die gemeinsamen Merkmale dieser Vögel sind wohl als Ergebnis einer gleichsinnigen Anpassung an ähnliche Lebensbedingungen – sogenannte Lebensraum-Konvergenz – entstanden.

Betrachten wir die Eier der evolutiv primitiveren Vögel im Hinblick auf ihre

Abb. 5: Perlsteißhuhn (Eudromia elegans), Halbinsel Valdés, Argentinien. Dieser unscheinbar in helleren und mittleren Brauntönen gefiederte Hühnervogel lebt in Südamerika. Steißhühner bauen im Allgemeinen keine Nester und legen ihre Eier direkt auf den Boden oder zufällig dort liegende Pflanzenteile. Ihre Eier sind prächtig grün (grasgrün bei Eudromia elegans), türkisblau, weinrot, rosa, purpurfarbig, blauviolett, braun, grau, schwarz oder weiß und glänzen wie lackiert. Das Gelege wird vom Hahn erbrütet.

Färbung: Bis zur Ordnung der Gänsevögel bilden vor allem die *Steißhühner* (Abb. 5) in der Eischalen-Pigmentierung eine Ausnahme. Ihre ungefleckten Eier können ganz verschieden gefärbt sein – grün, türkisblau, weinrot, rosa, purpurfarbig, blauviolett, schokoladenbraun, grau, schwarz oder weiß. Diese auffälligen, stark glänzenden, wundervoll farbigen Eier gelten als die schönsten Eier aller Vögel. Sie werden oft direkt auf den Boden oder auf zufällig dort liegende Pflanzenteile gelegt; nur eine Art baut ein Nest aus Erde und Moos. Bei diesen Vögeln brüten die Männchen. Verlassen sie das Gelege, so bedecken sie es oft nicht. Das erscheint zunächst einmal verwunderlich, ein so auffälliges Gelege ungeschützt zu lassen. Wie kann man das verstehen? Kipp und Suchantke haben herausgestellt, dass bei den Vögeln, wo nur die Männchen Nestbau und Brutpflege betreiben, die Weibchen auffälliger gefiedert sind (zum Beispiel beim Wassertreter, *Phalaropus*, und bei den australischen Kampfwachteln, *Turnix*), während ja sonst in der Regel das Umgekehrte gilt.[22]

Schon Goethe fasste die im Allgemeinen geringere Schönheit der Weibchen als eine Ausgleichserscheinung auf, wobei das Brüten und die Aufzucht der Jungen der Ausbildung von Prachtkleidern des Gefieders gegenüberstehen.[23] Bei den Steißhühnern beteiligt sich das Weibchen nicht an der Brut, ist deshalb auch vielfach schöner gefärbt und hat darüber hinaus seine Eier, das Weiblichste des Weiblichen, in wunderschöne Farben getaucht. Die gegenseitige Kompensation von Verhalten und Erscheinung macht uns die prachtvolle Färbung der Eier im Goetheschen Sinne verständlich.

Steißhühner sind eine altertümliche Familie, die den Nandus nahesteht. Äußerlich ähneln sie Perlhühnern, erreichen Größen von 20 bis 53 cm bei gedrungener Gestalt und sind Bodenvögel. Ihr Flugvermögen ist nur gering. Sie leben im tropischen Amerika, haben sich aber auch bis nach Nordwest-Mexiko, Argentinien und Chile ausgebreitet. Im Regenwald, Buschland, in Baumsteppen und im Grasland sowie in den Anden bis in Höhen von 5000 Meter sind sie beheimatet. Steißhühner ernähren sich meistens vegetarisch, fressen aber auch Insekten, Larven, Würmer und Weichtiere. Bemerkenswert ist ihr melodischer Gesang, vor allem in der Brutzeit. Mit ihrem Stimmvermögen übertreffen die Steißhühner viele höher stehende Vogelordnungen und nähern sich damit dem Singvogeltypus an. Auch im Hinblick auf ihre melodische Stimme sind die Steißhühner eine Ausnahme unter den archaischeren Vögeln, die sonst nur über mäßige Stimmen verfügen.

Laufvögel sind große, flugunfähige Vögel. Zu ihnen gehören die Unterordnungen der Nandus (Rheae), der Strauße (Struthiones), der Kasuarvögel (Casuarii) mit den Familien der Emus und Kasuare und zuletzt die Unterordnung der kleineren Kiwis (Apteryges). Auch die Laufvögel besitzen ein Flügelskelett, ähnlich wie die flugfähigen Vögel. Ihre Flügel haben noch Schwung- und Deckfedern und sind verkümmerte Flugwerkzeuge. Laufvögel haben also ihr Flugvermögen im Verlauf der Evolution sekundär im Zusammenhang mit ihrer zunehmenden Körpergröße verloren. Die Eier aller Laufvögel sind nicht gezeichnet und weißlich-rahmfarben bis leicht gelblich getönt. Sie werden in gescharrte Mulden oder in Nester gelegt, die aus Erde und Pflanzenmaterial gebaut sind. Brut und Aufzucht ist Sache beider Geschlechter. Hier würde man nun eine gleiche Gefiedertracht bei den Männchen und den Weibchen erwarten. Die Straußen-Männchen sind jedoch schwarz-weiß und ihre Weibchen unscheinbarer graubraun gefiedert. Das wird durch das verschiedene Brutverhalten der Strauße verständlich: Die schwarz-weißen Männchen brüten im Dunkel der Nacht, die graubraun gefärbten Weibchen tagsüber. Das Gefiederkleid der Strauße ist also farblich auf die jeweiligen Lichtverhältnisse der Umgebung während des Brütens abgestimmt.

Die *Pinguine* benutzen die Flügel als Antriebsorgane und die Beine und den

Abb. 6: Kaiserpinguine (Aptenodytes forsteri). Diese schwarz-weißen, am Hals und Schnabel gelborange gefärbten Pinguine bauen keine Nester. Im antarktischen Winter tragen die Männchen ein Ei auf den Fußrücken, gehen damit auch umher und erbrüten es mit Hilfe einer wärmenden Hautfalte in 62 bis 64 Tagen. Dabei drängen sie sich eng aneinander, um sich zu wärmen und nehmen keinerlei Nahrung auf. Die Jungen schließen sich zu Kindergärten zusammen und werden von Altvögeln und noch nicht brutfähigen Junggesellen bewacht.

Schwanz als Steuerorgane im Wasser. Ihre Flügel sind zu Flossen umgebildet, enthalten aber alle knöchernen Teile eines zum Fliegen geeigneten Flügels. Pinguine können also nicht fliegen, dafür aber meisterhaft tauchen, sozusagen *unter Wasser fliegen*. Ihr dickes Unterhaut-Fettpolster und das dichte, wasserundurchlässige Gefieder schützen sie vor der Kälte ihres antarktischen Lebensraumes. Allerdings dringen sie auch bis zu den subtropischen Küsten Südamerikas, Südafrikas und Australiens vor. Zwar sind Pinguine im Wasser schnell und beweglich, können sich aber nur langsam und unbeholfen auf dem Land bewegen. Pinguine brüten in Gruppen oder großen Kolonien, zwischen Grasbüscheln, in Steinnestern, manche Arten auch in Höhlen, die sie in Sanddünen und Lehm graben. Zwergpinguine graben sogar Höhlen bis zu zwei Meter Länge oder nisten in Fels- und Erdhöhlen. Großpinguine (Königs- und Kaiserpinguin; Abb. 6) haben gar kein Nest, sondern bebrüten das Ei auf ihren Füßen, was beim Kaiserpinguin allein Aufgabe des Männchens ist. Alle Pinguineier sind weiß und nicht gezeichnet. Man fragt sich, warum die Eier des Kaiserpinguins nicht so farbig sind wie diejenigen der Steißhühner, wo ebenfalls nur die Männchen brüten. Bei den Pinguinen ist offenbar die schnee- und eisreiche Umgebung ihres Lebensraumes mit für das Aussehen ihrer Eier ausschlaggebend. Sie wirkt sich auch auf das Gefieder dieser Vögel aus, das im Wesentlichen weiße und schwarze Farbtöne zeigt.

Zur Ordnung der *Röhrennasen* gehören die Familien der Albatrosse, der Sturmvögel und der Sturmschwalben (Abb. 7). Alle Röhrennasen sind schwarzweiß gefiederte, schmalflügelige, sehr leistungsfähige Hochseevögel vor allem der Südhalbkugel. Nur zum Brüten gehen sie ans Land und können dort kaum stehen und gehen. Ihr Name deutet auf die paarigen Nasenröhren (Nasenlöcher in hornigen Röhren, meist auf der Schnabelfirste, manchmal an der Sehnabelseite). Diese Organbildung hängt mit den Salzdrüsen der Vögel zusammen. Mit ihnen können sie das Meerwasser in eine hochprozentige Salzlösung – die durch die Nasenlöcher abtropft – und eine Restflüssigkeit mit geringem Salzgehalt scheiden.[24] Das Becken der Röhrennasen ist pinguinartig mit dem Kreuzbein verschmolzen. Eine weitere Besonderheit ist ihre Fähigkeit, eine Art moschusartig riechendes Magenöl meterweit gegen Angreifer spucken zu können. Die Vögel verwenden dieses Öl auch zum Reinigen ihres Gefieders.

Die gänsegroßen Albatrosse sind die ausgeprägtesten Hochseevögel überhaupt. Ihre Nester bestehen aus niedrigen Anhäufungen von Pflanzenteilen und sind von einem Graben oder Erdwall umgeben. Meistens brüten diese Vögel in Kolonien. Jeder Vogel legt nur ein Ei, von weiß-cremiger Grundfarbe und am stumpfen Ende oft rötlich gesprenkelt.

Sturmvögel und Sturmschwalben sehen äußerlich dunkleren Möwen und Schwalben ähnlich. Europäische Röhrennasen sind meistens Höhlenbrüter und legen ebenfalls nur ein Ei, häufig direkt auf den nackten Fels. Sturmschwalben graben sogar manchmal Nisthöhlen in den torfigen Boden der Land-Hochflächen. Alle Sturmvögel und Sturmschwalben legen weiße, nicht gezeichnete Eier.

Die Ordnung der *Ruderfüßer* umfasst unter anderem die Familien der Pelikane, Kormorane, Sehlangenhalsvögel, Tölpel und Fregattvögel. Es sind mittelgroße Wasservögel mit Schwimmhäuten an den Füßen, die sich rein tierisch ernähren. Davon sind die weiß bis leicht rosa oder weiß bis dunkelgrau gefiederten Pelikane am größten. Charakteristisch für die schwerfällig wirkenden Pelikane ist ihr großer Schnabel, mit dem sie die Nahrung aus dem Meer schöpfen. Pelikane sind gesellig und nisten in oft riesigen Kolonien, bis zu mehreren tausend Tieren. Sie brüten auf Schilf- und Reisigunterlagen, an der Küste auch nur auf einigen Federn. Ihre einfarbig bläulichen oder gelblichen

a

b

c

d

Abb. 8: Die Rosapelikane ((Pelecanus onocrotalus) des Donaudeltas nisten im Schilfwald des Donaudeltas in Brutkolonien. Die erwachsenen Vögel sind weißlich-rosa gefiedert und haben große Schnäbel, deren untere Hälften gelb gefärbt sind. Pelikaneier sind gelblich oder bläulich gefärbt und zusätzlich mit einer dicken weißen kreideartigen Schicht bedeckt. Die Jungen (im zunächst dunklen Kleid) scharen sich zuerst in einem «Kindergarten» zusammen. Im Herbst gleiten sie dann mit den Altvögeln zusammen durch die Wasserbuchten.

Eier sind mit einer dicken kreidigen Schicht überzogen. Durch das Wenden der Eier im Gelege und das Bebrüten bekommt diese weiße Auflagerung allerdings bald Kratzer und reibt sich teilweise ab. sodass die blaue Schale darunter zum Vorschein kommt.[25] In Europa brüten der Rosapelikan und der mehr silbergrau gefiederte Krauskopfpelikan noch im Donaudelta, im dichten Schilf auf angeschwemmten Pflanzenresten (Abb. 8).

Abb. 7 (linke Seite): a Wanderalbatrosse (Diomedea exulans) bei der Begrüßung am Nest. Die Antarktis mit den umliegenden Inseln und Meeren ist das Wohngebiet dieser weiß-grauschwarzen Vögel. Sie haben die mächtigsten Schwingen aller Seevögel mit Spannweiten bis zu 320 cm. Ihre Eier sind weißlich und tragen am stumpfen Ende eine rötliche Punktierung. b und c Eisturmvogel (Fulmarus glacialis). Auf den ersten Eindruck ähnelt der weiß-hellgraue Eissturmvogel einer Möwe, ist aber nicht näher mit ihr verwandt. d Sturmschwalbe (Hydrobates pelagicus). Die fast gänzlich dunkelgrau-braun gefärbte Sturmschwalbe ist der kleinste aller Meeresvögel. Sie verbringt nahezu ihr ganzes Leben auf den Ozeanen. Sturmvögel und Sturmschwalben legen weiße Eier und brüten in Kolonien, wobei die Sturmschwalben in Höhlen oder tief in Gesteinsspalten nisten, während die Eissturmvögel dazu Felswände bis einige hundert Meter über der Meeresoberfläche aufsuchen.

Abb. 9: Kormoran-Kolonie (Phalacrocorax carbo), Schaalsee, Mecklenburg-Vorpommern. Dieser düster schwarz-grünliche Vogel lebt an fischreichen Süß-, Brack- und Salzgewässern. Durch strengen Schutz ist er bei uns wieder so häufig geworden, dass man ihn zum Beispiel am Rhein überall antreffen kann. Oben Er brütet in Kolonien auf Felseninseln, oft auch auf Bäumen. Links Seine Eier sind hellblau und mit einer weißen kreidigen Schicht überzogen.

Abb. 10 (rechte Seite): Altwelt-Schlangenhalsvogel (Anhinga rufa) (1) und Amerikanischer Schlangenhalsvogel (Anhinga anhinga) (2). Schlangenhalsvögel sind große Vögel mit dunklem, weiß gemustertem Gefieder. Der Hals ist braun, das Auge liegt in einer blauen Zone eingebettet. Auch sie legen hellbläuliche Eier, die vollständig von einer weißen kreidigen Schicht bedeckt sind.

1♂
2♀
2♂

Kormorane (Abb. 9) sind last über die ganze Erde verbreitet. Sie leben im Binnenland und an Küsten. Viele von ihnen können auf Bäumen und Drähten sitzen. Meistens haben sie ein dunkelgraues Gefieder. Sie brüten auf felsigen Inseln, oft auf Bäumen in Kolonien. Ihre Nester bestehen aus Zweigen, Schilf und anderen Pflanzenteilen.

Schlangenhalsvögel (Abb. 10) leben am Süßwasser, schwimmen unter Wasser und jagen dort nach Beute. Sie bewohnen Südamerika, die südliche Hälfte Afrikas, die südlichsten Gebiete Indiens und Indonesiens sowie Australien. Es sind große Vögel mit dunklem und weiß-perlartig gemustertem Gefieder. Der braungefärbte Hals ist schlangenartig gebogen, das Auge durch seine wunderschön blau gefärbte Umgebung betont. Der Schnabel ist fein gezähnelt. In der Luft segeln und gleiten die Schlangenhalsvögel wie Pelikane. Ihre Nester bestehen aus ineinander verkeilten Stöcken auf Bäumen, die im Wasser stehen; manchmal befinden sie sich aber auch im Rohrdickicht am Boden.

Zur Familie der Tölpel (Abb. 11) gehören gänsegroße, meist schwarz-weiß gefärbte Seevögel mit einer Flügel-Spannweite bis zu 175 cm und einem kräftigen, spitz kegelförmigen Schnabel, vorne fein gesägt. Äußere Nasenlöcher fehlen, die Vögel atmen durch den Gaumen. Auch Tölpel tauchen nach Nahrung (Fische), bis zu 15 Meter tief. Sie leben vor allem an Meeren der gemäßigten Breiten, insbesondere an den Küsten Großbritanniens und Islands. Nach der Brut wandern sie unter anderem bis nach Westafrika. Alle Tölpel brüten in Kolonien, meist auf Inseln, und dort auf Felsen oder auf Bäumen, in Tang- und Treibgutnestern. Kormorane, Schlangenhalsvögel und Tölpel legen weiß-kreidige Eier, deren Kreideschicht eine bläulichgrüne Schale vollständig bedeckt.

Die ausgeprägtesten Flugkünstler unter den Ruderfüßern sind die Fregattvögel (Abb. 12). Es sind große Vögel mit dunklem Gefieder und hakenförmig gebogenem Schnabel, die auf tropischen Meeren leben, aber gerne in Landnähe bleiben. Während der Zeit der Werbung lockt das Männchen das Weibchen mit einem großen roten, aufblasbaren Kehlsack. Fregattvögel nisten meist in niedrigen Sträuchern und Bäumen in Kolonien und legen ebenfalls weiße Eier.

Die Ordnung der *Stelzvögel* umfasst unter anderem die Familien der Reiher, der Störche und der Ibisvögel. Diese mittelgroßen bis großen Vögel haben lange, dünne Beine, mit denen sie gemessen schreiten. Reiher sind über die ganze Erde verbreitet und an Süß- oder Salzwasser gebunden. Die meisten Arten leben aber in tropischen Gebieten. Im Allgemeinen brüten Reiher im Gebüsch oder Röhricht in Kolonien auf Baumnestern, die aus Schilf und Zweigen bestehen. Ihre Eier sind weiß, grünlich, blau oder olivbraun; einige Gattungen haben sogar gefleckte Eier.

Störche bauen sehr große Nester, oft auf Gebäuden und inmitten von Sied-

Abb. 11: Basstölpel (Sula bassana) Oben Die gänsegroßen Tölpel haben ein weißes und in der Jugend weiß-braunes Gefieder. Kopf und oberer Hals sind gelblich, der Schwanz und die Flügelspitzen dunkelbraun-schwarz gefärbt. Sie legen bläuliche Eier, die von einer weißen kreidigen Schicht bedeckt sind. Unten Beim Stoßtauchen auf Fischfang, hier Makrelen.

Abb. 12: Binden-Fregattvogel (Fregata minor). Fregattvögel leben vor allem an den Küsten des tropischen Südamerika. Mit einer Gesamtlänge von 95 cm gehört der Binden-Fregattvogel zu den mittelgroßen Angehörigen dieser Gattung. Bei der Balz blasen die Männchen einen riesigen roten, seitlich schwarz gepunkteten Haut-Kehlsack auf und schütteln ihn auffällig. So lockt es das Weibchen (im Anflug) an. Fregattvögel nisten meist in Kolonien in Bäumen und Sträuchern und legen weiße Eier.

lungen. Aus Knüppeln, Reisig und Erde wird eine flache Mulde gebildet, die drei bis fünf weiße Eier enthält. Ibisvögel stehen den Störchen nahe. Auffällig sind ihre eigentümlichen Schnabelformen: lang, schmal und gekrümmt bei den Sichlern und mit platter Verbreiterung vorne bei den Löfflern (Abb. 13). Diese mittelgroßen Vögel sind vor allem in wärmeren und tropischen Gebieten beheimatet, leben gesellig und brüten manchmal in großen Kolonien im Schilf, zuweilen auch auf Büschen und Bäumen. Sichlereier sind dunkel blau-grün ge-

Abb. 13 (rechte Seite): Sichler (Plegadis falcinellus) und Löffler (Platalea leucorodia) leben in Europa meist in den südöstlichen Ländern, der Löffler auch an der nordafrikanischen Küste und bei Gibraltar. Die Namen dieser Vögel leiten sich aus der typischen Form ihrer Schnäbel ab. a Der braun-schwarz gefiederte, mit einer Länge bis 55 cm etwas kleinere Sichler legt b blaugrüne Eier. c Der weiß-gelbliche, bis etwa 85 cm große Löffler hat d weiße Eier mit leichter hell- bis mittelbrauner Zeichnung.

a

b

c

d

Abb. 14: Rosa-Flamingo (Phoenicopterus ruber rosens). Flamingos sind große, durch ihre langen roten Beine und ihr häufig orange-rotes Gefieder sehr auffällige Vögel. In Europa trifft man die obige Art in der Camargue, in der Türkei, in Griechenland, Südspanien und an der nordafrikanischen Küste. Ihre Eier sind grünlichweiß und von einer weißen, kreidigen Schicht völlig überzogen.

färbt und nicht gezeichnet, Löfflereier weiß mit leichter hell- bis mittelbrauner Fleckung. Der gänsegroße Waldrapp (Schopfibis) lebte bis ins 17. Jahrhundert noch in den Alpen. Heute brütet er in den Klüften steiler Felswände in Marokko und Türkisch-Mesopotamien. Seine Eier sind weißlich bis hellgrau mit spärlicher brauner Zeichnung.

Die Ordnung der *Flamingos* umfasst nur die gleichnamige Familie der Flamingos. Dies ist eine sehr alte Vogelgruppe, die es schon vor etwa 30 Millionen Jahren gab, bevor die meisten anderen Vogelordnungen entstanden. Flamingos sind große, stelzbeinige Wasservögel. Ihre Zehen haben Schwimmhäute wie bei den Gänseartigen, und auch ihre Stimme ist gänseartig. Skelett, Muskeln und Luftsäcke sind jedoch wie bei den Störchen ausgebildet. Bekannt sind Flamingos durch ihre roten Beine und vor allem durch ihr häufig orange-rot gefärbtes Gefieder, das in der Natur aber in wenigen Jahren ausbleicht. Durch Füttern von Carotinoiden kann man bei Zootieren die rote Gefiederfarbe erhalten. Flamingos ernähren sich von kleinen schwimmenden Krebschen, Algen und Einzellern, die sie mit ihrem Schnabel aus dem Wasser heraussieben. Diese Vögel brüten in riesigen Kolonien am oder im Wasser – zum Beispiel in der Türkei und an der nordafrikanischen Küste –, manchmal sogar auf felsigem Grund und nicht immer auf festen Nistplätzen. Das Nest besteht aus einem schlammigen Kegelstumpf mit einer flachen Mulde (Abb. 14). Nach der Ablage der grünlich-weißen und mit einer weißen kreidigen Schicht völlig überzogenen Eier – ein Ei pro Gelege – bauen die Flamingos noch mehrere Tage an ihrem Nest weiter und häufen Schlamm, Steine, Muscheln, Federn, Gras und anderes um sich herum auf. So kann der Schlammkegel bis zu 40 cm hoch werden (auf felsigem Grund aber auch fehlen).

Zur Ordnung der *Gänsevögel* gehört unter anderem die Familie der Entenvögel mit den Unterfamilien Gänseverwandte und Entenverwandte. Es sind kleine bis große (Schwäne!) Schwimmvögel, nahe verwandt mit den Flamingos und den Schreitvögeln. Schon vor mehr als 55 Millionen Jahren zweigten sich die Urgänsevögel als Flachwasservögel von den Flamingos ab. Entenvögel sind artenreich, vielgestaltig und verschiedenfarbig, von der unscheinbar gefärbten Graugans bis zur farbenfrohen Mandarinente. Bei den echten Gänsen sind beide Geschlechter gleich gefärbt, bei den anderen Arten meistens verschieden. Bei einigen Entenvögeln gibt es zusätzlichen Putz in Form farbiger Höcker oder farbiger Schnäbel. Gänse und Enten haben einen Schnabelbau, den es sonst nur noch bei den Flamingos und Tauchsturmvögeln gibt: Am Schnabelrand befinden sich Hornlamellen, die zusammen mit der Zunge als Seihapparat bei der Nahrungsaufnahme (Plankton) aus dem Wasser benutzt werden. Die echten Gänse, Schwäne und Pfeifgänse sind reine Vegetarier. Säger (zu denen die Meer- und Eiderenten gehören) ernähren sich hingegen rein tierisch. Alle anderen Entenvögel fressen pflanzliche und tierische Nahrung. Die meisten Arten nisten am Boden, einige (zum Beispiel die Brandgans) in Erdhöhlen, andere (zum Beispiel die Stockente) auf Bäumen, viele Arten der Glanzenten (zum Beispiel Mandarin- und Brautente) gerne in Baumhöhlen. Als Wasservögel nisten Enten und Gänse nahe am Wasser. Sie bauen eine Nestmulde und ziehen von dort aus Halme und Laub herbei, so weit sie mit ihrem ausgestreckten Hals reichen können. Wohl alle Arten bedecken das noch unvollständige Gelege beim Verlassen mit Pflanzenmaterial, später auch mit Federn. Die Eier der Entenvögel sind weißlich bis gelblich, olivgrünlich oder bräunlich – bei Schwänen auch grauweiß, blaugrau oder blaugrün – und nicht gefleckt.

Bei den bisher besprochenen Vogelordnungen sind gefleckte Eier eher vereinzelt zu beobachten (Abb. 15), abgesehen von den wohl möwenverwandten Seetauchern. Schon bei der nächsthöheren Ordnung der Greifvögel trifft

Abb. 15: Die Eier einiger evolutiv älterer Vögel. Flamingo (1); Störche: Schwarzstorch (2), Weißstorch (3); Meergänse: Kanadagans (4), Nonnengans (5), Ringelgans (6).

Abb. 16: Die Eier einiger Raubvögel. Gänsegeier (1); Schlangenadler (2); Weihen: Kornweihe (3), Steppenweihe (4), Wiesenweihe (5), Rohrweihe (6); Falken: Gerfalke (7), Würgfalke (8), Lannerfalke (9).

man sehr häufig auf gefleckte Eier (Abb. 16). Bei den größeren Habichtartigen (Geier, Adler, Habichte) ist diese Zeichnung der Eischalen noch schwach bis mittelstark und kann auch fehlen (Gänsegeier, Seeadler, Schlangenadler, einige Weihen). Die kleineren Falkenartigen haben mittelstark und häufig sehr intensiv gefleckte Eier. Dann wird diese Tendenz zu gezeichneten Eiern allerdings bei den Papageien, Eulen, Kolibris, Racken und Spechten und in einzelnen Fällen auch bei den Sperlingsvögeln wieder durchbrochen; die Eier dieser Vögel sind meistens weiß. Der Grund hierfür wird uns im folgenden Kapitel beschäftigen. Die evolutiv am höchsten stehenden Vögel sind die Sperlingsvögel, zu denen fast alle europäischen Singvögel gehören. Ihre Entwicklungshöhe drückt sich auch in ihrer Gesangskunst aus. Innerhalb der ganzen Ordnung der Sperlingsvögel trifft man typischerweise auf eine große Vielfalt in Färbung und Zeichnung der Eischalen (Abb. 17).

Innerhalb der Phylogenese der Vögel verläuft also die Intensivierung der Eischalen-Pigmentierung in etwa parallel zur Entwicklungshöhe der Vögel. Dabei tendieren die *primitiveren Formen* zu weniger pigmentierten, vor allem *nicht gezeichneten* Eiern (auf die farbigen Eier der Steißhühner kamen wir bereits zu sprechen). Bei den bläulichgrünen, aber vollständig mit einer weißen kreidigen Schicht überzogenen Eiern der Pelikane, Kormorane, Schlangenhalsvögel und Tölpel hat man den Eindruck, als würden diese Vögel die primär blaugrüne Färbung ihrer Eischalen sekundär wieder rückgängig machen. So bilden diese Vögel letztlich doch ungefärbte Eier, wie sie für evolutiv frühe Formen typisch zu sein scheinen. Auf diese Art von Eiern und auf die blaugrün-schaligen Eier der Reiher kommen wir in den nächsten beiden Kapiteln noch einmal zurück.

Evolutiv höher entwickelte Vogelordnungen tendieren zu *stärker pigmentierten, vor allem gezeichneten Eiern*. Erinnern wir uns an die Nachtigall und den Sprosser, deren primär grünliche Eier so dicht gefleckt sind, dass sie fast einfarbig oliv- oder schokoladenbraun aussehen.

Wenn beispielsweise bei den Singvögeln immer wieder Eier auffallen, die als Ausnahmen weiß oder hellblau und ungefleckt sind, deutet das darauf hin, dass es außer dem evolutiven Aspekt noch weitere Faktoren gibt, welche die Pigmentierung der Eischalen bestimmen. Dies muss im Charakter oder der Lebensweise der jeweiligen Vogelart begründet sein. Wodurch unterscheiden sich Singvögel mit ungefleckten Eiern von solchen mit gefleckten Eiern? Weiterhin ist zu bemerken, dass viele Vögel ihre Eier hinsichtlich Färbung und Zeichnung in die Umgebung einpassen. Mit diesen beiden Themen wollen wir uns im nächsten Kapitel beschäftigen.

Abb. 17: Die Eier einiger Singvögel. Würger: Maskenwürger (1), Rotkopfwürger (2a, b), Schwarzstirnwürger (3), Raubwürger (4), Neutöter (5a-c); Bülbüls: Weißohrbülbül (6), Graubülbül (7) (= nordafrikanische Vögel); Braunellen: Alpenbraunelle (10), Heckenbraunelle (11); Seidensänger und Schwirle: Seidensänger (12), Rohrschwirl (13), Schlagschwirl (14), Feldschwirl (15), Strichelschwirl (16); Rohrsänger: Mariskensänger (17), Seggenrohrsänger (18), Schilfrohrsänger (19), Feldrohrsänger (20).

Vogeleier können so gut in die Farben und Muster ihrer Umgebung eingepasst sein, dass man große Mühe hat, sie zu entdecken. Meister solcher Anpassung sind zum Beispiel die Regenpfeifer, die ihre Eier oft direkt zwischen Geröll, Kies und Steine oder auf den Sand von Fluss-, See- und Meeresufern legen (Abb. 18). Besonders häufig wird die Pigmentierung der Eischalen an die pflanzliche Umgebung angepasst. Die Wasserralle (*Rallus aquaticus*) brütet im Röhricht und in Verlandungszonen von Gewässern im Schilf. Ihre hellbraunen, leicht braun gefleckten Eier haben dieselbe Farbe wie das abgestorbene Schilf gleich neben den Eiern (Abb. 19). Auch bei den Schnepfenvögeln, bei den Möwen und vielen Singvögeln wie Ammern, Grasmücken, Rohrsängern, Piepern und Lerchen findet man wunderbare Beispiele, wie die Färbung und Zeichnung der Eier an das Aussehen des Nestes und die Umgebung angepasst werden. Sind die Eier wie beim Kampfläufer (*Philomachus pugnax*) auf Halme, Moos und Flechten gebettet, so zeigen sie eine grün-graue oder grüne Grundfärbung; ihre braunen und grauen Flecken ähneln den Farben der abgestorbenen Pflanzenteile neben den Eiern (Abb. 20. Abbildung 21 zeigt die Waldschnepfe (*Scopolax rusticola*) und ihr Nest (Abb. 21). Die braune Zeichnung der Eier stimmt farblich exakt mit den verwelkten Buchenblättern überein, die grauen Flecken entsprechen farblich ungefähr den Erdkrumen und Ästchen des Nistgrundes.

Zur Umgebung der Vögel und ihrer Nistplätze gehören nicht nur die mineralische und die pflanzliche Welt, sondern auch die Tiere. So zeigen die Kuckucksvögel die erstaunlichste Anpassung ihrer Eier hinsichtlich Größe, Gestalt, Färbung und Zeichnung an die Eier ihrer Wirtsvogelarten (Kuckuckseier sind im Allgemeinen dickschaliger und etwas größer als die Eier ihrer Wirte). Für die einzige europäische Kuckucksart (*Cuculus canorus*) (Abb. 22) kennt man über 120 verschiedene Wirtsvogelarten – und davon 20 als Hauptwirte, zum Beispiel Rotchwänzchen, Bachstelze, Baumpieper, Rohrsänger und Steinschmätzer –, die die Kuckuckseier ausbrüten und die jungen Kuckucke aufziehen. Die Kuckucksweibchen suchen die Nester derjenigen Vogelarten auf, von denen sie ehemals großgezogen wurden. Sie beobachten diese Nester und legen in einem unbewachten Moment ihr eigenes Ei in das fremde Nest. Manchmal lenkt auch das Kuckucksmännchen die fremden Vogeleltern ab. Die jungen Kuckucke verhalten sich aggressiv und werfen häufig Wirtsvogeleier aus ihren Nestern oder fressen sie sogar auf: Schon 10 bis 15 Stunden nach dem Schlüpfen erwacht in ihnen für einige Tage ein Reflex, der sie veranlasst,

Abb. 18: Seeregenpfeifer (Charadrius alexandrinus). Links Der hellbraun-weiße und am Kopf mit orangefarbenen und schwarzgrauen Flecken verzierte Seeregenpfeifer baut eine unauffällige Mulde im Kies, die manchmal mit Pflanzenteilen ausgelegt wird. Regenpfeifer sind Meister in der Anpassung der Pigmentierung ihrer Eischalen an die Farben und Muster der mineralischen Umgebung ihres Geleges. Rechts Beim Seeregenpfeifer sind die Eier grau gefärbt wie die umliegenden größeren Steine und grau und dunkelbraun gefleckt.

Abb. 19: Wasserralle (Rallus aquaticus). Links Rallen nisten im Röhricht am oder im Wasser, in der Ufervegetation von Seen, Flüssen und Sümpfen. Sie bauen große, napfförmige Nester auf einer Plattform, oft im dichten Schilf- und Binsenbestand verflochten. Meistens sind diese Nester durch zusammengezogene Pflanzen gegen Sicht geschützt. Rechts Die Eier der in verschiedenen Brauntönen gefiederten, rotschnabeligen, etwa 28 cm großen Wasserralle sind in ihrer hellbraunen Grundfärbung und hell- bis mittelbraunen und hellgrauen Fleckung wunderbar an die Farben der abgestorbenen Schilfhalme angepasst.

Abb. 20: Kampfläufer (Philomachus pugnax). Schnepfenvögel, zu denen auch der Kampfläufer gehört, bewohnen fast immer Feuchtbiotope. Sie bauen nur bescheidene Nester und brüten meistens am Boden. Der Kampfläufer brütet in Wiesen feuchter Niederungen, Sümpfen, Hochmooren und in der Tundra. a Das 29 cm große Männchen bietet in der Brutzeit eine auffällige und kampflustige Erscheinung; es trägt ein braun-braunschwarzes Prachtkleid mit weißer Verzierung und gelbem «Gesicht». b Das Weibchen ist nur 23 cm groß und sehr schlicht hell und dunkler braun gefiedert. Die Flügel- und Schwanzfedern sind immer hell gesäumt. c Kampfläufer-Eier haben eine hellgrünliche Grundfärbung mit hellbrauner und mittelbrauner Zeichnung, farblich sehr gut übereinstimmend mit der Umgebung aus Moos, Flechten und ausgeblichenen Grashalmen.

sich alle anderen Eier oder sonstigen Gegenstände, mit denen sie in Berührung kommen, auf den Rücken zu laden und aus dem Nest herauszuwerfen. Bei solchem Verhalten verwundert es nicht, dass andere Vögel die Kuckucke beschimpfen und manchmal sogar anrempeln.[26]

Durch die sogenannte kryptische (anpassende, verbergende) Pigmentierung verschmelzen die Eier dieser Singvogelarten gewissermaßen mit ihrer Umge-

Abb. 21: Waldschnepfe (Scopolax rusticola). Links Die knapp rebhuhngroße, mittel- und dunkelbraun getupfte Waldschnepfe brütet meist in lichten Laubwäldern mit niedrigem Unterwuchs, auf buschbestandenen Flächen oder in Schonungen. Rechts Das Nest wird in einer Mulde mit Falllaub oder anderen trockenen Pflanzenmaterialien angelegt, worin die Eier begraben liegen. Sie sind hellgrau und braun gefleckt auf cremefarbenem Grund. Die braunen Flecken entsprechen genau der Farbe der vertrockneten Blätter, zwischen denen die Eier sich befinden.

bung und fallen kaum oder nicht mehr auf. Die Nester werden dadurch von anderen Tieren, denen die Eier als besonders wohlschmeckende Nahrung gelten, seltener entdeckt. Solche Umgebungsfärbungen der Eier haben sich über lange Zeiten als Ergebnis evolutiver Anpassungsvorgänge entwickelt. Was sich in der Eischalen-Pigmentierung abzeichnet, ist Wirkung einer in der Vergangenheit liegenden Ursache. Wir haben es hier also mit einem kausalen Zusammenhang zu tun. Gemeinsam entwickelten sie als Arten, Gattungen oder sogar Familien – nicht jedoch als einzelne Individuen – Eigenschaften, die ihr Überleben sicherten. Ihr artspezifisches Verhalten ist damit Ausdruck eines lebendigen Gruppenzusammenhanges, der wie ein Organismus wirkt. Das naturhafte Schicksal der heutigen Vögel liegt in evolutiven Prozessen ihrer Lebensorganisation begründet, deren Begleitung unter anderem eine selektionistische Auslese ist.

Nun gibt es jedoch auch Vögel, die trotz offenem Neststand keine an die Umgebung angepassten Eier legen. Sie heben ihre Eier durch eine unterschiedliche und individuelle Pigmentierung sogar aus ihrer Umgebung heraus. Unter den Seevögeln ist es die Familie der Alken (Dickschnabellumme, Trottellumme, Tordalk) (Abb. 23), deren Vertreter in riesigen, dichtgedrängten Kolonien auf

Abb. 22: Kuckuck (Cuculus canorus). Der hell- bis mittelbraune Kuckuck passt die Größe, Form, Färbung und Zeichnung seiner Eier weitgehend an die Eier der Wirtsvögel an, in deren Nester er seine Eier legt. Das jeweils etwas größere Ei ist das Kuckucksei im Gelege a der Gartengrasmücke bzw. b des Gartenrotschwanzes. c Das Kuckucksjunge wirft die anderen Eier aus dem Nest und wird d von den Wirtseltern, hier einem Teichrohrsänger, gefüttert.

Abb. 23: Lummen (Alken) sind kleine bis mittelgroße Meeresvögel, die nach Nahrung tauchen. Sie brüten in riesigen Kolonien am Strand oder nahe der Küste, auf Felseninseln, in Spalten. Löchern oder auf Simsen. Häufig werden die Eier direkt auf den nackten Felsen gelegt. a Dickschnabellumme (Uria lomvia). Die schwarzweißen Dickschnabellummen brüten in Island, Spitzbergen, Grönland und Nordamerika. b Brutkolonie von Trottellummen (Uria aalge) und Dreizehenmöwen (Rissa tridactyla) auf den seitlichen Felsvorsprüngen einer uneinnehmbaren Felsenbastion der Orkney-Inseln. Alljährlich werden dieselben Brutplätze wieder bezogen. c Tordalk (Alca torda). Die bis 48 cm großen, schwarz-weiß gefiederten Tordalken nisten an den europäischen nordatlantischen Küsten bis in die südliche Bretagne. Als einzige Alken brüten sie auch am Süßwasser (Ladoga-See, Russland).

Felseninseln im Atlantik brüten. Vor allem die norwegische und die britisch-irische Küste und Island sind typische Brutplätze. Jedes Jahr werden dieselben Brutplätze wieder aufgesucht. Sogar Helgoland hat einen *Lummenfelsen*. Von diesen Vögeln legt jeder nur ein einziges Ei, meistens direkt auf den felsigen Grund. Es sind große, spindelförmige oder auffällig birnenförmige Eier bis etwa 5 cm Breite und 8 cm Länge mit äußerst variabler Färbung und Zeichnung: in der Grundfärbung von weiß über gelblich, rost- und rötlichbraun, blau oder grün; ungezeichnet, braun oder schwarz gewölkt, mit verschiedenen Kombinationen von braunen, grauen oder violetten Punkten, Flecken, Streifen und Kritzellinien, zuweilen auch einheitlich dunkel oder mit heller oder dunkler Mittelzone. Kein Wunder, dass diese Eier begehrte Sammler-Objekte sind! Unter den tausenden Eiern in der Kolonie erkennt jeder Vogel sein eigenes, einziges Ei mit absoluter Sicherheit an dessen individueller Färbung und Zeichnung heraus![27]

Vögel, die wie die Alken auf steilen, unzugänglichen Felseninseln und Klippen brüten, haben kaum oder keine Feinde, die sich ihrer Eier oder gar der brütenden Vögel bemächtigen könnten. Daher ist ein freier, offener Standort der Eier kein Nachteil. Auch das Brüten in Kolonien bedeutet bereits eine Art Schutz gegen Angreifer. Eine Kolonie wirkt auf Feinde wie ein *Bollwerk* und gewährleistet den einzelnen Vögeln Sicherheit während der Brut. Für Koloniebrüter ist es aber wichtig, unter den tausenden Eiern ihr eigenes Ei wiederzufinden, vor allem, wenn es das einzige ist. Hier bietet gerade die individuelle Pigmentierung der Eischalen einen Vorteil: Wer sein Ei nicht wiederfindet, trägt zum Aussterben seiner Erblinie bei.

Vergleicht man die häufig so verschieden und schön gefärbten und gezeichneten Eier der Singvögel, so trifft man immer wieder zwischendurch auf weiße oder hellblaue, ungezeichnete Eier. Warum unterscheiden sich diese so auffällig von den Eiern der anderen Singvögel? Fragt man nach der Lebensweise der Vögel mit den weißen oder hellblauen Eiern, so stellt man fest, dass es sich um Höhlenbrüter handelt.[28] Spechte, Eisvögel, Bienenfresser, die Blauracke, viele Schwalben und die Eulen (Abb. 24) – um nur einige Beispiele zu nennen – sind Höhlenbrüter. Der Eisvogel gräbt an Steilufern über langsam fließendem Wasser einen 30 bis 100 cm langen Gang, dessen Ende zu einer 10 bis 13 cm breiten rundlichen Nistkammer erweitert und mit Fischgräten ausgelegt wird. Die Brutröhre des Bienenfressers liegt meistens in einem steilen Lehmhang und ist sogar bis zu zwei Meter lang. An ihrem Ende befindet sich der Brutkessel, aus dem der Vogel einen Ausblick ins Freie hat. Bei solch intensiver Grabetätigkeit wetzen die Bienenfresser ihre Schnäbel teilweise ab; glücklicherweise wachsen sie ihnen aber schnell wieder nach. Schwalben sind zum

Teil Höhlenbrüter und legen dann dementsprechend weiße Eier (zum Beispiel Uferschwalbe). Zum Teil bevorzugen sie aber Halbhöhlen, die dem Licht zugänglich sind. Dann sind ihre Eier cremefarben und bräunlich gefleckt (zum Beispiel Rauchschwalbe).

Weitere Höhlenbrüter kennen wir alle aus unseren Gärten: Der Star (Abb. 25) legt in seinen Starenkasten oder in eine Baumhöhle blass grünlichblaue, nicht gefleckte Eier. Intensiver grünblau sind die Eier des Gartenrotschwänzchens. Dieser Vogel baut sein Nest in Nistkästen oder in dunklen Winkeln von Scheunen, Garagen und Viehställen und polstert es mit Moos und Grashalmen aus. Das häufigere Hausrotschwänzchen legt sogar völlig weiße Eier.

Der Fitis und der Zilpzalp haben sich sekundär in Richtung an ein Höhlenbrüterverhalten angepasst (Abb. 26). Diese Gartenvögel bauten ehemals viel offenere Nester als heute, und damals waren ihre Eier noch stärker gefleckt. Heute errichten diese beiden Vogelarten fast geschlossene Nester und legen weißgrundige, viel schwächer-rötlich gepunktete Eier als früher.[29] Unter den Seevögeln ist vom Papageitaucher (*Fratercula arctica*) aus der Familie der Alken eine solche sekundäre Anpassung an das Höhlenbrüten bekannt (Abb. 27). Seine Eier sind in der Regel weiß, können aber auch schwach braune oder violette Flecken haben. Ausnahmsweise ist die Eischale rostbräunlich oder hellbraun getönt und mit braunen oder violetten Klecksen und Punkten gezeichnet. Das Nest liegt in von Sturmvögeln oder Kaninchen übernommenen Gängen, auch in natürlichen Höhlen oder Spalten zwischen Felsblöcken oder als flache, mit Pflanzenmaterial und Federn gepolsterte Mulde am Ende eines meist 1 bis 2 Meter (in seltenen Fällen bis zu 5 Meter!) langen, bis reichlich metertiefen Ganges, der mit dem Schnabel und den Krallen gegraben wird.[30]

Eine Reduktion der Eischalenpigmentierung kennt man auch von Vögeln, die ihr Gelege mit Nistmaterial zudecken, wenn sie es verlassen. Beispiele dafür gibt es bei den Lappentauchern und bei den Hühnervögeln, die wir anhand der Raufußhühner und der Feldhühner in einem eigenen Kapitel besprechen. Vögel mit gedecktem Neststand haben üblicherweise schwächer gefleckte Eier als ihre Verwandten mit offenem Neststand.[31]

Die genannten Beispiele genügen wohl, um auf das Prinzip der Höhlenbrüter aufmerksam zu werden: Sie legen fast immer weiße oder hellblaue, ungefleckte Eier. So finden die Vögel ihre Eier im Dunkeln oder Dämmerlicht der Nisthöhlen leichter wieder, als wenn die Eier braun gefärbt und gefleckt wären.[32] Wiederum bedeutet dies einen Überlebensvorteil für die jeweilige Vogelart und kann als kausale Wirkung der Selektion aufgefasst werden. Freibrütende Vögel hingegen legen im Allgemeinen gefleckte und/oder gefärbte Eier. Licht und Dunkelheit gehören ebenfalls zur Umgebung der Vögel. Innerhalb

Abb. 24: Einige Höhlenbrüter mit weißen Eiern. Abgebildet sind adulte Tiere.

a, b Buntspecht (Dendrocopos major). Buntspecht füttert sein Junges an der Bruthöhle. Buntspechte haben ein schwarz-weißes Gefieder und sind auf dem Kopf leuchtend rot gefärbt.

c, d Eisvogel (Alcedo atthis). Beim Eisvogel imponieren die mit Weiß und Rostrot kontrastierenden Blau-Türkis-Farbtöne des Gefieders. Zur Bruthöhle führt eine bis zu 1 m lange Röhre.

e, f Bienenfresser (Merops apiaster). Der Bienenfresser ist ein knapp drosselgroßer, bunter Vogel: mit türkisblauer Unterseite, kastanienbrauner Oberseite und gelber, schwarz eingefasster Kehle. Die Brutröhren, an deren Ende sich der Nistplatz befindet, können bis zu 2 m lang sein.

g, h Blauracke (Coracias garrulus). Prachtvolle blaue, blauviolette und blaugrünliche Farben am Kopf, an den Flügeln und den Schwanzenden charakterisieren diesen Vogel,

e

f

g

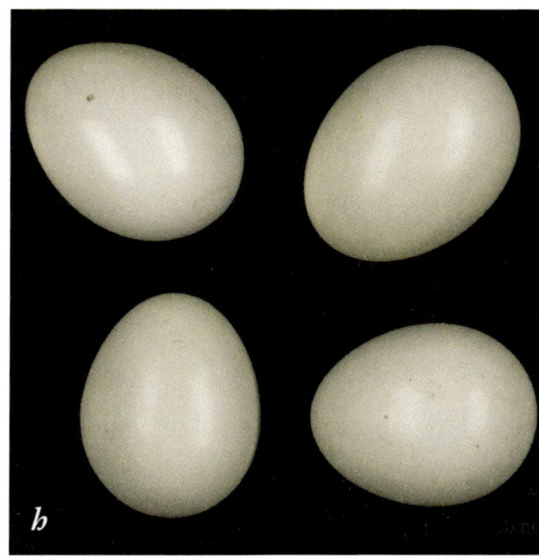

h

welcher die Größe und die Gestalt eines Eichelhähers hat. Die Unterseite und ein Teil der Schwanzfedern sind grauschwarz, der Rücken ist rostrot-bräunlich gefärbt.

i Steinkauz (Athene noctua). Der nur gut faustgroße, graubraun-weißlich gefiederte Steinkauz brütet in Baumhöhlen, an Klippen und Steinbruchwänden oder im freien Gelände am Boden in Kaninchenbauten. Schwarz-grünliche Augen blicken einen scharf und wachsam an. Der gelbe, gebogene Schnabel unterstreicht diesen Eindruck.

i

Abb. 25: Links Der Star (Sturnus vulgaris) trägt im Frühjahr ein Prachtkleid. Als Höhlenbrüter baut er sein Nest in Baumhöhlen, Löchern in Felsen und Gebäuden und in Nistkästen. Rechts Seine Eier sind blaugrünlich gefärbt und nicht gezeichnet. Diese Färbung verblasst am Licht und ist offenbar für den Dunkelraum geschaffen.

langer evolutiver Zeiträume haben sich die Vögel an das Brüten im offenen, belichteten Standort so angepasst, dass ihre Eier kryptisch pigmentiert sind. Vögel antworteten evolutiv auf das Licht färbend-zeichnend. Interessanterweise wird bei Vögeln mit offenem Neststand gerade das Protoporphyrin als Eischalenpigment gefördert, welches ein Oberflächenpigment – also beim abgelegten Ei dem Licht zugewandt – ist. In der Art der Protoporphyrin-Verteilung, vor allem in der Zeichnung der Eier, unterscheiden sich die Vögel. Somit wirkt Licht evolutiv differenzierend auf die Vögel und ihre Eischalenpigmentierung.[33] Dabei erscheint es auch bedeutsam, dass das Protoporphyrin farblich (gelb in geringer Konzentration, rot bis braun und braunschwarz in hoher Konzentration) auf der *wärmeren* Seite des Farbenspektrums liegt. Das Rot grenzt über das Rotviolett an das Infrarot, also die Wärmestrahlung. Allein diese Tatsache deutet bereits auf einen wesentlichen Unterschied zu dem blau-blaugrünen Biliverdin.

Im Dunkel der Höhlen reduzierten auch die höher entwickelten Vögel im Laufe der Evolution die Pigmentierung ihrer Eischalen. Auf das Biliverdin wirkt die Dunkelheit im geschlossenen Nest oder in der Bruthöhle evolutiv vereinheitlichend, indem eine homogene Grundfärbung ohne Zeichnung entsteht. Blaue und blaugrüne Eischalen behalten ihre Farbe sogar nur, wenn sie dunkel aufbewahrt werden. Sie verblassen gerade am Licht! Offenbar ist

Abb. 26: a Fitis (Phylloscopus trochilus) b Zilpzalp (Phylloscopus collybita) c Ei des Fitis d Nest mit Eiern des Zilpzalps.
Der Fitis trägt ein fast einfarbig mittelgraubraunes Gefieder. Der Zilpzalp hat eine helle Unterseite und eine mittel- bis dunkelbraune Oberseite. Diese beiden Vogelarten brüten in Wäldern und Gärten. Früher bauten sie viel offenere Nester und legten stärker gezeichnete Eier. Heute errichten sie fast geschlossene Nester aus Gräsern, Stängeln, Moos, Wurzeln und verrottenden Holzstückchen. Der Zilpzalp legt das Nest außerdem dick mit Federn aus. Fitis und Zilpzalp wurden sekundär zu Halbhöhlenbrütern und reduzierten in Zusammenhang damit die Pigmentierung ihrer Eischalen.

Abb. 27: Papageitaucher (Fratercula arctica). a, b Dieser taubengroße Vogel gehört zu den Alken und fällt durch seine leuchtend roten Beine und den kräftigen rotgelb-grauen Schnabel auf. c Das Nest liegt am Ende eines 1-2 Meter langen Ganges in einer Mulde, in die Pflanzenmaterial zum Polstern eingebracht wird. Meistens sind die Eier weiß, ausnahmsweise aber hell- bis rostbraun gefärbt. Sie können auch eine schwache braune oder violette Zeichnung tragen. Durch die Anpassung an das Höhlenbrüten reduzierte der Papageitaucher die Pigmentierung seiner Eischalen.

das Biliverdin für den Dunkelraum geschaffen! Passt dazu nicht auch, dass das Biliverdin die Eischale bis in ihre *dunkle* Tiefe durchdringt und sich hier manchmal sogar anreichert? Mit seinen Blaufarbtönen repräsentiert Biliverdin die *kühlere* Seite des Farbenspektrums. Über das Blauviolett grenzt das Blau an das Ultraviolett, welches chemisch sehr reaktiv und aggressiv ist. Die hohe Energie des UV-Lichtes setzt chemische Reaktionen in Gang, bleicht Farben aus, verstärkt die Pigmentierung der Haut und tötet Bakterien ab. Die Seite verstärkter chemischer Prozesse spiegelt sich auch in der Farbe des Biliverdins, das ja zu seiner Bildung viel mehr chemische Prozesse durchlaufen hat als das Protoporphyrin. Während das Protoporphyrin als Vorstufe des Häms beim Aufbau des roten Blutes seine Bedeutung hat, erfordert die Biliverdin-Synthe-

Abb. 28: a Singdrossel (Turdus philomelos) b und deren Gelege sowie c Wacholderdrossel (Turdus pilaris) und d deren Eier. Die grau bis hell- und mittelbraune Singdrossel trägt eine markante Brustzeichnung aus weißlichen und dunkelbraunen Tupfen. Die Wacholderdrossel ist schlicht grau und hell-, mittel- und etwas dunkelbraun gefiedert. Die Eier aller Drosseln (wozu auch die Amsel gehört) sind meistens grünlichblau oder hellblau gefärbt und mittelstark braun gezeichnet.

se darüber hinaus den Abbau der roten Blutkörperchen beziehungsweise den Abbau des Häms.

So erbringt auch die blaugrüne Grundfärbung einen Überlebensvorteil für die betreffende Vogelart und kann als kausale Wirkung der Selektion betrachtet werden.

Wie ist es dann aber zu erklären, dass die Eier der Drosseln – auch die Amsel gehört zu den Drosseln – meistens grünlichblaue oder hellblau gefärbte Schalen und außerdem eine mittelstarke braune Zeichnung haben (Abb. 28)? Die blaugrünliche Grundfärbung könnte dafür sprechen, dass diese Vögel Höhlenbrüter sind oder waren. Für Höhlenbrüter ist aber die Zeichnung der Eier ungewöhnlich und widerspricht den soeben genannten Prinzipien der Selektion. Die Fleckung der Eier könnte darauf hindeuten, dass die Drosseln mit offenem Neststand brüten oder dass sich der Charakter der Singvögel – deren Eier typischerweise gefleckt sind – mit abbildet (siehe auch nächstes Kapitel). Drosselnester sind halbkugelig-offene Näpfe, in Astgabeln oder auf Fenstersimsen gelagert. Die Nester werden aber häufig auch in Höhlungen, Halbhöhlen oder tief im Gebüsch an schattigen Plätzen geschützt und verborgen untergebracht.[34] Typisch ist die innere Auskleidung der Drosselnester: mit lehmiger Erde bei der Amsel oder mit eingespeicheltem Holzmehl bei der Singdrossel. Dadurch erhält das Nest schon von innen her den Charakter einer Erdhöhle. Tatsächlich beobachtet man also bei den Drosseln einen Anklang an das Höhlenbrüter-Verhalten, welches mit der blaugrünen Grundfärbung der Eier in Übereinstimmung steht. Es wird jedoch überlagert durch die Neigung zur kryptischen Pigmentierung offen brütender Vögel und/oder die Eigenart des Singvogel-Typus mit seinen im allgemeinen gezeichneten Eiern.

Weitere interessante Ausnahmen unter den Höhlenbrütern sind die Meisen und die Kleiber (Spechtmeisen). Wie ist die rötliche Punktierung ihrer weißen Eier zu erklären, die wiederum dem Höhlenbrüter-Typus widerspricht? Versuchen wir, diesen *Widerspruch* im nächsten Kapitel zu erläutern.

Aspekte der Dreigliederung

Unter den Säugetieren treten drei Gruppen mit deutlich verschiedenen Eigenschaften in Anatomie, Physiologie und Verhalten hervor.[35] Die größten Säugetiere sind die *Huftiere* wie zum Beispiel Giraffe, Elch, Rentier, Hirsch, Rind und Pferd. Obwohl sie sich von schwer verdaulicher vegetarischer Kost (Gras,

Pflanzenteile) ernähren, sind sie in der Lage, massige Leibesgestalten zu bilden. Allein diese Tatsache zeigt, dass sie starke und effektiv wirkende leibaufbauende Stoffwechselkräfte haben. Diese Tiere sind konstitutionell lebensstark und haben eine hohe Lebenserwartung. Blickt man auf das Rind, so steht vor einem ein Tier, das in wohliger Ruhe seelisch mehr in den mächtigen Lebensvorgängen seiner inneren Organe als in der Umgebung lebt. Der eigene Leib wird zur eigenen Welt und zum inneren Seelenerlebnis. Das Verhalten dieser Tiere zeigt Ruhe und gemäßigte Bewegung, auch Feinden weichen sie – wenn möglich – ruhig aus. Die physiologischen Prozesse deuten in dieselbe Richtung: Bei der Embryonalentwicklung sind zusätzliche Stufen eingeschaltet, welche die ganze Entwicklung verlangsamen. Die Plazentation ist einfacher und venöser, behält sozusagen den frühen, einfacheren Zustand der Embryonalhüllen bei. Der Embryo wird jedoch stark ausgeformt; er hat viel Zeit zum Reifen und ist bei der Geburt ein «Spätgeborener». Schon bald nach ihrer Geburt stehen die Jungen der Huftiere auf, können dem Muttertier folgen und selbständig trinken. Ihre Sinnesorgane sind voll funktionsfähig, das Fell ist ausgebildet. Die Tracht der extremen Huftiere (Wisent, Bison, Kaffernbüffel, Wasserbüffel) ist typischerweise einförmig von grau-braun-schwarzer Farbe. Entsprechend ihrer Eigenschaften kann man diese Tiere als *Stoffwechsel-Gliedmaßen-betont* bezeichnen.

Ganz andere Eigenschaften zeigen die *Nagetiere* wie zum Beispiel Mäuse, Ratten, Eichhörnchen und Hamster. Sie gehören zu den kleinsten, schnellsten und nervösesten Säugetieren. Ihr hoher Energieumsatz verlangt energiereichere Kost (Samen, Nüsse usw.). Konstitutionell sind die Nagetiere lebensschwach und sterben leicht. Als ängstlich-nervöse Tiere erleben sie intensiv die äußeren Eindrücke der Umgebung mit. Seelisch leben sie mehr in ihrer Umgebung als in sich selbst. Die Umwelt – zum Beispiel die Geborgenheit der Wohnhöhle – wird über das Sensorium als Teil des Leibes erlebt. Nervösängstlich reagieren die Nagetiere auch auf Feinde und versuchen sich ihnen durch schnelle Flucht zu entziehen. Auch die physiologischen Prozesse der Nagetiere sind beschleunigt: Bei der Embryogenese werden sonst übliche Durchgangsstadien übersprungen, wodurch es zu einer Akzeleration (Beschleunigung) der Prozesse kommt. Die Plazentation ist arterialisierter als bei den Huftieren und hochdifferenziert. Der Embryo der Nagetiere wird jedoch *zu wenig* ausgeformt, wird vielfach als ein «Frühgeborener» noch relativ unfertig – blind, nackt – geboren. Er hatte viel weniger Zeit zum Reifen als der Huftier-Embryo. Entsprechend intensive und lange Fürsorge brauchen diese Jungen von ihren Eltern, bis sie selbständig werden und beispielsweise ihre Nahrung selber suchen können. Die Tracht der Nagetiere ist nicht mehr einheitlich graubraun, sondern durch eine kryptische Färbung – dunkle Oberseite, helle Unterseite – ausgezeichnet. Diese Tiere kann man aufgrund ihrer Eigenschaften als *Nerven-Sinnes-betont* bezeichnen.

Von der Größe und Gestalt stehen die *Raubtiere* wie zum Beispiel Katze, Leopard, Jaguar, Tiger und Löwe als mittlere Tiere zwischen den Huftieren und den Nagetieren. Sie greifen an und stehen Leben und Tod gleichermaßen aktiv und offen gegenüber. Leiblich und seelisch sind sie mit sich in Einklang, weder überwiegend den eigenen Stoffwechsel genießend wie das Rind, noch überwiegend die Umwelt erlebend wie die Maus. Im Seelischen können sie aber gerade die Mitte zwischen träger Ruhe und blitzschneller Aggressivität nicht finden; beide Seelenqualitäten stehen unvermittelt nebeneinander. Ihre Ernbryogenese ist weder retardiert wie beim Rind, noch akzeleriert wie bei der Maus, sondern stellt einen mittleren Typ dar. Bei der Plazentation stehen venöse und arterielle Vorgänge miteinander relativ im Gleichgewicht. Auch die Neugeborenen zeigen mittlere Verhältnisse, sind gemessen an ihrer Physiologie weder «Spätgeborene» noch «Frühgeborene». Die Tracht der Raubtiere zeigt eine rhythmische dunkle Streifung oder Fleckung auf hellem Grund. Da die Raubtiere allgemein als hoch leistungsfähige Jäger ein starkes Blutkreislauf-Atmungssystem beziehungsweise rhythmisches System haben, kann man sie als *rhythmisch betont* bezeichnen. Dabei neigen die großen Raubtiere wie der Tiger innerhalb der Mitte jedoch zur Stoffwechsel-Gliedmaßen-Seite und die kleinen Raubtiere wie die Schleichkatzen zur Nerven-Sinnes-Seite.

Eine solche dreigliedrige Ordnung lässt sich auch bei den Vögeln entdecken. Dabei repräsentieren die großen, ruhigeren, weniger wendigen, im Allgemeinen weniger bunt gefärbten und stimmlich nur schwach bis mäßig begabten *Lauf- und Schwimmvögel* wie zum Beispiel Strauße, Störche, Reiher, Schwäne und Gänse den *Stoffwechsel-Gliedmaßen-Pol* unter den Vögeln. Ihre Jungen werden Nestflüchter genannt. Sie können schon sehr bald selber Futter suchen, zeigen sogleich ein Flaumfederkleid und sind sehfähig. Die elterliche Wärmung können sie bald entbehren. So zeigen sie Merkmale fortgeschrittener Geburtsreife wie die Jungen der Huftiere. Schaut man sich die Eischalen-Pigmentierung der Lauf- und Schwimmvögel an, so trifft man im Allgemeinen auf dezente, häufig weißlich-gelbliche, hellbräunliche oder grüngelbliche oder grünlich-bläuliche Grundfärbungen. Typischerweise sind diese Eier nicht gefleckt.

Unter den Wasservögeln haben die Reiher wunderschön blau oder blaugrün gefärbte, ungezeichnete Eier (Abb. 29). Diese Art von Grundfärbung lernten wir bei den höhlenbrütenden Landvögeln kennen. Nun sind die Reiher aber

Abb. 29: Graureiher (Ardea cinerea). Von den Reihern ist der weiß und hell- bis dunkelgrau gefiederte Graureiher in Mitteleuropa noch weit verbreitet. Bei einer Länge von 90 cm erreicht er Flügel-Spannweiten bis 170 cm. Reiher legen blau oder blaugrün gefärbte, ungezeichnete Eier, obwohl sie keine Höhlenbrüter sind.

keineswegs Höhlenbrüter, sie sind jedoch Stoffwechsel-Gliedmaßen-orientierte Vögel. Möglicherweise wirkt sich das evolutiv auf die Eischalen-Pigmentierung der Reiher so aus wie der Dunkelraum bei den höhlenbrütenden Landvögeln. Die Situation innerhalb der Bruthöhle wäre dann mit den im Dunkel des Leibesinneren ablaufenden Prozessen Stoffwechsel-Gliedmaßen-betonter Vögel vergleichbar, sodass der verlängerte Aufenthalt im Dunkelraum des Leibes das Ei während der Eischalenbildung färbt. Interessanterweise hat ja das Biliverdin, das für die Blaufärbung der Eischalen verantwortlich ist, eine deutliche Beziehung zum Dunkelraum; wir erinnern an das Ausbleichen der Biliverdin-Färbung im Licht! Noch wichtiger ist der zeitliche Aspekt der Überalterung: Das Biliverdin entstammt der Überreifung des Häms. Damit treffen wir hier auf dasselbe Motiv, das zur Entwicklung von «Nestflüchtern» bei den Vögeln beziehungsweise zu *überreifen* Jungtieren bei der Geburt der Stoffwechsel-Gliedmaßen-betonten Huftiere führt: das der Retardation.

Abb. 30: Raubvögel als Vertreter der rhythmischen Mitte. Abgebildet sind adulte Tiere.

a, b Gänsegeier (Gyps fulvus). Dieser am Kopf und Hals hellgraue, sonst aber mittel- und dunkelbraune Geier ist mit einer Flügel-Spannweite bis 250 cm größer als ein Adler. Er nistet in Kolonien in seit alten Zeiten dafür bekannten Felswänden, zum Beispiel in Griechenland. Seine Eier sind meistens weiß.

c, d Steinadler (Aquila chrysaetos). Der hell- und dunkelbraun gefiederte Steinadler (Spannweite 220 cm) lebt zum Beispiel in den Alpen und nistet dort in zum Teil uralten Horsten. Seine Eier sind mittelstark braun gefleckt.

e, f Habicht (Accipiter gentilis). Der weißlich-graubraune Habicht (Spannweite 100-120 cm) lebt standorttreu in Wäldern und Parklandschaften. Sein Horst enthält weiße Eier, die hell bläulich-grau getönt sind.

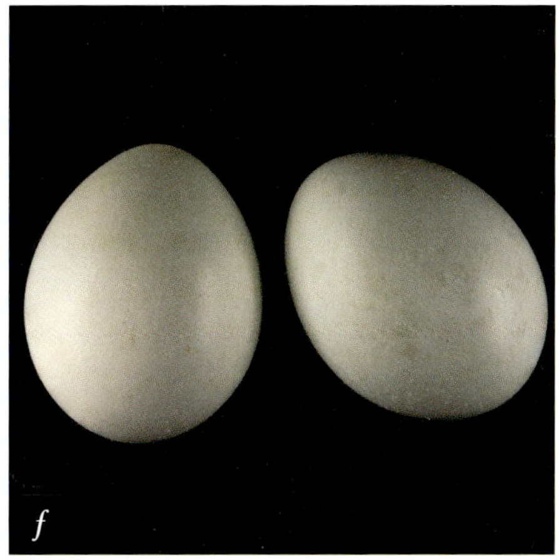

g, h Rötelfalke (Falco naumanni), rechts ♂, links ♀. Während das Weibchen schlichter graubraun gefärbt ist, hat das Männchen einen einfarbig rostroten Rücken, eine bräunlich-rötliche Unterseite und graues Gefieder an Kopf und Schwanz. Mit einer Flügel-Spannweite von 65 cm und einer Größe von 26 (♂) bzw. 28 (♀) cm gehört der Rötelfalke zu den kleinen Falken. Unter den Falken ist er der «strengste» Höhlenbrüter. Dennoch sind seine Eier mittelstark rotbraun gezeichnet. Hier überprägt die Nerven-Sinnes-Betonung des Rötelfalken den Höhlenbrüter-Einfluss bei der Pigmentierung seiner Eischalen.

Unter diesem Blickwinkel kann man auch noch einmal auf die Eier der Kormorane, Schlangenhalsvögel und Tölpel zurückschauen. Ihre blaugrünschaligen, mit einer weißen kreidigen Schicht überzogenen Eier betrachteten wir bereits unter dem Aspekt ihrer Evolutionshöhe. Vielleicht lassen sie sich aber auch als Metamorphose einer (Leibes-)Höhlenfärbung beziehungsweise allgemein im Rahmen einer Metamorphose des Höhlenbrüter-Prinzips deuten. Im Hinblick auf die am Licht verblassende blaugrüne Färbung und deren Kreideüberzug hat man den Eindruck: Hier hat der Vogel selber einen Lichtschutz für seine blaugrüne Eischale angelegt. Es ist, als hätte er für sein blau-blaugrünes Ei eine Art *Kreide-Höhle* gebaut. Die Kreideschicht wäre dann ein Analogon für das offen liegende weiße Ei, das zu der Evolutionsstufe dieser Vögel eigentlich gehört. Diese letztlich ungefärbt erscheinenden, ungefleckten Eier passen auch zum Typus der Lauf- und Schwimmvögel mit seinen nicht oder nur schwach pigmentierten Eiern.

Von den europäischen Vögeln sind die *Singvögel* die kleinsten, schnellsten, wendigsten, nervösesten und sinneswachsten Vertreter.[36] Mit ihrem oft wunderschön farbigen Gefieder und ihrer Gesangskunst stellen sie einen Höhepunkt im Vogelreich dar und sind auch anatomisch die evolutiv am höchsten entwickelten Vögel überhaupt. Wie die Jungtiere der Nager kommen auch die Jungen der Singvögel als «Frühgeborene» nackt und blind zum Vorschein und bleiben noch lange im schützenden Nest und in der Pflege der Elterntiere. Sie zeigen viele Merkmale der Akzeleration, wie die Jungen der Nagetiere. Man nennt sie daher «Nesthocker». Ohne Zweifel sind die Singvögel also Vertreter des *Nerven-Sinnes-Pols*. Bei den Eiern der Singvögel trifft man auf eine besonders große Vielfalt an Färbungen und vor allem Zeichnungen, bis hin zu größter Fleckungsdichte und -intensität. Nur die Höhlenbrüter unter ihnen bilden hierin, wie schon gesagt, eine Ausnahme.

Im Hinblick auf Morphologie, Physiologie und Verhalten stehen die *Raubvögel* (Abb. 30) in der Mitte zwischen den Stoffwechsel-Gliedmaßen-betonten Lauf- und Schwimmvögeln und den Nerven-Sinnes-betonten Singvögeln. Auch sie sind Fleischfresser und Räuber, wie die Raubtiere unter den Säugern, also Vertreter einer *rhythmischen Mitte*. Dabei legen die Habichtartigen (Geier, Adler, Habichte) als die größeren, ruhigeren, mehr zur Stoffwechsel-Gliedmaßen-Seite neigenden Raubvögel häufig schwächer gefleckte oder sogar ungefleckte Eier. Die kleineren, nervöseren und oft auch farbenfroheren und interessanter gemusterten Falkenartigen (das Männchen des Rötelfalken – Falco naumanni – ist grau und rostrot gefiedert) hingegen legen die stärker bis stark gezeichneten Eier. Dabei ist der Rötelfalke der *strengste* Höhlenbrüter unter den Falken. Er brütet in Kolonien, die über viele Jahre beibehalten werden, teils in Löchern, Nischen und Halbhöhlen in Felswänden und Ruinen, seltener in Baumhöhlen, und teils auf Speichern inmitten orientalischer Dörfer und Städte. Der Höhlenbrüter-Einfluss macht sich bei seinen Eiern derart bemerkbar, dass diese nicht so intensiv gefleckt sind wie bei den meisten anderen Falken. Sie sind aber keineswegs ungezeichnet, wie es für Höhlenbrüter eigentlich typisch wäre, sondern ihre immerhin mittelstarke Zeichnung spricht für die Zugehörigkeit dieses Vogels zur Nerven-Sinnes-Seite innerhalb seiner Gruppe.

Die Dreigliederung der Leibesorganisation kennzeichnet also nicht nur die Säugetiere, sondern auch die Vögel, und zwar bis in die Pigmentierung ihrer Eischalen. Dabei fällt auf, dass die Stoffwechsel-Gliedmaßen-orientierten Vögel gleichzeitig die evolutiv früheren, primitiveren Formen sind. Die Nerven-Sinnes-betonten Singvögel hingegen sind evolutiv die am höchsten entwickelten und später entstandenen Vögel. Die Evolution der Vögel begann also mit den konstitutionell vitaleren, größeren, einfacheren und schlichter gefärbten Lauf- und Schwimmvögeln (Nestflüchter) und schritt dann voran zu den kleineren, spezialisierteren, farbigeren, stimmlich begabteren und höher entwickelten Singvögeln (Nesthocker). In gewissen Fällen fand jedoch auch eine Rückentwicklung zu einfacheren Verhältnissen statt, beispielsweise bei den Straußen, die sekundär ihr Flugvermögen eingebüßt haben.

Kommen wir noch auf die höhlenbrütenden Meisen und Spechtmeisen (Kleiber) zurück. In ihrer Schnelligkeit, turnerischen Gewandtheit und ihrem oft kontrastreichen und farbigen Gefieder sind sie deutliche Vertreter der nervösen Seite. Wäre allein der Dunkelraum der Nisthöhlen maßgeblich, so müssten diese Vögel weiße oder hellblaue, ungefleckte Eier legen. Die Eier der Meisen und Kleiber sind weißlich bis cremefarben, haben jedoch eine rötlichbraune Fleckung (Abb. 31). Letzteres widerspricht dem Höhlenbrüter-Verhalten bezüglich der Pigmentierung der Eischalen. Vermutlich wird hier der Einfluss der Dunkelheit des Brutraumes durch die Nerven-Sinnes-Betonung dieser Vögel überlagert. Die Meisen und Kleiber sind also ein weiteres Beispiel dafür, dass verschiedene Faktoren bei der Pigmentierung der Eischalen zusammenwirken können. Nervösere Vögel haben ja im Allgemeinen gezeichnete Eischalen. Das die Zeichnung bestimmende Protoporphyrin entstammt einer frühreifen Stufe der Häm-Synthese. Wiederum treffen wir hier auf dasselbe zeitliche Motiv, das auch konstitutionell die Frühreife der Nesthocker unter den Vögeln beziehungsweise die «frühgeborenen» Jungen der Nerven-Sinnes-betonten Nagetiere bestimmt: das der Akzeleration.

Noch komplizierter als bei den Meisen und Kleibern sind anscheinend die Verhältnisse bei den Hühnervögeln, von denen wir im Folgenden die Raufuß-

Abb. 31: a Kohlmeise (Parus major) in weiß-schwarz-blau-gelbem Kleid mit ihren Jungen. b Gelege der Kohlmeise. c Kleiber (Sitta europaea), mitteleuropäische Rasse. Der oberseits blaugraue Kleiber ist im Süden und Westen Europas an der Unterseite gelborange, im Norden und Osten weißlich gefärbt. d Kleiberei.

hühner und die Feldhühner betrachten wollen. Lassen sich auch hier die bisher besprochenen Ebenen der Eischalen-Pigmentierung wiederfinden, oder muss man noch weitere Bedingungen berücksichtigen?

Raufußhühner und Feldhühner

Die Ordnung der Hühnervögel (Galliformes) umfasst als eine von zwei Unterordnungen die außerordentlich vielfältige Gruppe der eigentlichen Hühnervögel (Galli). Diese untergliedert sich in verschiedene Familien, von denen wir die Fasanenartigen (Phasianidae) herausgreifen. Diese wiederum umfassen verschiedene Unterfamilien: die Raufußhühner (Tetraoninae), die Feldhühner (Perdicinae), die Satyrhühner (Tragopaninae), die Truthühner (Meleagridinae), die Pfaufasanen (Argusianinae), die Pfauen (Pavoninae), die Kongopfauen (Afropavoninae), die Perlhühner (Numidinae) und die Fasanen (Phasianinae). Wir wollen uns im Folgenden mit den Unterfamilien der Raufußhühner und der Feldhühner beschäftigen und sehen, wie sich ihre Eischalen-Pigmentierung – in Kurzform am Schluss des Kapitels in Tabelle 4 zusammengefasst – mit den bisher erarbeiteten Aspekten der Evolution, der Selektion und der Dreigliederung in Einklang bringen lässt. Dazu ist ein Überblick über die Merkmale der verschiedenen Gattungsgruppen dieser Unterfamilien mit ihren Gattungen und zugehörigen Arten nötig.[37]

Die Raufußhühner

Die Raufußhühner sind eine junge Vogelgruppe, die im Mitteltertiär vor etwa 20 bis 25 Millionen Jahren entstand, während sich andere Hühnervögel schon vor 50 bis 60 Millionen Jahren entwickelten. Raufußhühner leben in den nördlichen Wäldern und Mooren der Nordhalbkugel. Sie sind viel weniger formenreich als die Feldhühner, haben 3 Gattungsgruppen mit 11 Gattungen und nur 18 Arten. Raubfußhühner sind Bodenbewohner, die sich meist von pflanzlicher Kost (Körner, Beeren, Wurzeln, Koniferennadeln), zusätzlich aber auch von Insekten und anderen Kleintieren ernähren. Ihren Namen erhielten sie von der Befiederung der Beine und Zehen im Herbst und Winter. Viele Arten mausern nicht nur ihr Gefieder, sondern auch ihre Krallen und Schnäbel. Bei unehig lebenden Hühnern beobachtet man oft einen ausgeprägten Geschlechts-Dimorphismus: Der Hahn kann doppelt so groß werden wie die Henne und trägt auffälligen Schmuck und farbiges Gefieder. Bei ehig lebenden Arten sind Männchen und Weibchen ungefähr gleich groß und ähnlich gefärbt. Bei den Waldbewohnern ist das Gefieder dunkler gefärbt als bei den Steppenbewohnern. Anders als die Feldhühner haben alle Raufußhühner eine leuchtend rote Markierung über den Augen. Raufußhühner nisten nur selten auf Bäumen, ihre Bodennester enthalten meist 6 bis 12 Eier. Tabelle 2 gibt einen Überblick über die verschiedenen Gattungsgruppen der Raufußhühner mit ihren Gattungen und den Arten, die wir hier besprechen wollen.

Raufußhühner (Tetraoninae)

Gattungsgruppe: Waldhühner (Tetraonini)
  Gattung Auerhühner (Tetrao)
    Auerhuhn (*Tetrao urogallus*)
  Gattung Birkhühner (Lyrurus)
    Birkhuhn (*Lyrurus tetrix*)
    Kaukasisches Birkhuhn (*Lyrurus mlokosiewiczi*)
  Gattung Schneehühner (Lagopus)
    Moorschneehuhn (*Lagopus lagopus*)
    Schottisches Moorschneehuhn (*Lagopus lagopus scoticus*)
    Alpenschneehuhn (*Lagopus mutus*)

Gattungsgruppe: Präriehühner (Centrocercini)
  Gattung Beifußhühner (Centrocercus)
    Beifußhuhn (*Centrocercus urophasianus*)
  Gattung Eigentliche Präriehühner (Tympanuchus)
    Präriehuhn (*Tympanuchus cupido*)
  Gattung Spitzschwanzhühner (Pedioecetes)
    Schweif-Waldhuhn (*Pedioecetes phasianellus*)

Gattungsgruppe: Haselhühner (Tetrastini)
  Gattung Tetrastes
    Haselhuhn (*Tetrastes bonasia*)

Tabelle 2: Systematik der Raufußhühner (nach Grzimek 1980b)

Das größte Waldhuhn und Raufußhuhn überhaupt ist das *Auerhuhn* (Abb. 32): Der Hahn wird bis 94 cm groß und 4 bis 6 kg schwer, die Henne erreicht eine Größe bis 67 cm. Während die Henne in Brauntönen und hellerer Unterseite schlicht gefärbt ist, trägt der Hahn ein dunkelgraues und braunes

Abb. 32: Auerhuhn (Tetrao urogallus). a Hahn b Henne c Die Eier sind gelblich bis rötlichbraun gefärbt und haben eine gelblichgraue und rötlichbraune, gleichmäßige Zeichnung. Sie sind stärker gezeichnet als beim Birkhuhn.

Gefieder mit Grünschiller an der Brust, großem leuchtend roten Fleck über dem Auge und einem Kinnbart. Auerhühner lieben ruhige, lichte Nadelwälder mit reich entwickelter Krautschicht und Beerentracht. Im Frühjahr führen die Hähne morgens und abends eine imposante Balz mit kollernder Stimme, Flattersprüngen und Posieren auf Felsbrocken und Baumstümpfen vor. Die Henne legt gelbliche bis rötlichbraune und gleichmäßig gelblichgrau und rötlich-braun gefleckte Eier (stärker gezeichnet als beim Birkhuhn) in eine flache Nestmulde unter Bäumen oder Büschen, die mit etwas Pflanzenmaterial der Umgebung ausgelegt wird. Beim Verlassen des Nestes werden die Eier mit Nistmaterial zugedeckt. Mit 26 bis 28 Tagen hat das Auerhuhn die längste Brutzeit unter den Raufußhühnern.

Abb. 33: Birkhahn (Lyrurus tetrix). Oben Zwei Streithähne bei der Balz mit schwarzem Gefieder, aufgestellten weißen Schwanzfedern und auffälligen roten Feder-Wülsten über den Augen. Unten Die Eier sind cremefarben bis ockerbraun mit feiner brauner und rötlich-brauner Punktierung. Verlässt die Henne das Gelege, so deckt sie es manchmal zu.

Deutlich kleiner als das Auerhuhn ist das *Birkhuhn* mit etwa 1300 g Gewicht; der Hahn wird bis 61,5 cm und die Henne bis 42 cm groß (Abb. 33). Das Kaukasische Birkhuhn ist wohl etwa gleich groß. Auch hier fällt ein ähnlicher Geschlechts-Dimorphismus wie beim Auerhuhn auf: Die Henne ist in unscheinbaren Braunfarben gefiedert, der Hahn ist schwarz, hat einen gegabelten Schwanz mit aufstellbaren, prachtvollen weißen Schmuckfedern und einen leuchtend roten Kopfschmuck. Das Birkhuhn lebt in urtümlichen Moor- und Heidelandschaften Europas und in der Krummholzzone der Alpen. Auch Birkhähne führen imposante Balzrituale auf. Das Weibchen legt gelblich bis ockerbraun gefärbte, fein braun und rötlichbraun gepunktete Eier in eine dürftig mit Pflanzenmaterial der Umgebung ausgelegte Mulde und brütet 24 bis 28 Tage. Verlässt die Henne das Nest, so deckt sie ihre Eier manchmal zu.

Die kleinsten und zierlichsten Waldhühner sind die *Schneehühner* (Abb. 34). Davon ist das Alpenschneehuhn mit 34 bis 36 cm und etwa 450 g Gewicht das kleinste. Das Schottische Moorschneehuhn ist mit etwa 36 cm etwas kleiner als das 38 bis 40 cm große Moorschneehuhn. Diese Arten wiegen 600 bis 800 g. Das graubraun und weiß gefärbte Alpenschneehuhn-Männchen hat stets weiße Flügel. Im Winter sind beide Geschlechter weiß bis auf die Schwanzseiten, und der Hahn hat einen schwarzen Streifen um das Auge. Im Sommer ist das Weibchen gelblichbraun gefärbt. Ein ähnlicher Dimorphismus besteht beim Moorschneehuhn, das mehr kastanienbraun gefiedert ist als das Alpenschneehuhn. Die Schottischen Moorschneehühner sind auch im Winter braun und haben kein Weiß im Flügel. Moorschneehühner leben auf den steinigen Hochflächen Skandinaviens, in den Alpen bis hinauf zur Schneegrenze und in den schottischen Mooren und Heiden. Sie brüten in offenen Standorten oder im Schutz von Gras oder kleinen Büschen in gescharrten Mulden, die spärlich mit Gras, Moos, Heidekraut, eventuell auch mit einigen Federn ausgelegt werden. Die Eier sind rahmfarben bis gelblich, manchmal leicht rötlich gefärbt und stark mit unregelmäßigen und variablen dunkelbraunen bis rotbraunen Flecken versehen. Die Brutzeit ist mit 20 bis 22 (26) Tagen die kürzeste unter den Waldhühnern.

Die *Präriehühner* der zweiten Gattungsgruppe bevölkern die amerikanischen Grassteppen. Es sind fast reine Bodentiere, die nur selten auf Büsche und Bäume fliegen. Bei der Balz bläst der Hahn zwei gelbrote Luftsäcke am Hals auf, stellt seine Federohrbüschel und die Schwanzfedern auf, senkt den Schnabel zum Boden und lässt heulend-trommelartige Geräusche hören. Bei den Präriehühnern wiederholen sich Eigenschaften der altweltlichen Waldhühner. Diese Gattungsgruppe besteht ebenfalls aus drei Gattungen: die Beifußhühner, die Eigentlichen Präriehühner und die Spitzschwanzhühner. Das sich vor allem von Beifuß ernährende Beifußhuhn ist auerhuhnähnlich, wird 72 cm groß und

a
b
c
d
e
f

Abb. 35 (Links): Beifußhahn (Centrocercus urophasianus). Das sich vor allem von Beifuß ernährende weiß-braune Beifußhuhn gehört zu den Präriehühnern, welche die amerikanischen Grassteppen bewohnen. Es ist das größte Präriehuhn. Das Bild zeigt einen Hahn (etwa 72 cm groß) im Hochzeitskleid mit prachtvollen, radartig aufgestellten, weiß verzierten Schwanzfedern. Die Henne legt rahmgelbliche, bräunliche, olivbraune, gelbbraune oder grünliche Eier mit regelmäßiger, zarter rotbrauner oder dunkel kastanienbrauner Punktierung. Montana, USA.

Abb. 36 (Rechts): Präriehahn (Tympanuchus cupido). Bei der Balz bläst der etwa 47 cm große Hahn leuchtend gelbrote, häutige Luftsäcke an der Kehle auf und trägt seine Federohrbüschel zur Schau. Über den Augen hat er gelbrote Federwülste. Die gelbroten Bereiche kontrastieren sehr stark mit dem sonst unauffälligen Gefieder in Weiß und verschiedenen Braunfarben. Die Henne legt rahmweiße, blass olivbräunliche, lohfarbene oder graubräunliche, meist mit sehr feinen dunkelbraunen Punkten und Flecken versehene Eier. St. Mary, Nebraska, USA.

3,5 kg schwer (Abb. 35). Es legt rahmfarben-gelbliche, bräunliche, olivbraune, grünliche oder gelbgraue Eier mit einer regelmäßigen, zarten rotbraunen oder dunkel-kastanienbraunen Punktierung.[38] Das Präriehuhn ist mit 47 cm Größe und etwa 800 g Gewicht birkhuhnähnlich (Abb. 36). Seine Eier sind rahmfarben bis blass olivbräunlich oder lohfarben bis graubräunlich und tragen sehr feine dunkelbräunliche Punkte und Flecken, die eventuell auch fehlen können.

Abb. 34 (linke Seite): a Alpenschneehuhn (Lagopus mutus), vorne ♂ dahinter ♀ im Frühjahr. b Eier des Alpenschneehuhns. c Moorschneehuhn (Lagopus lagopus) ♂ im Frühjahr. d ♀ im Sommer. e Eier des Moorschneehuhns. f Schottisches Moorschneehuhn (Unterart sccotica) ♂. Die Eier beider Arten sind rahmfarben bis gelblich, manchmal leicht rötlich gefärbt und stark mit variablen dunkelbraunen bis rotbraunen Flecken gezeichnet.

Abb. 37: Haselhuhn (Tetrastes bonasia). Das europäisch-eurasische Haselhuhn ist das kleinste und zierlichste, in Wäldern sehr verborgen lebende Huhn (♂ 36,5 cm, ♀ 34 cm). Beide Geschlechter sind unauffällig weiß-grau-braun gefiedert. a Hahn b Küken c Die gelblich-ocker gefärbten Eier sind mit feinen, zerstreuten rötlich-braunen Punkten gezeichnet. Verlässt die Henne das Gelege, so deckt sie es mit Laub zu.

Das Schweif-Waldhuhn ist mit 44 cm Größe und 550 bis 950 g Gewicht noch etwas kleiner; in Kanada ist es das häufigste Waldhuhn. Als einziges Präriehuhn hat es in seinen Eischalen eine grüne Innenschicht, die zum Teil grünlich nach außen durchschimmert. Ansonsten sind die Eier dunkel rahmfarben, oliv-gelbbraun oder rötlich-schokoladenbraun, meist ungefleckt, nicht selten aber auch über die ganze Oberfläche sehr zart und ziemlich dicht tief rotbraun gepunktet. Die Brutzeiten der Präriehühner betragen 21 Tage.

Von der dritten Gattungsgruppe, der *Haselhühner*, ist die Gattung *Tetrastes* mit dem Haselhuhn (Abb. 37) wieder eine europäisch-eurasische. Mit etwa Rebhuhngröße – der Hahn 36,5 cm, die Henne 34 cm; 400 bis 450 g Gewicht – ist es unser kleinstes und zierlichstes in Wäldern lebendes Huhn. In unterholz- und lichtungsreichen Misch- und Nadelwäldern mit vielen Beerensträuchern lebt es sehr verborgen. Beide Geschlechter sind unscheinbar weiß-grau-braun gefiedert, abgesehen von der für die Raufußhühner typischen roten Markierung über dem Auge. Der Hahn unterscheidet sich von der Henne vor allem durch seine schwarze Kehle. Bei Erregung sträubt er seine Federholle. Das Haselhuhn nistet in einer gut versteckten flachen Vertiefung zwischen Bäumen, oft unter Büschen oder im niedrigen Bewuchs. Die Nestmulde wird mit etwas grünem oder abgestorbenem Pflanzenmaterial ausgelegt und hat manchmal eine Umrandung aus kleinen Zweigen. Die gelblich-ocker, gelblich rahmfarbenen oder gelblich-ocker bis bräunlich gefärbten Eier sind mit feinen, zerstreuten blass lehmbraunen und seltener größeren dunkelbraunen rundlichen Flecken gezeichnet. Verlässt die Henne das Gelege, um zu fressen und ihr Gefieder zu pflegen, so bedeckt sie ihre Eier mit Laub. Die Brutzeit beträgt 22 bis 27 Tage.

Welche Prinzipien lassen sich bei den Raufußhühnern im Hinblick auf die Pigmentierung ihrer Eischalen erkennen? Nach Grzimek sind die Raufußhühner keine evolutiv alte Vogelgruppe. Wir sahen, dass ungefleckte Eier für phylogenetisch ältere Vögel und gefleckte Eier für evolutiv jüngere und höher entwickelte Vögel typisch sind. Auch die Eier der Raufußhühner sind mit einer Zeichnung versehen, was mit der phylogenetischen Stellung dieser Vögel übereinstimmt. Unter ihnen haben jedoch nur die Schneehühner stark gezeichnete Eischalen und alle anderen Vertreter schwächer bis mittelstark pigmentierte Eier. Gibt es hierfür einen Grund?

Die Raufußhühner der ersten Gattungsgruppe (Waldhühner) haben wir in der Reihenfolge von dem großen Auerhuhn über die mittelgroßen Birkhühner bis zu den kleinen Schneehühnern besprochen. Die Größe und Gestalt des Auerhuhns deuten darauf hin, dass es ein Stoffwechsel-Gliedmaßen-betonter Vogel ist. Eine mittlere Stellung nehmen die Birkhühner ein, während die Schneehühner unter den Waldhühnern eher Nerven-Sinnes-betont sind. Verglichen mit den nervösen Singvögeln gehören die Hühnervögel insgesamt natürlich auf die Stoffwechsel-Gliedmaßen-Seite, wobei sich die einzelnen Gattungsgruppen nochmals wieder nach dem Gesichtspunkt der Dreigliederung unterteilen oder zuordnen lassen. Dass die Eier der Schneehühner am intensivsten gezeichnet sind, spricht für ihre (unter den Hühnervögeln) relative Nerven-Sinnes-Betonung. Auch die Pigmentierung der Birkhuhn-Eier lässt sich als Ausdruck einer rhythmischen Mitte verstehen. Warum sind aber die Eier der Auerhühner stärker gefleckt als die Birkhuhneier? Das ist für Stoffwechsel-Gliedmaßen-betonte Vögel untypisch.

Offensichtlich wird beim Auerhuhn der Einfluss der Dreigliederung durch einen anderen Faktor überlagert. Vielleicht spielt hier der selektionistische Aspekt der Einpassung der Eier in ihre Umgebung eine Rolle? Hühner mit offenem Neststand haben intensiver gezeichnete Eier als Hühner mit gedecktem Neststand.[39] Bei einem offenen Neststand ist das Gelege nicht durch Pflanzen, überhängende Felsen oder ähnliches geschützt und ist gut sichtbar. Die Eier solcher Gelege sind häufig durch Schutzfärbungen gut in ihre Umgebung eingepasst. Bei einem gedeckten Neststand ist das Gelege durch Pflanzen oder Felsen überdacht oder auf andere Art und Weise vor den Blicken der Tiere und des Menschen abgeschirmt. Hier ist eine gute Einpassung der Eischalen-Pigmentierung in die Umgebung weniger nötig, diese Eier sind meistens schwächer gefärbt und gezeichnet.

Unter den Waldhühnern lieben vor allem die Schneehühner offene Neststandorte. Wahrscheinlich ist die intensive braune Fleckung ihrer Eier nicht allein durch die relative Nerven-Sinnes-Betonung dieser Hühner erklärbar, sondern auch – und vielleicht sogar noch mehr – durch die selektionistische Einpassung ihrer Eier in die umgebende Moor- und Heidevegetation. Auch das Auerhuhn hat einen eher offenen Neststandort. Seine Eier erscheinen jedoch zu *auffällig* in ihrer Umgebung; vom Standort her müssten sie eigentlich noch stärker gezeichnet sein. Nun hat das Auerhuhn aber die Gewohnheit, seine Eier beim Verlassen des Nestes mit Pflanzenmaterial zu bedecken. Dasselbe Verhalten kennt man auch vom Birkhuhn und vom Haselhuhn, das sowieso sehr verborgen brütet. Diejenigen Raufußhühner, welche ihre Gelege zudecken, haben schwächer gezeichnete Eier. Offenbar wirkt sich das Bedecken der Eier evolutiv ähnlich aus wie das Brüten im gedeckten Neststand oder wie bei den Vögeln, die vom Brüten in offenen Nestern zum Brüten in Halbhöhlen und Höhlen übergingen und die Pigmentierung ihrer Eischalen reduzierten. Wir müssen also für die Färbung und Zeichnung der Eier zusätzlich zum Aspekt der Evolution, der Selektion und der Dreigliederung das Verhalten der Vögel als ein wirksames Prinzip berücksichtigen. Unter diesen Gesichtspunkten betrachten wir als nächstes auch die Feldhühner und ihre Eier.

Die Feldhühner

Mit 132 Arten sind die Feldhühner die formenreichste Unterfamilie der Fasanenartigen. Dazu gehören die bis 3 kg schweren Königshühner, aber auch die nur 45 g wiegende Zwergwachtel. Das Gefieder der Feldhühner hat meistens eine unauffällige Schutzfärbung und ist seltener bunt. Feldhühner haben nie rote Markierungen über den Augen, abgesehen von den sowieso sehr bunt gefärbten indisch-indonesischen Arten. Von der Gestalt her sind die Feldhühner meistens ziemlich gedrungen. Im Allgemeinen sind sie Allesfresser, nur die Königs- und Haldenhühner ernähren sich überwiegend vegetarisch, und die Straußwachteln nehmen vor allem tierische Nahrung auf. Unter den Rebhuhnartigen sind einige Gattungen in ihrer Erscheinung den Raufußhühnern ähnlich. Wir geben zunächst einen tabellarischen Überblick über die Gattungsgruppen, einige Gattungen und die Arten, mit denen wir uns hier beschäftigen wollen (s. Tabelle 3). Dabei beziehen wir uns wieder auf die schon angeführte Literatur.[40]

Die größten Feldhühner sind die *Königshühner* (Abb. 38) aus der Gattungsgruppe der Rebhuhnartigen. Sie erreichen bis zu 55 cm Größe und 3 kg Gewicht, sind also birkhuhn- bis auerhuhngroß. Königshühner leben einehig in den asiatischen Hochgebirgen. Beide Geschlechter sind ähnlich unscheinbar grau-weiß-braun gefärbt. Mit ihrem Gackern, Schreien und Pfeifen sind die Königshühner die stimmfreudigsten aller Hochgebirgsvögel; die Balzpfiffe der Hähne sind kilometerweit zu hören. Für Hühnervögel sind sie erstaunlich schnell und wendig beim Fliegen. Die Weibchen brüten an felsigen Steilhängen, zum Teil auch auf alpinen Matten. Das Nest besteht in einer flachen Mulde, dürftig mit Pflanzenmaterial der Umgebung ausgelegt, zum Teil durch überhängende Felsen oder durch Gebüsch geschützt. 6 bis 10 Eier mit lehm- oder olivbrauner, gelblicher, gelblich-grünlicher, dunkel rötlich-gelbbrauner oder auch blaugrauer Färbung und schwacher bis mittelstarker, locker oder gleichmäßig verteilter hell- und dunkelbrauner bis rotbrauner Punktierung werden gelegt. Ihr grünlicher Schimmer ist der durch Biliverdin dunkelgrün gefärbten Innenschicht der Eischale zu verdanken.[41]

Das *Haldenhuhn* (Abb. 39) bewohnt die östliche Himalayakette. In Tibet sind die Haldenhühner in 5000 Meter Höhe die häufigsten Hühnervögel. Sie lieben vor allem steinige, von Schneeflecken durchsetzte Halden. Ihr Gefieder hat eine vollkommene Schutzfärbung. In der Brutzeit sind diese Hühner besonders stimmfreudig. Unter überhängenden Felsen bauen sie ihr Nest und polstern es gut mit Moos und Blättern aus. Es enthält 3 bis 5 rahmfarbene bis dunkel gelbbraune Eier, die dicht und gleichmäßig hell rötlich und gelbbraun gepunktet sind.

Die *Steinhühner* (Abb. 40) sind in Größe (32 bis 35 cm) und Gestalt den Rebhühnern schon ähnlicher. Ihr Gefieder ist grau-braun gefärbt, ohne Wellen- und Strichmuster, hat aber breitere schwarze, braune und weiße Querbänder. Vor allem fallen die leuchtend roten Schnäbel, rot umrandeten Augen und roten Beine auf. Beide Geschlechter sind gleich gefärbt. Das Steinhuhn

Feldhühner (Perdicinae)

Gattungsgruppe: Rebhuhnartige (Perdicini)
  Gattung Königshühner (Tetraogallus)
    Kaspisches Königshuhn (Tetrao caspicus)
    Kaukasisches Königshuhn (Tetrao caucasicus)
  Gattung Haldenhühner (Lerwa)
    Haldenhuhn (Lerwa lerwa)
  Gattung Steinhühner (Alectoris)
    Steinhuhn (Alectoris graeca)
    Chukar-Steinhuhn (Alectoris chucar)
    Felsenhuhn (Alectoris barbara)
    Rothuhn (Alectoris rufa)
  Gattung Rebhühner (Perdix)
    Rebhuhn (Perdix perdix)
  Gattung Sandhühner (Ammoperdix)
    Arabisches Sandhuhn (Ammoperdix hayi)
    Persisches Sandhuhn (Ammoperdix griseogularis)
  Gattung Waldrebhühner/Hügelhühner (Arborophila)
    Hügelhuhn (Arborophila torqueola)
  Gattung Frankoline (Francolinus)
    Halsbandfrankolin (Francolinus francolinus)
      Doppelspornfrankolin (Francolinus bicalcaratus)
  Gattung Rollulus (= bunte indisch-indonesische rebhuhnartige «Wachteln»
    Straußwachtel (Rollulus roul roul)

Gattungsgruppe: Eigentliche Wachteln (Coturnicini)
  Gattung Wachteln im eigentlichen Sinne (Coturnix)
    Europäische Wachtel (Coturnix coturnix)
  Gattung Zwergwachteln (Excalfactoria)
    Zwergwachtel (Excalfactoria chinensis)

Gattungsgruppe: Zahnwachtel (Odontophorini)
  Gattung Baumwachteln (Colinus)
    Virginiawachtel (Colinus virginianus)
  Gattung Cyrtonyx
    Montezumawachtel (Cyrtonyx montezumae)

Tabelle 3: Systematik der Feldhühner (nach Grzimek 1980b)

lebt in den Gebieten von Griechenland bis zu den südlichen Alpenhängen im Alpenrosengestrüpp und niedrigen Pflanzenwuchs, auf licht bewaldeten Berghängen, aber auch auf steinigem Gelände bis hinauf zur Schneegrenze. Das Weibchen scharrt nicht nur eine, sondern gewöhnlich zwei Nestmulden unter Gestrüpp oder überstehenden Felsen, die etwa hundert Meter voneinander entfernt liegen. In jedes Nest legt es 9 bis 15 elfenbeinweiße oder sandfarbene bis hell rötlichbraune, zum Teil fast ungefleckte und sonst fein und recht gleichmäßig rötlich-bräunlich gefleckte Eier. Schon Aristoteles wusste, dass eins dieser Gelege ausschließlich vom Hahn erbrütet wird.[42] Das Chukar-Steinhuhn ist von Bulgarien über die Himalaya-Gebiete bis nach Nordchina verbreitet. Seinen Namen verdankt es seinem Lockruf «tschuk—tschukor». Eingebürgert und domestiziert ist das Chukar-Steinhuhn in Armenien, Afghanistan, Westpakistan und im Südwesten der USA. Seine Eier sind meist ähnlich zart gefärbt und schwach gefleckt wie beim Steinhuhn, können manchmal aber auch stark gezeichnet sein.

Das dem Steinhuhn ähnlich sehende, etwa 32 cm große Rothuhn (Abb. 38 unten) bewohnt gerne gestrüppreiches Ödland, Felder und Weinberge in Südfrankreich und Spanien und wurde auch in England und auf den atlantischen Inseln eingebürgert. Bis zum Ende des 16. Jahrhunderts lebte es auch in Südwest-Deutschland. Das Nest befindet sich meist zwischen jungen Pflanzen, oft durch einen Strauch gedeckt. 7 bis 20 gelblichweiße bis beige- oder rötlich lehmbraune, dicht und fein rötlichbraun oder grau gesprenkelte und mit nur wenigen größeren rötlichbraunen Flecken gezeichnete Eier werden in 23 bis 25 Tagen ausgebrütet. Das 33 cm große Felsenhuhn (Abb. 38 oben) brütet in ariden Gebieten an kahlen oder buschbestandenen Felsenhängen in einer seichten, nicht oder kaum ausgepolsterten Mulde unter Gestrüpp. Äußerlich ähnelt es dem Steinhuhn und Rothuhn, hat aber einen braunen, weiß getupften Kragen. Es legt gelbliche bis rötlich-sandfarbene Eier, die reich mit zarten lehmbraunen Punkten und Flecken bedeckt sind.

Das mit 29 cm taubengroße *Rebhuhn* (Abb. 41) trägt ein Gefieder in verschiedenen Brauntönen mit feinen dunklen Wellenmustern. Beide Geschlechter sind ähnlich gefärbt. Das Männchen unterscheidet sich vom Weibchen durch seinen braunen hufeisenförmigen Fleck auf der Brust. Ursprünglich lebten die Rebhühner in Mooren und Heiden und siedelten dann als Kulturfolger in Bauernland mit Feldern und Wiesen um. Ihren Namen erhielten sie nach ihrem Alarmruf «rep-rep-rep». Auf Äckern, Wiesen, Heiden und Steppen brüten Rebhühner in Bodennestern, geschützt im hohen Gras, in wachsender Saat oder Büschen, Hecken und Bäumen. Das Nest ist mit Gras und Blättern ausgelegt. Die Eier sind einfarbig hellbraun, blass oliv- oder rotbraun, hell grünlichgrau oder bräunlichgrau gefärbt und nicht gezeichnet. Bis zum Brutbeginn werden sie mit Nistmaterial zugedeckt. 24 bis 25 Tage beträgt die Brutdauer.

Sandhühner (*Wüstenhühner*) (Abb. 38 Mitte links) sind in ariden Gebieten Nordostafrikas und im südlichen Vorderasien beheimatet. Es sind sandfarbene Vögel, die auf kahlen, steinigen Wüstenbergen leben. Sie brüten an sandig-felsigen Hängen mit spärlicher Vegetation, zum Teil nahe Wasserquellen. Das dürftig ausgelegte Nest ist durch überhängendes Gestein, durch einen Busch oder eine Staude geschützt. Nicht nur die Vögel selber, sondern auch ihre Eier sind meist dunkel elfenbeingelb bis sandig-rostfarben, aber auch gelblichrahmfarben, zuweilen hell kaffeebraun manchmal grau oder rosa angehaucht und nicht gezeichnet.

Hügelhühner leben in schluchtenreichen Bergwäldern mit dichtem immergrünem Unterwuchs in Höhen zwischen 1200 bis 3600 Meter in Südostasien. Außerhalb der Brutzeit haben sie einen ausgeprägten Gesellschaftstrieb, suchen gemeinsam nach Nahrung und schlafen dicht gedrängt auf demselben Ast. Ihr Nest ist eine gut mit Gras und Blättern ausgepolsterte Mulde; es wird eng mit den umgebenden Grasstauden verwoben. So entsteht eine Art Nistkammer – etwas Ungewöhnliches für Hühnervögel –, die dementsprechend 3 bis 5 milchigweiße Eier enthält.

Abb. 38 (rechte Seite): Feldhühner.

(1) Himalaya-Königshuhn (Tetraogallus himalayensis). Beide Geschlechter der Königshühner sind ähnlich in Weiß-Grau-Braun-Farben gefiedert. Die Abbildung zeigt eine Art aus dem Himalaya. Die Eier dieser Vögel sind gelblichgrünlich oder auch blaugrau gefärbt und mittelstark rotbraun gepunktet.

(2) Felsenhuhn (Alectoris barbara). Die Eier der auf der Oberseite fast einfarbig graubraun gefiederten und seitlich markant weiß-braun-schwarz gezeichneten Felsenhühner sind elfenbeinweiß bis sandfarben, z. T. rötlich, und tragen zahlreiche zarte lehmbraune Punkte und Flecken.

(3) Rothuhn (Alectoris rufa). Rothühner (Größe etwa 32 cm) haben ein ähnliches Gefieder wie die Stein- und Felsenhühner, sind aber an Hals und Brust schwarz-weiß gesprenkelt. Ihre Eier sind gelblichweiß bis beige oder rötlich lehmbraun gefärbt und tragen dichte, feine braune und graue Punkte und wenige größere rötlichbraune Flecken.

(4) Rebhuhn (Perdix perdix) mit (4a) Jungvogel. (s. auch Abb. 41)

(5): Persisches Sandhuhn (Ammoperdix griseogularis). Sand-(Wüsten)hühner haben ein bräunlich sandfarbenes, nur schwach gemustertes Gefieder, das an die aride Umgebung des Lebensraumes angepasst ist. Auch ihre Eier sind sand- bis rostfarben, hell kaffeebraun, meist aber dunkel elfenbeingelb oder gelblich-rahmfarben, manchmal grau oder rosa angehaucht und nicht gezeichnet.

2
1
5
4♂
4a
3

Die *Frankoline* (Abb. 42) sind rebhuhnartige Hühnervögel, die Steppen, Savannen, Urwälder und Gebirge in Afrika, Vorder- und Südasien bewohnen. Viele afrikanische Gebirge haben ihre eigenen Frankolinarten. Der Halsbandfrankolin – mit grauschwarzer Brust, grauschwarzem, aber weiß verziertem Kopf, rostrotem «Halsband», gelbbraun-braunen Flügeln, umrahmt von einer weißen Tüpfelung auf schwarzem Untergrund – wurde im Mittelalter aus Vorderasien in Südspanien, Sizilien und Griechenland in bewässertem Kulturland eingebürgert. Durch Bejagung starb er dort aber wieder aus. Zwischen Graspolstern legt er seine Nestmulde mit Grashalmen aus. Seine 6 bis 8 hart- und dickschaligen Eier sind hell oliv- bis schokoladenbraun, hellbraun oder gelblichbraun gefärbt, fast immer ungezeichnet und oft mit vereinzelten weißen Kalkpunkten versehen. Ähnlich gefärbt sind auch die Eier des in Palmenhainen, buschbestandenen Wadis und Sümpfen brütenden Doppelspornfrankolins. 18 bis 23 Tage dauert die Brutzeit bei den Frankolinen. Diese Vögel leben in Einehe und schließen sich außerhalb der Brutzeit zu Familienverbänden zusammen. Beide Geschlechter sind recht ähnlich gefärbt, meist in verschiedenen Brauntönen auf den Flügeln und auf der Brust, mit Wellen- und Strichelzeichnungen.

Ferner gehört zu den Rebhuhnartigen noch eine Anzahl kleiner, oft recht bunter Arten von Hühnervögeln in Indien und Indonesien, wegen ihres Aussehens «Wachteln» genannt, obwohl sie gar nicht zur Gattungsgruppe der Wachteln gehören. Hiervon greifen wir als Beispiel die einehig lebende indo-

Abb. 39 (linke Seite): Feldhühner.

Oben rechts Haldenhuhn (Lerwa lerwa). Haldenhühner leben im Himalaya (Tibet) bis in 5000 Meter Höhe auf steinig-schneeigen Halden. Sie sind unauffällig in verschiedenen Brauntönen gefiedert. Ihre Eier sind rahmfarben bis dunkel gelbbraun und gleichmäßig dicht hell rötlich und gelbbraun gepunktet. Links, Mitte ♂ und unten ♀: Straußwachtel (Rollulus roul roul). Diese indonesische Wachtel gehört zu den buntfarbigen Arten (♀: grün gefiedert mit braunen Flügeln, schwarzem Kopf und roter Einfassung der Augen, ♂: fast schwarz, braune Flügel, roter Augenfleck, weiße Markierung auf dem Kopf und ein prächtiger, leuchtend roter Kopfschmuck). Die Henne baut ein vollständig überdachtes Nest – eine Besonderheit für Hühnervögel – und legt weiße Eier, die z. T. schwach grau oder blass gelblich-bräunlich angehaucht sind. Rechts, in der Mitte Zwergwachtel (Excalfactoria chinensis)(vorne ♂, dahinter ♀). Diese spatzengroße Wachtel lebt in Grassteppen und Sumpfgrasland des südlichen Afrika, Südasien und im Osten Australiens. Das Weibchen ist unscheinbar in Brauntönen gefärbt. Das braun-rotbraun-graue Männchen trägt seine schwarz-weißen, «gesichtsähnlichen» Markierungen bei der Balz zur Schau. Die Henne legt hell olivlehmbraune, auch gelblich oder grau getönte oder braun gefärbte, meist fleckenfreie Eier. Bei einigen Rassen dieser Vogelart findet man aber auch dunkler braune und mehr oder weniger dicht braun bis schwarz gefleckte Eier.

nesische Waldwachtel namens *Straußwachtel* (Abb. 39) heraus. Der Hahn ist fast schwarz gefiedert und hat einen kurzen, schwarz-grünlichen Schwanz, braune Flügel, eine leuchtend rote Färbung um das Auge, einen weißen Fleck auf dem Kopf und einen prächtig roten, fülligen Kopfschmuck. Die Henne ist vor allem grün gefärbt, hat braune Flügel, einen schwarzen Kopf mit einigen langen und dünnen schwarzen Federn und ebenfalls rot umrahmte Augen. Aus Zweigen und Blättern baut sie ein vollständig überdachtes Nest mit einem kleinen Schlupfloch an der Vorderseite – wiederum eine Besonderheit unter den Hühnervögeln! 18 Tage dauert die Bebrütung der entsprechend ungefleckten weißen Eier, die zum Teil schwach grau oder blass gelblich-bräunlich überhaucht sind. Bis zu einem Alter von 25 Tagen werden die Jungen jeden Abend ins Nest geführt. Sind die Jungen darin allabendlich sicher untergebracht, verschließt die Henne das Einschlupfloch sorgfältig mit Zweigen.

Zur zweiten Gattungsgruppe (Eigentliche Wachteln) gehören unter anderem die Gattung der Wachteln im eigentlichen Sinne und die Gattung der Zwergwachteln. Hier trifft man auf die kleinsten Hühnervögel überhaupt. Einige der Wachteln sind die einzigen Zugvögel unter den Hühnern, zum Beispiel auch unsere einheimische Wachtel, die bis nach Ostafrika zieht. Diese in Europa und Eurasien lebende *Europäische Wachtel* (Abb. 43) ist mit 17 bis 18 cm Größe und 45 g Gewicht nur reichlich starengroß. Beide Geschlechter sind unauffällig in verschiedenen Brauntönen gefiedert – helle Brust, dunklerer, mit hellen Strichen gezeichneter Rücken und dieselbe Musterung auf den Flügeln – und tragen an Kopf und Hals eine dunkelbraune Längsstreifung auf hellem Grund. Eine hell-dunkle Längsstreifung an Kopf und Rücken haben übrigens auch die Jungen fast aller Feldhühner (außer beim Königshuhn und Wüstenhuhn), im Gegensatz zu den mehr getupft gemusterten Jungen der Raufußhühner. Derartige Zeichnungen, vor allem am Kopf, deuten allgemein auf eine Nerven-Sinnes-Betonung der Tiere.[43] Tatsächlich ist die Wachtel ja unter den Hühnervögeln ein deutlich nervöser Vertreter. Wachteln lieben weite Wiesengründe in warmen, nicht zu trockenen Lagen, auch Getreidefelder und Kartoffeläcker. Leider vertreibt die moderne Landwirtschaft die Wachteln. Heute leben diese Hühnervögel noch vor allem im südöstlichen Europa. Mehr als andere Hühner nehmen Wachteln tierische Kost auf: Spinnen, Würmer, Schnecken, zusätzlich aber auch Triebspitzen, Blüten, Samen und Getreidekörner. Die Wachtelhennen brüten auf Feldern, Wiesen und in Steppen, meist in kurzem und schütterem Gras. Das Nest ist eine gescharrte Vertiefung, mit etwas Gras und anderem Pflanzenmaterial ausgelegt. Es enthält 7 bis 12 (16) kleine, typisch kreiselförmige Eier. Sie sind weißlich bis gelblich oder bräunlich-gelb bis rötlichbraun, manchmal auch grünlichgelb gefärbt und sehr varia-

Abb. 40 (Links): Steinhahn (Alectoris graeca). Das einfarbig hellgraue Gefieder mit seiner braunschwarz-weißen Musterung ist sehr gut an die Farben der Landschaft – hier: hellgrauer Kalkstein – angepasst. Das Steinhuhn legt elfenbeinweiße bis hell ockerbraun gefärbte Eier. Sie sind z. T. fast ungefleckt und sonst fein und spärlich hell rötlichbraun gezeichnet.

Abb. 41 (Rechts): Rebhuhn (Perdix perdix) mit Jungen. Unten Die Eier des in verschiedenen Brauntönen gefiederten Rebhuhns sind einfarbig bräunlich-rahmfarben bis dunkler braun, blass olivbraun oder hell grünlichgrau bis bräunlich-grau gefärbt und nicht gezeichnet. Bis zum Brutbeginn werden sie mit Nistmaterial zugedeckt.

bel gefleckt, meistens jedoch mit markanter hell-, rötlich-, schokoladen- oder schwarz-brauner Zeichnung in Form von Punkten, Klecksen und großen Flecken. In den Brutpausen deckt die Henne die Eier zu. 16 bis 21 Tage dauert es, bis die Jungen schlüpfen.

Die spatzengroße, einehig lebende *Zwergwachtel* (Abb. 39) ist der kleinste Hühnervogel überhaupt. Er bewohnt Grassteppen und Sumpfgrasland im südlichen Afrika, Südasien und den Osten von Australien. Das Weibchen ist typisch hühnerartig unauffällig in verschiedenen Brauntönen getupft, während

1
♀
♂
2 ♀
3 a ♂
4♂
5♂
3b
♂

das Männchen am Rumpf gleichmäßiger rotbraun und grau gefärbt ist, an Kopf und Kehle aber auffällige schwarz-weiße, «gesichtsähnliche» Markierungen hat, die während der Balz zur Schau getragen werden. Die Henne scharrt eine Erdmulde und legt 4 bis 6 hell olivbraune, auch gelblich oder grau getönte oder reiner braun gefärbte, meist fleckenfreie Eier. Manchmal sind sie jedoch sparsam braun gepunktet oder mit kleinen Flecken versehen. Andere Rassen dieser Vogelart haben dunklere Eier mit dunkelbrauner bis schwärzlicher, mehr oder weniger dichter Zeichnung. Das Nest wird vom Hahn bewacht; mit gesenktem Kopf und hängenden Flügeln stürzt er sich mutig auf jeden Feind, selbst auf Hunde. Nach 16 Tagen Brüten schlüpfen die Jungen als fertige Nestflüchter; sie sind nur so groß wie Hummeln.

In Amerika gibt es keine Rebhühner, Frankoline und Wachteln. Stattdessen trifft man hier auf die Gattungsgruppe der wachtel- bis rebhuhngroßen Zahnwachteln. Sie sind gedrungen gebaut, haben häufig Hauben als Kopfschmuck und einen hohen, kurzen Schnabel. Ihr braunes und graues Gefieder hat in vielen Fällen hübsche weiße Streifen- und Perlmuster, Kopf und Kehle sind weiß umrahmt und von zusätzlichen weißen Markierungen betont. Meist sind die Geschlechter verschieden gefärbt. Diese einehig lebenden Hühnervögel bewohnen die Gebiete vom Süden Kanadas bis nach Nordargentinien. Die *Virginiawachtel* (Abb. 44) lebt in Brachfeldern, buschreichen Wiesen und lichten Wäldern vom südlichen Kanada bis Mexiko und Kuba. Im Gegensatz zu anderen Vögeln konnte sie sich sehr gut an die Urbarmachung der Landschaft anpassen und ist sogar in die Parkanlagen der Städte eingewandert. Die Henne legt bis zu 15 weiße, ungefleckte Eier, die manchmal auch vom Hahn bebrütet werden.

Die kleinste Zahnwachtel ist die *Montezumawachtel* (Abb. 44), ein braun und schwarz gefiederter Vogel mit schöner weißer Perlzeichnung an den dunkelgrauen Seiten, zum Teil auch auf dem Schwanz, mit parallelen schmalen weißen Strichen auf dem braunen Rücken und markant weiß-schwarz gemustertem Kopf und Hals. Am Hinterkopf trägt diese Wachtel eine dicke, kurze, anliegende Haube. Die Montezumawachtel lebt in lichten, grasbestandenen Eichen- und Kiefernwäldern zwischen 1200 bis 2700 Meter Höhe von Neu-

Abb. 42 (linke Seite): Frankoline. Die hier abgebildeten Arten (1. eine Unterart des Bergfrankolins, 2. Kamerunbergwald-Frankolin, 3. Rebhuhn-Frankolin, 4. eine Unterart des Nacktkehl-Frankolins, 5. Halsband-Frankolin) sind fast alle recht unauffällig in verschiedenen Braunfarben und Grau gefiedert. Nur der Halsband-Frankolin ist differenzierter gefärbt. Die Henne legt hell oliv- bis schokoladenbraune oder gelbbraune Eier, die oft mit einzelnen weißen Kalkpunkten versehen sind.

Abb. 43: Europäische Wachtel (Coturnix coturnix). (Siehe auch Abb. 39 unten rechts) Beide Geschlechter (hier das Weibchen) sind unauffällig in verschiedenen Brauntönen gefiedert. Die typisch kreiselförmigen Eier haben eine weißlich-gelbliche bis bräunlichgelbe, z. T. rötlich-braune und gelegentlich grünlichgelbe Grundfärbung und eine sehr variable, meistens intensive und großfleckige hellbraune, rötlich-, schokoladen- oder schwarzbraune Zeichnung.

mexiko bis Nicaragua. Sie ernährt sich vor allem von den Knollen eines Riedgrases, welche sie aus dem Boden herauspflügt. Für einen Hühnervogel baut die Montezumawachtel ein erstaunlich kunstvolles Nest: eine mit Gras und Daunen ausgefütterte Erdmulde, die zur Tarnung mit Grashalmen überdacht wird. 25 bis 26 Tage dauert es, bis aus den 6 bis 16 weißen, ungefleckten Eiern die Jungen schlüpfen.

Versuchen wir, wie bei den Raufußhühnern, die verschiedenen Aspekte für die Eischalen-Pigmentierung herauszufinden. Anders als bei den Raufußhühnern – einer jüngeren Vogelgruppe – findet man bei Grzimek (1980b) keine Angaben zum evolutiven Alter der Feldhühner. Die Färbung und Zeichnung der Eischalen ist bei den viel zahlreicheren Arten der Feldhühner entsprechend differenzierter als bei den Raufußhühnern: von weiß und ungefleckt über bräunlich getönt mit mittelstarker Zeichnung bis zu sehr intensiver Fleckung wie bei den Wachteln. Während wohl alle Raufußhühner zumindest schwach gefleckte Eier haben, gibt es etliche Feldhuhn-Gattungen und -Arten (zum Beispiel das Rebhuhn, das Sand-(Wüsten)huhn, die Straußwachtel und die Montezumawachtel), deren Eier nicht gefleckt und zum Teil sogar weiß sind. Vermutlich deutet dies nicht auf eine evolutiv primitivere Entwicklungsstufe, sondern auf den Aspekt der Selektion oder das Verhalten der Vögel. Denn die Gattungen mit den nicht gezeichneten Eiern gehören zu denjenigen Feldhühnern, die ihr Gelege beim Verlassen bedecken (Rebhuhn) oder die ein überdachtes Nest beziehungsweise eine Nistkammer – also eine Art Nisthöhle – bauen (Hügelhuhn, Straußwachtel, Montezumawachtel).

Auch unsere Europäische Wachtel deckt ihr Gelege in den Brutpausen zu. Trotzdem sind ihre Eier aber intensiv gefleckt. Ähnliches gilt für die Zwergwachtel, den kleinsten Hühnervogel. Bei einigen ihrer Rassen sind die Eier dunkelbraun oder schwarz gefleckt, hier allerdings auf olivbraunem Grund. Das Zudecken des Geleges führt evolutiv zur Reduktion der Eischalen-Pigmentierung. Dem widerspricht jedoch die intensive Fleckung der Eier bei der Europäischen Wachtel. Offenbar wird hier die evolutive Wirkung des Verhaltens durch den Aspekt der Dreigliederung überlagert: Nerven-Sinnes-betonte Vögel haben typischerweise intensiver pigmentierte, vor allem gezeichnete Eier. Für eine solche Nerven-Sinnes-Betonung sprechen auch die geringe Körpergröße und die Längsstreifung am Kopf der Wachtel. Nervöse Hühnervögel sind sicherlich auch die sehr bunten und mit Kopfschmuck ausgestatteten Straußwachteln. Indem sie unter den Rebhuhnartigen zur Nerven-Sinnes-Seite tendieren, stehen sie den Eigentlichen Wachteln nahe. Ihr Name und ihr Aussehen deuten jedenfalls darauf hin. Die Montezumawachtel ist zwar nicht so schön bunt, sondern nur in Brauntönen gefärbt, ist aber umso schöner und differenzierter mit weißen Punkten, Strichen und Streifen am Kopf gemustert. Sie ist die kleinste Zahnwachtel, was ebenfalls für eine Nerven-Sinnes-Orientierung spricht.

In Größe und Gestalt sind die Königshühner die Riesen unter den Feldhühnern. Damit gehören sie sicher zu den Stoffwechsel-Gliedmaßen-betonten Vertretern der Feldhühner. Ähnlich wie beim Auerhuhn unter den Raufußhühnern sind ihre Eier jedoch keineswegs ungefleckt, wie es für Stoffwechsel-Gliedmaßen-orientierte Vögel (Strauß, Storch, Schwan, Gans usw.) typisch ist, sondern schwach bis mittelstark rotbraun gepunktet. Vermutlich setzt sich hier gegen die Wirkung der Stoffwechsel-Gliedmaßen-Betonung ein selektionistischer Aspekt durch, wodurch die Eischalen-Pigmentierung an die Umgebung angepasst wird. Die Nester der Königshühner befinden sich nämlich im freien Gelände, werden allerdings teilweise durch Gebüsch oder überhängende Felsen geschützt. Da die meisten Hühnervögel in gescharrten und nur wenig ausgepolsterten Bodenmulden in mehr oder weniger offenen Standorten brüten, ist der selektionistische Aspekt der Einpassung in die Umgebung bei der Eischalen-Pigmentierung fast immer mit zu beachten. Wie bei den Raufußhühnern legen auch bei den Feldhühnern die Arten, die an offenen Standorten brüten, meistens gefleckte Eier, während bei Arten mit gedecktem oder verborgenem Neststand die Eier fast oder völlig ungezeichnet sind.[44] Ob das Nest selber gedeckt – überdacht oder als Kammer angelegt – ist oder ob die Vögel das Gelege beim Verlassen mit Nistmaterial zudecken, wirkt sich auf die Pigmentierung der Eischalen offenbar ähnlich aus. So findet man weiße oder gelblichweiße und nicht gezeichnete Eier beim Hügelhuhn, dessen Nest eine Art Kammer bildet, ferner bei der Straußwachtel und bei der Montezumawachtel,

Abb. 44: Feldhühner. Rechts Virginiawachtel (Colinus virginianus). Die Virginiawachtel legt weiße, ungefleckte Eier. Links Montezumawachtel (Cyrtonyx montezumae). Die Montezumawachtel ist die kleinste Zahnwachtel. Die Henne überdacht ihr Nest mit Grashalmen – eine Seltenheit bei Hühnervögeln – und legt weiße, ungefleckte Eier.

deren Nester überdacht sind. Diese Hühnervögel brüten also in halbhöhlen- oder höhlenähnlichen Räumen; hierfür sind weiße oder hellblaue Eier typisch. Raufußhühner bauen keine solchen Nistkammern oder überdachten Nester, und auch bei den Feldhühnern ist dies eher die Ausnahme.

Mehr noch als die kleinere Unterfamilie der Raufußhühner differenzieren also die Feldhühner mit ihrem großen Artenreichtum die Färbung und Zeichnung ihrer Eier nach den verschiedenen Aspekten von Selektion, Evolutionshöhe, Verhalten und Dreigliederung.

Tab. 4: Färbungen und Zeichnungen der Eischalen von Rauhfuß- und Feldhühnern im Überblick

I. Unterfamilie RAUHFUSSHÜHNER

1. Gattungsgruppe: Waldhühner

Gattung/Art	Eifärbung	Eizeichnung
Auerhühner		
Auerhuhn	gelblich bis rötlichbraun	gelblichgraue und rötlichbraune, gleichmäßig verteilte Fleckchen (intensiver als beim Birkhuhn)
Birkhühner		
Birkhuhn	gelblich bis ockerbraun	fein braun und rötlich braun gepunktet
Kaukasisches Birkhuhn	ebenso	ebenso
Schneehühner	rahmweiß bis gelblich, manchmal leicht rötlich	stark, unregelmäßig und variabel dunkelbraun bis rotbraun gefleckt. Stärkste Pigmentierung aller Rauhfußhuhn-Eier

2. Gattungsgruppe: Präriehühner

Gattung/Art	Eifärbung	Eizeichnung
Beifußhühner		
Beifußhuhn	rahm-gelblich, bräunlich, olivbraun, gelbgrau grau, grünlich	regelmäßige, zarte rotbraune oder dunkel kastanienbraune Punktierung
Eigentliche Präriehühner		
Präriehuhn	rahmfarben bis blaß olivbräunlich oder lohfarben bis graubräunlich	sehr feine dunkelbräunliche Punkte und Fleckchen, die eventuell auch fehlen können
Spitzschwanzhühner		
Schweif-Waldhuhn	dunkel rahmfarben, olivgelbbraun bis rötlich-schokoladenbraun innerste Schalenschicht: grün, scheint nach außen durch	meist ungefleckt, nicht selten aber sehr zart und überall ziemlich dicht tief rot-braun gepunktet

3. Gattungsgruppe: Haselhühner

Gattung/Art	Eifärbung	Eizeichnung
Tetrastes		
Haselhuhn	gelblich-rahmfarben, gelblich-ocker bis bräunlich	lose verteilte, meist kleine blaß lehmbraune, seltener größere dunkel kastanienbraune rundliche Flecken

II. Unterfamilie FELDHÜHNER

1. Gattungsgruppe: Rebhuhnartige

Gattung/Art	Eifärbung	Eizeichnung
Königshühner		
Kaspisches Königshuhn Kaukasisches Königshuhn	lehmbraun, olivbraun, gelblich oder dunkler rötlich-gelbbraun; dunkelgrüne Innenschicht schimmert grünlich nach außen durch	hellbraune und dunkelbraune, manchmal rötlichere erhabene Flecken; locker oder gleichmäßig und nicht sehr dicht verteilt
Haldenhühner		
Haldenhuhn	rahmweiß bis dunkel gelbbraun	gleichmäßig verteilte, dichte, aber zarte rosa und gelbbraune Fleckung
Steinhühner		
Steinhuhn	elfenbeinweiß bis hell ockerbräunlich	z. T. fast ungefleckt, sonst mit spärlichen hell rötlichbraunen Punkten und Flecken
Chukar-Steinhuhn	gelblich bis gelbbräunlich	spärliche hell graubraune oder auch rötlich- und gelbbraune Flecke auf der ganzen Fläche verteilt
Rothuhn	gelblichweiß bis beigebraun oder rötlich lehmbraun	dichte, feine braune und graue Punkte, nur wenige größere rötlichbraune Flecken
Felsenhuhn	elfenbeingelb bis sandfarben, z. T. rötlicher	reich bedeckt mit zarten lehmbraunen Punkten und Flecken

Rebhühner Rebhuhn	bräunlich-rahmfarben bis dunkler braun, blaß olivbraun, hell grünlichgrau bis bräunlichgrau	ohne Zeichnung
Sandhühner Arabisches Sandhuhn Persisches Sandhuhn	gelblich-rahmfarben, manchmal hell kaffeebraun, meist aber dunkel elfenbeingelb, manchmal grau oder rosa angehaucht	ohne Zeichnung
Hügelhühner Hügelhuhn	glänzend reinweiß	ohne Zeichnung
Frankoline Halsband-Frankolin	hell olivbraun, zuweilen mehr gelbbraun oder dunkler braun	fast immer ohne Zeichnung, aber mit vereinzelten weißen Kalkpunkten
Doppelsporn-Frankolin	dunkel rahmfarben oder hell graugelblich bis rötlich gelbbraun	mit zahlreichen kleinen weißen Kalkpunkten
Rollulus Straußwachtel	stumpfweiß, z. T. mit schwach grauem oder blaß gelblich-bräunlichem Hauch	ohne Zeichnung

2. Gattungsgruppe: Eigentliche Wachteln

Gattung/Art	Eifärbung	Eizeichnung
Wachteln im eigentlichen Sinne		
Europäische Wachtel	rahmfarben bis hell bräunlichgelb, gelbbraun bis rötlichbraun, seltener fast weiß, gelegentlich grünlich gelb	sehr variable Punktierung und Fleckung, bis hin zu riesigen Flatschen, dunkelbraun, rötlichbraun bis fast schwarz
Zwergwachteln Zwergwachtel	hell olivlehmbraun, gelblich oder grau getönt, warm oliv bis braun (bei manchen Rassen auch dunkler braun)	meist fast fleckenfrei, manchmal sparsame Punkte, nur wenig dunkler (bei manchen Rassen mehr oder weniger dicht braun bis schwarz gefleckt)

3. Gattungsgruppe: Zahnwachteln

Gattung/Art	Eifärbung	Eizeichnung
Baumwachteln		
Virginiawachtel	weiß	ohne Zeichnung
Cyrtonyx		
Montezumawachtel	weiß	ohne Zeichnung

Anthroposophischer Ausblick

Die Farbenmuster der Vogeleischalen in ihrer methodischen Zugänglichkeit

«Mannigfache Wege gehen die Menschen. Wer sie verfolgt und vergleicht, wird wunderliche Figuren entstehen sehn; Figuren, die zu jener großen Chiffernschrift zu gehören scheinen, die man überall, auf Flügeln, Eierschalen, in Wolken, im Schnee [...] erblickt.»[45]

Wir haben versucht, die Chiffren der Eifärbungen lesen zu lernen, um ihren Zusammenhang, in dem sie stehen, verstehen zu können. Dabei war das Anliegen, für ganz unterschiedliche Verständniszugänge und Erklärungsweisen offen zu sein, wenn sie nur ein Stück weiterhelfen. Doch bei jedem griffigen Erklärungskonzept ließen sich bald wieder auch Ausnahmen finden. Was das eine Denkmuster nicht aufschließen konnte, gelang streckenweise mit einem anderen. Es stellte sich dann die Frage, ob auch verständlich werden kann, wie plurale Ansätze zusammengehören können.

Die erste Verständnisebene bildet der selektionierende Zugriff der Außenfaktoren auf die Eifärbungen, zum Beispiel bei Schutzfärbungen in offenen Nestern oder hellen Färbungen im Dunkeln. Hier denken wir im Muster kausaler Ursachen, wie sie für die anorganische Welt zumeist im Vordergrund stehen. – Haben wir hingegen den noch ungefärbten Status der Eier als Merkmal bei Reptilien und primitiven Vogelgruppen und andererseits die zunehmenden Musterungen bis hin zu den Singvögeln im Auge, so denken wir im makroevolutiven Strom der Phylogenese. Ontogenetisch stehen die Zeitgestalten von

Unreife und Überreife beim Schlüpfen (Nesthocker/Nestflüchter) in einem Zusammenhang mit der Unreife und Überreife des Häms im Blutauf- und -abbau bezüglich des Protoporphyrins und Bilirubins. – Noch eine andere Dimension taucht auf, wenn die Eischalenmuster enger mit den direkten Verhaltensweisen – zum Beispiel dem Zudecken der Eier beim Verlassen des Geleges – abgestimmt sind. – Wo auch diese dritte Verständnisebene nicht hinreichte, kam der Wert der Dreigliederung in den Verwandtschaftsgruppierungen zum Vorschein. Damit sprechen diese vier Zugänge im Rückblick ihre Zusammengehörigkeit selbst aus:

Das Prinzip der Selektion erfasst die von außen auf der physischen Ebene eingreifenden Faktoren.

Die Phylogenese- und Ontogenese-Zeitmuster beinhalten die Lebensprozesse.

Das Verhalten ist von der seelischen Triebnatur des Vogels durchzogen.

Im Rahmen der Dreigliederung wird jede Tiergruppe als Teil eines ausgebreiteten Menschen sichtbar; denn der Mensch vereinigt in sich harmonisch den Stoffwechsel-Gliedmaßen-Bereich mit dem Nerven-Sinnes-Bereich, vermittelt durch das rhythmische Blutkreislauf-Atem-System.

So haben wir hierbei die Wirkebenen gefunden, die auch der Mensch in sich und um sich findet: die Ebenen des Physisch-Leiblichen, des Lebendigen (Ätherischen), des Seelischen (Astralischen) und des Wesenhaften (Geistigen). Wir blicken damit in einen umfassenden Weltzusammenhang, der die Natur und den Menschen gleicherweise umschließt. –

Ist diese umfassende Einbettung des Gesamtthemas deutlich geworden, so kann auch wieder die Frage nach den vorfindbaren Einseitigkeiten aufgeworfen werden. Worin liegt gerade die besondere Eingeschränktheit der Vogelnatur in ihrer charakteristischen Eigenart?

Die Färbung und Zeichnung der Vogeleischalen als Ausdruck luziferischer Wirkungen

Vögel sind Wesen, die typischerweise im Licht-Luftraum der Erde leben. Diese Region ist durch Himmelsblau, Sonnenauf- und -untergänge, Regenbogen, Blitz und Polarlicht immer mit Farberscheinungen verbunden. Darüber hinaus bildet die Atmosphäre einen Wärme-Schutzmantel für die Erde. Wärme, Licht und Farben sind Qualitäten, welche die planetarischen Vorstufen (Verkörperungen) der Erde repräsentieren. So bestand der alte Saturn, die erste Vorstufe der heutigen Erde, aus Wärme. Die alte Sonne als zweite Vorstufe der Erde entwickelte zusätzlich das Licht, und auf dem alten Mond, der dritten Vorstufe der Erde, kamen die Farben neu hinzu.[46] Mit diesen Qualitäten verbanden sich die luziferischen Geister, welche während der fortschreitenden Weltentwicklung in der Hierarchie der Geistwesen zurückblieben. Diese Wesen wirken auch heute noch. Den Menschen wollen sie auf der Kindheitsstufe halten, nicht reif werden lassen, nicht in das Irdische eintauchen lassen.

«Die luziferischen Mächte möchten es geradezu dahin bringen, dass einmal auf der Erde keine Greise herumgehen, sondern Menschen, die in einem gewissen Jugendwahn ihr Leben zubringen. Dadurch würden diese luziferischen Mächte die Erde dahin bringen, immer mehr und mehr als ganzer Planet *ein* Leib zu werden und auch eine gemeinsame Seele zu haben, in der die einzelnen Seelen verschwimmen. Eine gemeinsame Seelenhaftigkeit der Erde und eine gemeinsame Leibhaftigkeit der Erde, das ist es, was Luzifer für die Entwicklung der Menschheit anstrebt, gewissermaßen ein großes organisches Wesen aus der Erde zu machen mit einer gemeinsamen Seele, in der die einzelnen Seelen ihre Individualität verlieren.»[47]

Zur Kindheitssituation gehören auch die Schönheit, die frischen und lebendigen Farben, die strahlende Jugendlichkeit.

«Was uns gewissermaßen leuchtend, strahlend umgibt, ist die Offenbarung des luziferischen Wesens der Welt, es ist dasjenige, was jetzt so ist, wie es ist, weil es auf einer früheren Stufe seines Daseins zurückgeblieben ist.»[48]

Die luziferischen Wesen haben dadurch auch eine positive Bedeutung für die Weltentwicklung. Luzifers Wirkungen leben in allem, was sich in Schönheit, Licht und Farbe darstellt. Jegliche Kunst wie die Malerei, Plastik, Architektur, Sprachkunst und Musik wird durch ihn inspiriert. Luziferische Wesen beflügeln die künstlerische Phantasie und die schöpferische Schaffenskraft des Menschen. Üben die luziferischen Mächte jedoch einen negativen Einfluss auf den Menschen aus, so wird er zum weltabgewandten Träumer und Schwärmer, zum nebulosen Mystiker mit einer Abneigung gegen das klare, konturierte Denken.

Mit Wärme, Licht und Farben haben sich auch die Vögel verbunden. Ihr farbiges Gefieder und die Pigmentierung der Eischalen legen ein Zeugnis davon ab. Färbung und Zeichnung der Eischalen sind Ausdruck der Licht- und Wärmekräfte. Man könnte sagen: Durch die Färbung des Federkleides und in der Pigmentierung der Vogeleischalen *malt Luzifer* ein differenziertes Bild des Vogelwesens, das aus der Auseinandersetzung mit dem Lebensraum, aus der Evolutionshöhe der Arten, aus dem Verhalten der Vögel und ihrer Dreigliederung komponiert ist.

Skorpione und ihre Verwandten

In der Provence, im Tessin und in Südtirol finden sich unschwer die uns nächsten Skorpione, kleine dunkelbraune Gesellen, die tags lichtscheu meist unter Steinen sitzen und deren Giftstich nicht schlimmer als der einer Biene ist. Sieht man sich einen solchen *Euscorpius* an – bei Fabre ist es der kaum 4 cm lange, gelbschwänzige *Euscorpius flavicaudis* – so fällt der rhythmisch gegliederte Rumpf und Schwanz besonders in den Blick, wobei merkwürdigerweise dem Vorderende ein Kopf zu fehlen scheint. Er ist jedoch gestaltlich nur noch nicht vom Rumpf abgesetzt, sondern mit ihm verschmolzen, wie es ja auch bei allen Krebsen und Spinnen der Fall ist, nur dass bei den Skorpionen der physiognomische Eindruck besonders kopflos ist. Die Zangen oder Scheren (Cheliceren) kennzeichnen diese, auffallend trockene Ödländereien zumeist vorziehenden Tiere als echte Mitverwandte der Spinnen inclusive Geißelspinnen, Weberknechte und Milben auf der einen Seite und der Schwertschwänze und Seeskorpione andererseits. Da sie alle Cheliceren tragen, werden sie so als *Chelicerata* (Scherenfüßler) zusammengefaßt (Abb. 1).

Es ist ein außerordentlich urtümlicher Tierstamm. Schon im Unterkambrium, also mit dem ersten Auftreten der meisten heutigen Tierstämme in ihren ersten Repräsentanten, sind auch die ersten Schwertschwänze (*Paleomerus hamiltoni* / Schweden) da, die ersten Seeskorpione anschließend seit dem Ordovicium und die ersten vollen Skorpione seit dem Mittleren Silur. Kambrium, Ordovicium und Silur sind Erdgeschichtsepochen noch vor der Steinkohlenzeit des Karbons, wobei sich zwischen Silur und Karbon auch noch das Devon schiebt. Die Erdwissenschaftler sprechen hier vom Erdaltertum. Riesige, zumeist im Süßwasser beheimatete Seeskorpione bis 1,80 Meter Länge lebten damals.

Die in der Steinkohlenzeit (Oberkarbon) auftauchenden Landskorpione entpuppten sich als wahre Überlebenskünstler. Nicht nur haben sie sich bis heute kaum verändert, sondern sie leben noch immer am ehesten in extrem trockenen Lebensräumen von Wüsten und Steppen. Bis zu zwei Jahren kön-

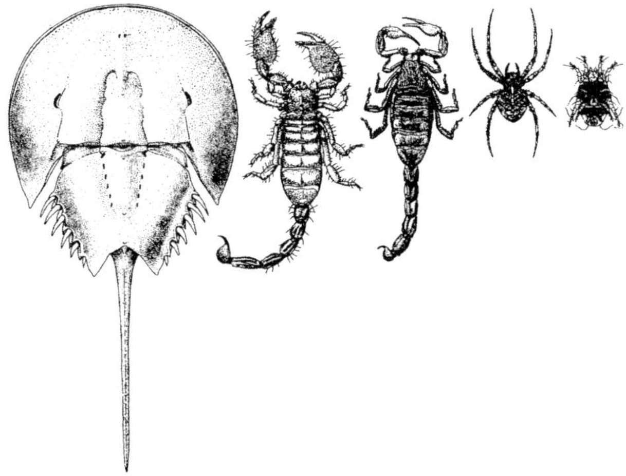

Abb. 1: Das Spektrum der Scherenfüßler (Chelicerata) reicht von den bis zu einem dreiviertel Meter langen Schwertschwänzen über die Skorpione, Spinnen und Weberknechte bis zu mikroskopisch kleinen Milben.
Von links Atlantischer Schwertschwanz (Limulus polyphemus) 75 cm, Kaiserskorpion (Pandanus imperator) 20 cm, Feldskorpion (Buthus occitans) 7,5 cm, Kreuzspinne (Araneus diadematus) 1,6 cm und Hausstaubmilbe (Dermatophagoides pteronyssinus) 0,33 mm. Abgebildet sind die Weibchenformen; die Männchen sind zumeist deutlich kleiner. (Nicht maßstabgerecht).

nen manche Arten unbeschwert hungern. Gegen radioaktive Strahlung sind sie auffällig resistent, weshalb sie auch die natürliche Radioaktivität in den großen Zeiträumen von 300 Millionen Jahren mutativ kaum verändert hat. Ein kammartiges Organ an der Unterseite hinter dem letzten Beinpaar kann als Tastorgan für Bodenerschütterungen eingesetzt werden. Welch andere Orientierung als im hellen Licht des Tages: im Dunkeln den Tastraum sensibel ausnutzend. So sind sie zumeist auch erst nachts aktiv.

Wie die Spinnen haben die Skorpione – anders als die Insekten mit ihren drei Beinpaaren – immer vier solche. Doch erscheinen gegenüber den gedrungenen Spinnen die sehr viel gestreckteren Skorpione viel regelmäßiger durchsegmentiert, also in einzelne Körperabschnitte gegliedert; so besonders, wie schon gesagt, am Hinterleib und Schwanz. Wirklich gefährlich sind nur die mittelgroßen Skorpione der Familie *Buthidae.* Sie sind meist gelblich gefärbt, haben eine große Giftstachelblase am Schwanzende, dafür aber nur schmale, schwache Zangen. Das Gift des Sahara-Skorpions (*Androctonus australis*) oder des Ecuador-Skorpions (*Tityus cambridgei*) ist so gefährlich wie das einer Kobra. Umgekehrt sind die größeren Skorpione solche mit kleiner Giftblase und dicken, muskelstarken Zangen und weitgehend ungefährlich, so der mit 20 cm Länge größte Skorpion, der Kaiserskorpion (*Pandinus imperator*) aus Afrika. Aber man muss gar nicht so weit noch Süden reisen: Bei Krems an der Donau liegt das nördlichste natürliche Vorkommen von *Euscorpius* und im warmen Golfstrombereich von südenglischen Häfen haben sich, neuerdings eingeschleppt, außereuropäische Arten eingenistet.

Ihre ganze Eigentümlichkeit wird noch evidenter, wenn man ihre heute lebenden größten Verwandten kennenlernt: die Schwert- oder Pfeilschwänze (*Xiphosura*). Ohne Krebse zu sein, wirken sie aber auf den ersten Blick wie solche; so dass man sie früher auch Pfeilschwanzkrebse nannte. Sie lieben die Brackwasser- und Flachküstenzonen des östlichen Nordamerikas (horse shoe crabs) und des westlichen Pazifiks (Molukkenkrebse). Ein großer, halbkreisförmig aufgespannter Kopf-Brust-Schild wird von einem kleineren Hinterleibsschild und dem langen, schlanken Schwanzstachel gefolgt. Entlang der ganzen Ostküste der USA, wo sich brandungsgeschützte Strände, Buchten und Flussmündungen finden, trifft man auf die abgeworfenen Häutungspanzer, aus deren Schwanzstacheln sich einst die Native Americans Pfeilspitzen schnitzten (daher: Pfeilschwanzkrebse). Während die Männchen bis 40 cm groß sind, erreichen die noch größeren, schwereren Weibchen bis zu 75 cm Länge. Geschlechtsreif geworden, laichen sie jedes Jahr an die 90.000 Eier ab: eine ungeheure Stoffwechselproduktivität. Der Kopf-Brust-Schild ist laichreif damit vollgestopft.

Spinnen wirken gegenüber diesen Körpermassen geradezu miniaturhaft, feingliedrig, zart und zerbrechlich-sensibel. Ein äußerst feines Tastempfinden, das über Fernsinnesorgane jede Erschütterung des selbstgesponnenen Netzes erspürt, ist ihre Spezialisation. Viele Spinnen verzehren nachts ihr Netz, um es sogleich wieder neu zu spinnen – und das täglich. Es ist ja nichts anderes als in hoher Ordnung immer wieder aufs Neue nach außen gesetztes körpereigenes Eiweiß – eine Art in die Umwelt hinein erweiterte Leiblichkeit.

So wie innerhalb eines jeden Organismus die Bildung von lebender Substanz durch die Stoffwechselsynthesen ebenso ansteht wie andererseits die umweltgerichtete Sinnesoffenheit, so stehen im Verwandtschaftskreis der Chelicerata die Schwertschwänze und Spinnen einander gegenüber: jene, nach innen gekehrt, die besondere Leibesgröße aufbauend, diese, nach außen gewendet, die Sinnesreize in hoher Sensibilität aufnehmend.

Die Skorpione hingegen stellen dazwischen ein konstitutionelles Mittelmaß dar. In räumlich rhythmischer Gliederung zeigen sie weniger Extreme, sondern weisen noch viel von dem ursprünglichen Bauplan der Chelicerata auf und demonstrieren weiterhin die zähe Fähigkeit, auch unter unwirtlichsten Bedingungen gewaltige Zeiträume der Evolution unbeschadet zu überstehen. Sie geben einen lebensvollen Einblick in außerordentlich weit zurückliegende Zeiten der Evolution des tierischen Lebens, als es noch keine farbigen Blumen und Schmetterlinge gab, sondern vieles auf der Erde noch «wüst und leer» war. Aber schon begann – so bei den Skorpionen – die hilfreiche Zuwendung zu den eigenen Kindern, deren Geburtshilfe Jean-Henri Fabre so liebevoll entdeckt und uns so liebevoll nahegebracht hat. Er konnte etwas davon vermitteln, was uns mit der außermenschlichen Natur weittragend verbindet, so dass wir mit ihr wieder vertraut werden und sie immer besser als zu uns gehörig verstehen und anzunehmen bereit sind.

Vom Menschlichen in der Natur

Lerchen

Es ist tiefe Nacht zwischen dem 9. und 10. Juli 1995 auf einer Wanderung im Hochharz um kurz vor 3 Uhr. Der in drei Tagen volle Mond wirft jetzt schon ein silbrig-gleißendes Licht auf die von den Grenzzäunen leergeräumten, ehemaligen Schussfelder am Dreieckigen Pfahl. Wir sind auf Nachtwanderung zum Sonnenaufgang auf dem Brocken. Da singt ein unbekannter Vogel über uns. Ergreifend zartmelodisch, weich und schwermütig klingen die sanft abwärts verlaufenden Tonfolgen: lilililili – lililülülü – lürelürelüre – dadidldadidldadidl – quidlquidlquidlquidl – lülülülülü. In vielleicht 10 m Höhe kreist er in unentwegten Lemniskaten über uns, schattenhaft sichtbar – ein kleiner Singvogel, der die völlig stille Nacht dort zwischen hohen Fichtenwäldern mit zartem und doch weittragendem Gesang erfüllt, wo der Mensch einen Streifen waldfreies Ödland hinterlassen hat: die alte Grenze zwischen den beiden ehemaligen Deutschlands.[1] Als wir morgens um 7 Uhr auf dem Rückweg vorbeikommen, singt das Vögelchen auch noch in der hellen Sonne über uns.

Ein Jahr später sind wir zur Zeit der kürzesten Nächte wieder auf der gleichen Wanderung, diesmal zum Sonnenuntergang auf dem Brocken. Als wir auf dem Rückweg um Mitternacht an der Quelle der Kalten Bode vorbeikommen, hören wir schon aus 1 Kilometer Entfernung den einsamen, anrührenden Nachtgesang wieder – nur einmal vom Ruf des seltenen Raufußkauzes untermalt. Bald legt sich die Wandergruppe auf den granitverwitterten Boden und lauscht rücklings dem nächtlichen Singflug direkt über uns: 10 Minuten, 20 Minuten, eine dreiviertel Stunde, eine ganze Stunde. Einige werden müde und wollen ins Quartier. Ein Unentwegter bleibt und berichtet morgens, dass noch um halb zwei Uhr nachts der Vogel nicht auf den Boden heruntergekommen war, sondern ermüdungslos locker flatternd anderthalb Stunden kreisend gesungen hatte.

Inzwischen wussten wir, was es war: das Männchen der Heidelerche über seinem Brutbiotop (Abb. 1, Abb. 2). Jeder kennt die Feldlerche, die jubelnd trillernd an ihren Liedern in den Himmel klettert, so hoch, dass man sie kaum noch erkennen kann, bis sie sich zu Boden stürzt – ein Vogel der baumlosen Felderlandschaft, einer der ersten eintreffenden Zugvögel im Vorfrühling und der ersten Sänger in der Morgendämmerung des Tages, aber eben doch ein Tagsänger. Ebenso die etwas größere Haubenlerche, die noch vegetationsärmere Ödlandflächen braucht und den menschlichen Bahngleisen, Schutthalden, Sportplätzen und Flugplätzen folgt (Abb. 3).

Anders die kleinste und immer seltener werdende unserer heimischen drei Lerchen, die Heidelerche, welche ein ausgesprochener Kulturflüchter ist und sich in einsame Heideflächen und Dünenlandschaften zurückzieht. Gegenüber den Flötentönen der Haubenlerche und dem kraftvollen Trillern der Feldlerche wirkt der Gesang der Heidelerche verhaltener, inniger, verinnerlichter, wehmütiger und dadurch um so viel anrührender. Der Vater des berühmten Tierschriftstellers Alfred Edmund Brehm, der Thüringer Pfarrer Christian Ludwig Brehm (1787–1864), zugleich ein kenntnisreicher Ornithologe seiner Zeit, hat einst passende Worte für diesen besonderen Gesang gefunden:

«Das Herrlichste an der Heidelerche ist ihr vortrefflicher Gesang. Man ist auf einer Fußreise begriffen und befindet sich in einer öden Gegend, in welcher vielleicht nicht einmal eine Aussicht in eine schöne Ferne für den Anblick der ärmlichen Pflanzenwelt entschädigen kann. Alles Tierleben scheint gänzlich erstorben. Da erhebt sich die liebliche Heidelerche, lässt zuerst ihren sanften Lockton «lullu» hören, steigt in die Höhe und schwebt laut flötend und trillernd halbe Stunden lang unter den Wolken umher oder setzt sich auf einen Baum, um dort ihr angenehmes Lied zu Ende zu führen. Noch lieblicher aber klingt dieser Gesang des Nachts. Wenn ich in den stillen Mitternachtsstunden ihren ärmlichen Wohnplatz durchschritt, in weiter Ferne eine Ohreule heulen oder einen Ziegenmelker schnurren oder einen nah vorüberfliegenden Käfer schwirren hörte und mich so recht einsam in der öden Gegend fühlte, war ich jederzeit hoch erfreut, wenn eine Heidelerche emporstieg und ihren schönen Triller erschallen ließ. Ich blieb lange stehen und lauschte auf diese gleichsam vom Himmel kommenden Töne. Gestärkt setzte ich dann meinen Wanderstab weiter.»

Und der Sohn fährt fort:

«Die Heidelerche kann sich hinsichtlich ihres Gesanges mit der Nachtigall nicht messen, und dennoch ersetzt sie diese. Das Lied der Nachtigall erklingt nur während zweier Monate; die Heidelerche aber singt von März bis August und nach der Mauser noch in der letzten Hälfte des September und in der

Abb. 1: Heidelerche im Singflug, darunter mit gespreiztem Gefieder am Boden sitzend; charakteristisch ist der kurze Schwanz.

ersten des Oktober, und sie singt in den öden, armen Gegenden, im Gebirge, wo außer ihr nur wenige andere gute Sänger wohnen, da, wo sie lebt, kaum ein einziger! Sie ist der Liebling aller Gebirgsbewohner; sie verdient reichlich alle Liebe, welche ihr wird, allen Ruhm, welcher sie umstrahlt. Leider nimmt sie nicht an Zahl zu wie Feld- und Haubenlerche, vielmehr in beklagenswerter Weise ab, ohne dass man dafür einen stichhaltigen Grund anzugeben wüsste.»[2]

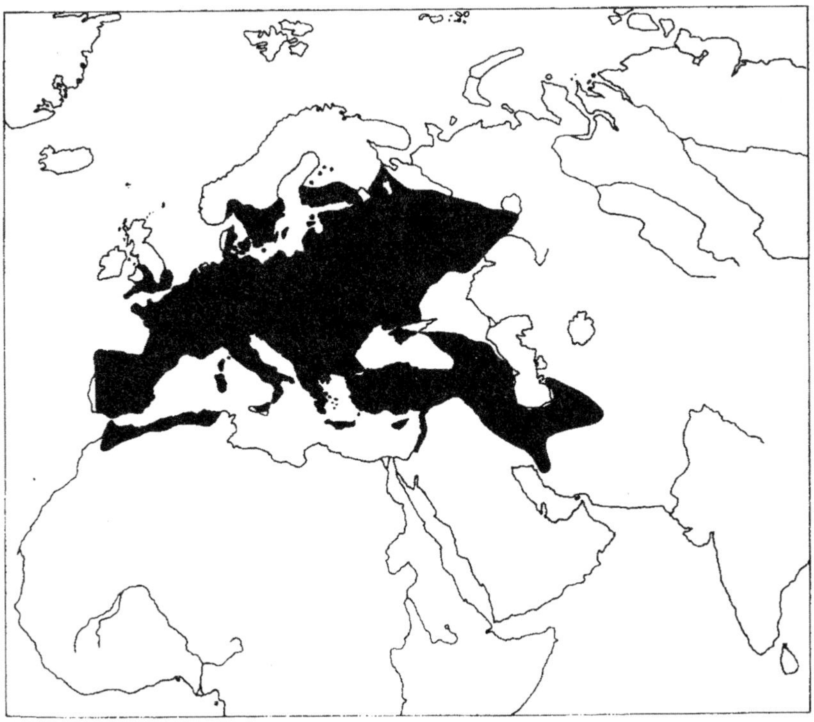

Abb. 2: Das Brutareal der Heidelerche.

Mehr als die anderen beiden Lerchen neigt sie auch zur Nachahmung anderer Sänger. Wir konnten deutlich Gesangsteile vom Baumpieper und dem Wiesenpieper heraushören, zweier Harzvögel des gleichen Biotops, die aber nur tags singen. Der größere Motivreichtum aber kennzeichnet die meisten Nachtsänger: Nachtigall, Sprosser und Sumpfrohrsänger. Die meisten Tagsänger sind mit recht stereotypen Klangabfolgen beschäftigt. Sie alle zusammen machen den Klangreichtum des morgendlichen Vogelkonzertes aus. Wer in der Nacht singt, intoniert hingegen allein oder mit sehr wenigen Mitsängern, dafür ist sein Gesang abwechslungsreicher. Viele jeweils einförmige Sänger am Tage und wenige vielseitige Sänger in der Nacht ergänzen sich jeweils zum Klangreichtum.[3] Und etwas davon machte uns auch die einsame Heidelerche vor.

Trotzdem gibt es einen verwandtschaftlichen Klangduktus unter den drei genannten Lerchenarten: Er ist jedes Mal von musikalischem Wohlklang und artistischem Können. Vogelliebhaber sind sich oft uneinig, ob die Nachtigall, der Sprosser, die Singdrossel oder die Amsel der beste heimische Sänger ist.

Manche Kenner ziehen diesen allen sogar noch das Lied der Heidelerche vor. Manch einer liebt den klangvollen Schmelz des Amselgesangs, mancher den Schlagreichtum der Singdrossel, der eine die besondere Kraft des Nachtigallenvortrags, der andere das Rezitative des Sprossers. Den Liebhaber der Heidelerche aber rührt ihre seltsame Innigkeit des Klangbildes, das in der Schwebe lässt, ob es Schwermut oder Heiterkeit ausdrückt. Die Kleinheit und farbliche Unscheinbarkeit des Tieres, das oft so weltabgeschiedene Ödland, das es braucht, der schwerelose, ermüdungsfreie Flug, das am Boden äußerst gut versteckte Nest – all das machen die Heidelerche zu einem Genie der Anspruchslosigkeit, das dort die Welt im Stillen mit Seele erfüllt, wo es kaum jemand beachtet.

Ein Blick auf die Lerchen im Verwandtschaftskreis aller Singvögel hilft unserer Verständnissuche weiter auf. Die Singvögel sind mit circa 80 Familien und 5 000 Arten die formenreichste Ordnung unter den Vögeln, machen sie doch circa die Hälfte aller heutigen Vogelarten aus. Die Lerchen gelten durch ihren anatomischen Bau heute vielfach als die ursprünglichste und damit erste Familie derselben. Nicht der Wald oder der wasserreiche Sumpf, sondern die offene Landschaft mit dem unbegrenzten Himmel darüber hat sie hervorgebracht. Nie baden sie wie etwa viele andere Singvögel im Wasser, sondern nur im Sand oder Staub, wie es die Hühner machen. Viele von ihnen laufen ausgezeichnet am Boden entlang, und auffällig ist bei einer Reihe von ihnen die besonders langgestreckte Kralle der Hinterzehe, der «Lerchensporn», mit dem sie gut am Boden das Gleichgewicht halten können. Hinzu kommt eine große Varianz der Schnabelformen, wie sie wohl keine andere Singvogelfamilie besitzt: von langen, leicht gebogenen Stochern über kurze Pinzetten bis zu extrem dicken Samenknackern reicht das Spektrum – sicher im Zusammenhang recht unterschiedlicher Nahrungsgewohnheiten (Abb. 3). Füße und Schnäbel sind die unmittelbarsten Kontaktorgane des Vogels zur Umwelt. An ihr wurden die neuen Erfahrungen gesammelt, die zum Singvogeltypus führten. So ist auch das offenbare Geheimnis unserer Lerchen, dass sie unter den Kleinsingvögeln die gliedmaßenbetonten Repräsentanten sind. Selbst unter allen Singvögeln haben nur sie eine besondere Beschilderung des Laufes (Abb. 4).

Pätzold schreibt:

«Aus dem Hüpfen der baumbewohnenden Vorfahren wurde [bei den Lerchen, W.S.] ein Gehen bzw. Laufen auf dem Erdboden. Die das Nest verlassenden Jungvögel bewegen sich bei einigen Arten anfangs noch hüpfend fort und erinnern so an ihre Vorfahren. Die Leistungen im Laufen stehen bei den Lerchen an erster Stelle unter den Singvögeln.»[4]

Viele Naturliebhaber möchten sich in den häufigsten Vogelstimmen auskennen.

Abb. 3: Oben Feldlerche und Heidelerche, Mitte Sandlerche und Haubenlerche, unten Knackerlerche und Wüstenläuferlerche mit Flugbild.

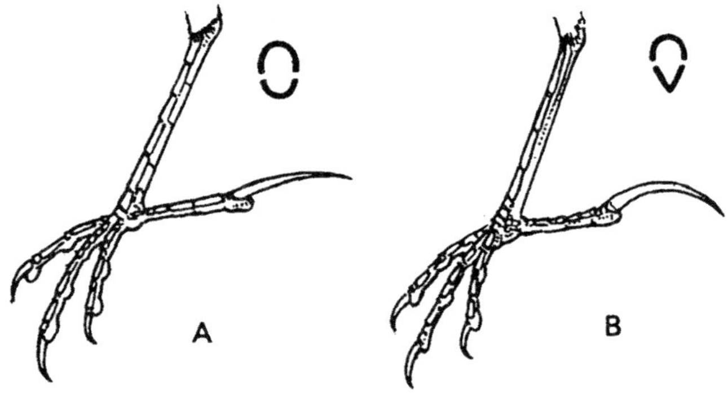

Abb. 4: Unter allen Singvögeln ist nur bei den Lerchen die Rückseite des Laufes mit gegliederten Schildern bedeckt und der Querschnitt hinten gerundet. Bei den übrigen Singvögeln ist der Lauf hinten von einer einheitlichen, im Querschnitt kantigen Schiene bedeckt. A Feldlerche, B Wasserpieper.

Wenn sie auch Amsel, Kohlmeise, Feldlerche und Kuckuck neben den Krähen und dem Spechtgetrommel unterscheiden können, so setzt die Lernfreude bald aus, wenn man an einem Maimorgen auch noch Rotkehlchen, Zaunkönig, Fitis und Mönch, Grün- und Buchfink, Heckenbraunelle und Rotschwänzchen am Gesang auseinanderhalten soll. Und gelingt es doch einmal, so ist das meiste davon am nächsten Tag wieder vergessen. Was dagegen hilft, ist, zeitig im Frühjahr damit zu beginnen, wenn erst wenige Arten singen, und sich von einem Kenner zum Hinhorchen anleiten zu lassen. Was auch hilft, ist, dass man sich klar macht, warum viele durchaus häufig zu hörende Singvögel so schwer erinnerbar sind: Es fehlen die gewohnten Grundelemente der menschlichen Musik: Es gibt keine eingehaltenen Taktrhythmen und besonders keine Intervalle. Was uns einigermaßen melodisch anmutet, hat nicht den Charakter menschlicher Melodien, besonders weil es keine klaren Intervallierungen gibt. Selbst die kleine Terz des Kuckucks gerät ihm zumeist etwas zu groß; offenbar hört er nicht eine reine Terz.

Doch von dieser sehr durchgängigen Regel gibt es ganz wenige Ausnahmen, und die beste ist die Wüstenläuferlerche der Sahara. Vom Boden oder im niedrigen Singflug gibt sie langflötende, für das menschliche Ohr völlig reine Intervalle von sich, die mit zum Wohltönendsten gehören, was die Vogelwelt zu bieten hat, und das in der Wüste. Haubenlerchen konnten die Pfiffe eines Schäfers reiner wiedergeben, als er es vermochte. Tretzel berichtete aus der Umgebung von Erlangen:

«Während dem Schäfer seine Pfiffe weder im Rhythmus noch in der absoluten oder auch nur der relativen Tonhöhe gleich gelingen, hat sie die Haubenlerche

1962 in erstaunlich gleichartiger Weise und sogar ziemlich genau in Ganztonintervallen der C-Dur Tonleiter vorgetragen. [...] [Diese, W.S.] Lerche A trug ihre Schäferpfiff-Imitation meist in einer gefälligen Anordnung vor, deren streng metrischer Bau ein erstaunliches musikalisches Formgefühl des Sängers verrät.»[5]

Lerchen sind besondere Tonkünstler, das weiß jeder schon von der Feldlerche. Je vegetationsärmer und öder der bevorzugte Lebensraum ist, desto lernfähiger und melodiöser wird der Gesang: Das führen schon die Heidelerche und Haubenlerche vor. Gerade die Wüstenläuferlerche der Sahara ist so die Lerche mit der menschenartigsten Musikbegabung.

Viele Lerchen sind Zugvögel, so auch unsere heimischen Arten. Unsere Heidelerchen überwintern in Südfrankreich, unsere Feldlerchen im Mittelmeerraum bis hin zur Sahara. Unsere Haubenlerchen sind zumeist Standvögel und überwintern hier; das Brutgebiet dieser Art aber reicht tief nach Afrika hinein bis Nordkenia. Die insgesamt etwa 75 Lerchen-Arten kommen – mit Ausnahme von Südamerika und der Antarktis – auf allen Kontinenten der Erde vor. Ihr Häufigkeitszentrum liegt mit 60 Arten jedoch gerade in Afrika, das wahrscheinlich auch ihre ursprüngliche Heimat ist.[6]

Flamingos

Wir befinden uns im äquatorialen Ostafrika auf 2.000 m Höhe in Äquatornähe in einem der schönsten Tierparadiese der Erde: im Ngorongoro-Krater Nordtansanias. 20 km im Durchmesser ist der gewaltige Kraterboden, von zahlreichen Tierherden noch heute wie zur Zeit seiner Entdeckung 1892 belebt. Alle Niederschläge, die in ihn hineinregnen, sammeln sich abflusslos im flachen Magadisee, das heißt in der Massai-Sprache einfach «Salzsee». Das Lavagestein gibt seinen Salzgehalt leicht an das Wasser ab, so dass sich dieses in der Tropenhitze zur Salzlake anreichert. Auf langen Stelzen, wie langstielige Lotosblüten, steht in diesem fischlosen, lebensarmen Gewässer eine Gruppe Flamingos. In dem noch versalzeneren Nakuru-See, nicht weit entfernt in Süd-Kenia, gibt es die größte Ansammlung von Flamingos auf der Erde. Bis zu 3 Millionen schwillt hier der Bestand immer wieder an.

Die nur fünf Flamingo-Arten der Erde sind durchaus nicht an die Tropenhitze gebunden. Der Rosaflamingo Ostafrikas kann ebenso an 3.000 m hohen Gebirgsseen Afghanistans brüten, der Andenflamingo Südamerikas sogar in 4.500 m Höhe in eisigem Klima. Immer sind es unwirtliche Gegenden mit stark versalztem Wasser, das sie bevorzugen; so auch die Salzlagunen des östlichen Rhônedeltas in der Camargue Südfrankreichs, dem nördlichsten Flamingobrutplatz in Europa (Abb. 5). Doch selbst die Flamingos können solches Wasser nicht trinken; dazu nehmen sie das Regenwasser von ihrem Gefieder ab. Aber sie leben von den mikrobiellen Massen von Halobakterien und Salinenkrebschen, die sie mit ihrem zum Seihapparat umgebogenen Schnabel aus dem Salzwasser als ihre Hauptnahrung herausfiltern. Der Farbstoff der Purpurbakterien gibt ihrem Gefieder das unnachahmliche Rot.

Der innere Schnabelbau ähnelt mit seinen Hornlamellen sehr dem der Enten, Gänse und Schwäne. Deshalb wurden die Flamingos zuweilen mit den Gänsevögeln zur Gruppe der Lamellenschnäbler zusammengefasst. Das ist auf den ersten Blick ungewohnt, wirken die Flamingos in ihrem hochgestelzten Habitus doch viel eleganter als die plumperen, dickleibigeren, kurzbeinigen Gänse und Enten, die noch viel stärker an die schwimmende Lebensweise gebunden sind. In dem quarrenden und schnatternden Rufen der Flamingos kann man aber doch etwas von der Gruppenverwandtschaft heraushören.

Die Lamellenschnäbler sind ihrerseits im weiteren Sinne mit den Raubvögeln verwandt. Diese stellen ja fraglos die von der rhythmischen Organisation zentral beherrschten Vögel dar, wie es die Landraubtiere unter den Säugetieren sind. Alle Organismen werden oft nur als Adaptationen an den jeweiligen Lebensraum interpretiert. Bemerkt man die allzu künstliche, weil allzu menschliche Trennung zwischen Organismus und Umweltnische, so kommt das Gemeinsame beider Aspekte besser in den Blick. Das Verständnis der Dreigliederung jedes Organismus macht uns dann deutlich, wie umgekehrt auch vom «Einzel»-Organismus her die «Umwelt» als ein, nämlich übergreifender, Organismus erschlossen werden kann.[7] Hier ein ähnliches Beispiel:

In allen höheren Tieren sind Atmung und Kreislauf die zentralen rhythmischen Funktionen, über die alle anderen Organe und Organsysteme in funktionellem Austausch stehen. Dabei ist die Lungenatmung offener an den Luftraum angeschlossen, während der Kreislauf hingegen – wie die Benennung es schon charakterisiert – in sich selbst zurückläuft und so schon morphologisch eine verstärkte Eigenkompetenz besitzt, die sich gerade im flüssigen Milieu auslebt. Die Atmung steht enger mit der Nervensinnessorganisation in Verbindung; ist sie doch auch willkürlicher, nämlich wach regulierbar. Der Kreislauf tendiert zur engeren Verflechtung mit den stoffwechsel-hochaktiven Bauchhöhlenorganen, in denen die organische Eigensubstanz unbewusst aufgebaut wird.

Innerhalb der raubtierartigen Säugetiere (Carnivora) sind es die artenreichen Kleinkatzen, die eine leichte Dominanz des Nervensinnessystems sekundär ausleben und dabei offensichtlich den reichgegliederten Luftraum der Land-

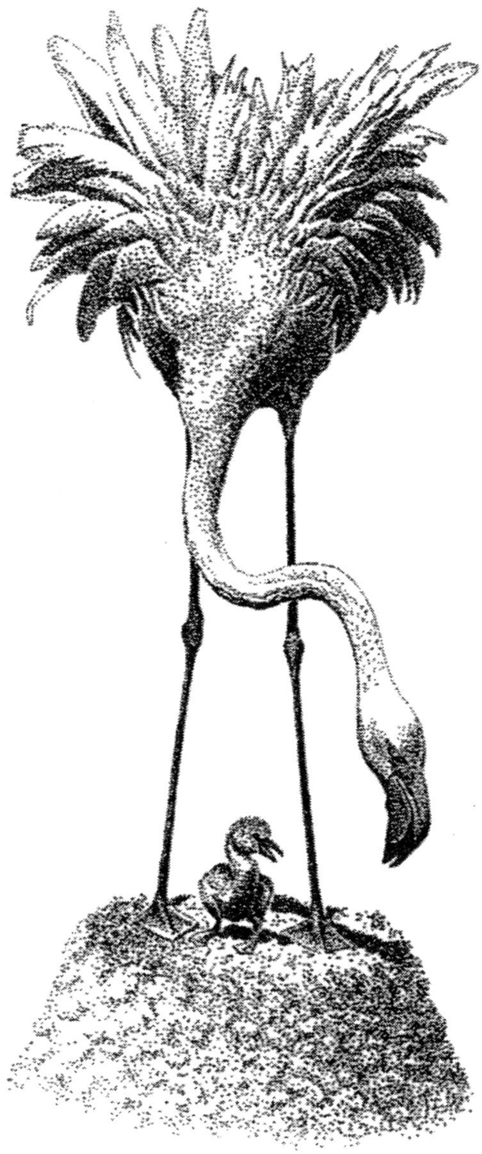

Abb. 5: Flamingo mit dem noch kurzbeinigen und kurzschnäbeligen gösselartigen Küken auf dem Schlammhaufennest in der Camargue.

schaft, die Baumregionen der Wälder annehmen. Umgekehrt sind es die massigen, stark vom Stoffwechsel beherrschten Robben unter den Carnivora, die so, wie in ihnen der Kreislauf dominiert, nun auch die Flüssigkeitssphäre der Landschaft annehmen: die Seen und Meere.

Dieser aus dem Organismus selbst heraus verständliche Zusammenhang zwischen dem allzu leicht getrennt gesehenen Einzelorganismus und seiner zugehörigen Umwelt trifft ebenso voll auf die zentralrhythmisch organisierten Vogelgruppen zu. Keine derselben nimmt so gekonnt den Luftraum an wie die Adler, Habichte, Bussarde, Weihen und Falken. Man muss einmal ein Adlerpaar in der Flugbalz erlebt haben, um die akrobatische Beherrschung des Luftraumes sich urphänomenal vergegenwärtigen zu können. Wir hatten das staunende Vergnügen im Herbst 1993 beim Habichtsadler in den Tälern südlich von Lodève/Südfrankreich. Die Kondore der Anden und Bartgeier des Himalayas übertreffen bei weitem die Flughöhen aller anderen Vögel. – Andererseits sind die stoffwechselschweren entfernteren Verwandten wie die Schwäne, Gänse und Enten konstitutionell sehr eng mit dem Wasserelement verbunden und führen so den dominierenden Charakter ihres «inneren» Kreislaufsystems wie dasjenige der «äußeren» Landschaft vor. Ihre Stoffwechseldominanz führt sie zur Aufnahme der schwerer verdaulichen Pflanzennahrung.

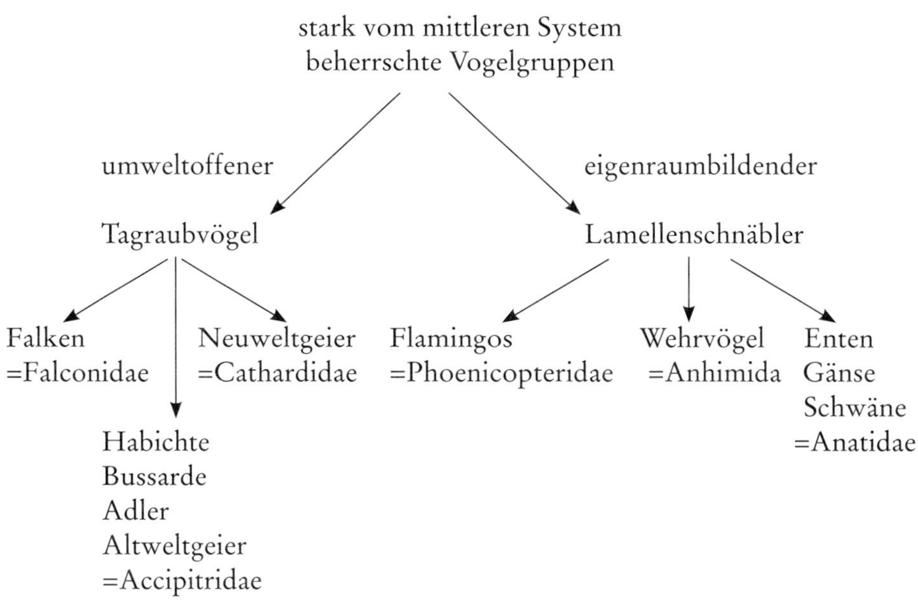

Die Flamingos lichten nun diesen Charakter der Schwimmvogelkonstitution ihrerseits auf, indem sie ausgesprochen das Gliedmaßensystem spezialisieren. Beine und Schnäbel sind extrem überformt.

Das ist noch nicht bei den frischgeschlüpften Küken der Fall, die eher den urtümlichen kurzbeinigen und kurzschnäbeligen Gösselzustand vorführen. Ja, während die Enten- und Gänsekinder rasch nach dem Schlüpfen schon selbständig ihre Nahrung aus der Umgebung aufnehmen können, sind die Flamingokinder noch über sechs Wochen nach dem Schlüpfen ernährungsmäßig unreif und auf die besondere Hilfe der Eltern angewiesen, wie sie normalerweise fast nur die höchststehenden Tiere, eben alle Säugetiere, und extrem der Mensch kennen. Jene erhalten nämlich von beiden Eltern eine aus Drüsen der Speiseröhre und des Vormagens gebildete Milch zur Aufzucht, die ihnen in den geöffneten Schnabel geträufelt wird. Es ist aber keine weiße, sondern eine dunkelrote Milch, denn in besagten Nahrungsdrüsen der Eltern öffnen sich reichlich die Blutkapillaren, so dass das Flamingokind direkt aus einer Mischung von Milch und Blut ernährt wird – ein einzigartiger Fall im ganzen Tierreich. Was bei den Säugern Plazenta und Milchdrüse nacheinander als Direktnahrung zur Verfügung stellen, das geschieht beim Flamingo in einer hochevoluierten Weise einzigartig gleichzeitig. Dazu gehört noch das scheinbare Paradoxon, dass die Flamingos evolutionsgeschichtlich keineswegs zu späten Erscheinungen der Vogelwelt gehören, sondern ganz im Gegenteil sind es die ersten vollen Vögel, die in der Unterkreide, nach den Ur- und Zahnvögeln, nachweisbar geworden sind.[8] Sie sind eher als alle Schwimmvögel, Raubvögel und Singvögel dagewesen und sprechen von der hohen Potenz der evolutiven Wurzel der echten Vögel.

Fortsetzung Ostafrika

Der Geländewagen rattert von Arusha in Nordtansania nach Westen zum «Fluss der Mücken» Mto wa Mbu. Hochgewachsene, sehnige Halbwüchsige des Massaistammes lehnen an ihren Lanzen und haben ein Auge auf ihre Ziegen und Rinder, die hier in der kleinen Trockenzeit das gelbe Gras und Gestrüpp der Massai-Steppe abweiden. In der Ferne schreitet mit gesenkten Hälsen ein wildes Straußenpaar nahrungssuchend durch das baumlose Gelände, so wie bei uns früher die Rebhühner über die Felder, aber welch merkwürdig andere Riesenvögel!

Abb. 6: Ein Sekretär bei der Fütterung seiner Jungen im großen Nest auf einem Baum des Krüger Nationalparks in Südafrika.

Bald danach stakt ein anderer langbeiniger Vogel, groß wie ein Kranich, durch das dürre Gelände: der «Kranichgeier», «Sekretär» oder von den Einheimischen einfach «Schicksalsvogel» genannt – der merkwürdigste Raubvogel der Welt. Sein gutes Auge und der gekrümmte Hakenschnabel zeigen die Verwandtschaft mit den Adlern und Bussarden, und Echsen und Schlangen sind seine Hauptnahrung, weshalb er von der Bevölkerung seit je geschont wird, ja oft zur Schlangen- und Rattenvertilgung gezähmt gehalten wurde. Er ist ein so guter stelzbeiniger Läufer, dass er ungern auffliegt, er kann aber doch auch wie anderen Greifvögel hoch im Aufwind segeln. Er meidet Waldungen und bevorzugt vielmehr die offenen Landschaften wie die Savanne, Steppe und das Farmland. Alles an diesem Vogel ist auf die dominante Ausbildung der Schreitgliedmaßen ausgerichtet. Mit der Beinlänge hat auch die Schwanzfederlänge besonders zugenommen. Und wie diese dem Hinterleib entwachsen, so die charakteristisch verlängerten hinteren Kopffedern dem Hinterkopf, was die ersten Europäer an einen Sekretär erinnerte, der sein Schreibzeug – damals die Gänsefeder – hinters Ohr steckte (Abb. 6).

Diese Korrespondenz von Kopf und Rumpf, die den Kopf als eine Wie-

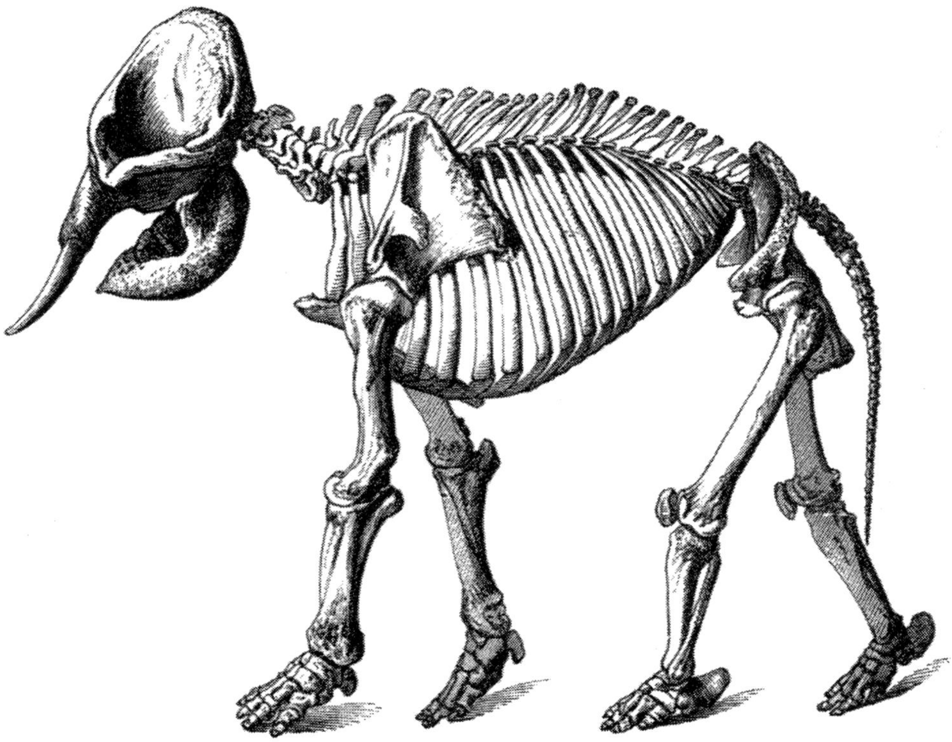

Abb. 7: Skelett des Indischen Elefanten mit durchgedrücktem Ellbogen- und Kniegelenk.

derholung des übrigen Tieres in verknappter Form erscheinen lässt, ist ein auffälliges und doch wenig beachtetes Gestaltungsmotiv. Man denke an das Oberschwanzdeckgefieder des Indischen Pfaus, das beim Pfauenhahn zum augenbesetzten Pfauenrad wird und seine Korrespondenz am Kopf im Pfauenkrönchen findet. Ähnlich verhält es sich beim Kronenkranich mit seinem Schmuckgefieder und Kopfkrönchen, so bei den meisten Reihern mit ihren Haubenfedern, beim Kiebitz als dem größten Vertreter der heimischen Regenpfeifer. Und nicht zuletzt wird so auch das Häubchen der Haubenlerche als unserer größten Lerche mit ihrer Gließmaßenbetonung anfänglich verständlich, so auch die der Theklalerche und selbst noch ihre Andeutung bei der Feld- und Heidelerche.

Eine Viertelstunde später stelzen die größten Gliedmaßentiere der Erde über die Schotterstraße: eine Giraffenmutter mit ihrem Kalb. Sie stehen unter völligem Schutz hier und benehmen sich sehr vertraut. Über das wenige Dornakaziengebüsch sehen sie von hoch oben auf uns ähnlich lange und intensiv herab, wie wir zu ihnen hinauf. Unsäglich samten und tief blicken diese größten langbewimperten Augen eines Landtieres auf uns. Daher ihr Name: «Giraffe» kommt vom arabischen «geraf», dem hebräischen «seraph», und bedeutet das Überirdische. Kein Tier kann sich so gut gegen die Schwerkraft hochstrecken wie dieses Übertier: bis zu 5 Metern.

Eine Stunde später sind wir am Mückenfluss zu Füßen des ostafrikanischen geologischen Grabenbruchs. Das frische Wasser hat hier üppige Waldungen ermöglicht, die den Manyara-Nationalpark mit einer Überfülle von Tieren ausmachen. Wir sitzen bald im Abendschein an der oberen Bergkante und sehen im Fernglas unter uns den ersten Elefanten stehen, der in völliger Ruhe satt vom Tage sich von der tiefstehenden Sonne das rotgoldene Abendlicht über die hohe Stirn gießen lässt. Auch die Elefanten – einst nahezu auf allen Kontinenten verbreitet und doch, wie die Fossilien zeigen, in Afrika entstanden – sind ausgesprochene Gliedmaßentiere. Entgegen dem Fußbau aller Großwild-Landsäuger, die die tragenden Finger- und Zehenstrahlen auf zumeist zwei (Paarhufer) oder einen (Einhufer) reduziert haben, behalten die Elefanten die fünfstrahlige Endgliedmaße wie der Mensch. Und entgegen dem Beinbau aller Säugetiere, die das meist in die Rumpfplastik eingefügte Knie nicht strecken können, vermag der Elefant es gerade durchzustrecken wie der Mensch (Abb. 7). Das alte Wort von Carl Ernst von Baer «Alle Tiere erscheinen vor dem Menschen mit gebeugtem Knie»[9] gilt für den Elefanten ausnahmsweise nicht, jedoch für die Giraffe, die ja auch den Kopf nicht so wie der Elefant vertikalisieren konnte (Abb. 8). Motive des menschlichen Leibesbaues klingen in beiden Tieren an, wenn auch in polar verschiedenen Aspekten. Der nähere Vergleich beider so urafrikanischen Tiere braucht hier jedoch nicht mehr wiederholt zu werden.[10]

Was der Sekretär als afrikanischer Gliedmaßenvogel unter allen Raubvögeln ist, das ist der Gepard unter allen Katzen: ein extremer Läufer (Abb. 9). Hochgebaut sind die schlanken Gliedmaßen. Die Pfoten sind nicht mehr wie bei allen anderen Katzen mit ein- und ausziehbaren Krallen bewehrt, sondern mit unbeweglichen stumpfen Laufkrallen. Die Beute wird mehr niedergerannt als niedergeschlagen. Von hoher ästhetischer Eleganz sind Erscheinung und Verhalten dieses hochbeinigen, herrlich gezeichneten Tieres, besonders des Königsgeparden im heutigen Simbabwe. Im Gegensatz zum etwa gleichgroßen Leoparden ist er für den Menschen völlig ungefährlich, ja von ihm leicht zu zähmen und anhänglich zu machen.

Im trockensten Randbereich der östlichen Steppengebiete Ostafrikas lebt eine große Gazellenart mit übermäßig verlängerten Läufen und einem noch

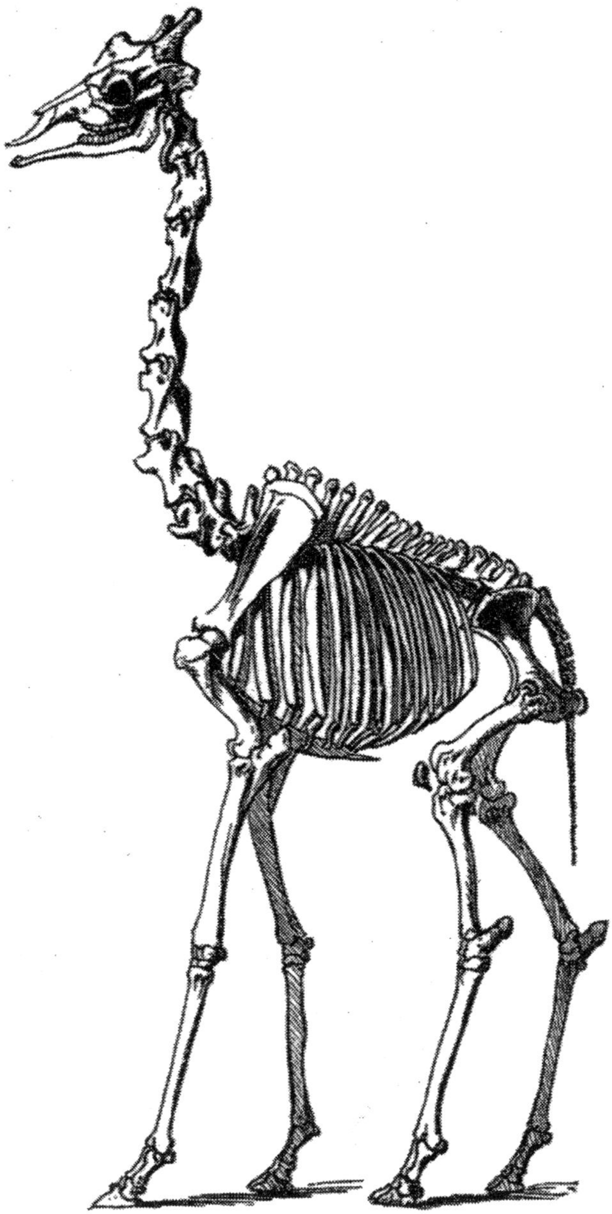

Abb. 8: Skelett der Giraffe.

Abb. 9: Der hochläufige Gepard - das schnellste aller Säugetiere. Mosetlha, Madikwe Game Reserve, South Africa.

mehr verlängerten Hals. Sie wird treffend «Giraffengazelle» genannt, von den Afrikanern «Gerenuk». Bei ihr geht die Aufrichtungstendenz so weit, dass sie sich beim Äsen des Laubes der Dornbüsche auf die Hinterbeine mit durchgedrücktem Kreuz voll in die Senkrechte stellen kann, sich geschickt mit den Vorderläufen im Geäst festhaltend (Abb. 10). Der helle Seitenstreif an Hals und Rumpfflanken betont dabei die senkrechte Figur noch zusätzlich. Wieder treffen wir hier auf eine Gliedmaßenbetonung, die die ganze Konstitution extrem bestimmt.

Lange mit ihr verwandt hielt man die recht ähnliche, etwas kleinere «Stelzengazelle» = «Lamagazelle» = «Dibatag» im Osthorn Afrikas (Abb. 11). Aber auch hier ist es weniger die evolutive Herkunft, sondern die landschaftsbestimmte Gliedmaßenbetonung, die die Ähnlichkeit schuf. Der Dibatag ist nämlich ein ausgefallener Vertreter der Riedbock-Antilopen[11], wie es der Gerenuk unter den Gazellen ist. Auch er kann sich auf seinen Hinterbeinen voll aufrichten.

Ähnlich wurden die Systematiker genarrt vom «Impala», der so außerordentlich grazilen und springfreudigen Schwarzfersen-Antilope, so dass man sie lange zu den Gazellen rechnete (Abb. 12, Abb. 13). Nähere anatomische

Abb. 10: Äsendes Männchen der Giraffengazelle (= Gerenuk) im Akaziengezweig des Trockenbusches Nordkenias.

Abb. 11: Links Die Lamagazelle (= Dibatag) läuft wie die Giraffen und Kamele im Passgang. Rechts Kopfstudie.

Abb. 12: Bis zu 10 m weit und 3 m hoch können die weiblichen Impalas springen, Masai Mara in Kenia.

Abb. 13: Dieses schlank-geschwungene Gehörn trägt nur der Impala-Bock.

und ethologische Studien haben aber gezeigt, dass sie in die Gruppe der Moorantilopen gehört[12], deren leichtfüßigster und schlankster Vertreter sie ist – ein ästhetisches Kunstwerk wie in Porzellan gegossen. Wie den Giraffen fehlen auch ihr die Afterklauen (die nur durch die zwei namengebenden schwarzen «Fersen»-Flecken markiert sind), ein recht durchgängiges Zeichen hoher Gliedmaßenspezialisierung. Gerenuk und Dibatag haben nur winzige Reste von Afterklauen an den Beinen.

Völlige Seitenklauenreduktion haben alle Pferdeartigen der Welt, so dass sie als Einhufer gut charakterisiert sind. Dass sie zu den gliedmaßenbetonen Huftieren sowieso gehören, braucht hier nicht näher ausgeführt zu werden.[13] Den reichsten Wildbestand an Pferden (Zebras!) und Eseln hat heute Afrika. Ähnlich ins Pferdeartige hin sich organisierende paarzehige Huftiere sind die afrikanischen Pferde-, Rappen- und insbesondere die Oryxantilopen sowie die indische Nilgauantilope. Diese kann sich beim Äsen ebenfalls gut auf die Hinterbeine stellen. Pferd und Esel lernen es noch durch Dressur.

Vielleicht ist dem Leser bei dem hier bisher vorgestellten Tierreigen aufgefallen, dass es sich bei den Gliedmaßen-betonten Beispielen mehrheitlich um recht artenarme Formen handelt: Flamingo 5, Strauße 3, Giraffen 2, Elefant 2, Einhufer 6 Arten – oder sie sogar nur in einer einzigen, «monotypischen» Art existieren (Sekretär, Gepard, Gerenuk, Dibatag, Impala, Nilgau). Nicht eine reiche Radiation der jeweiligen Gattung oder Familie in viele Arten, sondern die Konzentration auf eine morphologisch für sich selbst stehende, hoch-individualisierte einzige Art, die oft allein ihre eigene Gattung oder gar Familie darstellt, ist ein offensichtliches Kennzeichen der gliedmaßendominanten Konstitution.

Eben das trifft auf uns Menschen zu. Im letzten Jahrhundert stritt man sich noch darüber, aus wieviel miteinander unvereinbaren Arten die Menschheit bestünde. Ernst Haeckel vertrat noch 1898 zwölf Arten! Kolonialismus und Rassismus nährten sich von solchen Aussagen, bis sich durchsetzte, dass alle Menschen zusammen einer einzigen Art, dem *Homo sapiens*, angehören. Ein ähnlicher Streit spielte sich in der zweiten Hälfte des 20. Jahrhunderts ab. Welche fossil bekannt gewordenen Menschen gehören zu einer Art? Den Neandertaler, den Praesapiensmenschen und den späten Erectusmenschen führt man zunehmend als Unterarten des Sapiensmenschen, rechnet sie also zur gleichen Art und zählt die Unterschiede zu Unterarten.[14] Dazu führte unter anderem die zunehmende Entdeckung ihrer kulturellen Befähigungen, wie der Feuergebrauch, die Herstellung formvollendeter Zweiseiter (Faustkeile) oder gar Bestattungsriten beim Neandertaler. Trotzdem werden immer noch weitgehend in wissenschaftlichen wie in populären Kreisen die urgeschichtlichen Menschenformen mit Brutalisierungszügen stigmatisiert und entsprechend rekonstruiert. Die Humanisierung unserer eigenen Anschauungen über andersartige zeitgenössische Menschen ist durch die Anti-Rassismus-Debatte inzwischen einigermaßen öffentlich gelungen, für die Vor- und Urgeschichte jedoch steht sie immer noch aus – trotz des dafür sprechenden Forschungsstandes.[15]

Das hat wissenschaftshistorische Gründe. Es war wiederum das letzte Jahrhundert, das uns das Paradigma hinterließ, die biologische Menschwerdung sei primär ein Erfolg der Zunahme der Großhirnrinde. Danach habe sich die übrige Körperorganisation entsprechend verändert. So vermeinte man, seine geistige Kompetenz aus dem besonderen Gehirnwachstum abzuleiten. «Der Mensch ist ein Spezialist auf Großhirn» wird noch heute wie ein Lehrsatz gehandelt und gipfelt momentan darin, dass seit neuestem der personale Tod mit dem irreversiblen Hirnversagen (Hirntod) juristisch gleichgesetzt wird, um unbedenklich die Explantation lebender Organe für Transplantationen vornehmen zu können. Entsprechend gilt ein Schwangerschaftsabbruch für viele heute als unbedenklich, bevor das Gehirn messbare Hirnströme aufweist.

Der Mensch ist aber bei aller ausgewogenen Universalität seiner Leibeskonstitution noch am ehesten durch seinen besonderen Gliedmaßenbau zu kennzeichnen. Als 1891 der belgische Arzt Eugène Dubois in Südostasien Schädeldach und Oberschenkelknochen des Javamenschen gefunden hatte, hatte er die richtige Intuition, dass sie zum gleichen Individuum gehören, obgleich ersteres ein recht kleines Gehirnvolumen ergab, letzterer aber schon die volle Aufrichtung erwies. Der führende englische Anthropologe Sir Arthur Keith hingegen war sich so sicher, der Promotor der Menschheitsentwicklung sei die Gehirnvergrößerung gewesen, dass sehr wahrscheinlich er die berüchtigte Fälschung, den Piltdownfund, zwischen 1908 und 1912 in Südengland lanciert hat, um seinem Land die patriotische Ehre zu verschaffen, auch Reste eines Eiszeitmenschen zu besitzen.[16] Wenn dem so ist, wie Keith in England bis zu seinem Tode 1944 vertrat, so musste sich Dubois in Antwerpen damals sagen, dass sein aufrechter Javamensch ein größeres Hirn gehabt haben musste. Und noch 1973 war Donald Johanson völlig verblüfft, als er in der Afarsenke Äthiopiens die Kniegelenkfossilien des 4 Millionen Jahre alten Afarensis-Menschen gefunden hatte, die den aufrechten Gang schon für diesen spättertiären, pliozänen Menschen sicherten bei einem Gehirnvolumen von nur 380 bis 450 ccm, nicht viel größer als dem des Schimpansen. Und doch weiß heute die Fachfront sicher, dass alle inzwischen fossil bekannt gewordenen Hominiden aufrecht gingen und die evolutive Hirnvergrößerung – insbesondere die für den Jetztmenschen typische Frontalhirnvergrößerung – frühestens vor 200.000 Jahren einsetzte, also nachdem 95 % der verfolgbaren Evolution schon abgelaufen war. Und noch viel später, nämlich erst im Mesolithikum der frühen Nacheizeit vor 10.000 Jahren, begann der Mensch in Vorderasien erstmals sesshaft zu werden. Durch seine verfolgbare Evolution hindurch war er nahezu permanent ein Streckenwanderer gewesen. An den Fundhäufigkeiten lassen sich seine Wanderwege in Europa nachträglich ermitteln, und aus den entdeckten Nahrungsresten geht hervor, dass er so wie die Zugvögel jahreszeitlich nomadisierte: im Frühsommer nach Norden, im Herbst nach Süden. Das ist der ökologische Gegensatz zu allen Menschenaffen, dass diese biotopgebunden an den tropischen Regenwald wenig migrierten, während der Mensch über undenkliche Zeiten hin im Wandern und Laufen seine Lebensweise gefunden hatte (Abb. 14, Abb. 15).

Abb. 14: Die geradlinigen Fährten der Fußabdrücke des frühesten Menschen, des Australopithecus afarensis, von Laetoli, Nord-Tansania/Ostafrika, westlich des Eyasi-Sees, in 3,6 Millionen Jahre alten Schichten des Spättertiärs gefunden. Links Kinderspur, rechts daneben Erwachsenenspur mit weiterer eingetretener Kinderspur. Schräg nach rechts Hasenspur.

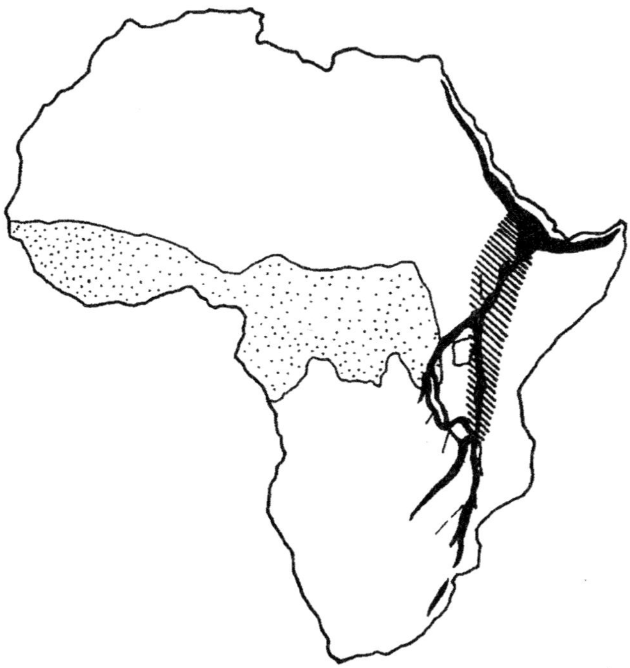

Abb. 15: Das Verbreitungsgebiet des Afarensis-Menschen (schraffiert) und die heutige Verbreitung der afrikanischen Menschenaffen Gorilla und Schimpanse, der uns nächstverwandten Tiere (punktiert). Schwarz: Die geologischen Grabenbruchsysteme Afrikas.

Davon ist unser Körperbau durchgreifend geprägt. Die Hälfte unserer Körperhöhe ist allein schon durch die Beinlänge gegeben (Abb. 16). Kein Affe hat so lange Beine. Und erst der Fußbau! Mit kräftiger Ferse, dem Fußgewölbe und der angelegten Großzehe besagt er schon morphologisch einen sehr viel größeren Gestaltunterschied zu allen, auch den nächststehenden Affen. Es war der Zoologe Hermann Burmeister (1807–1892) in Halle und später in Buenos Aires, welcher 1849 erstmals ausführlich auf den Fuß als dem spezifischsten menschlichen Organ hingewiesen hat in seinem Aufsatz: «Der menschliche Fuß als Charakter der Menschheit». Wenn auch manche seiner Formulierungen die Beschränkungen seiner Zeit widerspiegeln, so sind doch die folgenden seiner Sätze auf immer unbenommen:

«Offenbar muss sie Verwandtschaft umso größer sein, je relativer und, in der Relation wieder, je geringfügiger der Unterschied ist. Das ist ein Axiom, welches keines weiteren Beweises bedarf. [...] Wir behaupten nun, dass nicht der Kopf, nicht die Hand, nicht die Brust, sondern das Bein und vorzugsweise

Abb. 16: Ein hochwüchsiger Dinka vom Oberen Nil im Südsudan wandert mit seinen Riesenschritten durch den Trockenbusch.

der Fuß es ist, welcher den Menschen zoologisch am besten von den Tieren unterscheidet, weil nirgends mehr, als gerade an ihm, die körperliche Eigentümlichkeit des Menschen hervortritt, das heißt kein Köperteil sich weiter als der Fuß von den entsprechenden der Tiere entfernt.»

«Welches Organ aber die hervorragendste Eigentümlichkeit in der äußeren Erscheinung des Menschen bedingt, das muss ohne Frage, um diese Erscheinung bewirken zu können, auch am besondersten dazu vorgebildet sein; es muss sich gleichsam durch seinen Bau dazu befähigen, Träger der Erscheinung werden zu können. Und das ist beim Menschen der Fuß mit dem ganzen Bein; denn durch ihn und seine besondere Form wird die auffallendste körperliche Eigentümlichkeit des Menschen, sein *aufrechter Gang*, hervorgebracht. Das menschliche Bein muss darum abweichender sein vom tierischen Bein, als irgend ein anderer Teil des menschlichen Körpers von dem entsprechenden der nächstähnlichen Tiere.»

«Verglichen mit der Gesamtlänge des Körpers, gibt es kein Tier, was in diesem Verhältnis des Schenkelbeines [Femur, W.S.] der menschlichen Gestalt nur irgend vergleichbar wäre, *alle* Tiere haben ein relativ kürzeres Schenkelbein.»

«Bei den meisten Säugetieren und allen Vögeln ist hiernach das Schenkelbein kürzer als das Schienbein, aber viele Säugetiere ähneln auch durch die größere Länge des Oberschenkels wieder dem Menschen. Den entschiedensten Anschluss an ihn macht unter den Säugetieren wohl der Elefant; denn dieses plumpe, kolossale Geschöpf hat fast dasselbe Verhältnis zwischen Oberschenkel, Unterschenkel und Fuß wie der Mensch [...] .»

«Schon die frühere Betrachtung hat nachgewiesen, dass bei den Tieren, deren Zehenzahl sich verringert hat, immer zuerst diejenige Zehe verloren geht, welche der großen Zehe des Menschen entspricht, und dass erst, wenn eine weitere Verringerung eintritt, die äußerste kleine Zehe verkümmert. Es steht hiernach der menschliche Fußbau, was die Entwicklung der Zehen betrifft, mit dem tierischen im reinsten Gegensatz, denn diejenige Zehe ist bei ihm die größte, welche bei den Tieren die kleinste bleibt und zuerst wegfallen kann.»

«Denn der Mensch ist das einzige Geschöpf, welches ohne Handbildung eine vergrößerte Innenzehe, eine sogenannte große Zehe besitzt; sie würde also mit völligem Rechte als die allermenschlichste Form des menschlichen Körpers angesehen werden können.» Denn: «Die Affen haben eigentlich keinen Fuß, sie haben vielmehr vier Hände.»

Nach Burmeister war es der große baltische Embryologe Carl Ernst von Baer (1792–1876) (Abb. 17), der ebenfalls den menschlichen Fuß als das unterschiedlichste Organ zu den Menschenaffen hervorhob. Dieser nannte in seiner Rede

Abb. 17: Der Embryologe Carl Ernst von Baer und (rechts) der Anatom Theodor Bischoff erkannten wie Herrmann Burmeister früh den außergewöhnlichen Bau des menschlichen Fußes.

von 1876 als Gleichgesonnene den Münchner Anatomen Theodor Ludwig von Bischoff (1807–1882), den Heidelberger Arzt Heinrich Alexander Pagenstecher (1799–1869) und den Wiener Zoologen Carl Bernhard Brühl (1820–1899). Auch der Frankfurter Anatom Johann Christian Gustav Lucae (1814–1885) mit seinem Buch «Die Hand und der Fuß» (1865)[17] ist hier zu nennen. Und doch wurde diese wissenschaftliche Tradition von der Hochschätzung des «Homo cerebralis» bald überrannt.[18] Das Problem akademisierte sich im negativen Sinne. Das Wissenschaftsleben der Anthropologie entfernte sich vom Menschenverständnis im Zuge der Hochachtung der eigenen Reflexion, gegenüber dem zufassenden, tätigen Menschen. Noch mysteriöser erscheint ihm die besondere Hochachtung der Gliedmaßen, die uns nicht einmal zufassen, sondern «nur» gehen lassen.[19]

Dem Kopfe fällt es verständlicherweise schon konstitutionell schwer, seine eigene Hochschätzung den Füßen zu überlassen, sind sie doch schon räumlich am weitesten weg von ihm. Dem Tiefenpsychologen Goethe aber war die menschenfördernde Wirkung des Wanderns evident:

«Perfectibilität
Möcht' ich doch wohl besser sein,
Als ich bin! Was wär' es?
Soll ich aber besser sein
Als du bist; so lehr' es!

Möcht' ich auch wohl besser sein
Als so mancher andre!
Willst du besser sein als wir,
Lieber Freund, so wandre.»[20]

Von der ersten Schweizer Reise (1775) stammt das folgende Selbstgespräch:
«Man sagt mir wieder, dass die Menschen, die mich unterwegs gesehen haben, sehr wenig mit mir zufrieden sind. Ich will es gerne glauben, denn auch niemand von ihnen hat zu meiner Zufriedenheit beigetragen. Was weiß ich, wie es zugeht! dass die Gesellschaften mich drücken, dass die Höflichkeit mir unbequem ist, dass das, was sie mir sagen, mich nicht interessiert, dass das, was sie mir zeigen, mir entweder gleichgültig ist, oder mich ganz anders aufregt. Seh' ich eine gezeichnete, eine gemalte Landschaft, so entsteht eine Unruhe in mir, die unaussprechlich ist. Die Fußzehen in meinen Schuhen fangen an zu zucken, als ob sie den Boden ergreifen wollten, die Finger der Hände bewegen sich krampfhaft, ich beiße in die Lippen, und es mag schicklich oder unschicklich sein, ich suche der Gesellschaft zu entfliehen […]»[21]

Schon den 26-jährigen, nach dem Ende der Straßburger Studentenzeit, kennzeichnet er in «Dichtung und Wahrheit» (III, 12):
«Der Wanderer war nun endlich gesunder und froher nach Hause gelangt als das erste Mal […].»[22]
Der Frankfurter und Darmstädter Freundeskreis nannte ihn auch so:
«Man pflegte mich daher den Vertrauten zu nennen, auch, wegen meines Umherschweifens in der Gegend, den Wanderer. Dieser Beruhigung für mein Gemüt, die mir nur unter freiem Himmel, in Tälern, auf Höhen, in Gefilden und Wäldern zuteilwurde, kam die Lage von Frankfurt zustatten, das zwischen Darmstadt und Homburg mitten inne lag, […] Ich gewöhnte mich, auf der Straße zu leben und wie ein Bote zwischen dem Gebirg und flachen Lande hin und her zu wandern. Oft ging ich […] durch meine Vaterstadt, als wenn sie mich nichts anginge, […] Mehr als jemals war ich gegen offene Welt und freie Natur gerichtet. Unterwegs sang ich mir seltsame Hymnen und Dithyramben, wovon noch eine, unter dem Titel Wanderers Sturmlied, übrig ist.»[23]

Im Alter (1817) gibt er seinen naturwissenschaftlichen Arbeiten das Motto:

«Was ich nicht erlernt hab,
Das hab ich erwandert.»[24]

Das ist bei ihm mehr als ein nur touristisch gemeinter Farbtupfer. Der zweite Teil des «Wilhelm Meister»-Romans gestaltet in allgemein-menschlicher Symbolik, ja in menschheitlicher Dimension die «Wanderjahre». So wird das antike *Memento mori* nicht nur gerne in das *Vivere memento* umgewandelt[25], sondern es heißt in den Wanderjahren (III, 1):

«Zwar kann ich euch nicht tadeln, dass ihr euch das Schicksal, das uns allen bevorsteht immer vergegenwärtigt, um zu demselben jede Stunde bereit zu sein. Haben doch lebensmüde bejahrte Männer den Ihrigen zugerufen: Gedenke zu sterben! so dürfen wir lebenslustige jüngere wohl uns immerfort ermuntern und ermahnen mit den heiteren Worten: Gedenke zu wandern! Dabei ist aber wohlgetan, mit Maß und Heiterkeit dessen zu erwähnen, was man entweder willig unternimmt oder wozu man sich genötigt glaubt.»[26]

Ausblick auf die Anthroposophie

Der Psalmist David nennt als Sitz des Gewissens Herz und Nieren. Homer versetzt das Sinnen des Odysseus in sein «zottiges Zwerchfell». Von Galen bis Vesal sahen die Ärzte in den wassererfüllten Hirnkammern den Sitz der Seele, Descartes in der Zirbeldrüse des Zwischenhirnes. 1809 veröffentlichten Gall und Spurzheim ihre bahnbrechende These, dass die Großhirnrinde der Vermittler des Tagesbewusstseins ist.[27] Die romantische Medizin steht in dieser Sukzession, so dass Carl Gustav Carus schreibt:

«Noch immer bleibt zwar der feinere innerlichste Bau des Nervensystems und namentlich des Hirnes dem Physiologen und Anatomen ein unaufgelöstes Rätsel; aber dass jene Konzentration dieser Gebilde mehr und mehr in der Tierreihe steigt und im Menschen einen Grad erreicht, wie durchaus in keinem anderen Wesen, dies ist eine vollkommen festgestellte Tatsache; es ist für die Geistesentwicklung des Menschen von höchster Bedeutung, ja wir dürfen es geradezu aussprechen, eigentlich schon die hinreichende Erklärung.»[28]

Rudolf Steiner ergreift diese Darstellung in seinem ersten anthroposophischen Werk, der «Theosophie», 1904 auf und schreibt einige Seiten weiter von dem menschlichen Leibe als dem «auf das Gehirn, als seinen Mittelpunkt, hingeordneten mineralischen Bau.»[29] Mit der Entwicklung der anthroposophisch befruchteten Künste (besonders der Eurythmie) und noch mehr mit den sich neu entwickelnden Berufsfeldern aus den Anfängen der Dreigliederungsbewegung erweitert sich das anthroposophische Menschenverständnis in weit umfassendere Dimensionen. Schon in dem 1911 gehaltenen philosophischen Vortrag in Bologna verwendet Steiner seine ganze Gedankenkraft, um die weltverbundene Seite des menschlichen Ich verständlich zu machen.[30] In zahlreichen, ihm besonders angelegenen Darstellungen wird die wahre Ichnatur als Weltinhalt und eben nicht als Leibinhalt hervorgehoben.[31] 1913 wird in der Schrift «Die Schwelle der geistigen Welt» etwas ähnliches für die volle Natur des Astralleibes dargestellt[32]: Er bleibt Inhalt der Geistwelt und kommt in seinem zentralen Wesen gar nicht zur Inkarnation. 1917 wird in den Ausführungen zur Dreigliederung der menschlichen Leibesorganisation nun auch den Gliedmaßen eine außerordentlich ungewohnte Darstellung gegeben:

«Und in einem Bewegungsvorgang hat man es physisch auch nicht mit etwas zu tun, dessen Wesenhaftes innerhalb des Organismus liegt, sondern mit einer Wirksamkeit des Organismus in den Gleichgewichts- und Kräfteverhältnissen, in die der Organismus gegenüber der Außenwelt hineingestellt ist. [...] und die Seele übergreift, indem sie sich wollend betätigt, den Bereich des Organismus und lebt mit ihrem Tun das Geschehen der Außenwelt mit.»[33]

Diese Darstellungen gipfeln in den letzten, zusammenfassenden Vorträgen der «Allgemeinen Menschenkunde», insbesondere vom 1. und 4. September 1919.[34] Kopf und Gehirn werden als vorwiegend materielle Anteile des Leibes bezeichnet, die mittlere rhythmische Organisation als leiblich und seelisch. Erst den Gliedmaßen wird zur leiblichen und seelischen auch die volle geistige Kompetenz zugesprochen. Nicht was wir von der Welt im reflektierenden Bewusstsein abspiegeln, sondern was wir von ihren Erfordernissen tätig erfüllen, macht unseren wahren Geist aus. Damit wird der Geistbegriff, der viel zu lange von der abendländischen Verstandeskultur nur als schemenhaft verdünnte Widerspiegelung im menschlichen Intellekt fehlgemeint wurde, endlich lebenspraktisch als der Ursprungsquell aller Tätigkeiten identifiziert, der kreativ Neues in der Welt schafft. Nicht Erscheinung, sondern schaffende Tätigkeit ist Geist im Sinne des lebensvollen Menschenverständnisses. So «plätschern wir mit unseren Gliedmaßen im Geiste.» Denn sie sind die wahren Intuitionsorgane, allein deren Gewinn sich bewusst zu machen, dem Kopfbewusstsein verbleibt.[35]

Die sich nun entwickelnde Waldorfpädagogik ist voll von diesem lebenspraktischen Geistverständnis der menschlichen Gliedmaßennatur:

«Man muss dann in den Kindern ein Gefühl davon hervorrufen, worin nun der Mensch in der äußeren Form am allervollkommensten ist. Das ist er in Bezug auf seine Gliedmaßen. […] Keine der Tiergattungen ist mit Bezug auf die Durchorganisierung der Gliedmaßen so vollkommen gestaltet wie der Mensch. […] Es führt den Menschen nur zum eingeimpften Hochmut, wenn man ihm fortwährend beibringt, dass er durch seinen Kopf das vollkommenste Wesen auf der Welt ist. Dadurch saugt er unwillkürlich die Vorstellung ein, dass man durch die Faulheit, durch die Trägheit vollkommen ist. Denn instinktiv weiß der Mensch, dass der Kopf ein Faulpelz ist, dass er auf den Schultern ruht, dass er sich nicht selber durch die Welt bewegen will, dass er sich tragen lässt von den Gliedmaßen. Und es ist nicht wahr, dass der Mensch durch den Kopf, durch den Faulpelz Kopf, das eigentlich vollkommene Wesen ist, sondern er ist es durch seine Gliedmaßen, die in die Welt und ihre Arbeit eingegliedert sind. Sie machen den Menschen innerlichst moralischer, wenn sie ihm nicht beibringen, er sei vollkommen durch den Faulpelz Kopf, sondern vollkommen durch seine regsamen Gliedmaßen. […] Eine gesunde Empfindung gegenüber der Welt bringen Sie dem Menschen nur bei, wenn Sie in ihm die Vorstellung erwecken, dass er vollkommen ist wegen seiner Gliedmaßen, nicht wegen seines Kopfes. […] Durch dieses Sich-Hineingestellt-Fühlen in die Naturordnung nimmt das Kind auch Gefühle auf, durch die es sich später recht als Mensch weiß.»[36] – «Und die Gliedmaßen […]; die sind die allermenschlichsten Organe.»[37]

Solche pointierten Formulierungen milderte Rudolf Steiner dort wieder ab, wo er in erweiterten Kreisen über Pädagogik sprach; so 1922 im Dornacher Lehrerkurs[38] und 1923 im Ilkley-Kurs[39]: Die höheren Tiere werden darin als besondere Evolutionsstufen in der Ausreifung des Stoffwechsel- und Gliedmaßensystems hervorgehoben. Für den Stoffwechsel ist dabei der Erwerb der selbstregulierten Körperwärme evident. Die Homöothermie bedarf einer fortwährend im Grundumsatz aktiven Stoffwechselpotenz. Auch der Muskelstoffwechsel verläuft ausgeglichener als noch bei den wechselwarmen Reptilien und ermöglicht selbst lang andauernde Bewegungsabläufe.[40] Eine hohe Dominanz der Gliedmaßenorganisation haben wir in herausstechenden, monotypischen Sonderformen unter den Warmblütlern Vögel und Säugetiere hier vorstellen können. So bestätigt die selbständige goetheanistische Analyse, was in der Anthroposophie auf anderem methodischem Wege zu vergleichbaren Ergebnissen geführt hat.[41]

In den zitierten Vorträgen Rudolf Steiners wird von ihm weitgehend auf die Besonderheit der menschlichen oberen Gliedmaßen hingewiesen, die von der Fortbewegungsfunktion befreit worden sind: «Es gibt kein schöneres Sinnbild der menschlichen Freiheit als die menschlichen Arme und Hände.»[42] Und doch gibt es auch, wenn auch sehr viel intimere Hinweise auf die besondere menschliche Charakteristik der unteren Gliedmaßen. Mit ihnen bewältigen wir die intensivste Berührung mit dem Erdboden und die aktivste Auseinandersetzung mit der Schwerkraft der Erde. So erscheinen sie auf den ersten Blick als Anpassungsorgane an eben diese Umweltanforderungen. Aber wie anders dies als bei den zum Beispiel mindestens so lauftüchtigen Huftieren der Säugetiere erfolgt, lohnt es zu beachten.[43] Von seiner ersten Begegnung mit Steiner 1913 berichtet der Student Walter Johannes Stein, der spätere erste Deutsch-/Geschichtslehrer der Stuttgarter Waldorfschule, die für ihn entscheidende Antwort Steiners auf seine Fragen nach der evolutiven Entwicklung der Kulturfähigkeiten:

«Wie das Kind Denken, Sprechen und Gehen lernt, bevor es zum vollen Selbstbewusstsein erwacht, so auch die Menschheit, die wandernd Sprechen lernt und aufgrund dessen Vernunft erlangte, ehe sie zur vollen Individualisierung kam.»[44]

Die Wandertätigkeit, von der die menschliche Organisation über 4 Millionen Jahre hin gestaltet worden ist, war demnach nicht nur eine äußerliche Fortbewegungsweise, sondern eine sehr viel direktere, existentiellere Kontaktnahme mit der Welt, als es das Zuschauerbewusstsein des Kopfes je leisten könnte. Die menschliche Sprache und der Erwerb der Vernunft sind demnach erst von der aufrechten Bewegungserfahrung angeregt worden. So wieder Steiner in einer pädagogischen Darstellung:

«Da wo Gehen gelernt, wo Dynamik und Statik angeeignet wird, da nimmt der Mensch aus seiner Umgebung den Geist auf. [...] So dass wir sagen können: Mit jenem Geistigen, das wir aufnehmen, indem wir gehen lernen, fließt auch aus der Umgebung das Moralische ein.»[45]

Die Sprache lässt uns von der moralischen Geradheit und Aufrichtigkeit eines Menschen reden. Wenn wir darin nicht nur eine sprachliche Metapher sehen, sondern ein in früher Kindheit Veranlagtes, rühren wir an das Vollmenschliche der Gliedmaßentätigkeiten. Die Linien hin zu ihrem christologischen Verständnis finden sich in den internen Vorträgen Rudolf Steiners kurz vor dem 1. Weltkrieg.[46] Dazu gehört auch, dass die Geographie als beste Vorbereitung der Geistesschulung bezeichnet wird; den Geist haben wir künftig nicht in unserem kleinen Inneren zu suchen, sondern in der Welt.[47] Versuchen wir es erneut.

Der Buckelwal

Am 22. Juli 1990 besteigen wir ein kleines Ausflugsschiff in dem kleinen Hafen von Gloucester nördlich von Boston/Massachusetts an der Ostküste Nordamerikas. Nach einer Stunde Fahrt, als die Skyline von Boston nur noch winzig am Horizont zu sehen ist, kommen wir in die Wanderstraße der Wale. Hier bricht das flache Schelfmeer in die Ozeantiefe ab. Kühles, mineralisches Tiefenwasser quillt in den Golfstrom von unten nach oben herauf, reiches sich entwickelndes Plankton-, Schwimmkrebschen- und Fischleben flottiert entlang dieser untermeerischen Schelfkante der «Stellwagenbank». Ein schlafender Seehund hängt nur noch mit seinen Nasenlöchern an der wogenden Wasseroberfläche, kleine Gruppen von Wellenläufern, den «Petrels» (*Oceanites oceanicus*) hängen direkt über dem Wasser, von dem sie flatternd ihre Nahrung abfischen. In der Ferne sehen wir den ersten großen Wal aus dem Wasser springen und in die weiße Gischt zurückfallen (Abb. 18, Abb. 19).

«A humpback breaches» erläuterte der Meeresbiologe an Bord. Er kannte fast jeden Wal, dem wir an diesem Tag begegneten und erkannte die Buckelwale (humpbacks) an dem jeweiligen Farbmuster der Schwanzflosse, wenn die Tiere sie beim Abtauchen aus dem Wasser hoben. Drei Walarten wurden gesichtet: neben der genannten noch der kleine Zwergwal (*Balaenoptera acutorostrata*) und der gewaltige Finnwal (*Balaenoptera physalus*), alles bartentragende Furchenwale. Der häufigste Wal hier an der Stellwagenbank Neuenglands ist der

Abb. 18 (Oben): Der bis 17 m lange Buckelwal Megaptera novaeangliae.

Abb. 19: Springender Buckelwal. Ober- und Unterseite der Vorderflossen des männlichen Buckelwals können ganz weiß sein. Cape Cod, Massachusetts.

Buckelwal (*Megaptera novaeangliae*). Er steht mit ausgewachsen 11 bis 13 (17) m größenmäßig zwischen dem Zwergwal (6 bis 9 (10,5) m) und Finnwal (18 bis 21 (27) m), stellt aber keineswegs das arithmetische Mittel der beiden anderen Arten dar. Alle drei Furchenwale tragen an Kehle und Vorderrumpf in rhythmischer Abfolge Längsfurchen, die sich bei der Nahrungsaufnahme gewaltig dehnen.

Der Schiffsführer sieht den Atemstrahl eines Buckelwales, fährt mit erhöhter Geschwindigkeit in die kommende Bahn des Tieres, stellt den Motor ab und lässt das Boot still dem sich nähernden Tier entgegengleiten. Kurz vor dem Zusammentreffen taucht das Riesengeschöpf auf. Der flache Kopf ist mit Reihen tennisballgroßer Buckel besetzt (daher der Name), die interessanterweise nur diese Walart hat (Abb. 22). Die paarigen Nasenlöcher am hinteren Kopf (!) öffnen sich, alte Luft wird dampfend ausgestoßen, neue eingesogen, die Löcher geschlossen, der Kopf gesenkt, dann langsam der Rücken und zuletzt die gewaltige Schwanzflosse herausgehoben (Abb. 20). So taucht der

Abb. 20 (folgende Seite): Oben Blasender (vor Victoria, Kanada) und Unten Schwanzwinkender (Hervey Bay, Queensland, Australien) Buckelwal.

Abb. 21: Buckelwalkuh mit Kalb. Vava'u, Tonga, Pazifik.

Wal unter dem Boot durch, das er also sicher längst wahrgenommen hat und toleriert. Alle Leute stürzen zur anderen Bootsseite, die sich gefährlich neigt, der Walkopf taucht wieder auf, dann versinkt das Riesentier in die Tiefe.

Bald ist deutlich: Die Tiere lieben ihresgleichen. Meist sind sie zu zweit, ein Kalb immer von seiner Mutter begleitet (Abb. 21). Der Meeresbiologe ist entzückt, ein Exemplar zu erkennen, welches er das letzte Mal vor drei Jahren gesehen hat. Alle Walbeobachtungsboote der Ostküste speisen jeden Abend ihre neuen Daten in einen gemeinsamen Computer ein und können so die Wanderwege jedes Tieres über Jahre hin genau verfolgen. Über fast jedes Tier kann uns der Führer das Alter, sein Geschlecht, seine Vorfahren und Nachkommen und etwaige individuelle Besonderheiten nennen. Geschäftstüchtig finanziert sich diese Forschung selbst durch das Touristikangebot zum *whale-watching*.

Dabei findet aber nicht nur *whale-watching* der Leute statt, sondern ebenso das *people-watching* der Wale. Manch ein Buckelwal hält inne, streckt den Kopf bis zu den Augen senkrecht aus dem Wasser und sieht sich genau seine Interessenten an. Walfang gibt es hier schon lange nicht mehr, die Tiere sind

Abb. 22: Das Rostrum (die Schnauze) wie der Kopf überhaupt ist beim Buckelwal mit arttypischen Tuberkeln bestückt. Rechts ist ein Befall mit Seepocken zu sehen. (Hervey Bay, Queensland, Australien).

völlig vertraut, lieben aber keine provozierende Belästigung durch die Besucher. Das Publikum wird auf rücksichtsvolles Verhalten eingestimmt.

Nach der ersten Faszination und dem überwältigten Staunen, die Riesen des Meeres so nah und selbstverständlich in ihrem eigensten Lebensraum beobachten zu können, interessiert das besonders Hervorstechende des Buckelwales. Mit seinen 40 Tonnen Gewicht schwimmt eine solche im wahrsten Sinne des Wortes Lebensfülle vor uns her, dass sich die vom Land gewohnten Vorstellungen von Tiergröße energisch relativieren. Ja, die außerordentlich wasserschnittig gebauten Finn- und Blauwale mit bis zu 75 beziehungsweise 150 Tonnen sind noch viel bessere Schwimmer als der Buckelwal. Wieso sitzen nicht nur auf seinem Kopf, sondern auch an der Vorderkante der langen Brustflossen besagte dicke Hautknoten (Abb. 22), die sicher nicht strömungsförderlich sind – im Gegenteil? Was besagen sie?

Wale tragen vor der Geburt wie alle ungeborenen Säugetier- und Menschenkinder ein fötales Haarkleid, das Lanugohaar. Es wird meist noch im Mutterleib abgestoßen, mit dem Fruchtwasser getrunken und erscheint bei uns selbst als «Kindspech» bei der ersten Darmentleerung nach der Geburt. Den Walen wächst danach kein zweites Haarkleid. Sie kommen nicht nur nackt auf die Welt, sondern bleiben es zeitlebens.

Bei den sinneshellen Kleinwalen, so bei einigen Delphinen, erhalten sich allerdings nach der Geburt um die vorderste Mundpartie einige Tasthaare. Nach ihrem Ausfall dienen die offenbleibenden Haarpapillen vermutlich weiterhin besonders feinen Tastwahrnehmungen.[48] Unter den Großwalen bildet die einzige andere Ausnahme der Buckelwal, denn in jedem apfelsinengroßen Hautbuckel sitzt ein einziges langes Haar, das als Sinneshaar, verstärkt durch den Strömungswiderstand des Wassers an den Buckeln, dem Tier Kunde von seiner Gleitgeschwindigkeit gibt[49]: eine auffällige Betonung des Sinnessystems für einen Bartenwal. Entsprechend geht das Fassungsvermögen bei der Nahrungsaufnahme zurück: «Der Buckelwal steht etwas neben den engverwandten sonstigen Furchenwalen, indem er weniger als 20 Kehlfurchen besitzt, sie hingegen um 50 Furchen.»[50]

Sinneswachere Vertreter stoffwechselmächtiger Tiere verstärken immer auch den Bau und die Funktionen des Gliedmaßensystems, wie die goetheanistische Analyse oftmals gezeigt hat.[51] So auch der Buckelwal? Alle Wale haben prinzipiell rückgebildete Hintergliedmaßen. Der Hauptantrieb geschieht durch den äußerst muskulären Schwanz mit der skelettfreien, waagerecht gewachsenen Schwanzflosse. Die relativ kleinen Vorderflossen üben dabei mehr die Steuerung der Gesamtlage im Wasser aus. Gerade beim Buckelwal sind nun jedoch die Vorderflossen mit einem Drittel der Körperlänge unverhältnismäßig lang entwickelt (Abb. 23). *Megaptera*, der Riesenflosser, nannten ihn deshalb die Zoologen. Dass seine Vorderflossen an den äußeren Vorderkanten auch mit Buckeln besetzt sind, zeigt die erhöhte Sinnesfunktion gerade auch dieser extremierten Organe.

Ein besonderes Bewegungsverhalten dieser Walart ist nun das «Breaching»: das Senkrecht-aus-dem-Wasser-Schnellen dieser Kolosse. Kleinwale, wie bekannterweise alle Delphine und Tümmler, springen gerne, weil oft auch spielend, aus dem Wasser. Diese Zahnwale zeigen schon in ihrer körperlichen Kleinheit ihre verringerte Wuchs-, also auch Stoffwechselkraft. Soweit bei einem Wal möglich, überwiegen hier Sinnes- und Nervenfunktionen. Damit ist immer auch die Liebe zum Luftelement und seines erweiterten Sinneshorizontes gegeben. Die gute Nervenorganisation erweist sich in der hohen Spielfreudigkeit und Gelehrigkeit, wie jede Vorführung in einem Delphinarium veranschaulicht.

Ein Buckelwal ist natürlich viel zu groß, um in einem Delphinarium gehalten zu werden. Er wandert große Strecken. Im Herbst zieht er in die subtropi-

Abb. 23: Gerne wälzt sich der Buckelwal auf die Seite und streckt die bis 4 m lange Brustflosse aus dem Wasser. Broughton Archipel, Great Bear Rainforest, Erste Nationen Gebiet, British Columbia, Kanada.

schen Gewässer, um im Winter dort in der Wärme zu kalben und zu brunften. Zum Sommer hin zieht er in die subpolaren Gewässer mit ihrem besonders reichen Nahrungsangebot, um sich den Speck anzufressen, von dem er in den planktonärmeren warmen Meeren zehrt. In den mittleren Breiten trifft man ihn so auf Wanderschaft zwischen Pol- und Äquatornähe. Dabei wird ein charakteristischer Unterwassergesang gepflegt, der den gegenseitigen Kontakt untereinander aufrechterhält (eine Schallplatte davon brachte das National Geographic Magazine 1979). Vieles davon hat die neuere Walforschung aufklären können.

Aber eines frug unser Walbiologe auf dem Schiff immer wieder das Publikum und sich selbst: «Why does the humpback breach?» Warum springen gerade diese Tiere so oft so hoch aus dem Wasser? Wollen sie beim anschließenden dröhnenden Aufprall auf große Entfernungen Kunde von sich geben? Wollen sie sich dadurch Parasiten von der Haut reiben? «Wir wissen es nicht, wir müssen noch danach forschen.»

In der auf dem heutigen Wissenschaftsmarkt gehandelten Biologie sind zumeist nur zwei Denkmuster akzeptiert, um ein biologisches Merkmal als verstanden zu erklären: Entweder die Kausalkette des zugehörigen Regelkreises kann vorgeführt werden oder ein überlebenstauglicher Zweck. Gerade letzterer erst gilt als darwinistisch deutbar, obgleich Darwins Hauptanliegen es doch war, die Teleologie, also die Zweckmäßigkeitslehre, aus der Biologie zu entfernen. So sucht man unentwegt nach Zweckmäßigkeiten, auch wenn man sie als Scheinzweckmäßigkeit, als sogenannte Teleonomie, entschuldigt.[52]

Dabei sagt uns das Wesentliche das Tier längst selbst. Die sinnesbetontere Konstitution des Buckelwales als eines mittelgroßen Vertreters der bartentragenden, großen Furchenwale hat per se eine verstärkte Beziehung zum Luftraum über dem Wasser. «Im Allgemeinen sind Buckelwale relativ langsame Schwimmer.»[53] Sie sind insgesamt nicht so stromlinienförmig gebaut wie andere Bartenwale.[54] Sie pflegen gelegentlich eine der langen Brustflossen bis zu einer Stunde lang senkrecht aus dem Wasser zu halten, sich ruhig treiben lassend (Abb. 23).[55] Seine besondere Art der Gliedmaßenbetonung setzt das Vertikalisieren gegen das im Schnellschwimmen vorwiegende Horizontalisieren durch. Das erfährt seinen Höhepunkt im «breaching»: dem Durchbrechen der Wasseroberfläche mit einem Senkrechtsprung des ganzen Körpers. Die Gesamtkonstitution dieses Wales gibt selbst die Antwort.

Die gestaltbiologische Analyse der Säugetiere konnte des Weiteren aufzeigen, dass bei umweltoffeneren, also sinnes- und gliedmaßenbetonteren Arten ein scharfer Trachtdualismus zwischen dunkler Ober- und heller Unterseite charakteristisch ist.[56] So sind auch beim Buckelwal dunkle Ober- und helle Unterseite weit schärfer voneinander abgesetzt als bei allen anderen Furchenwalen – wieder aus sich selbst verständlich. Dabei variiert die Weißfärbung unterseits individuell erheblich. Hinzu kommt, dass auch die Körpergrößen der ausgewachsenen Tiere nicht gleichförmig sind. Die Männchen sind bei den Bartenwalen kleiner, die Weibchen größer. Letztere sind offensichtlich stoffwechselbetonter, erstere sinneshafter. Tatsächlich springen weitgehend nur die Männchen über die Wasseroberfläche heraus, und das am ehesten die noch nicht ganz ausgewachsenen Teenager. Damit steht nun in Übereinstimmung, dass die Männchen unterseits sehr viel großflächiger weiß gefärbt sind, insbesondere die Unterseite der Schwanzflosse, hingegen die Weibchen auch unterseits vorwiegend bis völlig schwarzgefärbt sein können.[57] So ist auch natürlicherweise verständlich, dass die artspezifisch so verlängerten Vorderflossen-Gliedmaßen immer unterseits, oft auch oberseits rein weiß gefärbt sind (Abb. 19). Der Buckelwal ist noch das beste Gliedmaßentier unter allen Walen. Nur eine einzige Art enthält diese relativ isoliert stehende Gattung. Das Bild rundet sich.

Seitdem der Mensch sich im Vergleich zum Tier betrachtet, ist er sich nicht schlüssig, wen er an wem messen soll. Die alten Ägypter hielten die Tiere als übermenschliche Götter heilig, die alten Griechen hingegen die tierhaften Satyre und Kentauren für minderwertiger als den Menschen. Allerdings in ihrer frühen mythischen Zeit galt auch der Kentaur Chiron als Lehrer der Heilkunst viel.

Die Darwinsche Fassung der gemeinsamen Evolution von Tier und Mensch hat uns aufgezeigt, wie man den Menschen am Tier messen kann. Sozialdarwinismus, Psychoanalyse und heutige Humanethologie sind davon die Folge. Derjenige, der im Zoo im Menschenaffenhaus seine Mitmenschen beobachtet, bemerkt, wie fast jeder auf das achtet, was ihm am Affen menschlich erscheint und es daraufhin an sich selbst für tierhaft hält.

Hier ist das Umgekehrte praktiziert worden. Was ist das Gemeinsame, das am Tier als menschlich erfahrbar ist? Was ist in der außermenschlichen Natur doch auch ein Menschliches? Welche Erweiterung erfährt durch diesen Ansatz die Idee des Menschen selbst, und was folgt dann daraus für das gemeinsame Evolutionsverständnis? Unter bewusster Vermeidung, die Natur künstlich zu anthropomorphisieren, ist es möglich, Menschliches in der Natur vorzufinden. Sollte es gelingen, so wird auch die Achtung und Verantwortung wachsen, die wir allem natürlichen Geschehen um uns schulden. Mit den Lerchen und Flamingos, dem Sekretär, der Giraffe und dem Elefant, Gerenuk und Dibatag, Nilgau, Oryx und Buckelwal ist hier ein erneuter Einstieg in das Thema gemacht. Verstehen wir uns doch auch erst dann besser, wenn wir unsere besondere Gliedmaßennatur begreifen. Und gehört es nicht auch zur Mitsprache der Natur, dass sie besonders reichlich dort Gliedmaßentiere hervorgebracht hat, wo der frühe tertiäre Mensch die Aufrichtung gewonnen hat – in Afrika, und besonders in Ostafrika! Wer einmal dort war, wird die Heimatgefühle dahin nicht mehr los. Denn die Natur dieses zentralen Kontinents, um den einmal alle anderen Kontinente gelegen haben, als im Perm die Entwicklung zu den Säugetieren begann, ist in einem besonderen Maße von Motiven der Menschennatur durchzogen.[58] Hier stand die Wiege unserer eigenen Existenz, und diese vermenschlichte sich erstmals mit der vollen Aufrichtung durch die Ausbildung unserer besonderen Gliedmaßen.

Spiral-Asymmetrien bei Tier und Mensch

Als wir am letzten Tag des Biologie-Großpraktikums im Harz am 27.6.1997 unsere Wanderung durch das Bodetal zur Rosstrappe machten, fanden wir einige Schneckenarten im Wald. Sie erinnern, dass die meisten Schneckenhäuser der Welt rechts gewunden sind: Stellt man das Gehäuse aufrecht und blickt auf die Mündung, so liegt diese rechts von der Spindelachse. Wir besehen uns hier nun diese Drehrichtung bei der größten heute lebenden Schnecke von der Nordostküste Australiens (*Syrinx aruanus*) (Abb. 1). Genauso ist es bei unserer größten Landschnecke, der bekannten Weinbergschnecke (*Helix pomatia*). Unter ca. 10 000 Exemplaren dieser Schnecke kommt in der Natur auch einmal eine Schale vor, die jedoch linksgewunden ist: der sogenannte «Schneckenkönig». Es gibt aber auch obligatorisch linksgewundene Arten. Unter den großen Meeresschnecken ist es zum Beispiel die Blitzschnecke (*Busycon contrarium*) von der Südostküste der USA. Unter den 215 Landschneckenarten der Bundesrepublik gibt es nur 25 Arten, die linksgewunden sind. Sie gehören alle zur Familie der Schließmundschnecken (*Clausiliidae*) (Abb. 2), kleine schlanke Turmschnecken von nur ca. 1 cm Höhe, versehen mit feiner Skulptur. Wir haben sie im Bodetal an einem morschen Baumstamm gefunden und angesehen. Auch unter den heimischen Wasserschnecken gibt es wenige linksgewundene Arten.

Es ist also auffällig, dass die Drehrichtungen der Schneckenschalen-Spiralisierung nicht zufällig streuen, sonst gäbe es immer rechts- wie linksdrehende Arten und Individuen in gleicher Menge. Woher kommt dieser eklatante Unterschied in der Häufigkeit beider Drehrichtungen?

Diese Frage führt zuerst einmal zur Beachtung des zeitlichen Auftretens der Spiralmorphologie in der Embryonalentwicklung dieser Tiere. Sie lässt sich bei den Schnecken bis in den Furchungsablauf zurückverfolgen. Bekannt ist aus der Schulbiologie die Radiärfurchung vom Seeigel, Lanzettfischchen, Molch oder Frosch. Auch bei den marinen Hydroidpolypen schneiden die Furchungsebenen zeitlich synchron und räumlich äqual ein und gliedern die

Abb. 1: Das rechtsgewundene Spiralgehäuse der Australischen Trompete, Syrinx aruanus L. (Prosobranchia, Neogastropoda) ist das größte einer heute lebenden Schnecke; bis über 70 cm.

Zygote symmetrisch auf hin zur Morula und Blastula (Abb. 3). Sie haben schon kennengelernt, dass bei den Amnioten – also auch beim Menschen – die Furchungen allerdings asynchron verlaufen und dadurch die Zellvermehrung nicht in geometrischer Progression und so also keineswegs völlig symmetrisch vonstattengeht.

Bei vielen Wirbellosen gibt es nun noch einen anderen Furchungstyp: den der Spiralfurchung (Abb. 4), den wir eben auch bei allen Schnecken vorfinden. Zwar finden hier die Furchungsmitosen wie bei der Radiärfurchung auch synchron statt, aber die Mitosespindeln stellen sich schräg ein, so dass die Blastomeren spiralig rechtsdrehend abgeschnürt werden (B). Im nächsten Furchungsschritt werden die Spindeln linksdrehend eingestellt (D, E). Bis zum 5. Quartett alterniert die spiralisierende Ausrichtung bei der Spiralfurchung hin und her, wodurch dann doch erst einmal eine radiärsymmetrische Morula gebildet wird, aus der erst später die spiralig-asymmetrische endgültige Lage des Eingeweidesackes und der sie umgebenden Schale entsteht.

Beide Drehrichtungen sind also im gleichen Furchungsablauf nicht nur möglich, sondern obligatorisch. Was bestimmt nun die endgültige Drehrichtung

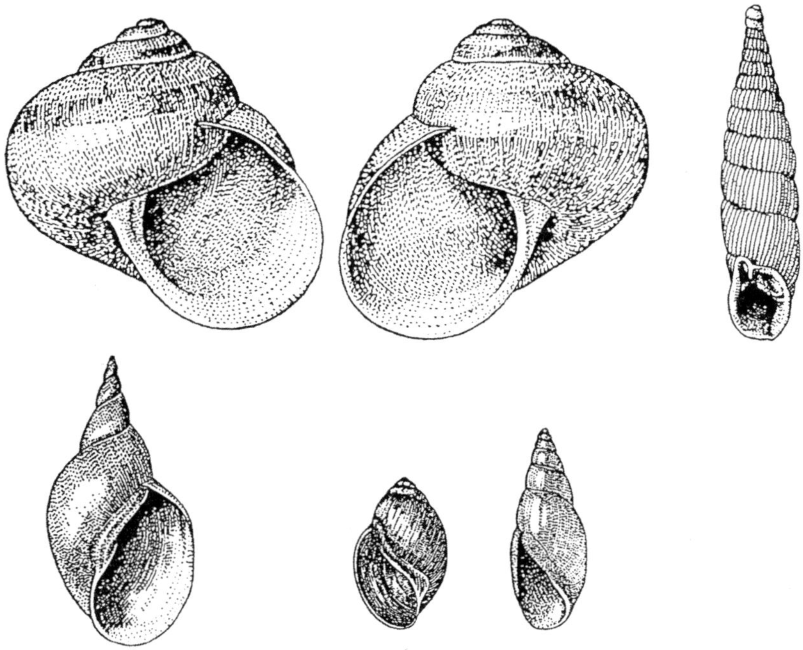

Abb. 2: Oben Heimische Landschnecken: Weinbergschnecke Helix pomatia rechts- und (selten) linksgewunden; daneben Zweifaltige Schließmundschnecke Lacinaria biplicata (Clausiliidae) linksgewunden. Unten Heimische Wasserschnecken: Große Schlammschnecke Limnaea stagnalis rechtsgewunden; daneben die zwei linksgewundenen Blasenschnecken-Arten Physa fontinalis und Aplexa hypnorum.

der Schneckenschale? Bei den rechtswindenden Schnecken ist die erste Spiralfurchung immer rechtsdrehend = dexiotrop, bei den linkswindenden Schnecken linksdrehend = leiotrop. Soweit die embryonale Analyse im Phänotyp. Die endgültige Drehrichtung des Eingeweidesackes und der Schale wird also mit dem ersten Spiralfurchungsschritt angezeigt.

Nun tritt die Frage nach der erblichen Bedingtheit auf. Da die jeweilige erste und endgültige Drehrichtung artspezifisch beziehungsweise morphenspezifisch ist, ist sie erblich vorgegeben. Kreuzungsversuche an der heimischen Schlammschnecke (*Lymnaea = Radix peregra*) und Weinbergschnecke haben ergeben, dass die Genetik des Eies und nicht die der Samenzelle die erste Windungsrichtung in der Spiralfurchung und damit die künftige Gehäusewindung bestimmt. Kreuzt man rechtswindende mit linkswindenden Tieren, so werden die Nachkommen in ihrer Drehrichtung sich nach der schon im Ovar gene-

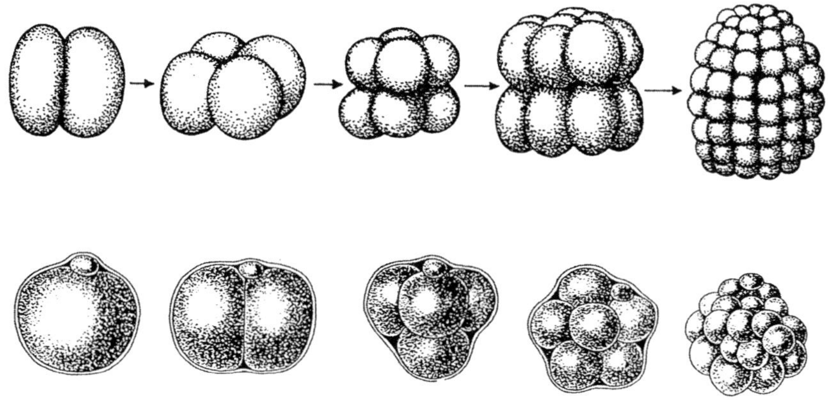

Abb. 3: Oben Synchrone Radiärfurchung bei dem Hydroidpolypen Aequorea forskalea. Darunter Asynchrone Furchung des Eies der Maus Mus musculus.

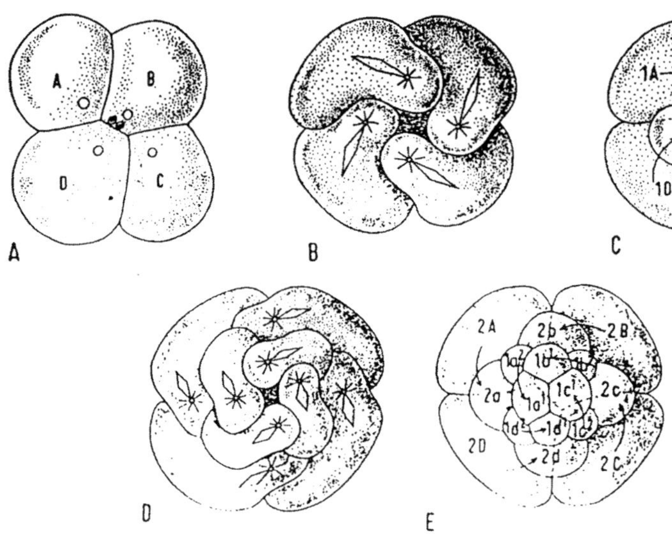

Abb. 4: Synchrone Spiralfurchung bei Gastropoden.

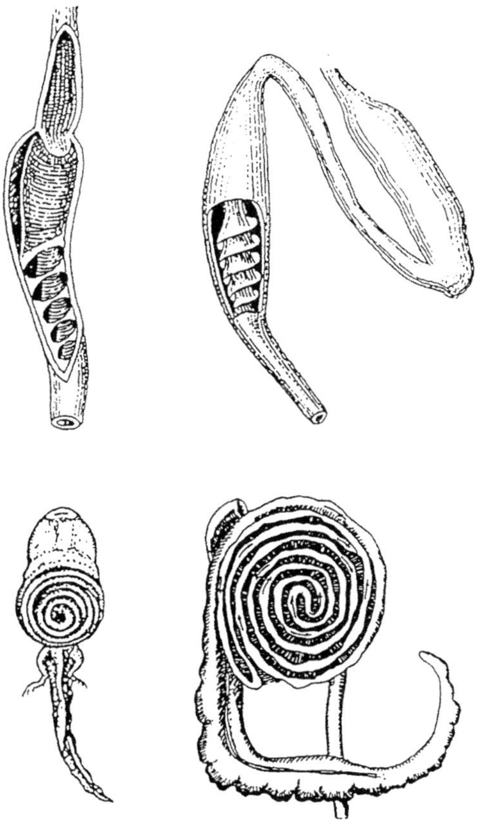

Abb. 5: Oben Spiralfalten im Dünndarm des afrikanischen Flösselhechtes Polypterus und (rechts daneben) des Katzenhaies Scyllium der Nordsee. Darunter Kaulquappe des Frosches Rana mit weitgehender Spiralisierung des Darmpaketes; daneben mehrfache Spiralisierung des Colons bei Sifaca, einem madagassischen Halbaffen.

tisch bestimmten Struktur der jeweiligen Eizelle richten. Indem aber das paternale Gen in das Genom der Eizelle der nächsten Generation miteingehen kann, treten in der F_2-Generation auch umgekehrt windende Individuen auf. Der Erbgang der Drehrichtung mendelt normal, die Genetik der Drehrichtung kommt aber immer erst mit der Verzögerung um 1 Generation phänotypisch zum Vorschein.[1]

Gehen wir nun über zu den uns näherstehenden Vertebraten. Sie sind der äußeren Erscheinung nach zumeist bilateral-symmetrisch gestaltet. In den inneren Leibeshöhlen hingegen finden wir deutliche Asymmetrien vor: so im Verdauungstrakt und beim Herzen mit seinen Gefäßstämmen. Die Situslage ist weitgehend die uns vom Menschen bekannte: Die Milz liegt links, die Leber rechts etc. Doch soll der europäische Wels (*Silurus glanis*) durchgängig einen invertierten Situs besitzen[2], ebenso der kleine Zahnkarpfen *Xiphosurus* =

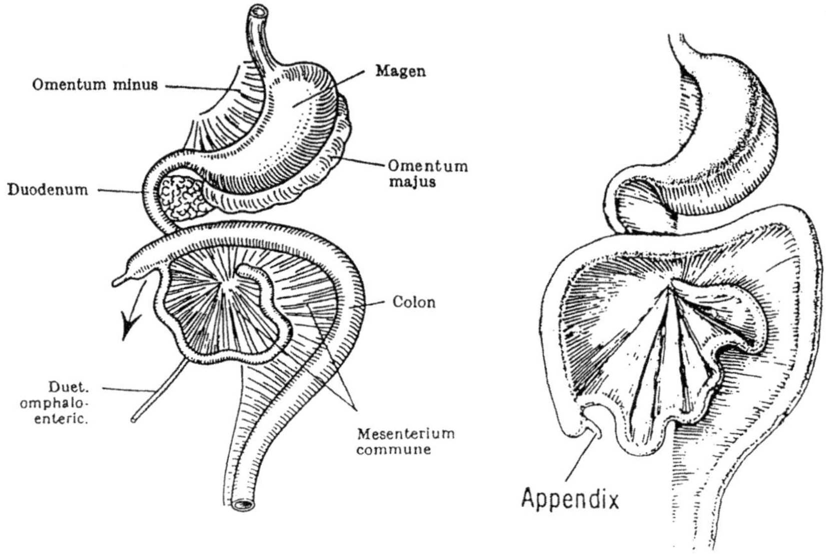

Abb. 6: Einfache Spiralisierung des Colons im zweiten Monat der menschlichen Embryonalentwicklung.

Schwertträger zu 37 %[3]. Bei unserem Bergmolch haben ca. 1 Prozent der Tiere von Natur aus die umgekehrte Lage der inneren Organe (hochgerechnet aus Von Kraft 1971[4]).

Die Asymmetrie des Verdauungskanals wurde phylogenetisch vielfach durch anfängliche Spiralisierungsvorgänge eingeleitet. Bei so urtümlichen Fischen wie dem afrikanischen Flösselhecht (*Polypterus*) und allen Haien finden wir Spiralfalten der inneren Darmoberfläche vor, die sicherlich der Oberflächenvergrößerung und damit der besseren Resorption dienen (Abb. 5). Bei der Froschkaulquappe ist das ganze Darmpaket als solches spiralig verwunden. Und noch bei einem so hochstehenden Wirbeltier wie dem Sifaka, einem Halbaffen Madagaskars, ist das Colon zu einer Mehrfachspirale gedreht. Beim Menschen findet eine solche Drehung, wenn auch nur um *eine* Volldrehung, während des 3. Monats statt, wodurch die Konvoluten des Dünndarms vom Caecum und Colon eingerahmt sind (Abb. 6). Die Drehrichtung und damit die Lagerung des endgültigen Eingeweidesitus ist beim Menschen sehr stabil (Situs solitus). Erst in 0,01 %, also im Durchschnitt bei einem unter 10.000 Menschen, findet sich ein *Situs inversus*[5] (Abb. 7). Er kann ein *Situs inversus*

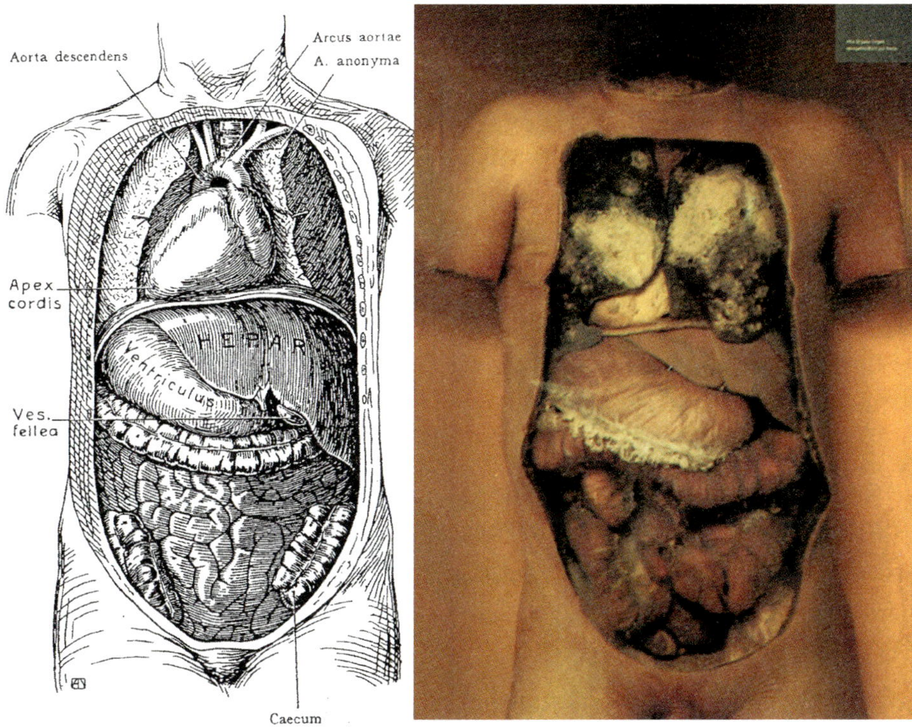

Abb. 7: Links Situs inversus totalis beim Menschen. Rechts Original-Präparat des Situs inversus der linken Zeichnung: Die Leber liegt in der linken, das Herz in der rechten Körperseite. Anatomische Sammlung der Universität Basel.

totalis sein, sich nur auf die Baucheingeweide beschränken (*Situs inversus viscerum*) oder nur auf das Herz mit seinen Gefäßstämmen (*Situs inversus cordis*). In der Anatomischen Sammlung in Basel sowie im Anatomischen Institut in Erlangen sind solche Einzelfälle ausgestellt.

Es kann bei einem solchen Situs inversus zu gesundheitlichen Nachteilen kommen, insbesondere beim partiellen Situs inversus, da dann die entwicklungsphysiologische Abstimmung während der Organogenese in der Embryonalzeit durch nicht zusammenpassende Lageverhältnisse erschwert ist. Es muss aber nicht dazu kommen. Mein Lateinlehrer trug einen gesundheitlich unauffälligen Situs inversus in sich und bemerkte zu uns Schülern gelegentlich freudig, dass er das Herz auf dem *rechten* Fleck hat.

Beobachtungen an bestimmten Zuchtstämmen von Labormäusen mit gehäuftem Auftreten des Situs inversus gaben Anlass zu der Vermutung, dass diese Inversion durch ein einziges rezessives Gen mit unvollständiger Penetranz autosomal vererbt wird.[6] Es gibt aber auch Hinweise, dass Polygenie vorliegt.[7]

Nun haben schon frühe Experimente an Amphibienkeimen Hinweise auf eine entwicklungsphysiologische Erklärung des Situs inversus gebracht. Als Hans Spemann am Anfang des 20. Jahrhunderts seine ersten, berühmten Durchschnürungsversuche am Molchei machte (Abb. 8), stellte er bekanntlich dessen hohe Regulationsfähigkeit fest («Regulationsei»). Trennt man nach der 1. Furchungsteilung die ersten beiden Blastomeren, so entstehen nicht wie normalerweise daraus je eine linke und rechte Körperhälfte, sondern zwei vollständige Larven. Trotzdem sind sie nicht völlig deckungssymmetrisch zueinander, sondern die linke Blastomere entwickelt zumeist, also praktisch zu 100 %, den normalen Situs solitus, die rechte Blastomere hingegen in ca. 50 % der Fälle den Situs inversus. Das gleiche findet bei unvollständiger Durchschnürung statt. Daran schloss sich eine reiche Experimentalforschung an.[8,9] Am heimischen Bergmolch führte Von Kraft ergänzende Versuche durch.[10,11,12] Nicht nur die Durchschnürung eines Keimes in zwei, sondern auch die Verschmelzung zweier Keime zu einem «Parabiosekeim» ergab eindeutige gegenseitige Beeinflussungen der jeweils sich bildenden Eingeweide-Asymmetrien. Und zwar war es statistisch in der Mehrzahl der Fälle so, dass wiederum der linke Partner einen normalen Situs und der rechte einen inversen Situs ausbildete.[13] Es besteht also für die normale Entwicklung der inneren Organ-Asymmetrien eine «Linksdominanz». Solche spiegelbildlichen Eingeweidesiten gelingen bei den Verschmelzungsversuchen jedoch nur, wenn die Verschmelzung im Gastrula-Stadium vorgenommen wird. Mit Keimen im frühen Neurula-Stadium entwickeln solche Parabiose-Doppelkeime den normalen Situs rechts und den inversen links. Es ist also inzwischen die Linksdominanz in eine Rechtsdominanz umgeschlagen.

Verschmelzungen im späten Neurulastadium und anschließenden Schwanzknospenstadium lassen jeden Partner seinen normalen Situs solitus ausbilden. Daraus ist zu entnehmen, dass erst mit dem Schluss des Neuralrohres die Asymmetrie der inneren Organe festgelegt ist. Vor der Gastrula und nach der Neurula ist durch keinen experimentellen Eingriff ein Einfluss auf die Seitigkeit der Organe umstimmend möglich. Man kann also die folgenden 4 Phasen in der Ausbildung der inneren Organ-Asymmetrien unterscheiden: Die Prädeterminationsphase mit nur genetischer Präformation bis zur Blastula, die eigentliche Determinationsphase von der frühen Gastrula bis zur späten Neurula, die Postdeterminationsphase bis zum Schwanzknospenstadium und die sich nun erst anschließende Manifestationsphase mit der morphologischen

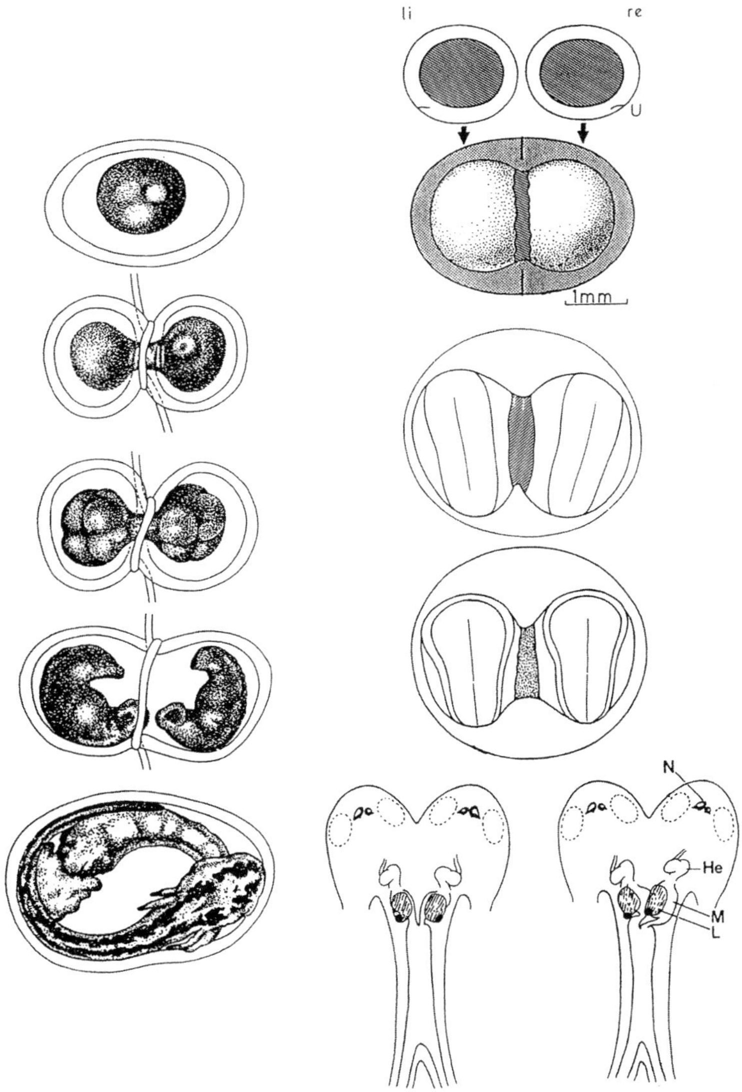

Abb. 8: Links Die Erzeugung eineiiger Zwillinge beim Molch Triturus durch Schnürung der Morula. Rechts Künstliche Verschmelzung zweier Keime zu Parabiose-Zwillingen, oben im Gastrulastadium, darunter im frühen, darunter im mittleren Neurulastadium. Unten links median-symmetrische Anlage der Eingeweidetrakte bei früher Parabiose. Rechts unten beidseitig normal-asymmetrische Anlage bei später Parabiose, N Nuclei habenulae, He Herz, M Magen, L Leber mit Gallenblase.

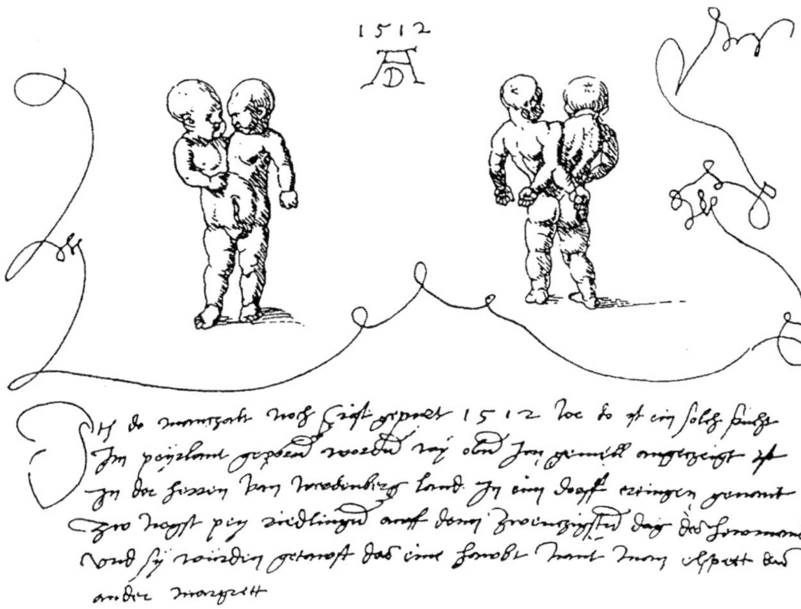

Abb. 9: Zeichnung einer Doppelmissbildung von Albrecht Dürer (Original in Oxford). Dürer hat die Zeichnung wahrscheinlich nach einem Flugblatt gefertigt und die Kinder nicht selbst gesehen.

Ausprägung der Asymmetrien. Was folgt daraus für die Verhältnisse beim Menschen? Bei eineiigen Zwillingen des Menschen hat man feststellen können, dass es zu Spiegelbild-identischen Einzelmerkmalen bis hin zum Situs inversus unter den beiden Zwillingen häufiger kommen kann als bei zweieiigen Zwillingen.[14] Das kann sich in solch spiegelbildlichen Erscheinungen zeigen, dass der eine Zwilling Rechtshänder, der andere Linkshänder ist, oder dass der eine einen rechtsgewundenen Haarwirbel am Kopf trägt und der andere einen linksgewundenen. Auch spiegelbildliche Stellung der Augen bei seitenunterschiedlichem Schielen kann auftreten. Das sind Hinweise darauf, dass in solchen Fällen die Zwillingsbildung wohl erst relativ spät gegen die Mitte der 2. Woche entschieden worden ist, wenn der Keimschild sich in zwei Achsenanlagen aufgegliedert hat.

Schon von Dürer gibt es eine Zeichnung einer partiellen Doppelbildung (Siamesische Zwillinge, Abb. 9). Haben beide Herzen Situs solitus oder das Herz des rechten Kindes den Situs inversus cordis? Beides ist möglich. Dabei kommt es, wie wir vermuten dürfen, auf den Zeitpunkt der Zwillingsbildung

Abb. 10: Die verschiedenen Typen menschlicher Mehrlings- und Doppelbildungen.

an: bei einem solchen vor der Neurulation ist spiegelbildliche Ausbildung beider Herzen zueinander zu erwarten, nach ihr werden beide eher gleichsinnig asymmetrisch, nämlich linksseitig gebildet sein.

Nun gibt es natürlich den Situs inversus beim Menschen auch ohne einen zweiten eineiigen Zwilling. Hierbei ist denkbar, dass es den Zwilling mit normaler Situsveranlagung wohl gegeben hat, er aber aus unbekannten Gründen seine weitere Ausbildung nicht fortgesetzt hat. Es wird zum Beispiel gelegentlich entdeckt, dass ein ehemaliges Zwillingsgeschwister als kleines Teratom an der Rumpfseite außen oder innen eingewachsen ist als ein verkümmerter Siamesischer Zwilling (Abb. 10). Wenn die Ergebnisse der Amphibienkeimversuche auf den Menschen übertragbar sind, so dürfen wir ja von der primären Linksdominanz der Normalsitus-Induktion ausgehen. Das heißt ein Mensch mit normalem Situs wird in besagten seltenen Fällen ein etwaiges Zwillingsteratom rechtsseitig tragen, ein Mensch mit Situs inversus ein solches linksseitig. In solchen Fällen haben beide Individuen zusammen, zur Zeit der frühen Neurulation, leiblich noch einen gemeinsamen spiegelbildlich-symmetrischen Überorganismus gebildet.

Trotz des Hanges zur Ausbildung der Bilateralität ist die Dominanz der asymmetrischen Seitigkeit in den inneren Organen (zum Beispiel der Vertebraten) und teils auch in der äußeren Erscheinung (zum Beispiel der Gastropoden) quer durch die Tierreihe und beim Menschen der Fall. Und das nicht nur im Einzelorganismus, sondern – wie wir bei den Schnecken gesehen haben – auch in der Artenfülle. Auch in der Pflanzenwelt werden bestimmte Windungsrichtungen bevorzugt. Die meisten Windepflanzen bei uns sind Linkswinder, also gegen den Uhrzeigersinn (Winden, Bohnen etc.). Nur wenige Arten winden rechtsherum (Hopfen, Geißblatt); noch weniger Arten können entweder rechts oder links winden (*Polygonum convolvulus*, *Solanum dulcamara*); die Arten der südamerikanischen Gattung *Loasa* (Loasaceen) und die südafrikanische *Bowiea volubilis* (Liliaceen) wechseln sogar am selben Stängel die Windungsrichtung.[15]

Verfolgt man das Thema in den Bereich der Molekularbiologie hinein, so wird diese Händigkeit = Chiralität konstitutiv. Weitaus die meisten Biomoleküle sind asymmetrisch gebaut. Es war die bedeutende Entdeckung 1874 von dem Holländer Jacobus Henricus van't Hoff[16,17] und im gleichen Jahr von dem Franzosen Joseph Achille Le Bel[18], dass in vielen Fällen diese Chiralität an die asymmetrische Anordnung 4 verschiedener Liganden am Kohlenstoffatom gebunden ist. Solche Verbindungen sind immer optisch aktiv, drehen also die Schwingungsebene des polarisierten Lichtes entweder nach rechts oder nach links. Die optische Aktivität organischer Verbindungen ist jedoch nicht unbedingt an diese van't Hoff'sche Regel gebunden, immer aber an die asymmetrische Gestalt des Moleküls, wie schon Le Bel erkannte.[19]

Werden solche Verbindungen mit einem oder mehreren asymmetrischen Kohlenstoffatomen künstlich synthetisiert, so sind sie optisch inaktiv, weil jeweils ein Gemisch (Razemat) beider Antipoden im Zufallsverhältnis 1:1 entstanden ist, deren Drehwirkungen auf das Licht sich gegenseitig aufheben. Werden sie hingegen vom lebenden Organismus produziert, so sind sie ausnahmslos chiral, also entweder nur rechtsdrehend oder nur linksdrehend. Alle biogen entstandenen Aminosäuren (außer dem achiralen Glycin) sind rechtsgängige L-Aminosäuren (von laevis = links). Auch alle Zucker sind chiral. Natürliche Glukose und Saccharose sind rechtsdrehend, Fructose linksdrehend. Ein einfacher Versuch mit konzentrierten Zuckerlösungen jeweils in einem durchleuchteten Standzylinder mit Polarisationsfolien demonstriert augenfällig die molekulare Asymmetrie in den auftretenden bunten Lichtspiralen. Unsere Nase ist so empfindlich, dass wir auch den Unterschied zwischen rechts- und linksverwunden gebautem Carvon (Kümmelöl) direkt riechen können.

Bleibt die biogen einmal gebildete organische Verbindung ohne Stoffwechsel langfristig liegen, so setzt sie sich so lange spontan in ihre Antipoden um, bis das anorganische Gleichgewicht von 1:1 erreicht ist, was im Einzelleben jedoch nie erreicht wird. Eine solche im menschlichen Organismus weitgehend vom Stoffwechsel unberührte Substanz ist zum Beispiel die Asparaginsäure in der weißen Substanz des Großhirns. Frisch gebildet, ist sie ausnahmslos linksdrehend. Da dieselbe in die hungerfesten, also stoffwechselinaktiven Markscheiden der weißen Substanz eingebaut ist, setzt sie sich im Laufe der Jahre teilweise in die rechtsdrehende Form um – ein anorganischer Vorgang, der je nach zunehmender Rate des anderen Antipoden eine Altersbestimmung lebenslang mit einer Fehlergrenze von nur 1 bis 2 Jahren ermöglicht.[20]

In der Mineralogie kennt man nur sehr wenige chirale Stoffe, so zum Beispiel den Quarz, der als Bergkristall klar auskristallisiert (Abb. 11). Er ist zumeist als gerades sechsseitiges Prisma mit aufsitzender sechsseitiger Pyramide gebaut, zeigt aber in Einzelfällen seine innere Spiralsymmetrie auch äußerlich sichtbar – besonders schön in den Drehquarzen, die die Schweizer in ihren Alpen «Gwindeln» (=Wendeln) nennen. Sie kommen in einer Kristallkluft aber immer in gleichen Mengen von Rechtsgwindeln und Linksgwindeln vor; eine solche Kluft stellt mit ihrem Kristallbesatz also ein Razemat dar. Es gibt solche Razemate auch in einem einzelnen Bergkristall (Brasilianertypus), der deshalb nicht sichtbar «gwindeln» kann. Sonst findet sich asymmetrischer Kristallbau nur noch sehr selten im Mineralreich, so (nach Wimmenauer[21]) bei

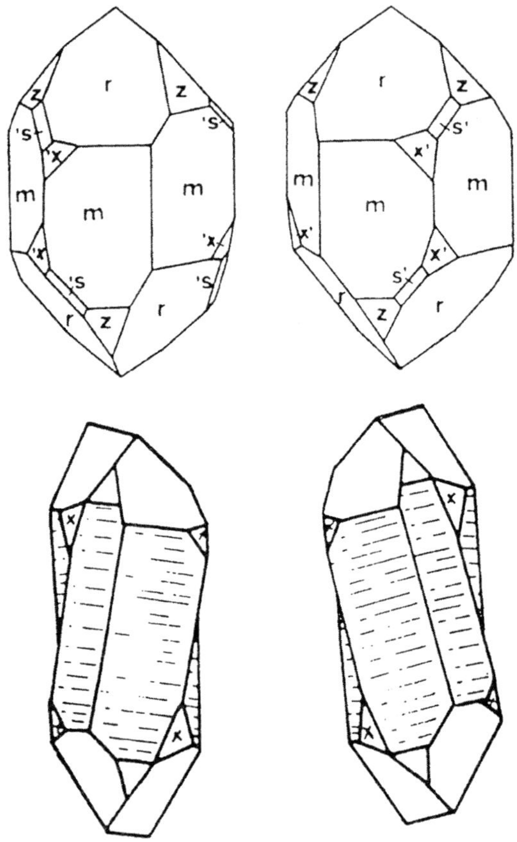

Abb. 11: Oben Spiegelbildlich gebaute Zwillinge des trigonalen Bergkristalles, links Linksquarz, rechts Rechtsquarz. Unten spiralig gedrehte Quarzgwindeln, links Rechtsquarz, rechts Linksquarz.

Mesolith $Na_2Ca_2[Al_2Si_3O_{10}] \cdot 8H_2O$
Pickeringit $MgAl_2(SO_4)_4$
Zinnober t
Retgersit $NiSO_4 \cdot 6H_2O$
Gersdorffit NiAsS.

Wir können zusammenfassend feststellen, dass die Asymmetrie im Organismus zwar auf der biomolekularen Ebene eindeutig und ausnahmslos festgelegt ist, in der Umsetzung in den makroskopischen Phänotyp jedoch nicht direkt monokausal übernommen wird.[22] Sonst wären keine symmetrischen Bildungen im Organischen möglich. Diese aber gibt es in reicher Fülle der Radiärsymmetrie (man denke an einen Seestern) oder der Bilateralsymmetrie (man denke an einen Schmetterling). Trotzdem tendierte die Evolution immer wieder dazu, diese sekundäre Symmetrie zugunsten einer erneuten, sekundären Asymmetrie makroskopisch zu durchbrechen, und das gerade meist über die Spiralisierung. Sie wird vom Leben also mehrfach auf verschiedenen Ebenen mit deutlichen Freiheitsgraden zwischen der molekularen und makroskopischen Dimension verwirklicht.

Kopffüßer, Schnecken und Muscheln in ihrer organismischen Verwandtschaftsordnung

Kopffüßer (Cephalopoda), Schnecken (Gastropoda) und Muscheln (Bivalvia) sind Metamorphosen ein und desselben Typs. Mit Recht werden diese Tiere zum Stamm der Mollusken (Weichtiere) zusammengefasst. Aber dieser Typ steht natürlich – wie jedes andere Taxon -nicht isoliert da. Der bedeutende Typologe des frühen 19. Jahrhunderts, Georges Cuvier (1769–1832), vertrat noch die Meinung, dass es im Tierreich vier deutlich unterscheidbare Gruppen ohne Übergänge gibt: Radiata («Strahlentiere»), Mollusca, Articulata (Gliedertiere) und Vertebrata (Wirbeltiere). Im Gegensatz dazu sprach sich sein Kollege Etienne Geoffrey de St. Hilaire (1772–1844) für einen einzigen allgemeinen Typus im ganzen Tierreich aus.[1] Das begrüßte Goethe (1830) sehr: «Dieses Ereignis ist für mich von ganz unglaublichem Wert, und ich jubele mit Recht über den endlich erlebten allgemeinen Sieg einer Sache, der ich mein Leben gewidmet habe und die ganz vorzüglich auch die meinige ist.»[2]

Tatsächlich setzte sich damals in der Diskussion mit Geoffrey de St. Hilaire Cuviers Ansicht durch. Doch als *Trochophora*-Larven sowohl bei marinen Schnecken als auch bei Anneliden (Ringelwürmer) entdeckt wurden, erhob sich die Diskussion über eine enge Beziehung zwischen Mollusken und Articulaten.[3] 1997 gewann Christiane Nüsslein-Volhard den Nobel-Preis für ihre Erforschung des Hoxgens, welches dieselbe Segmentierung sowohl bei den Articulaten als auch bei den Chordaten (u.a. Wirbeltiere) steuert.[4] Es gibt also keine scharfen Trennungen zwischen den vermuteten festen Typen.

Kommen wir nun zu den bekanntesten Vertretern der Mollusken zurück. Bei ihnen findet man meistens ein externes Skelett, die Schale. Manchmal fehlt die Schale, oder in einigen Fällen – wie wir sehen werden – kann sie sekundär in den Organismus aufgenommen worden sein. Allein die Mollusken verfügen über einen Mantel, der die Schale abscheidet. Innerhalb des Schnecken-Typus (Gastropoden) erscheint der Mantel als eine Falte auf beiden Seiten des Einge-

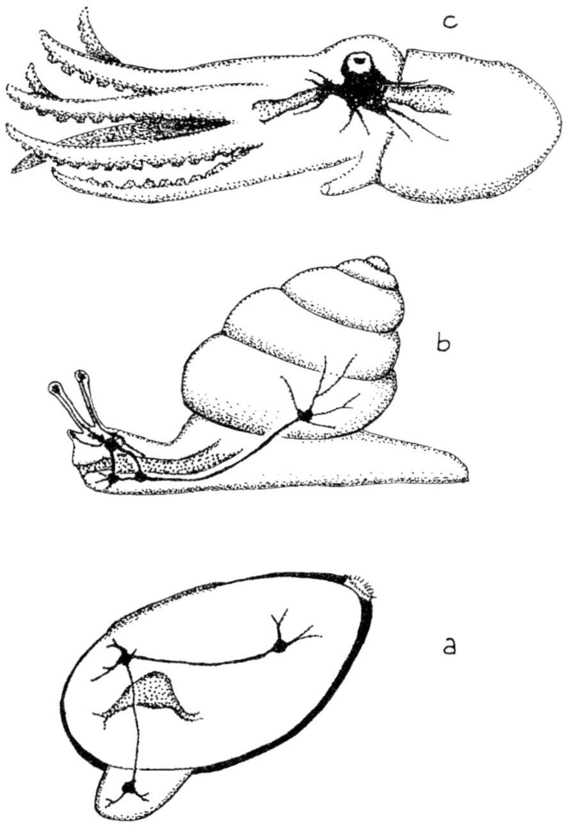

Abb. 1: Verteilungsmuster des Nervensystems bei Mollusken mit zunehmender Konzentrierung. a Muscheln, b Schnecken, c Kopffüßer.

weide-Höckers, ist aber nicht mit dem Kopf verbunden. Bei den Kopffüßern zieht sich der Mantel auf die ventrale Seite nach hinten-unten hinüber und verwächst zu einem Sack, der die Kiemen einschließt. Bei den Muscheln (Bivalvia) hingegen wächst der Mantel nach oben über dem ganzen Tier zusammen, so dass er einen Raum bildet, der das ganze Tier enthält. Je ein Ein- und Ausströmungs-Siphon erlaubt dann den Kontakt mit der Umgebung. Das Nervensystem ist am wenigsten bei den Muscheln und am meisten bei den höheren Kopffüßern konzentriert (Abb. 1).

Die Leistungsfähigkeit der Sinnesorgane der Mollusken, insbesondere der Augen von Kopffüßern, ist mit denen der höheren Vertebraten eng vergleichbar.

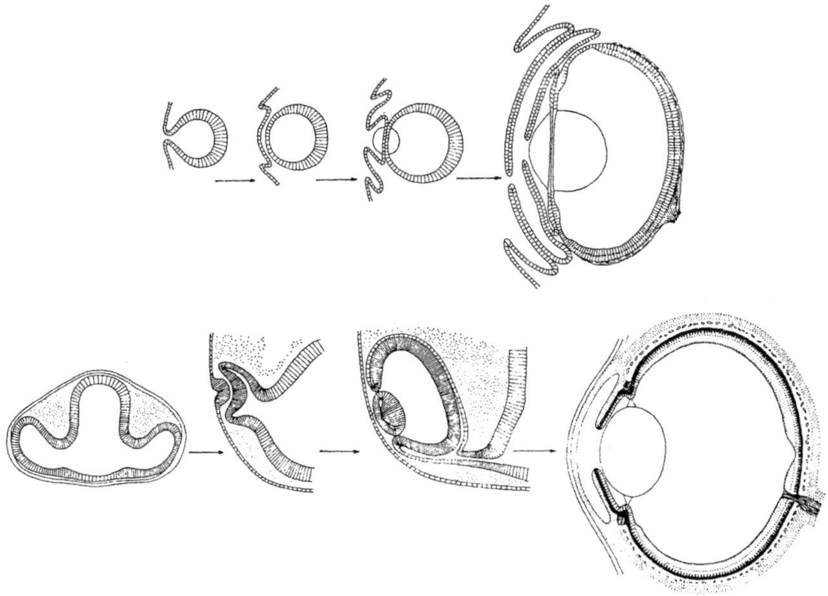

Abb. 2: Embryonalentwicklung der hochentwickelten Augen von Kopffüßern (oben) und Wirbeltieren (unten). Das Kopffüßer-Auge leitet sich allein von der Epidermis ab, das Wirbeltier-Auge von der Epidermis und vom Zentralen Nervensystem.

Trotz aller funktionellen Ähnlichkeit ist das Auge eines Tintenfisches jedoch anders entstanden als bei den Wirbeltieren, denn allen Mollusken fehlt ein primär zentralisiertes Nervensystem. Bei der Bildung des Säugetierauges wächst eine paarige Struktur vom zentralen Nervensystem in die Peripherie aus und umgreift die Linse, welche von der Epidermis gebildet wird. Beim Auge des Kopffüßers hingegen stellt der Augapfel mit der Retina eine Einstülpung der Epidermis dar, und auch die Linse ist eine Ausscheidung der Epidermis (Abb. 2).

Die Ozeane und ihre Küsten sind die Lebensbereiche der meisten Mollusken. Hier sind sie vor dem beobachtenden Blick gewöhnlich verborgen. Doch häufig findet man ihre Schalen am Strand: meistens diejenigen der Herzmuscheln und anderer Muscheln, Schnecken und seltener diejenigen von Tintenfischen (*Sepia*, *Argonauta*, *Spirula*, *Nautilus*). Hinsichtlich Gestalt, Entwicklung und Verhalten in ihrer natürlichen Umgebung sind uns die Mollusken zunächst fremd; wir wollen versuchen, uns ihnen mit einem ihnen angemessenen Verständnis zu nähern.

Ein Vertreter der Kopffüßer ist der Gewöhnliche Tintenfisch (*Sepia officinalis*). Wir betrachten die *Sepia* als einen typischen Vertreter der zehnarmigen Tintenfische (Decabrachia). Die Sepia lebt zum Beispiel an den Küsten des Mittelmeeres, wo sie sowohl an felsigen Steilwänden als auch auf Sandgrund anzutreffen ist. Wenn sie in Gefahr gerät, während sie in Ruhe ist oder auf Beute lauert, versteckt sie sich sorgfältig: Sie gräbt sich schnell in den Sand ein. Dann sind die merkwürdig seelenlos blickenden Augen kaum mehr zu erkennen.

Hat man Gelegenheit, einen Gewöhnlichen Tintenfisch in seinem natürlichen Lebensraum zu beobachten, wie er vorsichtig tastend die Meeresalgen nach Beute durchsucht, fällt die Übereinstimmung seiner Färbung und Zeichnung mit der Umgebung auf. Zwei seiner zehn Arme sind zu Fangarmen ausgebildet, die wie die Zunge eines Chamäleons blitzartig vorwärtsschnellen können, um Beutetiere zu ergreifen. Bemerkt die *Sepia* den sich nahenden Beobachter, richtet sie sich ihm entgegen, während sich die Farbe ihres Körpers einheitlich verdunkelt. Schwamm sie vorher unbekümmert mit Hilfe ihres kontinuierlichen Flossensaumes langsam vorwärts, so bewegt sie sich jetzt langsam schubweise rückwärts. Diese Rückwärtsbewegung führt sie mit Hilfe der Mantelhöhle und des Siphons aus. Durch schnelle und rhythmisch wiederholte Kontraktion der Mantelhöhle entleert sich das Wasser durch den Siphon, per Rückstoß eine rückwärtige Bewegung erzeugend. Bewegt sich der Beobachter schneller auf den Tintenfisch zu, verdunkelt er sich noch weiter, bis er eine fast schwarze, ins Braun-Violett schlagende Farbe angenommen hat. Kurz bevor der Taucher die *Sepia* erreicht, stößt das Tier aus den Tinten-Drüsen der Innenseite der Mantelhöhle eine dunkle Wolke aus – etwa in der Größe seines Körpers –, die zu einer lockeren, flockigen Substanz koaguliert. Gleichzeitig ändert die *Sepia* ihre Farbe in ein helles Himmelsblau und entfernt sich mit immensen Rückstößen bis etwa 8 Meter, in leicht aufsteigender Richtung. Wer darauf nicht vorbereitet ist, wird die *Sepia* aus den Augen verlieren, denn der Blick bleibt an der schwarzen Wolke haften. Die *Sepia* nun wiederzufinden, ist nicht so einfach, denn sie entfernt sich schnell und unauffällig und ist kaum von dem grau-blau ins Wasser scheinenden Himmel zu unterscheiden. Auf diese Weise kann sie Raubfischen wohl oft entkommen. Dieser Vorgang kann sich bis zu zehnmal, ja zwanzigmal wiederholen, wenn der Verfolger die *Sepia* nicht aus den Augen verliert.

Die *Sepia* ist auch in der Lage, noch andere Farb-Muster auf ihrer Haut hervorzubringen. Bemerkt sie eine ungewohnte Erscheinung, wie die Hand eines Tauchers, die hinter einem Stein hervorkommt, bilden sich auf ihrem Rücken zwei dunkle Augenflecke, eine der völligen Schwärzung verwandte Färbung. Wenn sie zwischen Seegras ruht, zeigt ein weißer Sattelfleck auf ihrem Rücken den Schlafzustand an. Auch für die *Sepia* ist der Schlaf der «kleine Bruder des Todes», denn während des Sterbens breitet sich das Weiß des Sattelfleckes dann über das ganze Tier aus.

Weiß und Braun-Schwarz sind die Pole des Farbenlebens der *Sepia*. Wie wir sehen können, korreliert dieses Farbenleben mit dem Verhalten des Tieres. Erzeugen Sinneseindrücke Furcht und Schrecken, bildet die *Sepia* die *Augenflecken* auf ihrem Rücken oder verdunkelt sich vollständig. Wenn die Sinne geschlossen sind und keine äußeren Eindrücke mehr empfangen werden, wird das Tier weiß. Eine mittlere, rhythmische Färbung aus einer Zebrastreifenartigen Anordnung in Schwarz und Weiß sieht man an dem Tier während des Paarungsspiels. Mit zunehmender Erregung wird der Kontrast schärfer und umgekehrt.

Abbildung 3 gibt einen Eindruck der geschilderten Farbtrachten der *Sepia*, wenn auch nur als Helldunkel-Zeichnung. Der Zusammenhang der schwarzen Färbung des Tieres mit dem Seelenzustand *Furcht* ist leicht verständlich, wenn wir auf die Situation schauen, bei der sie erscheint. Doch welcher Seelenzustand könnte mit dem Verblassen der Farbe ins Weiß verbunden sein? Es lohnt sich, dieses Phänomen näher zu betrachten. Schwarzwerden bedeutet die Bildung einer opaken, lichtundurchlässigen Oberfläche, die Tore zum Inneren werden verschlossen. Beim Schlafen hingegen geht die scharfe Unterscheidung zwischen dem biologischen Inneren und Äußeren verloren; das bewirkt Weißfärbung. Die rhythmische Zebrastreifung bildet die Beteiligung der Seele in gegensätzlichen Antipathie- und Sympathie-Kräften ab: Schwarz und Weiß sind also zuverlässige Anzeiger der psychosomatischen Situation.

Nahe verwandt mit den Sepien (Sepiida) sind die Kalmare (Teuthida), ebenfalls Decabrachia. Ihr häufigster Vertreter im Mittelmeer ist der Gewöhnliche Kalmar (*Loligo vulgaris*) (Abb. 4). Mit seiner schlankeren Gestalt schwimmt er schnell, und das oft in riesigen Schwärmen. Er ist weniger an die Küsten als an die offene Hochsee gebunden. Mit seinen großen Augen ist er viel stärker Nerven-Sinnes-orientiert als die *Sepia* – welche aber ebenfalls eine gute Sehfähigkeit hat. Das Sinnessystem von *Loligo* ist so ausgezeichnet, dass ein ganzer Schwarm gleichzeitig seine Richtung schlagartig wechseln und so den Beutefischen behend folgen kann. In der Tiefsee leben riesige Kalmare mit Größen bis zu zwanzig Meter, die ihrerseits die Beutetiere von tieftauchenden Pottwalen sind.

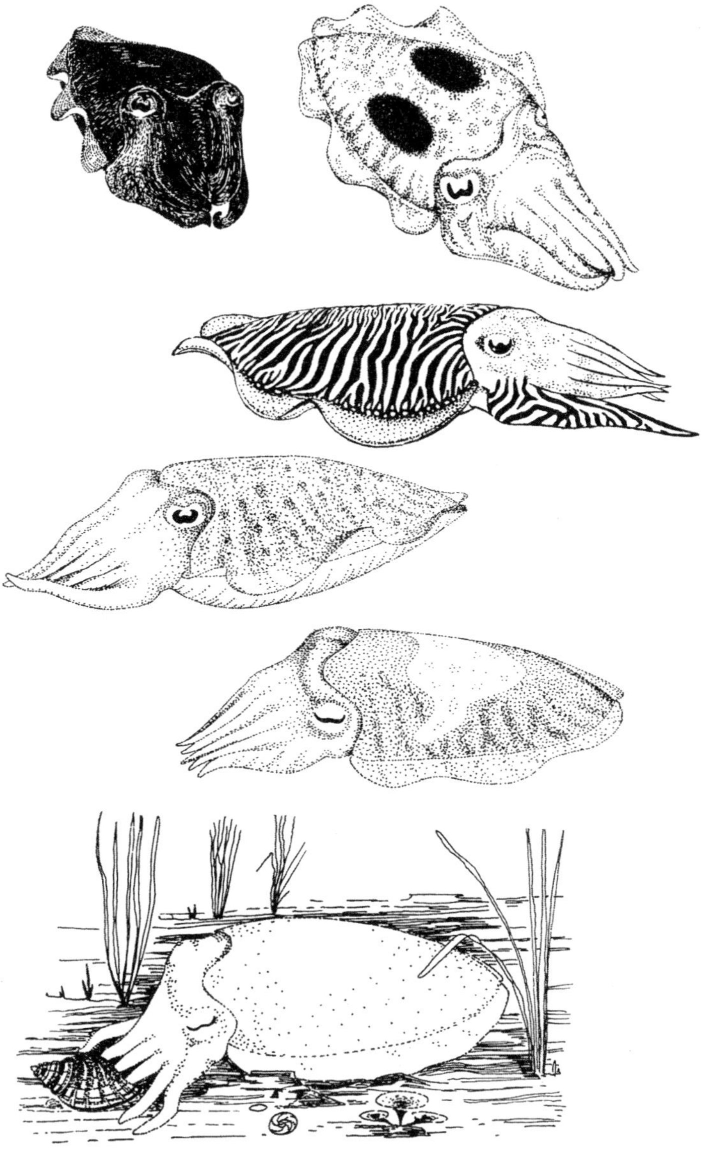

Abb. 3: Färbungs- und Zeichnungsmuster des Gewöhnlichen Tintenfisches Sepia officinalis, Länge 20 cm. Von oben nach unten Furchtfärbung kurz vor dem Ausstoßen der Tintenwolke; Schreckfärbung; Zebrastreifung beim Paarungsspiel; Normalfärbung; Schlaffärbung; Todesfarbe.

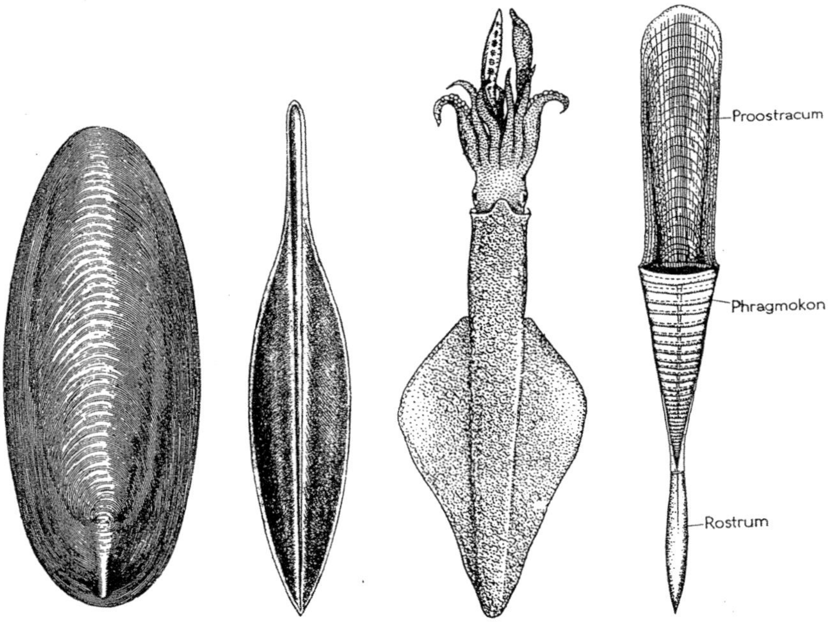

Abb. 4: Von links Schale von Sepia officinalis und Loligo vulgaris, der lebende Loligo vulgaris (30-50 cm) und der fossile Belemnites semisulcatus (Oberer Jura).

Eine andere Gruppe der Kopffüßer sind die achtarmigen Tintenfische (Octobrachia), zu denen die Octopus-ähnlichen Kraken (Octopoda) gehören. Die achtarmigen werden mit den zehnarmigen Tintenfischen zu den Zweikiemern (Dibranchiata, auch Coleoidea) zusammengefasst, da beide Gruppen im Mantelsack zwei Kiemen haben. Schauen wir auf zwei Arten dieser achtarmigen Tintenfische, zuerst auf den Gemeinen Kraken (*Octopus vulgaris*), der bis zu 3 m lang werden kann (Abb. 5). Im Gegensatz zur *Sepia* kann er nicht vorwärts schwimmen, denn ihm fehlt ein kontinuierlicher Flossensaum. Er bewegt sich hangelnd und kriechend in der felsigen Strandzone fort. Wie die *Sepia* kann er durch Rückstoß flüchten. Er verfärbt sich nicht so differenziert wie *Sepia*, erweist sich aber dennoch als ein Meister der Tarnung, wenn er Färbung und Musterung seiner Umgebung annimmt. Schon Aristoteles war dies bekannt. In seiner «Historia animalium» schrieb er, dass *Octopus* (hier *Polypos*) seine Farbe wechselt und sich dadurch der Färbung seiner Umgebung anpasst.[5] Darüber hinaus kann *Octopus* seine Umgebung auch plastisch nachahmen durch Bildung von Hautzotteln, die kleinen Algen ähneln. Doch kann er auch sein

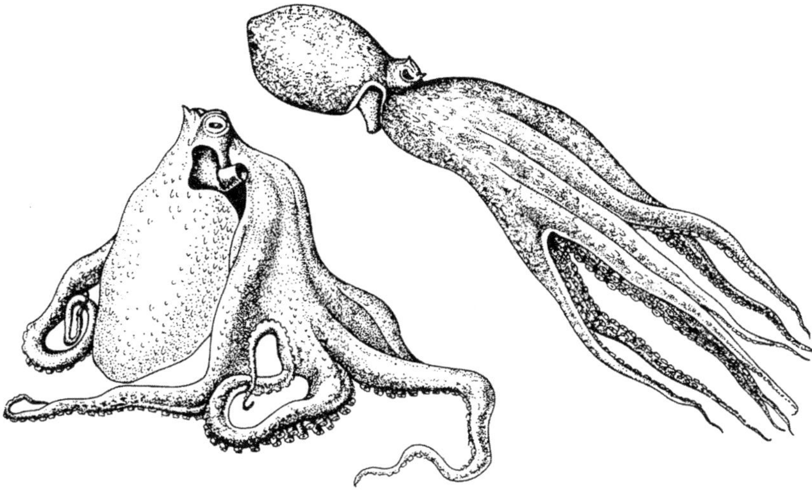

Abb. 5: Der Gemeine Krake, Octopus vulgaris, Mittelmeer, normale Länge 80 cm.

Gefühlsleben durch lebhafte Farben ausdrücken, sogar bunter als *Sepia*.[6] *Octopus* ist ein ausgeprägter Räuber, der feste Wohnsitze in Höhlen hat, vor denen er Barrikaden aus Steinen errichtet, über die er die Schalen ausgesaugter Muscheln und Krebse wirft – als Überreste seiner nächtlichen Raubzüge.

Die zweite Art aus der Gruppe der achtarmigen Kopffüßer, auf die wir blicken wollen, ist das Papierboot (*Argonauta*). Papierboote sind merkwürdige Wesen, welche die tropischen Meere mit nur wenigen Arten bewohnen. Eine Art davon (*Argonauta argo*) dringt bis ins Mittelmeer nach Norden vor (Abb. 6). Diese Tiere leben wie die Kalmare in der offenen See nahe der Wasseroberfläche, aber einzeln. In ihrer äußeren Erscheinung ähneln sie *Octopus*, sind aber kleiner und haben kürzere Arme. Beim Weibchen sind zwei dieser Arme länger und haben breitere, spatelförmige Enden. Sie sind mit Drüsen besetzt, aus deren Sekreten die Kalkschale aufgebaut wird. Diese Tätigkeit führt das circa 20 cm lange *Argonauta*-Weibchen aus. Das nur etwa einen Zentimeter große Männchen bleibt viel kleiner und unscheinbarer. Das Weibchen lebt in seiner Schale und legt darin seine Eier ab. Frisch geschlüpfte *Argonauta*-Weibchen beginnen fast sofort mit der Bildung ihrer Schalen. Die Zartheit und Zerbrechlichkeit der Schale haben dem Tier den Namen «Papierboot» eingetragen. Die Abbildung 6 zeigt den symmetrischen Bau dieser Schale. Die Plastik der Papierboot-Schalen gleicht den Riffelungen (Kannelüren) griechischer Säulen.

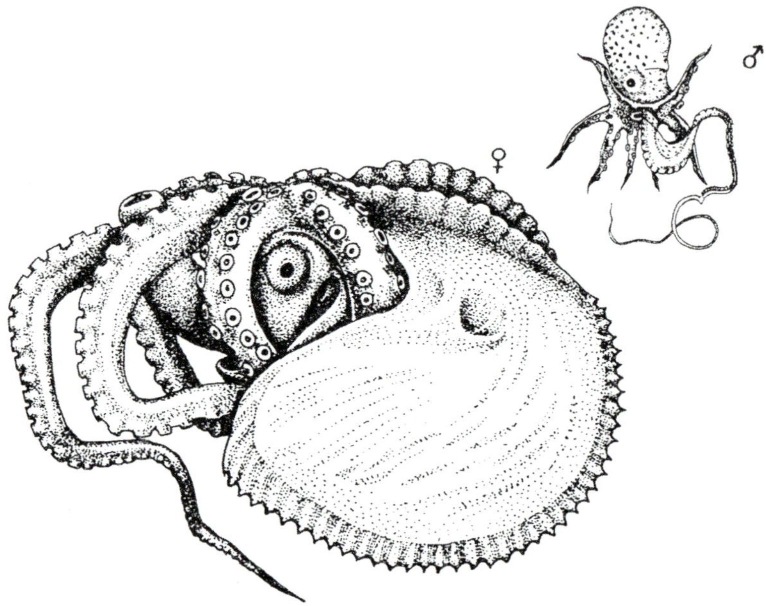

Abb. 6: Oben Das Papierboot Argonauta argo, Mittelmeer, ♀ (mit Schale) 20-30 cm, ♂ 1 cm. Unten leere Schale.

Die Kannelierung verläuft nicht parallel zu den Wachstumszonen, sondern in einem spitzen Winkel dazu. Im Übrigen zeigt *Argonauta* wunderschöne Farben, die sich je nach Aktivität des Tieres durch das ganze Regenbogen-Spektrum bewegen.[7]

Interessanterweise besitzt nicht nur *Argonauta*, sondern auch *Sepia* eine Schale. Allerdings ist die Schale bei Letzterer durch eine vom Mantel ausgehende Hautfalte überwachsen und dadurch sekundär in den Organismus hineingenommen. Die Abbildung 4 zeigt diese Schale in der Aufsicht. Wir finden also eine Innenschale bei *Sepia*, nur zwei Rudimente bei *Octopus* und eine Außenschale bei *Argonauta*. *Sepia* hat von den dreien das am funktionstüchtigsten ausgebildete Auge und ein waches Sinnesleben; *Argonauta* ist verhaltensträger und sein Auge weniger funktionstüchtig. *Sepia* zeigt ein ausgeprägtes, an Umgebungssituationen gebundenes Farbenleben, *Octopus* ein begrenzteres. Dafür hat *Octopus* plastische Möglichkeiten, sich aktiv auf Umgebungseinflüsse einzustellen. Bei *Argonauta* tritt die Schnelle des Farbwechsels noch weiter zurück, dafür werden plastische Gestaltungen in der Schale hervorgebracht, die in keinem Zusammenhang mehr mit der Wahrnehmung des Geschehens im Umraum stehen. So zeigen diese drei Vertreter der Dibranchiaten eine eindrucksvolle Metamorphose in Schalenbildung und Verhalten.

Alle diese mehr als 700 lebenden Arten der dibranchiaten Kopffüßer werden ergänzt durch die Gruppe der Nautilida mit ihrer einzigen heute noch lebenden Gattung *Nautilus* (Perlboot) und ihren 5 Arten, den Vierkiemern (Tetrabranchiata). Sie sind Relikte einer alten Erdvergangenheit. Verwandte der Nautiloidea, die Ammoniten (Ammonoidea), wurden am Ende des Mesozoikums ausgelöscht. Die Gattung *Nautilus* zeigt wie die meisten Ammoniten eine plan-spiralisierte Außenschale, die wiederum. vom Mantel gebildet wird. Das Gemeine Perlboot (*Nautilus pompilius*) (Abb. 7) lebt in der Nähe von Korallenküsten des Indischen und Pazifischen Ozeans. Im Tageslauf steigt es rhythmisch wechselnd auf und ab, wobei es große Tiefendifferenzen überwindet. Tagsüber lebt *Nautilus* in über 300 Meter Wassertiefe, nachts steigt er bis zu 50 Meter Tiefe auf. Diese Tätigkeit bewältigt er mit Hilfe des Archimedischen Prinzips. In seiner Schale befinden sich druckfeste Kammern, durch die ein teilweise mineralisiertes Siphonalorgan führt. Dieses Organ ist nicht zu verwechseln mit dem weichen Siphon, der zwischen Mantelhöhle und Umgebung vermittelt. Durch eine gasbildende Drüse und mit Hilfe jenes Siphons ist das Tier in der Lage, entweder Gas in die Kammern auszuscheiden und Wasser zu resorbieren oder Wasser auszuscheiden und Gas zu resorbieren. Im ersten Fall steigt es auf, im zweiten sinkt es. Horizontale Bewegungen werden durch Rückstoß ausgeführt, dessen Phasen knapp unter einer Sekunde liegen. Eine

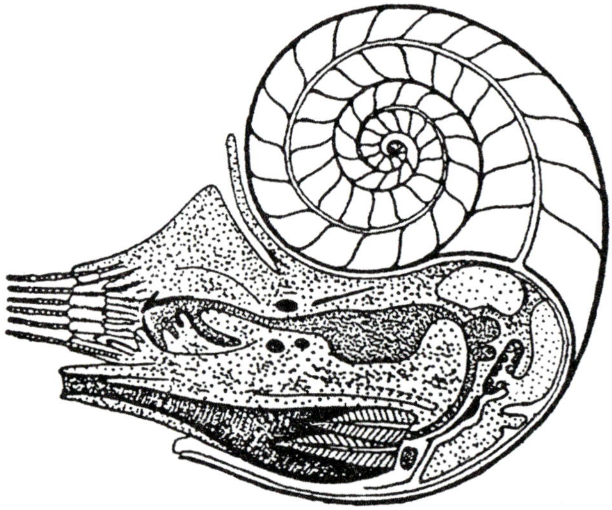

Abb. 7: Nautilus pompilius (West-Pazifik). Oben Ein Schnitt durch das Tier, der das luftgefüllte Phragmacon zeigt. Unten Nautilus pompilius, Palau, Mikronesien.

besondere Leistung für die *Nautilus*-Organisation liegt in der Zusammensetzung des Trimmgases. Durch physiologische Untersuchungen weiß man, dass unsere normale Atemluft bei einer Tiefe von etwa 90 Meter auf jeden Organismus giftig wirkt. Die Giftwirkung kommt durch den Sauerstoff zustande. Sein Partialdruck steigt in dieser Tiefe auf angenähert 3×10^3 mbar. Unter diesem Druck dringt er in den Körper ein und wirkt toxisch. Das Trimmgas, welches *Nautilus* verwendet, ist für das Tieftauchen ideal zusammengesetzt. Es besteht aus einer Mischung aus Stickstoff und dem Edelgas Argon. Diese Mischung ist physiologisch neutral, selbst in Tiefen von über 300 Meter.

Wenn *Nautilus* sich ausruht, hängt er sich mit seinen vielen (bis zu 90!) Armen an die untermeerischen Felsen. Er bewegt sich nur langsam und ernährt sich von Kadavern. Seine Sinnesorganisation ist die primitivste aller Kopffüßer: Das paarige Auge ist nur ein Loch-Auge, ohne Linsen und Kammer, daher kann *Nautilus* nur Hell und Dunkel und die Einfallsrichtung des Lichtes unterscheiden. Er ist der am stärksten seinem Stoffwechsel hingegebene Kopffüßer.

Die Schalenfärbung von *Nautilus* ist beeindruckend (Abb. 7). Der schwarzgefärbte Teil ist beim lebenden Tier von einer Kappe – einem zusammengesetzten Organ aus den obersten Tentakeln – bedeckt. Der Schalenbereich, worin das Tier lebt, ist weiß. Dazwischen steht eine rhythmische zebraartige Streifung in Ocker und Weiß. Was *Sepia* in schnell wechselnden Mustern zeigt, entwickelt sich bei *Nautilus* über mehrere Jahre auf der Oberfläche dieser wundervollen Schale.

Einen umfassenden Überblick über die Kopffüßer erhalten wir, wenn wir ihre Entwicklung während der Phylogenese studieren. Die älteste Gruppe ist die der Nautiloidea, die bereits im Kambrium auftauchte. Mit ihnen nahe verwandt sind die Ammonoidea, welche ebenfalls zu den Tetrabranchiaten gerechnet werden; sie lebten vom Zeitalter des Ordoviziums (Tentaculoidea) bis zum Ende der Oberen Kreide. Die Dibranchiaten entstanden im Oberen Karbon (Aulacocerida) und entwickelten zahlreiche Belemnitoidea und Teuthoidea; sie alle sind Decabrachia. Die Octobrachia als die jüngsten Vertreter tauchten erst in der Oberen Kreide auf.

Wir sehen also, dass die frühen Formen immer von Schalen bedeckt waren. Die späteren Formen haben die Schalen reduziert und in den Körper hineingenommen, und die jüngsten Formen entwickelten gar keine Schalen mehr. Dieser Gesamttrend trifft mit der zunehmenden Entwicklung des Nervensystems zusammen. Der rezente *Nautilus* hat ein sehr primitives Nervensystem (Abb. 8), *Octopus* ein besonders hoch entwickeltes. Es gibt erstaunliche Berichte über seine Intelligenz.[8] Dazwischen liegt die Hirnentwicklung der Decabrachia; bei *Loligo* dominiert das Sinnes-System, und *Sepia* hat ein stärker entwickeltes Nerven-System. So können wir das Verwandtschafts-Spektrum folgendermaßen anordnen:

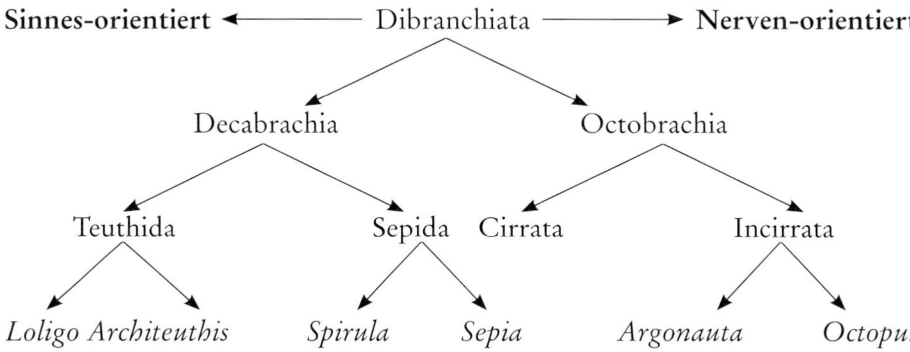

Hier können wir die evolutive Differenzierung des Nerven-Sinnes-Systems studieren: Der eine Teil ist dafür angelegt, sich der Umgebung zu öffnen, der andere Teil, um Eindrücke zu verinnerlichen und sie durch höhere psychologische Fähigkeiten zu koordinieren. Alle Decabrachia besitzen ein mehr oder weniger verinnerlichtes Relikt der Schale. Von besonderem Interesse ist die spiralisierte Schale von *Spirula*, einem nahen Verwandten von *Sepia*, die aber nur 6 cm groß ist (Abb. 9). Jene besitzt einen gekammerten Phragmoconus mit einem Siphon, wie bei einem Tetrabranchiaten; er ist jedoch ventral verwunden, nicht dorsal wie bei *Nautilus*. Die Belemnoidea aus der Zeit des Unteren Jura bis in die Obere Kreide – eine den Teuthida nahe verwandte Gruppe – hatten eine deutliche, aber nach innen genommene Schale, ähnlich einem Kegel (das Rostrum) mit einem Phragmoconus und einem Siphon, wie bei den Tetrabranchiaten (Abb. 4). Die Dibranchiata scheinen sich also aus viel früheren Tetrabranchiaten durch stufenweise Reduktion großer Schalen entwickelt zu haben. Auf der einen Seite waren geringere Stoffwechselkräfte nötig, wenn kein schwerer, äußerer Kegel gebildet zu werden brauchte. Auf der anderen Seite brauchten die Tiere den Schutzraum der Schale, um ihre Hirn-Konstitution zunehmend auszubilden. Bei den rezenten Dibranchiaten gibt es drei verschiedene Richtungen der Vervollkommnung. Sie meiden den durchlichteten oberen Bereich des Meeres und bewohnen die Tiefsee (zum Beispiel *Architeuthis*), oder sie bilden durch Sekretion aus ihren Armdrüsen eine Schale (*Argonauta*), oder sie bewohnen Höhlen, vor denen sie Wälle aufbauen (*Octopus*).

Die solidesten und auch schönsten Schalen bildeten jedoch die Tetrabranchiaten: die Nautiloidea mit etwa 715 Gattungen und die Ammonoidea mit

Abb. 8: Nautilus (A), Sepia (B), Octopus (C). Beachte die Reduktion der Schale und der Anzahl der Arme, die Verlängerung der Arme und die zunehmende Konzentration des Nervensystems.

etwa 1500 Gattungen. Nur die weniger hoch entwickelten Nautiloidea haben mit einer einzigen Gattung, dem *Nautilus*, überlebt. Unzählige Arten der Ammonoidea starben am Übergang von der Kreide zum Tertiär aus, eine wohlbekannte Tatsache. Ihr größter Vertreter – die versteinerte Schale von *Parapuzosia seppenradensis* aus der Oberen Kreide Westfalens misst 2,55 m im Durchmesser – demonstriert die unglaubliche Kapazität dieser am stärksten Stoffwechsel-orientierten Kopffüßer: der Tetrabranchiaten.

Sinnes-orientiert ← Kopffüßer → Stoffwechsel-orientiert

Kopffüßer → Dibranchiata, Tetrabranchiata

Dibranchiata → Decabrachia, Octobrachia

Tetrabranchiata → Ammonoidea, Nautiloidea

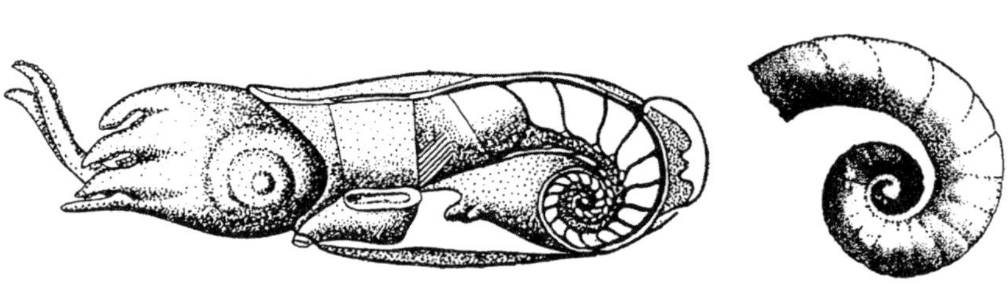

Abb. 9: Spirula spirula (alle tropischen Meere), Länge 5,5 cm, mit ihrer eingebogenen und gekammerten Schale.

Es ist allgemein wichtig zu bemerken, dass in beiden Hauptgruppen die Sinnes-orientierten (mit Pfeilen nach links gekennzeichneten) Gruppen viel mehr Arten hervorgebracht haben als die Stoffwechsel-orientierten Gruppen. Offensichtlich hatten sie während der Evolution eine bessere Differenzierungsfähigkeit als die anderen Gruppen. Dieses Charakteristikum finden wir oft auch in anderen Tiergruppen (Insekten vgl. mit Tausendfüßlern, Vögel vgl. mit Reptilien, Nagetiere vgl. mit Huftieren usw.). Doch wird diese Regel durch eine andere ergänzt: Zahlreiche Aufgliederungen findet man am häufigsten bei den sinnesorientierten Gruppen und Arten, wenn die *ganze* Gruppe Stoffwechsel-orientiert ist. Daher gibt es mehr Ammoniten als Decabrachiaten, mehr Muscheln als Kopffüßer. Hat man eine angemessene Analyse der Dreigliederung durchgeführt, so lässt sich das leicht aufzeigen (Holometabola: mehr Käfer als Schmetterlinge, Bovidae: mehr Antilopen als Rinder usw.). Die stoffwechselstarken Gruppen haben auch phylogenetisch die starke Potenz, in ihren sinnesoffeneren Vertretern reiche Radiationen hervorzubringen.

Werfen wir bei den Kopffüßern zuletzt noch einen Blick auf das berühmte Tintenorgan, das so viele dieser Tiere besitzen. Wir haben zu Anfang beschrieben, wie die verfolgte *Sepia* eine Tintenwolke ausstößt und dadurch ein Phantom bildet als eine materielle Fiktion ihrer selbst, was die Aufmerksamkeit des Verfolgers ablenkt. Alle Tinte produzierenden Kopffüßer vollbringen *biologisch*, was höhere Tiere und der Mensch *psychologisch* durch ihre Vorstellungen dank höherer Hirnkapazität leisten. Kopffüßer – die in ihrer Embryonalentwicklung keine wirkliche Neurulation und daher kein echtes Zentralnerven-System, allerdings das höchstentwickelte Nervensystem aller Mollusken, aufweisen – leisten im Organisch-Materiellen, was wir unsichtbar denkend tun. Eine ungewöhnliche Beziehung!

Nun ist es unmittelbar verständlich, warum die stark Stoffwechsel-orientierten Tetrabranchiaten kein Tintenorgan haben und niemals *natürliche Abbilder ihrer selbst* hervorbringen. Sie haben ihr Gehirn viel weniger entwickelt, um die Welt psychologisch abbilden zu können (und sie haben keine Tinte, um sich selbst abzubilden), sie sind stärker mit sich selbst identisch und brauchen keine Abbilder von sich selber. Daher korreliert ihre Färbung nicht mit ihren sensorischen und neuralen Fähigkeiten, sondern mit dem färbenden Stoffwechsel, der auf ihren Schalen permanente, stehende Farbmuster entstehen lässt, wie es bei *Nautilus* der Fall ist.

Schnecken (Gastropoda)

Die heute lebenden Schnecken werden eingeteilt in die Vorderkiemer (Prosobranchia), die Hinterkiemer (Opisthobranchia) und die Lungenschnecken (Pulmonata). Diese verschiedenen Subtypen werden leicht verständlich, wenn man sie von einem sehr symmetrischen, aber bisher hypothetischen urtümlichen Gastropoden ableitet, der zwei rückwärts gerichtete Kiemen, zwei Gonaden, zwei Herzkammern, zwei Nieren und zwei Mitteldarm-Drüsen aufweist (Abb. 10). Die urtümlichsten lebenden Vertreter, die Prosobranchia, haben die meisten dieser Organe um 180° gedreht. Daher sind ihre Kiemen, Nieren und der After nach vorne gerichtet («Proso-branchia», Diotocardia), die parietalen Nervenknoten haben ihre Lage vertauscht und bilden überkreuzte Nervenstränge (Chiastoneura). Der Eingeweideraum ist asymmetrischer geworden, mit einem sehr vergrößerten linken Mitteldarm, der im Dach einer spiraligen Schale liegt. Die höheren Prosobranchia haben sogar noch mehr Asymmetrie entwickelt, indem sie nur eine einzige Kieme und eine einzige Herzkammer ausbilden (Monotocardia).

Bei den Opisthobranchia ist diese ganze Vertauschung sekundär wieder rückgängig gemacht. So wechselten das eigenartige Herz, die Niere und die Kieme durch Rückdrehung von links nach rechts über. Die solitäre Kieme richtete sich wieder nach rückwärts aus («Opistho-branchia»), und ihre Nervenstränge verlaufen meistens nicht überkreuz (Euthyneurie) (Abb. 10 E). Die Schale ist oft reduziert oder fehlt ganz. Das Nervensystem ist umso stärker konzentriert! Daher sieht die ganze Schnecke sehr seitensymmetrisch aus und ist oft erstaunlich schön gefärbt, verfügt jedoch nicht über das Farbwechsel-Vermögen der Kopffüßer.

Wenn wir die Konstitution der Opisthobranchia mit derjenigen der Prosobranchia vergleichen, bemerken wir bei den letzteren das primäre Vorherrschen der Stoffwechsel-Organisation. Dank ihres betonten Stoffwechsels bilden sie häufig große und schwere Schalen und zeigen in ihrem Schalen- und inneren Körperbau die stärkste Asymmetrie. Die im Mittel viel kleineren Opisthobranchia zeigen ausgeprägtere Sinnesfunktionen und eine stärkere Nerven-Konzentration mit deutlicher, sekundär entwickelter Seitensymmetrie. Diese Beobachtungen stimmen überein mit der Lage ihrer inneren Organe: Bei den meisten Tieren (und beim Menschen) tendieren der Magen-Darm-Trakt zur Asymmetrie und die Sinnes-Nerven-Organe zur Seiten-, also Bilateralsymmetrie. Bei den Prosobranchia dominiert die Asymmetrie sogar in der äußeren Erscheinung ihrer eindrucksvollen spiraligen Schalen, während die Bilateralsymmetrie die äußere Gestalt der meisten Opisthobranchia beherrscht. Weiterhin existiert eine Regel, die oft bewiesen und bestätigt wurde, dass Stoffwechsel-orientierte Tiere die Gestalt ihres Vorderleibes und Sinnes-orientierte Tiere ihren Hinterleib betonen.[9] So wird es unmittelbar klar, warum die Prosobranchia «Proso-branchia» und die andere Gruppe «Opistho-branchia» sind. Im einen Fall sind wichtige innere Organe nach vorne verlagert worden, im anderen Fall wurden sie sekundär wieder rückverlagert.

Die Lungenschnecken (Pulmonata) – die meistbekannten Landschnecken – sind primär konstituiert wie die Opisthobranchia, zeigen aber eine neue, partielle Torsion von Herz und Lungen (an Stelle von Kiemen), indem sie sie von der linken auf die rechte Seite verlagern (Abb. 10F). Darüber hinaus haben sie einen intensiv spiralisierten Darm mit Verdauungsdrüsen und andererseits ein sehr seitensymmetrisches Nervensystem, ohne überkreuzte Nervenstränge (Euthyneurie, siehe Abb. 17). So zeigen die Pulmonaten unter den Gastropoden eine eindrucksvolle, harmonische, dreigliedrige Konstitution, welche wir später weiterverfolgen werden. Sie sind die einzigen Mollusken, die durchweg das Land erobern konnten.

Nun werden wir die Prosobranchia näher betrachten, eine sehr reiche Gruppe meist mariner Lebewesen. Sie lassen sich leicht in drei Untergruppen mit charakteristisch unterscheidbaren Schalentypen aufteilen: die Archaeogastropoda (Diotocardia), Mesogastropoda (Monotocardia) und Neogastropoda (ebenfalls Monotocardia).

Der Schalentyp der ersten Gruppe (Archaeogastropoda) zeigt ein Bauprinzip, welches demjenigen der Weinbergschnecke ähnlich ist. Die Abbildung oben in Tafel 1 zeigt die Schale von *Turbo*, die diesen Typus vertritt. Anders als bei *Nautilus* windet sich die Schale um eine gerade Linie hoch, die in der soge-

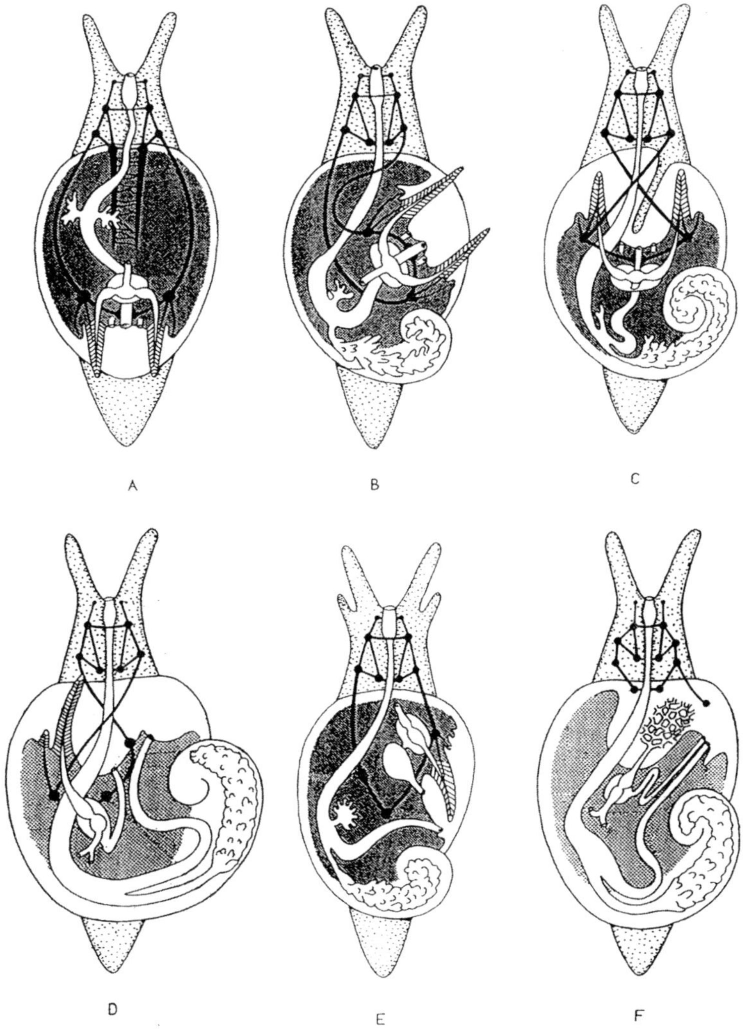

Abb. 10: Evolution der verschiedenen Gastropoden-Typen: (A) Hypothetischer Vorfahre mit bilateralem Aussehen und nach hinten gerichteten Kiemen. (B) Die Drehung der inneren Organe zeigt, wie sich (C) entwickelt hat: Drehung um etwa 180° zu gekreuzten Nervensträngen; bei den urtümlichen Prosobranchia (Diotocardia = Archaeogastropoda) sind 2 Kiemen nach vorne gerichtet. (D) Reduktion einer Kieme bei höher entwickelten Prosobranchia (Monotocardia = Mesogastropoda und Neogastropoda). (E) Rückdrehung der Eingeweide: eine solitäre Kieme ist nach rückwärts gerichtet (marine Euthyneura = Opisthobranchia). (F) Die Lunge ersetzt die Kiemen (terrestrische Euthyneura = Pulmonata).

Tafel I: Oben Gehäuse einer Archaeogastropode, Turbo sp., mit Operculum; darunter die Mesogastropode Cypraea tigris, eine gefleckte Porzellanschnecke, in Seiten und Unteransicht.

nannten Spindelachse der Schale liegt, wie bei den meisten Schnecken (s. auch Abb. 11). Der Durchmesser der Archaeogastropoden-Schale vergrößert sich üblicherweise mit zunehmendem Alter nach einer logarithmischen Funktion: Jeder Zuwachs bewirkt vermehrten Zuwachs. Es scheint, als könnte das Tier ewig weiterwachsen, ohne jemals eine Endgröße zu erreichen. Wenn sich das Tier in die Schale zurückzieht, wird diese durch einen mitwachsenden Deckel, das Operculum, verschlossen.

Anders in der zweiten Gruppe der Mesogastropoden: In der speziellen Gattung der Porzellan- oder Kaurischnecken ist jede bereits gebildete Schalenwindung von einer weiteren eingeschlossen. Ferner erreichen die meisten Mesogastropoden eine Endgestalt. Bei den Porzellan- oder Kaurischnecken (*Cypraea*) zieht sich dabei der vordere Schalenrand ein. Beidseitig der so entstandenen Apertur bilden sich durch Anbau von Material enge Zahnreihen. Außerdem werden die unteren seitlichen Kanten durch eine Kallusbildung verstärkt. Die Abbildung 11 zeigt die geschilderten Verhältnisse im Schnitt, Tafel 1 (Mitte und unten) gibt die Aufsicht und die Unterseite von *Cypraea tigris* wieder. Einige Mesogastropoden biegen den Schalenrand für den Aufbau der Endgestalt jedoch nach außen.

Diese Bildegeste ist bei den Neogastropoden (*Stenoglossa*), der dritten Gruppe der Prosobranchia, am häufigsten verwirklicht. Ihr Schalentyp ist oft polar zu denjenigen der Archaeogastropoden gebaut, denn ihre Schale erscheint zum vorderen Schalenende hin zugespitzt und zum hinteren Ende hin breit gestaucht (Abb. 11 und Tafel Il).

Innerhalb jeder der drei Prosobranchia-Gruppen finden sich breite Metamorphosereihen des jeweiligen Typus. Besonders bei den Neogastropoden kehrt die ganze Fülle der Bildemöglichkeiten noch einmal im Kleinen wieder. Wir finden hier Gestalten, die stark an die Archaeogastropoden erinnern, und solche, die den Mesogastropoden ähnlich sind. Nicht ganz so breit ist die Metamorphosenreihe bei den Mesogastropoden. Neben einigen archeogastropodenartigen Schalen finden wir auch solche, die an Neogastropoden-Schalen erinnern. Ein Beispiel für die letzteren ist *Cypraea cassis* (Tafel II, Mitte), in deren Endgestalt die Schale nach außen hochgebogen ist. Was diese Schale darüber hinaus so interessant macht, ist, dass sie einerseits eine Riffelung zeigt, die man vor allem bei den Archaeogastropoden findet – wie bei der abgebildeten *Turbo*. Andererseits hat *Cypraea cassis* aufgeblähte Höcker, die durch rhythmische Aktivität der Mantelränder entstehen. Riffelung und Höckerung von *Cypraea cassis* haben ihr negatives Gegenbild auf der Innenseite der Schale. Die Riffelung von *Turbo* hingegen ist von innen nicht zu erkennen, die innere Oberfläche ist glatt.

Viele Neogastropoden zeigen eine merkwürdige Erscheinung: Größen-

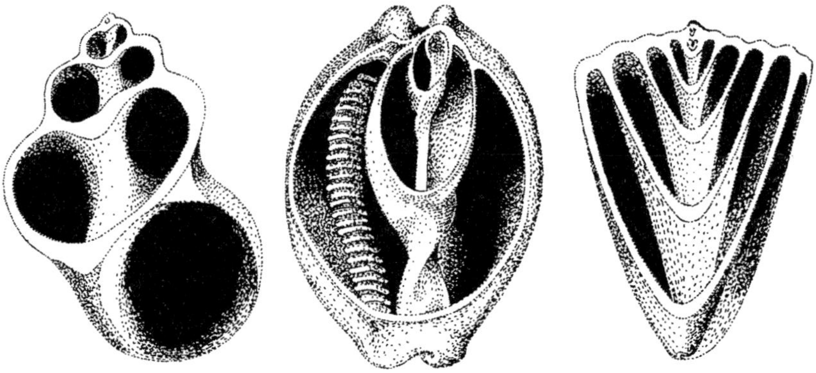

Abb. 11: Vertreter der marinen Prosobranchia. Von links Turbo (Archaeogastropoda), Cypraea (Mesogastropoda), Conus (Neogastropoda).

wachstum der Schale und Verlängerungen von Stacheln/Protuberanzen an der Öffnung wechseln sich viele Male rhythmisch ab. Dieses Phänomen taucht bei allen Muriciden (Purpurschnecken) der Gattung *Murex* auf. Tafel II (unten) zeigt *Murex tenuispina*, deren schöne stachelbesetzte Spindelleiste – als eine Endbildung hervorgebracht – alle anderen *Murex*-Arten in den Schatten stellt. Jedes Mal, bevor das Tier seine Geschlechtsprodukte hervorbringt, wird eine mit solchen Dornfortsätzen versehene Spindelleiste gebildet. Anschließend wird das vegetative Wachstum wieder fortgesetzt. Wie es für die Neogastropoden typisch ist, sind die Dornfortsätze hohl, sogar meist nicht einmal vollständig geschlossen; ein feiner Spalt in Richtung einer Mantellinie bleibt offen. Offenbar hat diese Entwicklungsphase, in der spinale Endgestaltungen ausgebildet werden, mit einem verstärkten Eingreifen seelischer Aktivitäten während der Reproduktion zu tun. Wir finden also einen zyklischen Wechsel zwischen einer vorwiegend vegetativen und einer vorwiegend generativen Phase in der Entwicklung dieser Tiere. Das Seelische ergreift die Gestaltung der Schalen bei den Muriciden (Neogastropoden) also mehrfach. Bei den Archaeogastropoden hingegen wird die Schalenbildung weniger durch seelische Kräfte beeinflusst, bei den Mesogastropoden – vor allem bei *Cypraea* – nur ein einziges Mal im Leben: mit der eintretenden Geschlechtsreife.

Gehen wir von der Gestalt der Schale zu ihrer Färbung über. Auf den ersten Blick scheinen die von den *Nautilus*-Schalen bekannten Färbungsmuster bei den Gastropoden zu fehlen. Doch wenn wir eine Porzellan-Schnecke auf-

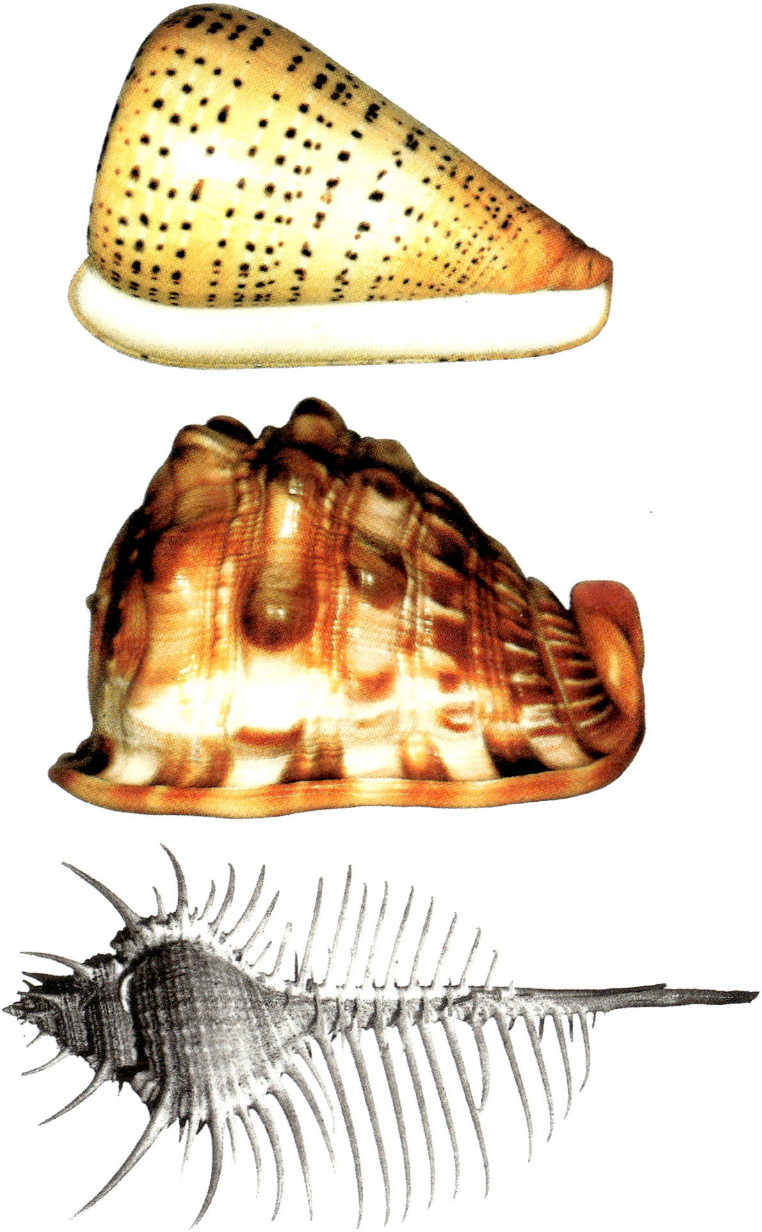

Tafel II: Von oben Schale des Neogastropoden Conus leopardus, des Mesogastropoden Cypraea cassis und des Neogastropoden Murex tenuispina. Alle aus dem Indo-West-Pazifik.

Abb. 12: Die meistbekannte Porzellanschnecke, Cypraea tigris, aus dem Indo-Pazifischen Ozean; aufgeschnitten, um die inneren (jüngeren) Windungen der Schale zu zeigen.

schneiden (Abb. 12), zeigt sich, dass die drei Färbungsmotive – braun-schwarz, gestreift und weiß – auch auf den inneren Schalenwindungen erscheinen. Die im frühen Jugendstadium gebildete innerste Schalenwindung ist braun-schwarz, die zweite braun gestreift und die dritte, in die Außenschale übergehende, hat eine weiße Grundfärbung. Diese Grundfärbung wird jedoch durch die Altersfärbung überdeckt, die mit der Geschlechtsreife des Tieres einsetzt, wenn sich die Endgestalt durch Einschlagen der Schale und Entwicklung der gezähnten Lippen ausbildet. Wir können bei den Porzellanschnecken also zwischen einer Kindheits-, Jugend- und Altersfärbung unterscheiden. In der frühen Färbung wird *nacheinander* ausgebildet, was bei den Tintenfischen – in Korrelation mit dem Verhalten – an Färbungsmöglichkeiten der Haut momentan *ineinander* spielt.

Bevor wir die Tintenfische und die Schnecken in dieser Beziehung vergleichen, sollen die verschiedenen Altersfärbungen betrachtet werden, wie sie bei den Porzellanschnecken auftreten. Als Beispiele wählen wir die Arten *Cypraea lynx*, *argas* und *mauritiana*. Tafel III zeigt je zwei Ansichten dieser Arten. Eine im Querschnitt gerundete Gestalt zeigt *C. lynx*, *C. mauritiana* hingegen wirkt durch ihren ausgeprägten, seitlich an den Flanken gebildeten Kallus wie dem Untergrund angepresst. *C. argus* hält zwischen beiden die Mitte. Außer-

Tafel III: Altersfärbungen einiger häufig vorkommender indo-pazifischer Porzellanschnecken. Von links Cypraea lynx, Cypraea argus, Cypraea mauritiana.

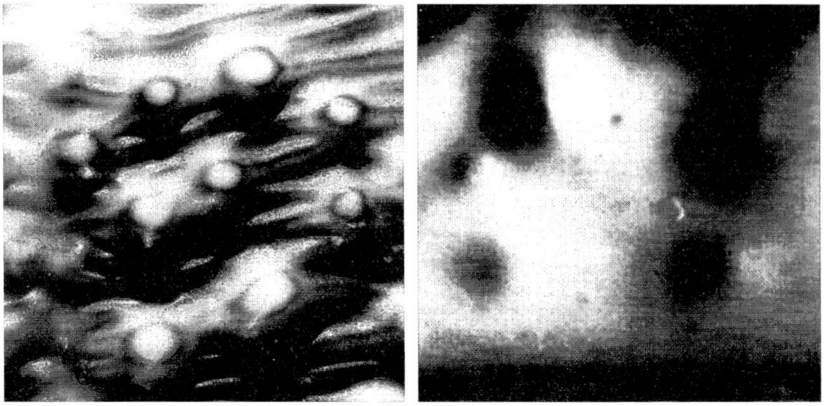

Abb. 13: Oberflächenplastik bei Porzellanschnecken. Links Cypraea granulata (Hawaii), rechts Cypraea teulerei (südliches Rotes Meer und Golf von Oman).

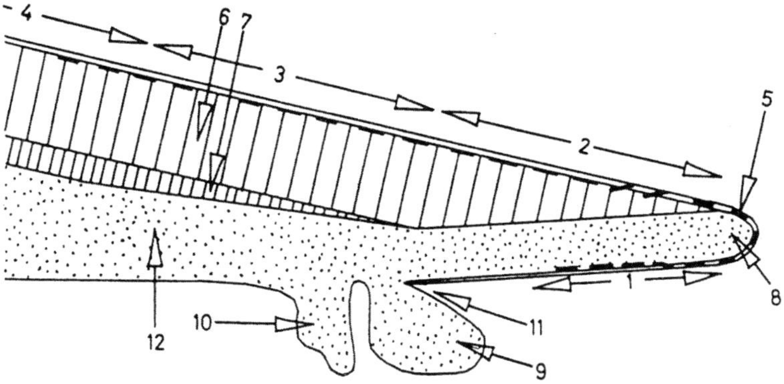

Abb. 14: Schematischer Schnitt durch den äußeren Teil des Mantels im Gebiet der Schalenbildung. (1) Zone der Pigmentbildung, (2) Zone der Schalenfärbung, (2+3) Zone der Schalenbildung, (4) sterile Zone, (5) Periostracum, (6) Kalkprismenschicht, (7) Perlmutterschicht, (8) äußere, (9) mittlere, (10) innere Marginalfalte des (12) Mantels, (11) Periostracaldrüse.

dem erscheint C. *argus* in der Längsachse gestreckter als die beiden anderen Arten. Nicht nur in der Gestalt, sondern auch in der Färbung verhalten sich die beiden Arten C. *lynx* und C. *mauritiana* polar. C. *lynx* zeigt auf weißem Untergrund eine dunkle Fleckung, wie wir es schon bei C. *tigris* kennengelernt haben. C. *mauritiana* hingegen trägt weiße Flecken auf dunklem Grund. Sind bei C. *lynx* die Flecken dunkel pigmentiert, so sind es bei C. *mauritiana* die Zwischenflächen. *C. argus* hält auch in der Färbung zwischen beiden die Mitte: Sie zeigt sowohl dunkle Flecke auf hellem Grund als auch helle Flecke auf dunklem Grund, denn jeder dunkle Fleck trägt einen hellen in sich. Auch die Färbung von *C. argus* ist also intermediär. Es ist ein ähnliches Ocker, welches wir schon in der Zebrastreifung des *Nautilus* sahen. Betrachten wir nun die Unterseite der Schalen: *C. mauritiana* trägt ein tiefes Schwarz, *C. lynx* ein leuchtendes Weiß, *C. argus* hingegen eine rhythmische Färbung aus hell- und dunkelocker-farbigen Streifen.

Eine großartige Metamorphose, die sich beim Vergleich der Färbungen der gezähnten Apertur erschließt, soll noch erwähnt werden (siehe Tafel III, obere Reihe). Bei *C. lynx* sind die Zahnrücken weiß, und der Zahngrund ist dunkel gefärbt. Umgekehrt ist bei *C. mauritiana* der Zahngrund weiß, und die Zahnrücken sind dunkel gefärbt. Auch hier hält *C. argus* die Mitte: Nur die Zahnflanken zwischen den Rücken und dem Grund zeigen eine dunklere Farbe! Wir blicken in die Ordnung der einst die Schalen bildenden Kräfte. Denn irgendeinen Selektionswert haben die Zahnfärbungen gerade auch der Unterseite sicherlich nicht.

Auf der porzellanartigen, glatten Oberfläche erscheinen manchmal auch Zapfen und Gruben. Blicken wir auf die beiden Arten *C. teulerei* und *C. granulata*. Nach Ansicht der Fachleute ist *C. teulerei* eine phylogenetisch alte, *C. granulata* hingegen eine jüngere Art. Besonders die seitliche Kallus-Region von *C. teulerei* zeigt in der plastischen Ausgestaltung Gruben, während *C. granulata* eine Riffelung aufweist, auf der sich kleine Zapfen erheben. Bei *C. teulerei* lässt sich nun der Übergang der Gruben in eine dunkle Fleckung und bei *C. granulata* der Übergang der Leistenzapfen in eine helle Fleckung beobachten. Betrachtet man einige *C. granulata*-Exemplare genauer, so finden sich Leisten, deren Oberkanten dunkel gefärbt sind. Diese sind verhältnismäßig flach; sowie sie sich erheben, weicht die dunkle Färbung zur Seite aus, und die herausgehobenen Oberkanten werden weiß (Abb. 13). Wir können also den Zusammenhang zwischen der hellen Fleckung und den Leisten der Riffeln und ihren Zapfen so auffassen, dass die hellen Flecke der höchsten Zapfen das Ende einer Färbungsreihe darstellen, die mit der Verdunklung der schwach erhobenen Teile beginnt.

Bei *C. teulerei* liegt die Schicht dunkler Färbung *tiefer* als die weiße Schalenoberfläche. Die Grube senkt sich in die Zone dunkler Färbung hinab. Bei *C. granulata* liegen alle Zonen der Färbung über dem Schalenniveau, die Leisten und Zapfen erheben sich durch die dunkle Färbungszone bis zur weißen Zone.

Wenn die Molluskenschale gebildet wird, liegt der Mantel der Schale normalerweise innen an. Bei der Ausbildung der Färbung sind zwei Typen verwirklicht. Beim ersten Typ, wie ihn die Cypraeen vertreten, liegen zwei Mantellappen der Außenseite der Schale an. Der andere häufige Typ wird verwirklicht, wenn Schalenaufbau und Färben gleichzeitig stattfinden, wie bei *C. conus* (Tafel II, oben): Die Farbe wird von einer drüsigen Falte des Mantelrandes dem zuvor gebildeten «Periostracum», einer aus Eiweiß-Substanzen bestehenden Haut, wie einer Matrize aufgeprägt. Wächst die Schale, so schiebt sich das Periostracum auf deren Oberseite und prägt die mitgetragenen Pigmente in die Kalkschale ein. Die Abbildung (Abb. 14) zeigt diesen Vorgang im Schema. Betrachtet man die höher entwickelten Schnecken, so treffen wir auf eine Verringerung der Spiralisierung der inneren Organe. So geht die Chiastoneurie der pleurovisceralen Nervenstränge der Prosobranchia nunmehr verloren zugunsten verstärkter Seitensymmetrie (Euthyneurie). Doch die meisten inneren Organe bleiben in ihrer Ausbildung einseitig auf die rechte Körperhälfte beschränkt. Die solitäre Kieme befindet sich nun in einer rückwärtigen Lage, und daher sprechen wir von den «Opisthobranchia». Die urtümlichen Vertreter besitzen noch eine spiralisierte Schale, während die höher entwickelten Vertreter die Schale verloren haben und eine ausgeprägte Seitensymmetrie zeigen, häufig mit wunderbaren Farben wie bei den Nudibranchia (Abb. 15C). Sie haben zusätzliche Reihen weiterer Kiemen aus ihrer Haut heraus entwickelt und zeigen damit ihre funktionelle Offenheit gegenüber der marinen Umgebung. Sie sind dafür so offen, dass einige von ihnen sich nicht nur von den Korallen-Polypen ernähren können, sondern die nicht verdauten Nesselzellen dieser Coelenteraten aus dem Darm in ihre Haut wandern lassen können – zur Benutzung als Waffen, die sie von diesen Tieren übernommen haben. Sie können kein gut ausgebildetes Immunsystem haben, und so unterscheiden sie wenig zwischen biologischer Eigen- und Fremdsubstanz. Dafür haben sie ihre Sinnesfähigkeiten gesteigert und das Nervensystem im Kopf um den Schlund herum in perfekter Seitensymmetrie konzentriert (Abb. 15).

Die besondere Offenheit hin zur Umgebung fällt vor allem bei den durchscheinenden oder völlig durchsichtigen Schnecken der Opisthobranchia auf. Die meisten davon sind pelagische Räuber, die in ungeheuren Zahlen im offenen Ozean schwimmen und zum Beispiel den Bartenwalen als Nahrung dienen. Sie gehören zu den Untergruppen der Thecosomata (= See-Schmetterlinge, mit kleinen Schalen) und insbesondere der Gymnosomata (ohne Schalen) – beide Gruppen wurden früher als Pteropoda zusammengefasst. Wie Portmann gezeigt hat, sind alle transparenten Körperteile der Metazoa symmetrisch gebaut, entweder radial oder bilateralsymmetrisch, ohne Ausnahme.[10] In dieser Hinsicht stellen die Gymnosomata den Höhepunkt unter den Schnecken dar.

Wie aber ist die merkwürdige Muschelschnecke *Berthelinia chloris* (Juliidae,

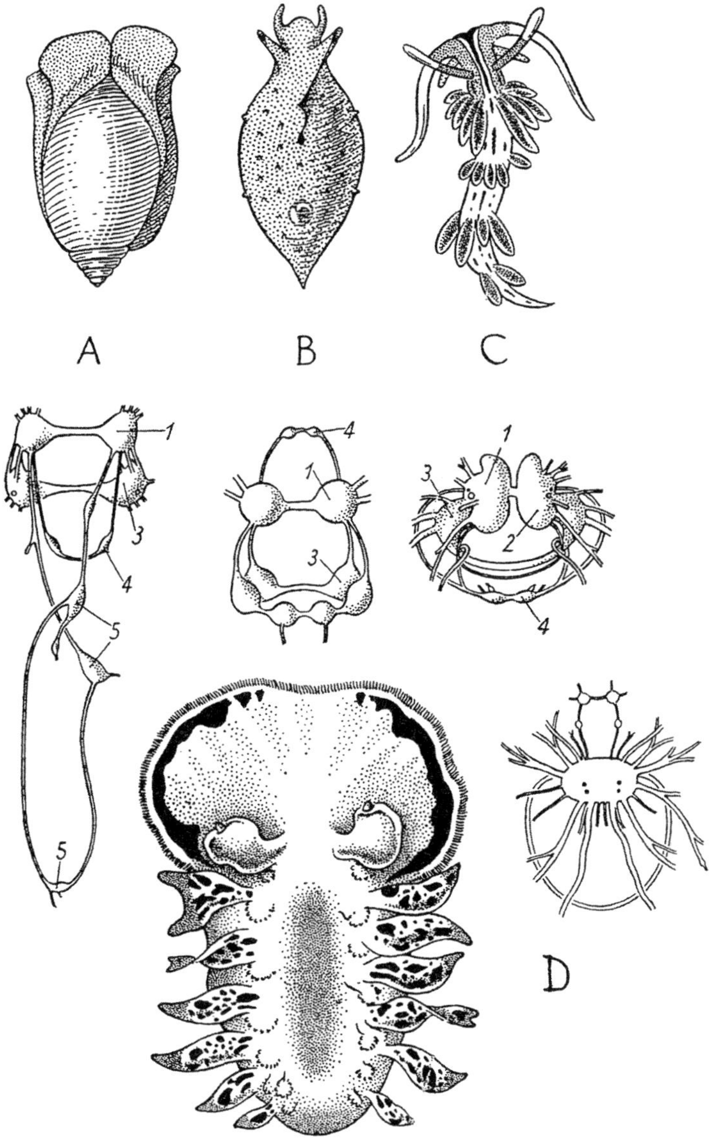

Abb. 15: Typus-Veränderung bei den Opisthobranchia. (A) Actaeon, (B) Notardus, (C) Hervia. Beachte die Reduktion der Schale, die Zunahme der Bilateralsymmetrie und die Konzentration des Nervensystems. Unten: Tethys fimbria (20 cm lang) ohne Schale wie bei Hervia, jedoch im Mittelmeer pelagisch vorkommend mit perfekter Bilateralsymmetrie und Hirn-Konzentration.

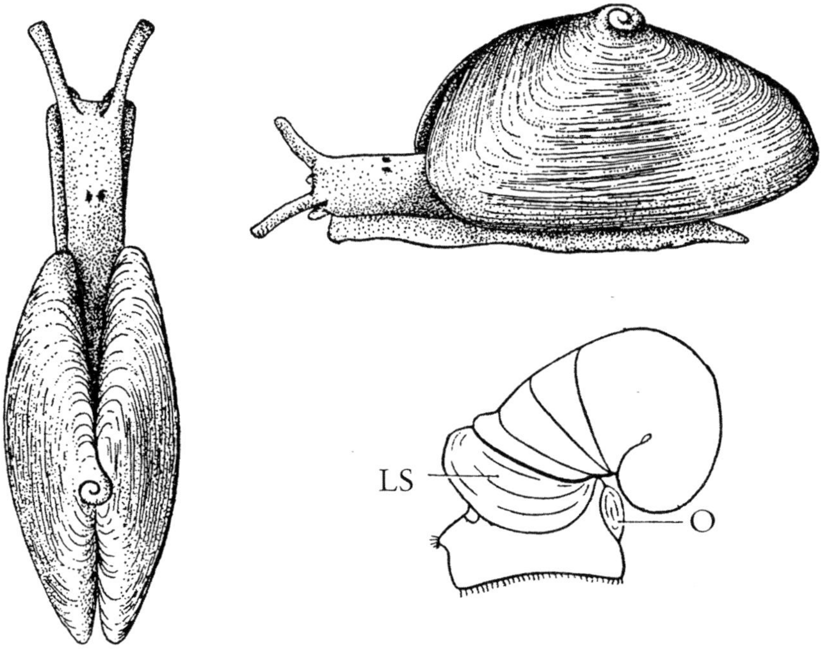

Abb. 16: Berthelinia chloris (Opisthobranchia, Sarcoglossa), auf Seetang, Kalifornische Küste, 1 cm lang. Unten rechts junge Schnecke, 1 Woche nach dem Schlüpfen aus dem Ei. LS = linke Schale, O = Operculum.

Sacroglossa) zu verstehen, deren beide Schalen zwar wie bei den Muscheln durch ein Schloss verbunden sind, die aber dennoch zu den Opisthobranchia gehört (Abb. 16)? Ihre paarigen Schalen sind seit 1875 als eozänes Fossil bekannt und wurden als Muschelschalen beschrieben. Das erste lebende Exemplar entdeckte man 1959 an der japanischen Küste, wo es sich von der Alge *Caulerpa* (Siphonales) ernährt; offensichtlich handelt es sich um eine Schnecke. Stellt dieses Tier einen Übergang zwischen den beiden marinen Mollusken-Gruppen dar? Während der frühen Ontogenese erkennt man bei *Berthelinia* eine junge Schnecke mit einer winzigen, spiralisierten linksseitigen Schale und einem Operculum. Später geht das Operculum verloren, und eine zusätzliche Schale entsteht auf der rechten Seite. Die jugendliche Spirale bleibt als Wirbel der linken Schale bestehen. Die ausgewachsenen Schalen werden dann wie bei den Muscheln durch einen Muskel verbunden. Das Tier kann sich nun vollständig in die paarigen Schalen zurückziehen. Im Zurücknehmen der Augenfunktion, der erneuten Überkreuzung der Konnektive und in der vegetarischen Lebens-

Abb. 17: Die terrestrische Weinbergschnecke, Helix pomatia, mit ihren Nervenganglien des Kopfes.

weise zeigt sich, dass diese Muschel-Analogie mit der besonderen Betonung der Stoffwechsel-Funktionen korreliert. Zwar waren die Juliiden niemals auf dem Weg, Muscheln zu werden, aber paarige Schalen («Bi-valvia») entspringen bei beiden derselben evolutiven Entwicklungsrichtung, die die Stoffwechsel-Fähigkeiten betont. Diese Analogie lässt sich also durch die Analyse der dreigliedrigen Verwandtschaftsbeziehungen verstehen.

Die höchstentwickelten Schnecken haben sich vom Wasser emanzipiert und leben auf dem Land; anstatt Kiemen haben sie Lungen entwickelt, daher werden sie Lungenschnecken (Pulmonata) genannt. Das Nervensystem in ihrem Kopf ist so stark konzentriert, dass es keine gekreuzten Nervenstränge mehr zeigt. Doch die inneren Organe zeigen das gesamte Spektrum zwischen Symmetrie und Asymmetrie (Abb. 17).

Es lohnt sich, das Motiv der Symmetrie in der Biologie noch allgemeiner zu verfolgen. Die Biochemiker wissen, dass jede wirksame physiologische Substanz in ihrer Molekularstruktur asymmetrisch gebaut ist und nur in einer von zwei möglichen Modifikationen auftritt. Alle Aminosäuren, Proteine, insbesondere Enzyme, Hormone usw., Saccharide, Nucleinsäuren usw. müssen in der richtigen Windungsrichtung chiral gebaut sein. Diese Biomoleküle können in zwei Formen auftreten: als Bild und Spiegelbild, wie die linke und rechte Hand. Doch das Leben verwendet nur die eine der beiden stereometrischen Strukturen. Andernfalls können diese Substanzen nicht physiologisch eingesetzt werden oder wirken sogar giftig. So ist es von großem Interesse, wie und warum die meisten Tiere in ihrer Morphologie, trotzdem ihre organische Substanz chiral ist, radiale oder bilaterale Symmetrien zeigen.

Der menschliche Organismus hat sowohl asymmetrische als auch symmetrische Organe. Und ihre Verteilung ist nun keineswegs zufällig. Die asymmetrischsten Organe liegen im Abdomen: Magen, Darm, Leber, Gallenblase, Bauchspeicheldrüse, Milz. In ihnen dominiert der Stoffwechsel, der mittels Verdauung die äußeren Nahrungsstoffe in eigene, menschliche Substanzen umwandelt. In diesem Bereich schafft sich der Organismus sein Binnen-Milieu, sein «milieu intérieur», wie der große Begründer der Physiologie, Claude Bernard (1813–1878), sich ausdrückte.[11] Heute sprechen wir von homöostatischen, homöodynamischen und kybernetischen Eigenschaften als den intrinsischen Fähigkeiten der Organismen.

Auf der anderen Seite verfügen wir über viele Funktionen, durch unsere Sinne und Gliedmaßen mit der Umgebung zu kommunizieren, sie wahrzunehmen und das zu verändern, was uns von außen umgibt. Diese funktionelle Ausrichtung korreliert offensichtlich mit der Symmetrie: Der (extrinsische) Außen-Aspekt der menschlichen Gestalt ist seitensymmetrisch, die inneren (intrinsischen) Organe zeigen einen hohen Grad an Asymmetrie. Diese Asymmetrie beginnt während der menschlichen Embryonal-Entwicklung, wenn sich das erste median-symmetrisehe Stadium des frühesten Intestinums zu seiner ersten Spiralwindung auswächst und das hyperbolisch verwundene Colon bildet. Bei vielen Wirbeltieren wird mehr als eine Spiralwindung gebildet – man schaue auf den Darm von Fischen, Kaulquappen oder auf das Colon des Sifaka, eines Halbaffen (Lemuren) aus Madagaskar (Abb. 18). Die Spiralwindungen sind oftmals die Durchgangsstadien zur völligen Asymmetrie.

Wir sind jedoch nicht in zwei antagonistische Bereiche aufgespalten, sondern können nur durch Vermittlungsprozesse zwischen ihnen leben, alle verschiedenen Organe und Funktionen in ständiger Kommunikation miteinander verbindend. Dies wird letztlich auf vier Ebenen erreicht:

a) Auf der genetischen Ebene: Alle Zellen haben primär dasselbe Genom und gehören daher zusammen.
b) Im Hormon-System: Es erreicht jedes Organ innerhalb des ganzen Organismus.
c) In der Atmung: Der Gas-Stoffwechsel muss in allen Bereichen aufrechterhalten werden.
d) Im Nerven-System: Es ermöglicht schnelle Kommunikation im ganzen Organismus.

Die Ebenen b) und c) sind direkt vom Kreislauf-System abhängig, welches letztlich alle Ebenen und damit alle Organe und Zellen miteinander verbindet. Dieses rhythmische System mit seinen zentralen Organen Herz und Lunge in der Mitte des Körpers ist weder völlig symmetrisch noch völlig asymmet-

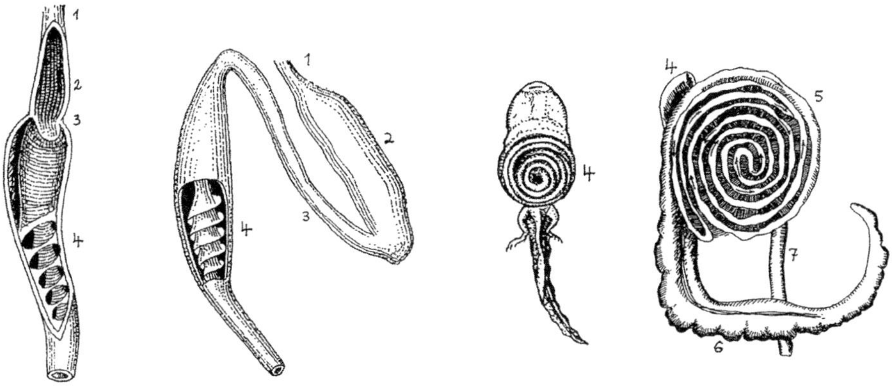

Abb. 18: Die Spiralisierung des Darmtraktes lässt sich bei verschiedenen Tieren beobachten: (a) urtümlicher Fisch (Polypterus), (b) Katzenhai (Scylliorhinus caniculus), (c) Kaulquappe des Frosches (Rana), (d) Sifaka (Propithecus), ein Lemure aus Madagaskar. (1) Ösophagus, (2) Magen, (3) Pylorus, (4) Dünndarm, (5) Colon, (6) Caecum, (7) Rectum.

risch, sondern beides gleichzeitig: Das Herz ist trotz seinen linken und rechten Kammern mehr asymmetrisch, die Lunge – abgesehen von den verschiedenen Lappen der beiden Lungenflügel – ist mehr seitensymmetrisch. Das Herz wird von weniger Bewusstsein begleitet, aber dennoch mehr als die Verdauungsorgane. Die Lungenatmung erreicht schon einen höheren Grad der Bewusstheit, jedoch keinen hohen. So finden wir in beiden Zentralorganen eine *Zwischen-Symmetrie*. Jedes Detail, auf das wir achten, zeigt uns, dass es für die räumliche Morphologie nicht zufällig ist, *wie* die Lebensprozesse verlaufen. Daher muss die Gestaltbiologie nicht nur räumlich beschreibend arbeiten, sondern kann viel über funktionelle Besonderheiten aussagen. Wir stellen fest, dass Leben nicht nur *im* Raum verläuft, sondern *in einem sich aktiv differenzierenden Zusammenhang mit* dem Raum.

Der Raum ist nicht nur ein leeres Gefäß, welches die Welt enthält, sondern er ist von empirischer Bedeutung. Er darf nicht nur durch Geometrie und Mathematik, sondern muss auch durch Physik und Biowissenschaften erforscht werden. Das haben die Physiker erkannt, seitdem Faraday als Erster in seiner Feldtheorie gezeigt hat, dass «leerer» Raum Träger von physikalischer Energie in Form elektrischer, magnetischer und Gravitations-Felder sein kann. Die Biologie muss denselben Aspekt mit Hilfe ihrer eigenen Methoden betrachten, indem sie untersucht, wie verschiedene Lebensprozesse mit verschiedenen

Tafel IV: Diese Australische Trompete, Syrinx aruanus, vom Großen Barrier-Riff (NO-Australien) ist 50 cm lang.

möglichen Raumstrukturen zusammenwirken. Wenn man so vorgeht, wird die Morphologie ihre Klarheit und ihren Wert als eine moderne Disziplin zurückgewinnen.

Das können wir hier für jede Schnecke zeigen. Die größte Schnecke ist die heutige Australische Trompete *Syrinx aruanus* aus Nord-Australien, ein Neogastropode, der Schalen bis zu 60 cm Länge bildet (siehe Tafel IV). Was für eine ungeheure Stoffwechsel-Leistung innerhalb der Prosobranchia! Deren hochentwickelte Gruppe, die Monotocardia, zeigt die stärksten Spiralisierungen der inneren Organe, einschließlich dem Bau des Nerven-Systems. – Bei den Opisthobranchia entdeckten wir einige Schritte, zu einer bilateralsymmetrischen Gestalt zurückzukehren, doch in den Verdauungsorganen bleibt die Spiralisierung bestehen.

Bei den Pulmonata finden wir eine besonders deutliche Dreigliederung: Das Intestinum, vor allem die Mitteldarm-Drüse, bleibt im innersten Bereich der Schale, der immer stark spiralisiert ist, selbst wenn die Schale rudimentär geworden ist wie bei den Wegschnecken. Andererseits stehen der Kopf mit seiner Konzentration der Sinnes- und Nervenorgane ebenso wie der Fuß im starken Kontakt zur Umgebung, und sie sind somit vollkommen bilateral gestaltet. Zwischen beiden Bereichen, der Umgebung nicht zu sehr geöffnet, aber auch nicht von ihr zu abgeschlossen, sind Herz und Lunge in der letzten, vordersten Schalenwindung gelagert, mit einem asymmetrischen Atemloch auf der rechten Seite im Übergang zum seitensymmetrischen Bereich des Körpers. Die Pulmonaten mit ihrem am stärksten konzentrierten Nerven-System haben sich von allen Schnecken am meisten von der Umgebung emanzipiert, und daher sind sie als die einzigen Mollusken auch in der Lage, das Wasser zu verlassen und auf das Land überzuwechseln. Von den Prosobranchia hingegen haben nur wenige, spezialisierte, kleine Formen das Land erfolgreich erobert (in Mitteleuropa: *Pomatias*, *Cochlostoma*, *Acicula*).

Entsprechend unserem Ansatz gibt das folgende Schema einen groben Überblick über die Gastropoden:

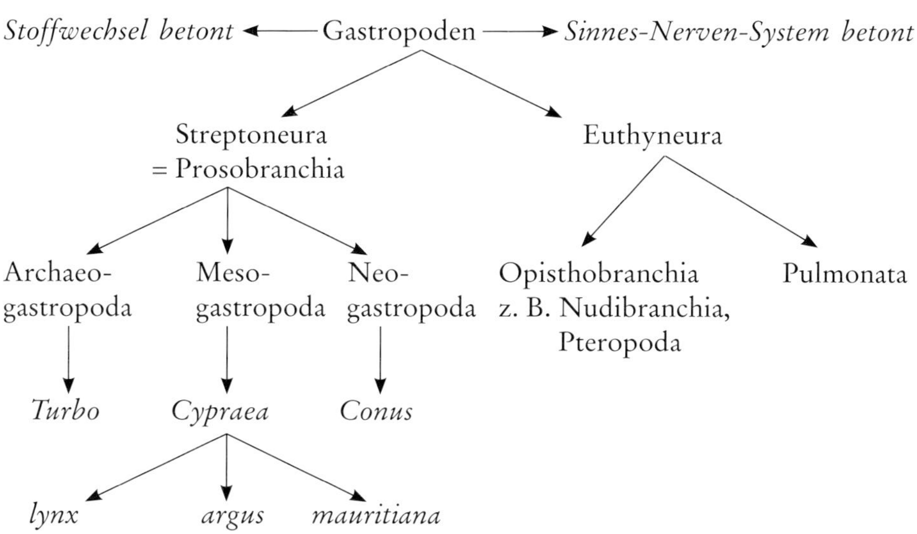

Muscheln sind eine merkwürdige Gruppe der Mollusken. Sie sind sehr variationsreich, und Muschelschalen findet man an jeder Meeresküste. Nur eine kleinere Anzahl lebt im Süßwasser. Vielen Vertretern fehlen deutliche Sinnesorgane. Neben dem schmeckenden Wahrnehmen des Wassers leben sie im Bodensubstrat, beziehungsweise berühren es mit ihrem sogenannten Fuß. Meistens leben die Tiere in einer paarigen Schale eingeschlossen, ohne Kopf oder wirkliche Gliedmaßen. So kommunizieren sie nicht viel mit ihrer Umgebung, sie leben ihr eigenes Leben, verborgen in den Schalen, und ernähren sich von schwer verdaulichem Detritus. Offensichtlich dominiert bei ihnen das Stoffwechsel-System, und so finden wir die größten Schalen unter den rezenten Mollusken in der Gattung *Tridacna*, der Riesenmuscheln: *Tridacna gigas* (Mördermuschel) des Indischen und Pazifischen Ozeans mit 1,35 m Durchmesser und mehr als 200 kg Gewicht.

Jedoch, sagten wir nicht, dass Bilateralität ein Kennzeichen Nerven-Sinnes-betonter Funktionen ist? Beide Schalen sind jedoch nicht rein bilateral, weil das Schloss mit seinen Zähnen vom Wachstumsbeginn an asymmetrisch ist. Aber es gibt eine erstaunliche Ausnahme: die Familie der Pectiniden, die Kamm-Muscheln. Sie sind bewegliche Geschöpfe, die durch Auf- und Zuklappen ihrer Schalen davonschwimmen, wenn sie einen Verfolger erblicken. Meter um Meter bewegen sie sich unter Wasser stoßartig fort. Sie besitzen eine Reihe multipler Augen an beiden Mantelrändern, die auffällige Bewegungen in der näheren Umgebung wahrnehmen. Die Schalen dieser außergewöhnlichen, sensiblen Muscheln sind im peripheren Bereich der Augenreihen bilateral gestaltet, aber 90° zur Mediane (Abb. 19).

Augen finden wir auch bei einigen Muscheln der sehr urtümlichen Gruppe der Taxodonta, die beachtlich symmetrische Kämme auf dem Schloss bilden. Die einzelne Schale braucht nicht bilateral zu sein (*Arca noae*, die Arche Noah), aber das Schloss ist es üblicherweise. Ein gutes Beispiel ist die Gemeine Samtmuschel *Glycimeris glycimeris* (Abb. 20).

Betrachten wir nun die drei häufigsten Muscheln der Nord- und Ostsee: die Gemeine Miesmuschel (*Mytilus edulis*), die Gewöhnliche Herzmuschel

Abb. 19 (rechte Seite): Oben Die Große Kamm-Muschel, Pecten jacobaeus, aus dem Mittelmeer trägt an den Mantelrändern Reihen von Tentakeln und blauen Augen, jedes davon mit einer Linse und zwei Retinen. Unten Die Kamm-Muschel Argopecten gibbus, von der Ostküste Nordamerikas trägt hellblaue Augen an den Mantelrändern.

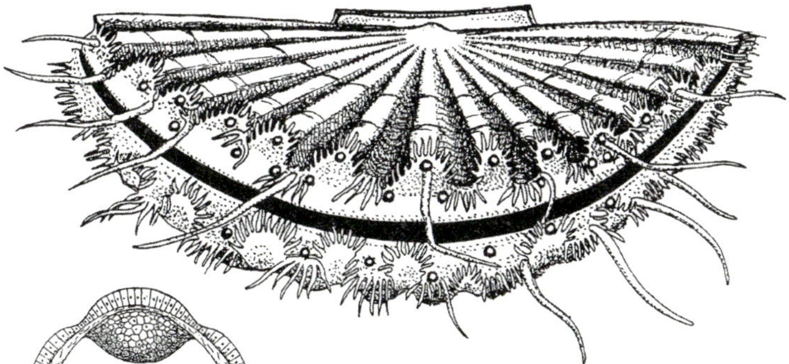

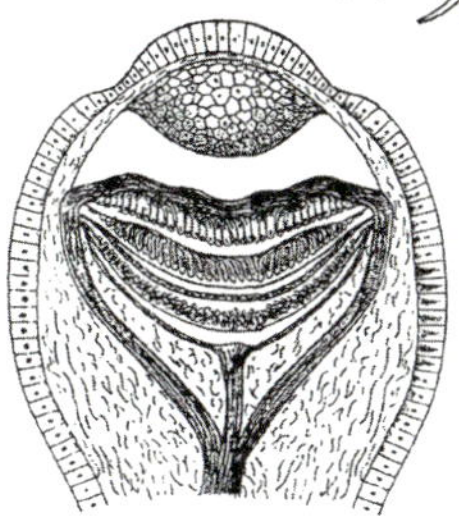

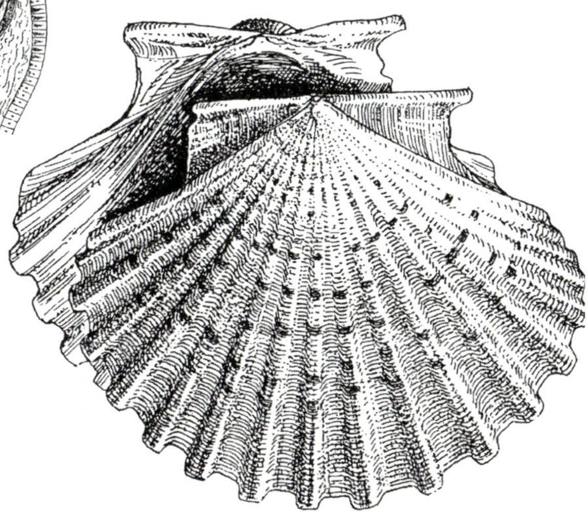

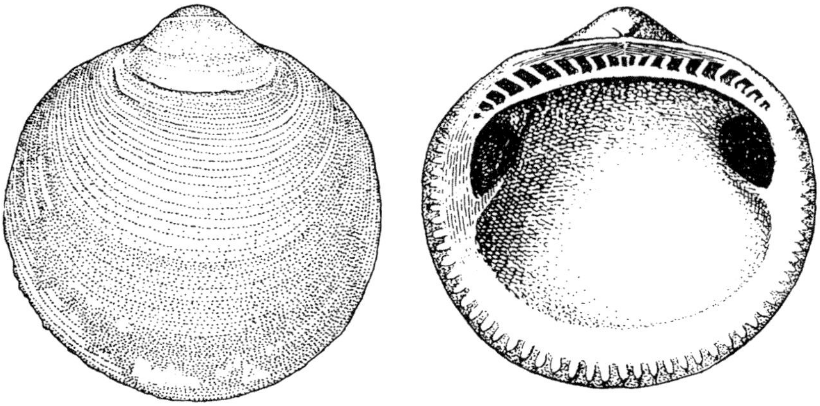

Abb. 20: Die Gemeine Samtmuschel Glycimeris glycimeris des Mittelmeeres und der Nordsee.

(*Cardium edule*) und die Klaffmuschel (Mya arenaria) (Abb. 21). *Mytilus* lebt in der Brandungs- und Gezeitenzone der Küste an Steinen und Hölzern, in Häfen oder auf Sandbänken, die während der Ebbe freigegeben werden. Ihre beiden Schalenklappen schließen so fest, dass sie dann die Feuchtigkeit im Innenraum halten. Oft leben zahlreiche Exemplare kolonienweise miteinander durch ihren Byssus (ein hornig-fädiges Sekret) verbunden und sich der Gischt der Wellen aussetzend, sofern sie nicht unter Wasser sind.

Im Gegensatz dazu lebt die Klaffmuschel vereinzelt und in 20 bis 30 cm Tiefe im Sand verborgen. Sie ist mit dem über ihr liegenden Wasser nur durch ihren langen Siphon verbunden, der nicht ganz in die Schale zurückgezogen werden kann. Ihre Schalen sind viel größer als diejenigen der Miesmuschel. Wegen ihrer offenen Enden können diese Schalen nicht geschlossen werden.

Die Gemeine Herzmuschel lebt auf dem Sandgrund. Während der Ebbe vergräbt sie sich in der obersten Sandschicht, während der Flut kommt sie aus dem Boden in das Wasser hervor. Häufig treten die Herzmuscheln in großen Mengen auf, sind aber nicht sessil wie die Miesmuscheln. Herzmuscheln können einen kurzen Siphon herausstrecken und mit ihrem relativ langen Fuß wandern. Ihre angestammten Biotope sind die Sandgründe, wo das zurückweichende Wasser bei Ebbe mit der Sandoberfläche spielt und ein charakteristisches Muster aus Rippelmarken bildet. Dieser rhythmisch geformte Mikro-Biotop stimmt zusammen mit dem zumindest in ihrem Jugendstadium auffällig rhythmischen Farbmuster der Herzmuschel. Rotbraune Streifen folgen aufei-

Abb. 21: Die häufigsten Muscheln der Nord- und Ostsee. Von oben Gemeine Miesmuschel Mytilus edulis, Gewöhnliche Herzmuschel Cardium edule und die Klaffmuschel Mya arenaria.

nander in logarithmischen Abständen und dokumentieren ein harmonisches Wachstum. Wie der Name andeutet, ist die Muschel herzförmig gestaltet: nicht zu lang und nicht zu breit. *Mytilus* hingegen zeigt eine längliche Gestalt, zum Schloss hin zugespitzt und länger als breit. Im Gegensatz dazu ist die schwerfällig wirkende Schale von *Mya* breiter als lang. Erstere betont das Hinterende, Letztere das Vorderende im Verhältnis zur Längsachse des Tieres. Dieselbe Regel entdeckten wir sowohl beim Vergleich der Archaeogastropoden mit den Neogastropoden als auch in dem bedeutenden Gegensatz zwischen den Prosobranchia und den Opisthobranchia.

Wir finden also in jeder Hinsicht eine eindrucksvolle Dreigliederung hinsichtlich der Konstitution dieser drei Muscheln, mit deutlicher Beziehung zu den entsprechenden Biotopen: *Mytilus* bevorzugt täglich für einige Stunden den Kontakt mit der Luft und lebt sinnesoffener, *Mya* ist offensichtlich die Stoffwechsel-betonteste der drei Muscheln, und *Cardium* zeigt die harmonischste Gestalt, mit verschiedenartiger rhythmischer Färbung und Riffelung.

Auch die Färbung der polaren Vertreter ist sehr bemerkenswert: *Mytilus* ist schwarz-blau gefärbt und zeigt einige longitudinale Streifen, besonders wenn sie jung ist. Im Gegensatz dazu hat *Mya* völlig weiße Schalen mit beachtlichen Wachstumslinien. Wir treffen also auf eine bedeutende Kompensation zur Umgebung: *Mytilus* lebt im vollen Licht, färbt sich aber dunkel, und *Mya*, die in der Dunkelheit unterhalb der Sandoberfläche lebt – niemand sieht sie lebend –, hat weiße Schalen. Die Herzmuschel hingegen zeigt einen wunderbaren Wechsel zwischen weiß und farbig in logarithmischer Folge. Sehr schön sieht man das auch bei der Rauen Herzmuschel *Cardium tuberculatum* (S-England bis zum Mittelmeer) und der pazifischen Riesen-Herzmuschel.

Wer versucht, alle diese Eigenschaften durch Selektion zu erklären, wird einige Enttäuschungen erleben. Wir schlagen vor, die charakteristischen Merkmale so weit wie möglich untereinander vergleichend zu begreifen. Wir erkennen dann, dass sie sich gegenseitig beleuchten. Auf diese Weise gewinnen wir einen erweiterten Blick über dasjenige, was zusammengehört und seine eigene Ordnung hat. Das kann häufig nicht durch kausale Faktoren allein erklärt werden. Kausales Denken sucht nach den Ursachen für die Phänomene in der *Vergangenheit*. Doch die Gestaltungen können oft aus ihrer aktuellen, *gegenwärtigen* Erscheinung heraus gut verstanden werden. Was wir bei der *Sepia* des Mittelmeeres mit ihren momentan wechselnden dunklen, gestreiften oder hellen Farbmustern studiert haben, was die wunderbare Schale des *Nautilus* gleichzeitig festlegt, können wir auch bei der Färbung der meisten an unseren Stränden vorkommenden Muscheln beobachten: Es gibt nicht nur Antagonis-

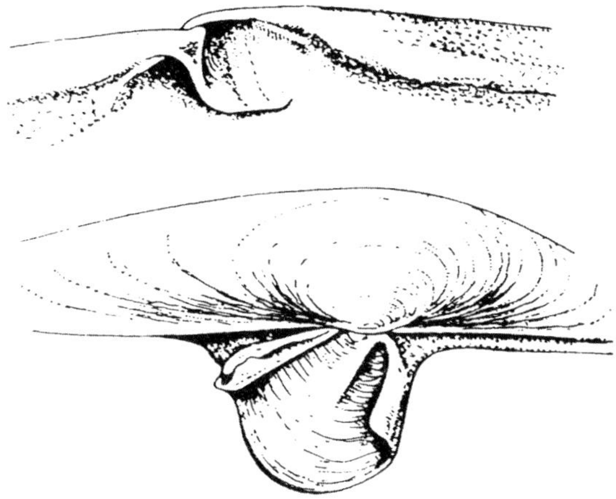

Abb. 22: Die Schloss-Zähne der Klaffmuschel, Mya arenaria, sind extrem asymmetrisch.

men im Leben aller Organismen, sondern auch dynamische, rhythmisch vermittelnde Prozesse. Kein Leben existiert ohne sie.

Wenn wir einen Blick auf die Systematik der erwähnten Gattungen *Mytilus*, *Cardium* und *Mya* werfen, finden wir den folgenden evolutionären Trend. *Mytilus* (mit *Pecten* und *Lima*) gehört zu den Leptodonta (mit «dünnen Zähnen»), *Cardium* zu den Heterodonta (sensu strictu) und *Mya* zu den Adapedonta (mit «wenigen Zähnen»); Letztere wird auch zu den höher entwickelten Heterodonta (sensu lato) gerechnet. Dieser Name (mit «verschiedenen Zähnen») drückt bereits die höhere Entwicklung zu asymmetrischen Zähnchen auf dem Schloss aus (Abb. 22). Dieser Trend hat sich in den fossilen Megalodontacea (Silur bis Untere Kreide) verstärkt und einst seinen Höhepunkt bei den Hippuritacea (Oberer Jura bis Paläogen) erreicht – beide gehören zu den Heterodonta mit dem höchsten Grad an «verschiedenen Zähnen». Im Oberen Jura waren bereits beide Schalen von *Diceras* stark asymmetrisch gestaltet. *Requienia* in der Unteren Kreide und ferner *Hippurites* in der Oberen Kreide hatten so extreme Asymmetrien entwickelt, dass die ersten Paläontologen sie nicht als Muscheln erkannten. Diese Extremformen, oft «Rudisten» genannt, verfügten über eine solche Stoffwechsel-Effizienz, dass sie mit zunehmender Größe (bis 1 m) aus ihren schweren, säulenförmigen Schalen große Kalkstein-Riffe an der Küste des ehemaligen Mittelmeeres (Tethys) aufbauen konnten (Abb. 23). Diese extremen, heterodonten

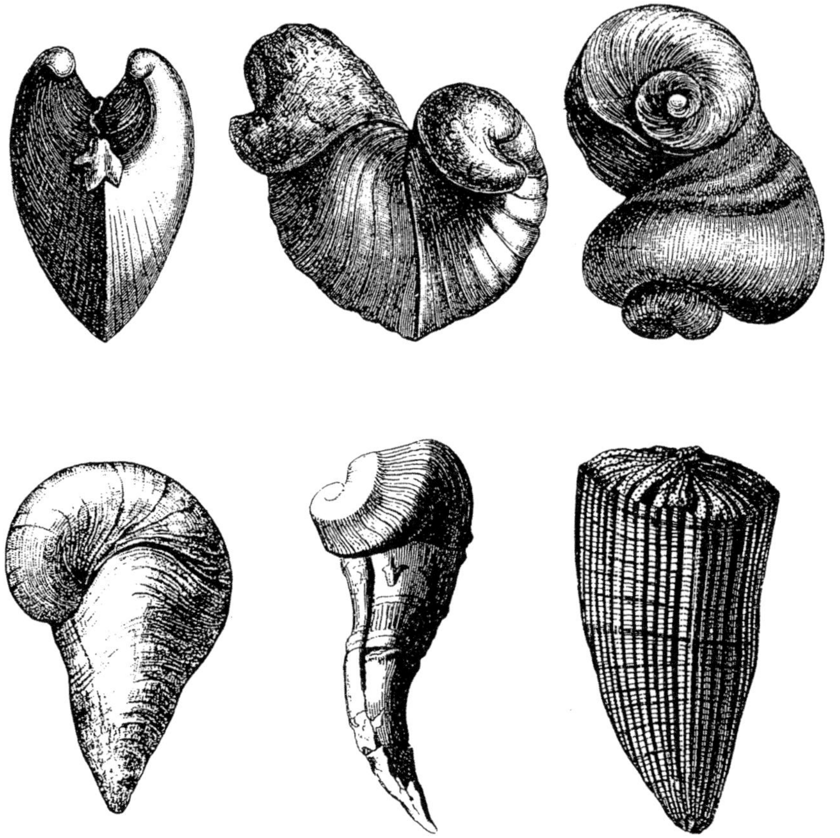

Abb. 23: Obere Reihe von links Megalodon triqueter (Obere Trias), Diceras arietinum (Oberer Jura: Oxford), Requienia ammonia (Untere Kreide: Neocom). Untere Reihe von links Plagioptychus paradoxus (Obere Kreide: Turon), Caprinula baylei (Obere Kreide: Turon), Hippurites cornu-vaccinum (Obere Kreide: Senon).

Muscheln waren die Stoffwechsel-stärksten Vertreter der Bivalvia, die jemals gelebt haben.

Wir erwähnten bereits, dass Stoffwechsel-dominante Tiere zur Ausbildung asymmetrischer Gestalten neigen. Im Gegensatz zu den Arthropoden zeigen viele Mollusken-Schalen daher spiralige Gehäuse, wie bei den Schnecken. Man hat jedoch häufig vermutet, dass die frühen Formen bilateralsymmetrisch gewesen sein müssen. So hat sich die Chiastoneurie (Streptoneurie) der Prosobranchia von einer hypothetischen bilateralsymmetrischen Stammform aus entwickelt. Daher werden die Amphineura (Polyplacophora: zum

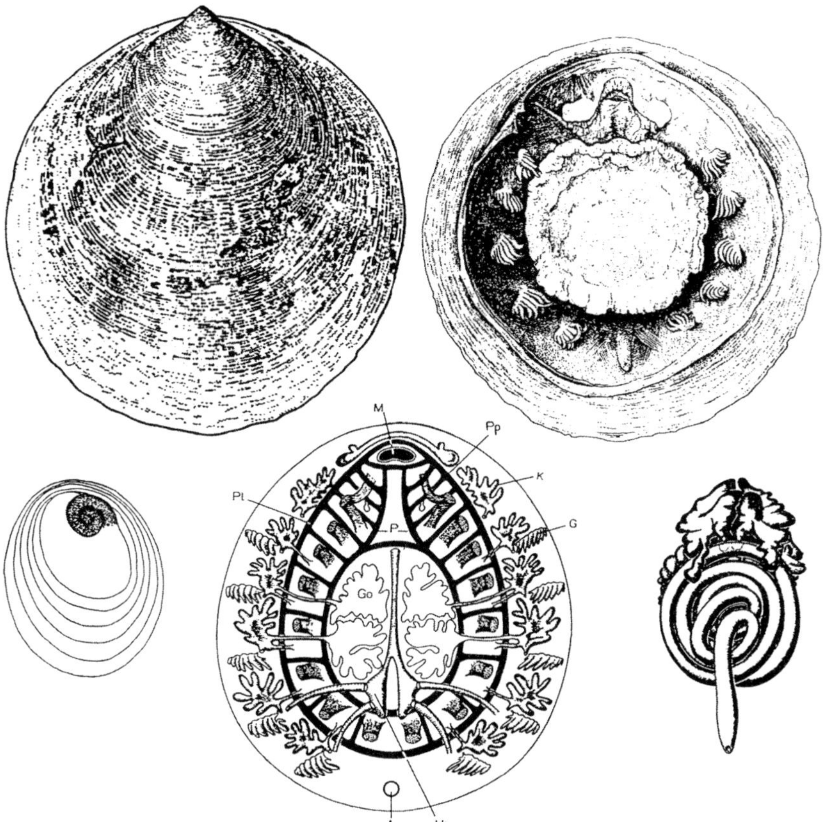

Abb. 24: Neopilina galathea (Conchifera, Monoplacophora), östlicher Pazifik, vor der Küste von Costa Rica. Oben: Schale 3,7 x 3,3 cm. Unten von links spiralisierter Larven-Apex der jungen Schale, innere Anatomie, spiralisierter Darm. (A) Anus, (G) Kieme, (Go) Gonade, (Hr) rechter Herzventrikel, (K) Niere, (M) Mund, (P) Pedalnervenstrang, (Pl) Pleuralnervenstrang, (Pp) pleuropedaler Verbindungsnervenstrang.

Beispiel *Chiton* = Käferschnecke) heute zu den urtümlichsten Mollusken gezählt.

Doch in der fossilen Überlieferung erschienen die Gastropoden und Muscheln schon im Unteren Kambrium und die Polyplacophora erst im Oberen Kambrium. 1952 wurde die erste Monoplacophore *Neopilina galatheae*, ein Napfschaler, entdeckt, der eine einzige, bilaterale Schale zeigt (von daher ist sie eine echte Conchifere), welche eine metamer gestaltete Anatomie aus Nerven, Venen, Muskeln, Kiemen und Nieren in perfekter Bilateralsymmetrie bedeckt (Abb. 24). Nur der Mitteldarm ist immerhin schon spiralisiert! Ähnliche Schalen (zum Beispiel *Scenella*, *Pilina*) wurden seit 1872 aus Schichten des Unteren Kambriums bis zum Oberen Devon gefunden.[12] Insofern scheinen sie die Verbindung zwischen den Anneliden und Mollusken oder letztlich zwischen den Chitonen und Gastropoden zu sein. Doch die früheste Form der Larvenschale von *Neopilina galatheae* ist spiralig, und die bilaterale Schale wird sekundär gebildet. Betrachtet man ganz frühe embryonale Stadien, findet man einen spiraligen Modus der Zellteilung nicht nur bei allen Mollusken, sondern auch bei den Anneliden. Bilateralsymmetrie ist bei diesen «Spiralia» also der abgeleitete Gestalt-Modus. Dies gilt sogar für alle Tiere, auch die mit einem bilateralen Modus der Zellteilung, denn die lebende Substanz selbst besteht prinzipiell aus asymmetrischen, chiralen Proteinen. Es ist daher immer die Frage, wie sich Symmetrie in der Makrobiologie tatsächlich entwickeln konnte. Wahrscheinlich handelt es sich um eine zusätzliche Einpassung in die geometrisch-euklidische Struktur des Raumes, in der sich das Leben ja makroskopisch manifestiert. Erinnern wir uns: In diesem Beitrag trafen wir häufig auf die Tatsache, dass in einem Organismus Bilateralsymmetrie vorherrscht, wenn er dank einer gut entwickelten Sinnesorganisation für seine Umgebung hochgradig offen ist. So kann uns eine Analyse der Dreigliederung äußerer und innerer Beziehungen einige Antworten geben, die zu suchen wir oft allzu rasch aufgegeben hatten.

Diesen Beitrag zusammenfassend, können wir feststellen, dass sich die reiche Differenzierung des Stammes der Mollusken vergleichen lässt mit der mannigfachen Gliederung eines tierartigen Organismus in seine verschiedenartigsten Organe durch seine Wechselwirkung mit seiner Umgebung. Der Stamm der Mollusken bildet zu einem hohen Grad einen *taxonomischen Organismus*. Die Kopffüßer verkörpern vor allem die Nerven-Sinnes-Fähigkeiten der ganzen Gruppe, die Schnecken vor allem die rhythmischen Fähigkeiten und die Muscheln die Dominanz der Stoffwechsel-Entwicklung. Damit stellen wir einen ersten Umriss der Dreigliederung dieses wichtigen Stammes der Wirbellosen heraus.

Zur Dreigliederung der Käfer

Käfer sind Insekten mit vollkommener Verwandlung, da das Puppenstadium durchgemacht wird, bis das Vollinsekt, die Imago, erscheint. Sie gehören damit zu den hochentwickelten Insekten. Darüber hinaus gehören sie weltweit mit bis jetzt annähernd 300.000 beschriebenen Arten zur bei weitem artenreichsten Ordnung unter den Insekten, von denen sie mehr als 2/5 ausmachen. Es gibt praktisch keinen Biotop an Land in der Biosphäre der Erde, wo nicht Käfer leben. Noch in die trockensten Magazinräume und gut vernuteten Insektenkästen gelangen die hungrigen Museumskäfer, und selbst Unterwasser- und blinde Höhlenkäfer gibt es. Diese ungeheure Diversität ist nun keineswegs ein Formenchaos, auch wenn es dem unbefangenen Naturliebhaber so erscheint, wenn er seine Aufmerksamkeit und Zuwendung dem Käferreich zu widmen beginnt und nicht nur den Marienkäfer und den Hirschkäfer bewundert.

Schon die Naturbeobachter seit Linnés Zeiten haben sich gegen das Formenchaos gewehrt, indem sie zur Selbsthilfe griffen und das Chaos in wenn auch immer noch zahlreiche Ordnungen und Familien einteilten, je nach den Ähnlichkeiten, die sich zwischen den Arten und Gattungen bei näherem Zusehen auftaten. Dann kann man noch Überfamilien und Unterordnungen bilden, allen Käfern darin zwei Namen geben (Gattungsname und Artname) – und doch bleibt diese Schubladenordnung nur ein erster Notbehelf, um die Fülle durch begriffliche Abgrenzungen zu verkraften.

Abgestufte Ähnlichkeit in homologen Organen macht so die gemeinsamen Verwandtschaftsgrade und so auch die jeweiligen Abstammungsmöglichkeiten von gemeinsamen Vorformen deutlich. Und doch bleibt auch dieser ganze Naturbereich trotz aller Simplifikationen (oder wegen ihnen?) dem Verstehenwollen unklar, diffus, kryptisch. Wieso dies und wieso jenes? Der Faktenkenner gewöhnt sich vielfach diese Fragen ab oder erklärt sie durchs Überleben gegen einen anzunehmenden Selektionsdruck. Aber das verschiebt ja nur die Frage in die jeweils nächste Ursacheninstanz. Denn wodurch ist der Selektionsdruck auch jeweils zu seiner Richtung gedrückt worden? Diese Frage lässt sich ad infinitum wiederholen.

Wir kommen erstaunlich weiter, wenn wir die Außenbestimmung keineswegs leugnen, aber beide, den Organismus und seine extrinsische Umwelt, gar nicht von einer Kausalkette als einem infiniten Regress immer weiter zeitlich zurück ableiten wollen, was bisher oftmals mehr Annahmen als experimentell gesicherte Bezüge zustande brachte, sondern wenn wir die sich selbst regulierende Teilautonomie jedes einzelnen Organismus und die seiner Umwelt in den Blick nehmen. Dabei soll hier zuerst auf die des Organismus selbst gesehen werden.

Der Terminus «Organismus» besagt in unserem Sprachgebrauch, dass mit ihm die Tatsache des Lebens akzeptiert ist. (Bei wem das nicht der Fall ist, spricht lieber vom «Mechanismus»). Leben ist bei näherem Zusehen kein Status, sondern ein Procedere: ein permanenter Wechsel von Stoffen und Energien, und zwar in solchen rhythmischen Abläufen, dass – genau besehen – keine Periode der anderen gleich ist, jedoch ihr immer ähnelt. Diese Dynamik lebt von der fortwährenden Aufrechterhaltung physiologischer und morphologischer Unterschiede, Gegensätze, Niveaus, Levels oder wie man sie nennen will. Und doch zerfällt organisches Leben nicht in den Wettkampf zweier entgegengesetzter Niveaus, sondern bringt sie gerade zur gegenseitigen Ergänzung, jedoch ohne sie je aufzuheben. Gegensätze und Vermittlung als Grundphänomene allen organischen Lebens sind das Konstituens, weshalb wir mindestens drei Grundfähigkeiten für es immer voraussetzen und vorfinden können. Es sind insbesondere Aufbau, Abbau und Regulierung des Verhältnisses beider. Die Funktionsbereiche des aufbauenden Verdauungs- und Stoffwechselgeschehens, des umweltorientierten Sinnessystems mit seiner physiologisch oft abbauenden neuralen Verarbeitung und alle rhythmischen Vermittlungsabläufe durch Atmung und Kreislauf machen so eine immer anzutreffende Dreifachordnung aus. Mit dem Tode endet der gemeinsame Kontext aller drei.

Was zu zeigen schon bisher im Entwurf möglich war, sind die Dreigliederungsverhältnisse der häufigeren Säugetierordnungen.[1] Dabei schälte sich heraus, dass die dreigliedrige Ordnung jedes Einzelorganismus ebenso auch in den polaren Formen und Vermittlungsvertretern der betreffenden Verwandtschaftsgruppe aufweisbar ist. Unter den hochevoluierten Säugern sind es insbesondere die Nagetiere, Huftiere und Raubtiere. Deren dreigliedriges Verständnis darf inhaltlich im Folgenden vorausgesetzt werden. Hat man sie sich einmal eingehend veranschaulicht, so tritt die Frage auf, ob die dabei aufgedeckten Gestaltmotive und Verhaltensweisen nur auf die höchststehenden

Wirbeltiere beschränkt sind. Eine Prüfung der Käfer ergab, dass diese auch bei einer so entfernt verwandten Gruppe von Wirbellosen, wie es die Insekten sind, von recht ähnlichen Regeln durchsetzt sind.

Die klassische Untergliederung der Coleopteren ist die in Adephaga (= Fleischfresser) und Polyphaga (= Vielerleifresser). Carnivorie ist – wie wir an den Säugetieren vielfach zeigen konnten – ein Charakteristikum gerade vom rhythmischen System beherrschter Konstitutionstypen. Innerhalb der Säugetiere fällt unter den Huftieren auf, dass speziell ihre zentral-rhythmisch-betonten Verwandtschaftsgruppen gehäuft ursprünglichere, weniger hochevoluierte Konstitutionen zeigen als die sinnes- und damit hier gliedmaßenbetonten Vertreter einerseits und die stoffwechselbetonten Gruppen andererseits: So unter den Unpaarzehern die Tapire und unter den Paarzehern jeweils die Schweineartigen, die Zwergmoschustiere, die Hirsche, insbesondere die geweiharmen oder geweihlosen Kleinhirsche, so auch die Zwergantilopen unter den Horntieren, bei denen allen Carnivorie hinzukommt, obgleich es primär Pflanzenfresser sind.

Auf die Käfer übertragen besagt gerade die Fülle zahlreicher primitiver Merkmale bei den Adephagen, dass die gesamte Ordnung der Käfer innerhalb des Insektenreiches – wie die Huftiere unter den Säugern – eine primär die Stoffwechselleistung betonende Ausrichtung darstellt.

Das wird sich rasch an den höher evoluierten, polyphagen Käfergruppen zeigen. Wir greifen davon zwei ebenso reiche wie auffällige Gruppen heraus, die, gegeneinandergehalten, ausgesprochene Pole darstellen, auch wenn beide Gruppen gleicherweise von Pflanzennahrung leben: die Rüsselkäfer (Curculionidae) und die Blatthornkäfer (Lamellicornia). Die mit letzteren nah verwandten Tasthornkäfer (Palpicornia) seien ebenfalls exemplarisch hinzugezogen. Zum Abschluss seien die Adephaga näher berührt.

Die hohe Artenfülle der Coleopteren insgesamt wurde schon erwähnt. Sie ist ein auffälliges und befragenswertes Kennzeichen ihrer sinnesdominierten Mitglieder. Ähnliches zeigen viele Tiergruppen, so paradigmatisch die Säuger. So gibt es mehr Nagetierarten als alle anderen Säugetierarten, mehr mausartige Nager (Myomorpha) als alle anderen Nagerarten, mehr Schleichkatzen als Hyänen, mehr Klein- als Großkatzen, mehr Antilopen als Rinderarten, mehr Singvögel als straußenartige Vögel. Fragen wir nach der artenreichsten Käferfamilie, so sind es die Curculioniden mit wenigstens 60.000 bekannten Arten – die artenreichste Familie nicht nur unter den Käfern, sondern im Tierreich überhaupt.

Greifen wir nochmals auf die Nagetiere unter den Säugern zurück. Goethe[2] kennzeichnet sie mit den Worten:

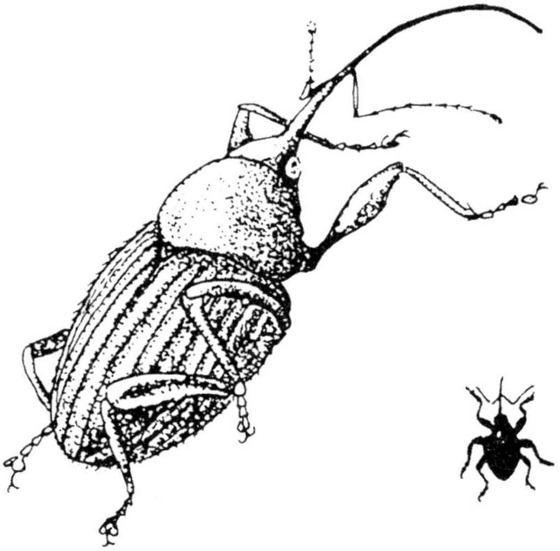

Abb. 1: Der Haselnuss-Bohrer Curculio nucum, rechts in natürlicher Größe.

«Scharfes, aber geringes Erfassen, eilige Sättigung, … fortgesetztes, fast krampfhaft leidenschaftliches, absichtslos zerstörendes Knuspern, welches denn doch wieder in den Zweck, sich Lager und Wohnungen aufzubauen und einzurichten, unmittelbar eingreift und dadurch abermals bewährt, dass im organischen Leben selbst das Unnütze, ja das Schädliche selbst, in den notwendigen Kreis des Daseins aufgenommen, ins Ganze zu wirken und als wesentliches Bindemittel disparater Einzelheiten gefordert wird.» (1824).

Die Curculioniden (Abb. 1) sind vergleichsweise die Nagetiere unter den Coleopteren. Wie diese sind sie bei ihrer geringen Verdauungspotenz vermehrt auf nährstoffreiche Konzentrate angewiesen und bohren und fressen in zahllosen Arten mit Vorliebe die eiweißreichen Meristeme und die fett- oder stärkereichen Sämereien im ganzen Pflanzenreich an, wodurch sie dessen unbegrenztes Wachstums- und Vermehrungspotential mindern. Sie stellen so auch eine große Schar land- und forstwirtschaftlicher Schädlinge, weil sie viele Knospen und Samen ausfressen. Wie bei vielen sinnesnervenbetonten Säugern ist auch ihre Körperform hinterleibsbetont, während der kleine Kopf sich in charakteristischer Weise zu einem langen, schlanken Fortsatz nach vorne zu verschmälert, an dessen Spitze sich die kleine Mundöffnung befindet. Die langen, meist ge-

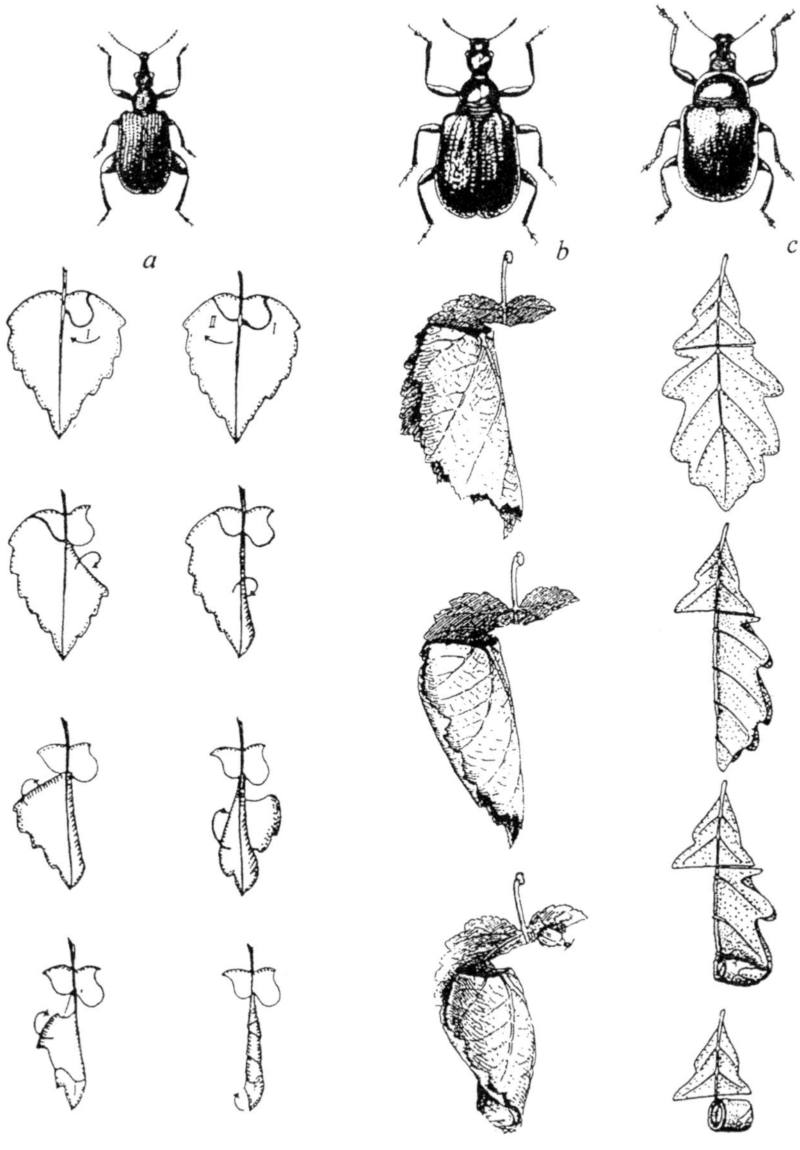

Abb. 2: Rüsselkäfer als Blattroller. a Birkenblattroller Deporaus betulae (3 mm), darunter die geschickte Herstellung der Blattwiege für seine Eier, Larven und Puppen. b Haselblattroller Apoderus coryli (7 mm) und die Entstehung seiner Blattwiege. c Eichenblattroller Attelabus niteus (5 mm) dito.

knickten Fühler sind wie die Schnurrhaare von Kleinsäugern in fortwährender Tastbewegung. Die Larvenformen sind vergleichsweise unterentwickelt, nämlich meist fußlos und madenartig blass und auf Schutzbehausungen angewiesen, so vielfach in Laub- und Blütenknospen. Wie es auch unter den Nagern noch am ehesten zu kunstvollem Nestbau kommt, so kommt es bei den Blattrollern zu erstaunlichen Blatttütenbildungen (Abb. 2). Der Birkenblattroller (*Deporaus betulae*) ist berühmt dafür geworden.

Ganz anders die Lamellicornia, die Blatthornkäfer (Abb. 3, Abb. 4). Zu ihnen gehört ein großer Anteil der größten Käfer, so – wie die Namen schon sagen – die Goliath-, Herkules- und Megasomakäfer der Tropen. Aber auch die Mehrzahl der größten und schwersten Käfer Europas, wie der Nashorn- und Hirschkäfer, wie der Walker und Pferdemistkäfer, die Mondhornkäfer und Skarabäen gehören dazu. Viele von ihnen tragen Hörner und Geweihe, so bei uns die *Oryctes*-, *Copris*-, *Typhoeus*- und *Onthophagus*-, *Lucanus*- und *Sinodendron*-Arten, wobei der größte Formenreichtum mit den bizarrsten Hornbildungen in den Tropen lebt[3]. Nicht nur die vermehrte Körpergröße, gerade auch die Bildung von Hörnern und Geweihen und die damit einhergehende Vorderleibsbetonung weisen eine in die Augen springende Konvergenz mit den wiederkäuenden Huftieren auf, ohne dass es sich um gleiche Biotope und deren Selektionsdruck handelt, sondern um vergleichbare stoffwechselphysiologische Eigentümlichkeiten. Dabei ist im Lebenszyklus jedes Käfers natürlich das Larvenstadium die hohe Phase der Stoffwechsel- und Aufbauleistungen. Sie geschieht – ähnlich wie bei den Wiederkäuern – durch eine Ernährungsweise mit schwer aufschließbarer Nahrung, eben zumeist Zellulose. Wie im Pansen der Wiederkäuer werden so in vielen Lamellicornier-Larven in blindsackartigen Ausstülpungen hier des Darmtraktes regelrechte Gärkammern den zellulosespaltenden Bakterien angeboten, die langsam und gemächlich die physiologische Hauptarbeit leisten. Auch der Lebenszyklus – oft über mehrere Jahre hingezogen – stellt im Zeitmuster das andere Extrem zu den vielfach nur annuellen oder subannuellen Lebenszyklen der Curculioniden dar. Wir blicken hier in so stark vergleichbare Parallelismen, dass nicht mehr die Frage nach mimetischen oder selektionistischen Deutungen hinreicht, sondern wir auf ein sehr viel allgemeineres Differenzierungsvermögen makroevolutiver Verlaufsformen treffen. Sind doch auch die größten und trägsten Chamaeleonarten, die stoffwechselbetontesten Dinosaurierarten[4], die straußenartigen Kasuare behornt. Und ähnliche Kopfauswüchse liegen doch auch bei den Hornraben, Kondoren und Höckerschwänen vor – verständlich jeweils im Vergleich mit ihren jeweiligen eigenen engeren Verwandtschaftskreisen.

Eine bisher kaum beachtete Entsprechung ist die der Geweihbildung zwi-

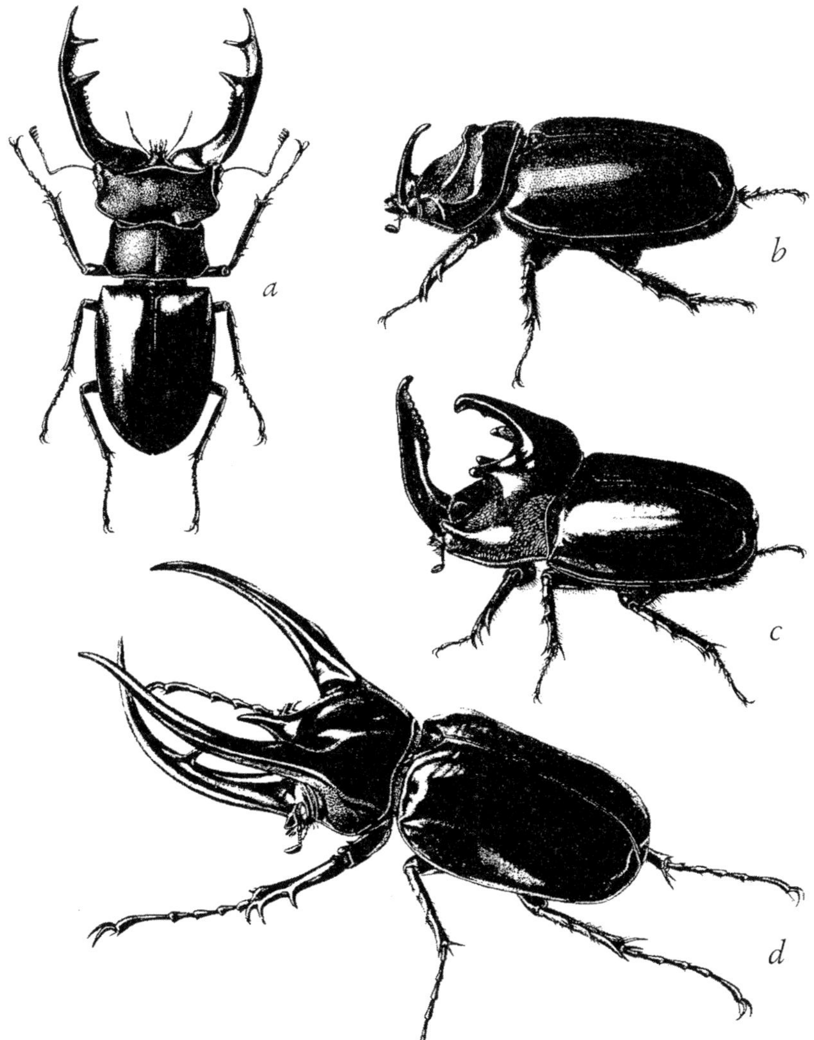

Abb. 3: a Hirschkäfer Lucanus cervus ♂ (70 mm) Europa, b Nashornkäfer Oryctes nasicornis ♂ (60 mm), Europa, c Trichogomphus spec. ♂ (65 mm) SO-Asien, d Chalcosoma caucasus ♂ (130 mm) SO-Asien.

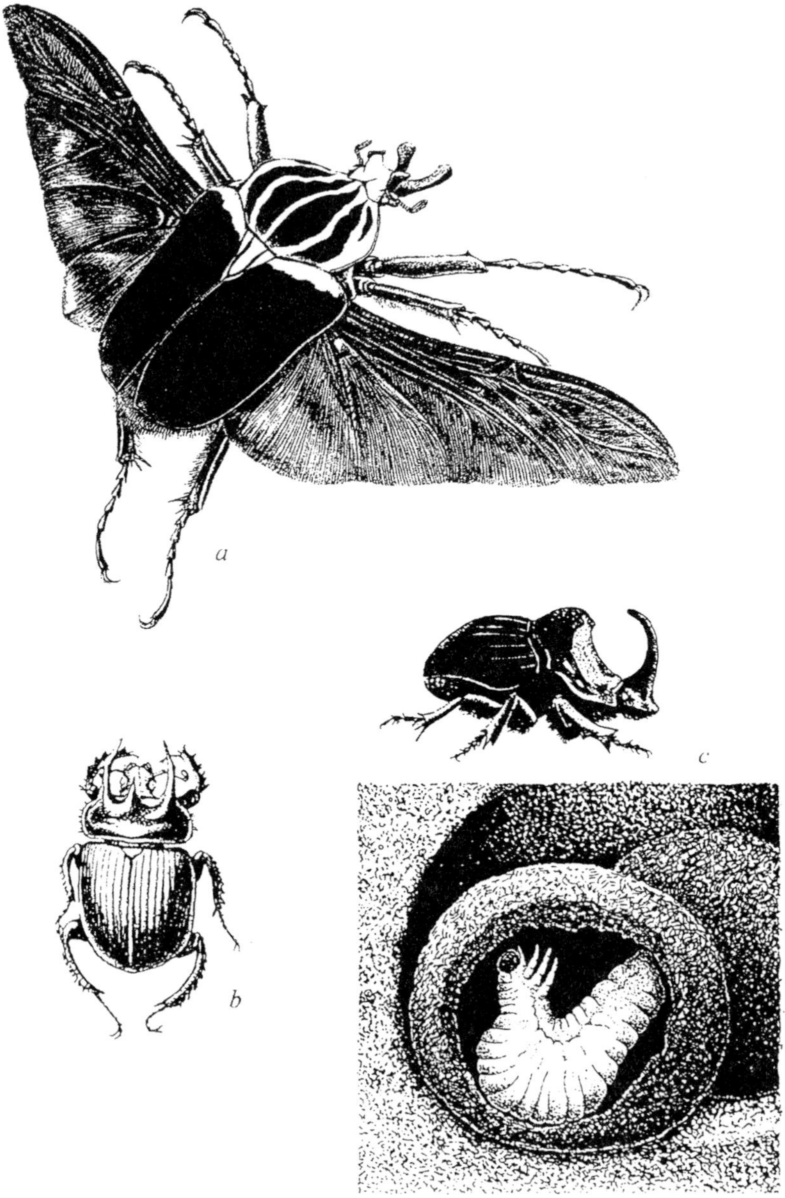

Abb. 4: a Goliathkäfer Goliathus goliathus ♂ (95 mm) Zentralafrika, b Stierhornkäfer Typhoeus typhoeus ♂ (12-15 mm) Europa, c Mondhornkäfer Copris lunaris ♂ (20-30 mm), darunter die Larve in ihrer Dungkugel, Südeuropa.

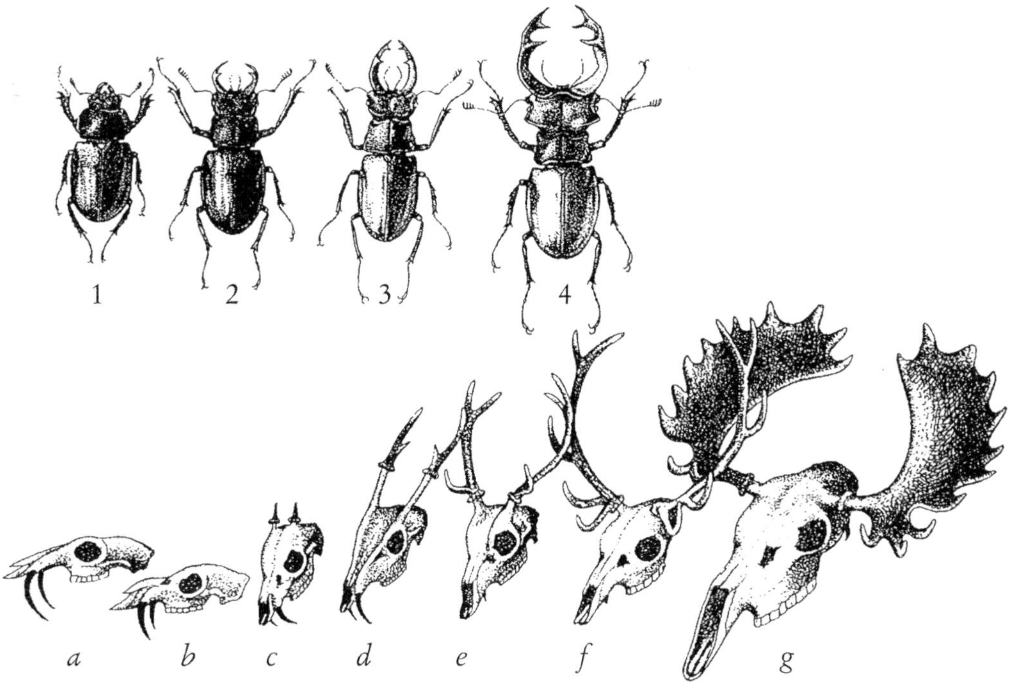

Abb. 5: Oben Variationen des Hirschkäfers Lucanus cervus: 1 var. cervus ♀, 2 var. Pontbrianti ♂, 3 var. capreolus ♂, 4 var. cervus ♂. Darunter Cervidae: a Moschustier Moschus moschiferus, b Chinesisches Wasserreh Hydropotes inermis, c Schopfhirsch Elaphodus cephalophus, d Muntjak Muntiacus muntjak, e Schweinshirsch Cervus porcinus, f Rothirsch Cervus elaphus, g Elch Alces alces.

schen den Cerviden und Lucaniden in Bezug zu den jeweiligen Beißorganen (Abb. 5). Wie schon gezeigt[5], wird unter den Kleinhirschen wenig bis keine Geweihmasse ausgebildet, dafür erheblich verlängerte Eckzähne (Chinesisches Wasserreh, Moschustier, Muntjak), und das, wie bei den Geweihtragenden, vornehmlich bei den Männchen. Die Geweihbildung ist also evolutiv eine aktive Kompensation abnehmender Eckzahnausbildung. Dieser Zahnfunktion des Greifens und Festhaltens entsprechen bei den Insekten die paarigen Kieferzangen (Maxillen). Innerhalb der Lucaniden lässt sich nun direkt als Homologie aufweisen, dass das Geweih des männlichen Hirschkäfers ein ins Große abgewandeltes Maxillenpaar ist, weshalb die Nahrungsaufnahme nur noch im Auflecken süßer Baumsäfte besteht. Bei den Weibchen, die wie die der meisten

Cerviden geweihlos bleiben, ist es bei den kneifenden und beißenden Funktionen der normal ausgebildeten Maxillen geblieben. So wird bei den Hirschkäfern direkt als Homologie ansichtig, was bei den huftierartigen Hirschen kompensatorische Bildung nicht-homologer Organe ist: Greiforgane setzen sich fort in Geweihformen.

Im Reigen der mammalen Raubtiere trafen wir auf durchschnittlich mittlere Größen und auffallend viele rhythmisiert angeordnete Farbtrachten in Streifen-, Rosetten- und Fleckmustern. Ähnliche Gestaltmotive tauchen auch bei den vorwiegend räuberischen Käfergruppen auf, insbesondere unter den Carabiden als den klassischen Vertretern adephager Käfer (Abb. 6), nur dass die Rhythmisierung der Gestaltgebung nicht in abwechslungsreichen Färbungen, sondern in der Skulpturierung der Flügeldecken (Elytren) ansichtig wird. Gerade die etwa 700 Arten umfassende Gattung *Carabus* weist ein Grundmuster von Streifen- und Kettenstreifen auf, die das ganze Formenspektrum von Abflachung über die rhythmische Streifensegmentation bis zur regellosen Auflösung in Körnchen und Pusteln umfasst.

Eine bei den Säugetieren gefundene ökologische Regel trifft nun auch für die Caraben im Einzelnen zu. Mittlere Vertreter, die sekundär sinnesnervenbetont ausgebildet sind, nehmen eine verstärkte Beziehung zum Luftraum auf; solche, die sekundär stoffwechselbetont sind, eine verstärkte Beziehung zum wässrigen Milieu. Wir beschränken uns hier auf wenige europäische Vertreter. So ist der kleine, schmale *Carabus granulatus* der einzige heimische Carabe, welcher die Flugflügel manches Mal entwickelt hat und dann fliegen kann. Bei guten Kettenstreifen überwiegen doch die durchgängigen primären Rippen. Stark ans Wasser gebunden sind *Carabus variolosus* und *Carabus rutilans*, wobei ersterer zur Nahrungssuche sogar unter Wasser geht. Sie zeigen auf den Elytren auffallend groß vertiefte kreisrunde Gruben in den Kettenstreifen, welche letztere im Begriff sind abzubauen, was bei dem auffallend größeren *C. rutilans* der Pyrenäen schon am weitesten, nämlich bis zu deren Verlust gegangen ist. Auch der kleinere, direkte Wassernähe benötigende Uferläufer *Elaphrus* (Carabidae) zeigt auffällig große, kreisförmige Gruben auf den Elytren. Längsstreifung einerseits und kreisrunde Grubenbildungen andererseits sind hier die polaren Formmotive. – Es gibt sogar eine *Carabus*-Art, die beides zugleich vorzeigt und ebenso wasserliebend wie flugfähig ist: der *Carabus clathratus.* Er wird zu den allerursprünglichsten lebenden Vertretern der Gattung gerechnet.

Die Analyse der Neugeborenen-Reifezustände unter den Säugetieren hatte erbracht, dass für sinnesnervenbetonte Konstitutionen der «Nesthockerstatus» bezeichnend ist, während die Verstärkung der aufbauenden Stoffwechsel-

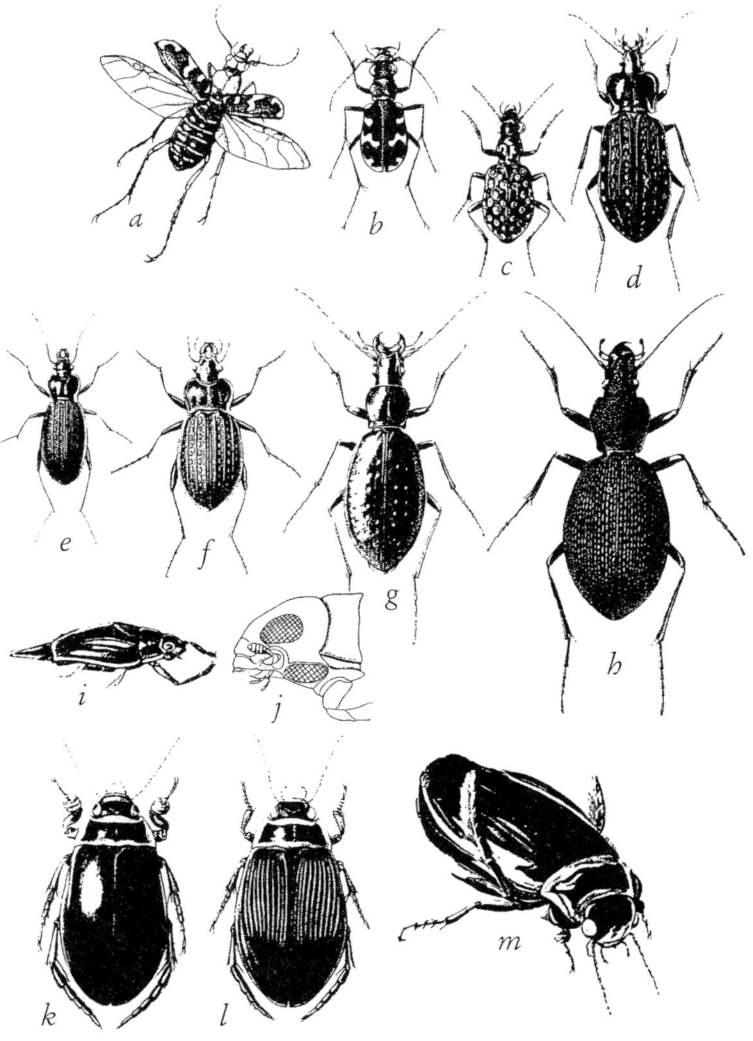

Abb. 6: Adephaga. a, b Sandlaufkäfer = Cicindelidae: Cicindela hybrida (11,5-15,5 mm). Laufkäfer = Carabidae: c Uferläufer Elaphrus riparius (5,5-7 mm), d Ufer-Laufkäfer Carabus clathratus (20-38 mm), e Gekörnter Laufkäufer C. granulatus (17-23 mm), f Körnerwarze C. cancellatus (18-26 mm), g Rotschimmernder Laufkäfer C. rutilans (30-38 mm), h Riesenlaufkäfer Procerus gigas (40-60 mm). Taumelkäfer = Gyrinidae: i Gyrinus natator (5-7 mm) und j sein Kopf mit gespaltenen Augen. Echte Schwimmkäfer = Dytiscidae: k Gemeiner Gelbrand Dytiscus marginalis ♂, l ♀ (27-35 mm), m Breitrand Dytiscus latissimus (36-44 mm).

potenz auch in der Gravidität zu weitgehend ausgereiften Neugeborenen, den sogenannten «Nestflüchtern» führt. Mit Gravidität ist bei den Coleopteren wohl nur die Eiausreifung bis zur Ablage zu vergleichen. Treffend verständlich ist so, dass die größten *Carabus*-Arten, die der Untergattung *Procerus*, nicht nur auffallend große Eier ablegen (10 bis 12 mm), sondern dass in denselben die Larvenbildung schon so weit gediehen ist, dass kurze Zeit später, nach nur 4 Tagen, schon die fertige Larve des 1. Larvenstadiums schlüpft. Es wäre lohnend, sich einmal daraufhin den larvalen Entwicklungszustand zum Zeitpunkt der Eiablage bei den verschiedenartigsten Käferformen anzusehen und festzustellen, welcher Reifezustand der frühen Entwicklung jeweils besteht. Unsere Voraussage ist, dass die sinnesbetonteren Formen unreifere Eier ablegen werden als die stoffwechselbetonten.

Sehen wir uns über die Carabiden hinaus unter den adephagen Käfern um, so findet sich eine weitere charakteristische Gruppe: die Familie der Sandlaufkäfer (Cicindelidae). Es sind im Gegensatz zu den Carabiden, die mehrheitlich nachtaktiv sind, ausgesprochen sonnenliebende, metallisch-schillernde, oft mit weißen Querflecken geschmückte, kleine, schlanke, scheue Laufkäfer, die mit ihren langen, schlanken Beinen rasant laufen können. Ihre auffällig großen Facettenaugen demonstrieren sogleich die hervorragende Ausbildung des optischen Sinnes. Sie können blitzschnell auffliegen. Selbst mit dem Schmetterlingsnetz ist es schwierig genug, sie zu fangen – so reaktionsschnell sind sie. Die für den kleinen Kopf gewaltigen Zangen sprechen für die räuberische Lebensweise.

Im Gegensatz dazu sind die massigsten Adephagen die Gelbrandkäfer (*Dytiscus*) und ihre Verwandten in der Familie der Dytiscidae. Schon auf den ersten Blick spricht ihre rundliche, klobige Gestalt für eine Betonung der stoffwechselzugewandten Prozesse. Es sind unersättliche Räuber, die selbst Fische und Molche, weit größer als sie selbst, anfallen. Und ein *Dytiscus latissimus* ist auch größenmäßig eine mächtige Erscheinung. – Das wiederum sehr viel sinnesoffenere Pendant sind die Gyrinidae. Sie bilden hochspezialisierte, gespaltene Facettenaugen aus, mit denen sie zugleich teils unter Wasser, teils über Wasser in der Luft (!) sehen können, wenn sie ihre rasanten Kreiselspiele an der Wasseroberfläche treiben.

In den beiden Extremfamilien, den Cicindeliden einerseits und den Dytisciden andererseits, findet besagte ökologische Regel geradezu die ideale Bestätigung. Zu den primär von vermittelnden Prozessen beherrschten Adephagen gehörig, beziehen die Angehörigen der sinnesbetonten Familie den Luftraum in ihren Lebensraum mit ein: Sie können nicht nur fliegen, sondern flüchten außerordentlich geschickt in die Luft, wenn nur die Sonne scheint. Die stoffwechseldominante Familie der Adephaga hingegen sind ausgesprochene Wasserkäfer, die nur nachts ihre Gewässer verlassen, um zu anderen Teichen und Seen zu fliegen. Auch ihre Larven sind energische Unterwasser-Räuber.

Eine erste Übersicht zeigt, dass auch hier die Verwandtschaftsgruppen in ihrer dreigliedrigen Zusammengehörigkeit wiederum selbst einen systematischen Organismus zeigen:

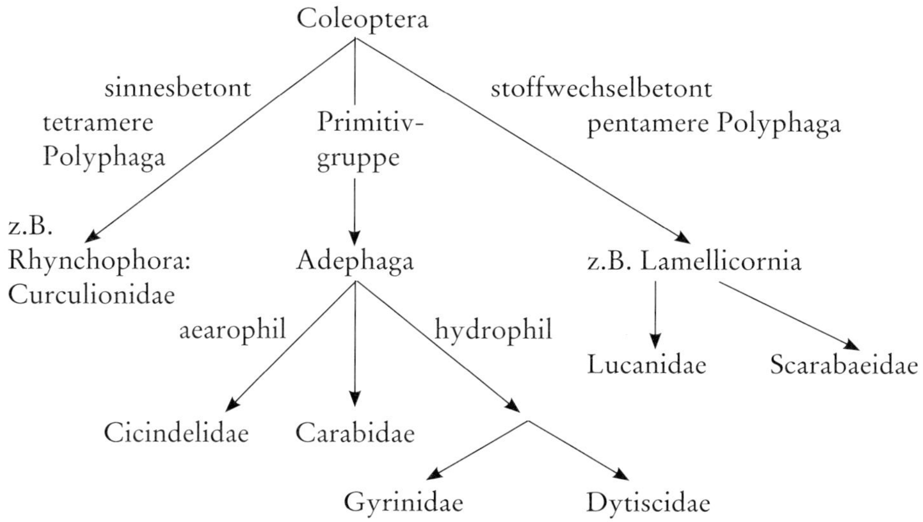

Nun gibt es noch andere spezielle Wasserkäfer, die Hydrophilidae, darunter in Europa der besonders große *Hydrophilus piceus* mit seiner nur wenig kleineren Schwesternart *aterrimus*. Er scheint der herangezogenen Regel zu widersprechen, gehört doch die ganze Familie zu den Polyphaga und nicht mehr zu den Adephaga. Der Widerspruch ist aber nur ein scheinbarer, denn jede Verwandtschaftsgruppe besteht – wenn sie sich voll ausdifferenzieren konnte – wiederum in sich aus polaren Extremgruppen und vermittelnden Formen. Letztere werden sogar innerhalb von Pflanzenfressern zur gelegentlichen Fleischnahrung neigen und somit omnivor werden. So auch unter den Huftieren die eckzahnbewehrten Schweine, Kantschile und urtümlichen Hirsche. Entsprechend sind die Hydrophiliden carnivor wie herbivor, nämlich die Larven vorwiegend carnivor, während die Adultkäfer zu Pflanzenfressern werden.

Schon ihr heimisches Formenspektrum reicht von Millimetergröße bis 5 cm Länge. Die großen Formen, insbesondere der Kolbenwasserkäfer *(Hydrous piceus)* als einer unserer größten Käfer, sind samt Larve ans Wasser gebunden

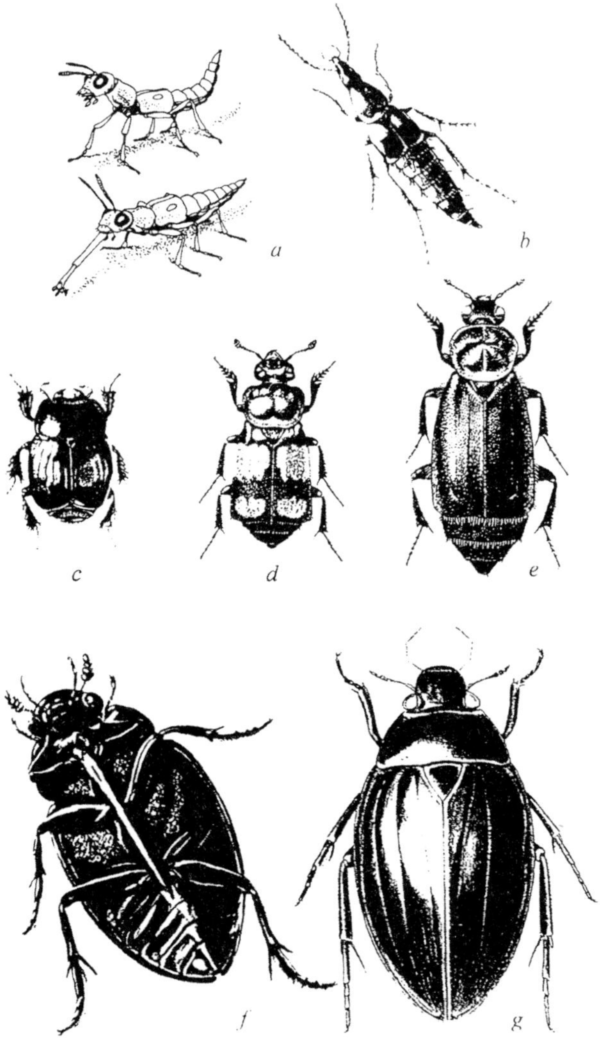

Abb. 7: Staphyliniformes. Kurzflügler = Staphylinidae: a Schmalräuber Stenus spec. (5 mm) auf Suche und Beutefang, b Pilzräuber Bolitobius lunulatus (5-6 mm), Stutzkäfer = Histeridae: c Zweipunkt-Stutzkäfer Hister bipustulatus (5-7 mm). Aaskäfer = Silphidae: d Schwarzhorn-Totengräber Necrophorus vespilloides (10-18 mm), e Schwarzer Totengräber Necrophorus humator (18-28 mm). Wasserkäfer = Hydrophilidae: Großer Kolbenwasserkäfer Hydrous piceus (34-47 mm) von oben und unten.

(Abb. 7). Letztere nährt sich mit Vorliebe von Wasserschnecken. Das adulte Tier ist zum Vegetarier geworden, nährt sich allerdings von recht eiweißreichen Pflanzen, wie es die Fadenalgen in Stillgewässern sind, entsprechend seiner Mischung von carnivoren und herbivoren Tendenzen. Gegenüber den räuberischen Dytisciden ist er ein träger Schwimmer, mehr vorne als hinten überbaut, sich nicht mit raschen Schwimmstößen der Hinterbeine fortbewegend wie jene, sondern abwechselnd rechts/links zickzackartig gemächlich vor sich hin paddelnd. Die Luft wird auch nicht wie bei den Dytisciden hinten, sondern vorne aufgenommen. Die Vorderpol-Betonung ist ja ein durchgängiges Kennzeichen stoffwechseldominanter Konstituierung.[6,7] Dann müsste es auch zu hörnerartigen Bildungen kommen, wie wir sie bei vielen großwüchsigen Scarabaeiden finden. Als verstoffwechselter Vertreter der mittleren Gruppe aller Polyphagen, sitzt nun gerade nicht auf dem Kopf, sondern unter dem Thorax ein langer Dorn. Eine mechanische Funktion dieses Dornes hat man nie entdecken können. Hier aber wird er aus der sowohl primären mittleren Dominanz (der Lage nach) als auch der sekundären stoffwechselverstärkten Dominanz (seinem Vorhandensein nach) unmittelbar verständlich.

Den kleineren Familienangehörigen fehlt natürlich der Dorn. Ihre kleine Figur ist ja das Ergebnis einer Wachstums- und damit Stoffwechselschwäche. Dafür gehen die Kleinformen an Land und leben wieder an der Luft(!) im Spülicht der Uferzonen. Wo die Sinnesbetonung zusätzlich zunimmt, werden die extremen Familienvertreter von reicher, vorverdauter, hochwertiger Nahrung abhängig und leben wühlend und rudernd schwimmend in frischem Rinderkot oder in Misthaufen (*Sphäridium*, *Cryptopleurum* etc.), die sie im raschen Flug finden. So findet sich in den Hydrophiliden wiederum das ganze zu erwartende ökologische Spektrum. Was unter den Huftieren speziell aber die Schweineverwandten und doch besonders verstoffwechselten Flusspferde sind, das stellen unter den stoffwechselbetonten mittleren Gruppen der polyphagen Käfer die großen Kolbenwasserkäfer dar.

Natürlich erhebt sich die Frage, welche von den verwandten weiteren Käferfamilien den Hydrophiliden an die Seite zu stellen sind. Sie dürften, da weniger stoffwechselpotent, also eher wieder auch adult zum Verzehr tierischer Nahrung neigen. Andererseits sollten sie als Polyphaga nicht so sehr wie die Adephaga zum eigenen Beutefang übergehen, sondern die tierische Nahrung in einem sich schon etwas auflösenden, bakteriell zersetzenden und damit pflanzennäheren Zustand sein. Das ist bei den Fäulnis- und Aas-fressenden Familien der Fall. So ist das landbewohnende Pendant zu den Hydrophiloidea die Gruppe der Histeroidea, wobei die Histeridae (Stutzkäfer) alle Art von Fäulnis befressen. Die sich daran systematisch anschließenden, zum Teil deutlich größeren Silphidae (Aaskäfer) widmen sich insbesondere der Leichenbeseitigung, indem sie tote Tiere ganz oder teilweise unter der Erde in selbstgegrabenen Höhlen bestatten und den Verwesungsvorgang für die Aufzucht ihrer Larven befördern und verwenden. Insbesondere die als «Totengräberkäfer» (*Necrophorus*) bekannten Arten entwickelten dabei eine außerordentlich hochstehende Naturintelligenz in ihrer Brutvorsorge und -fürsorge, die ihresgleichen in der Käferwelt sucht. Sie bestätigen so auf ihre Weise die Regel, dass sekundär verstoffwechselte Verwandte sinnesbetonter Gruppen zum Leben in Höhlen unter der Erde neigen, wie es ja auch die Hirnhöhle im Organismus zahlreicher Tiere vorführt. Was liegt nun gerade hier vor?

Indem die Histeridae gegenüber dem Gesamthabitus der Wasserkäfer nun im Luftraum ihre Umweltwahrnehmung besonders auch über den Geruchsinn verstärkt haben, entspricht bei den Silphiden die leichte sekundäre Verstoffwechselung einer verstärkten Ausbildung des Nervensystems gegenüber dem Sinnessystem. Denn die Nervenfunktionen dienen immer der internen Verarbeitung gerade der Sinnesreize. So kommt es hier tatsächlich zu einer hohen Intelligenzausbildung. Sie ist natürlich nicht dem einzelnen Käferbewusstsein zuzuschreiben, da die Verhaltensweisen weitgehend instinktgebunden sind, sondern vielmehr gruppenhaft den einzelnen Arten und Gattungskonstitutionen. Was den naturfremden Zeitgenossen hierbei zumeist nur anekelt, gewährt jedoch dem Tieferblickenden einen staunenswerten Einblick in eine unmittelbare Naturspiritualität.[8]

Noch umgebungsoffener hinwiederum als die Histeriden sind die Staphylinidae (Kurzflügler, *Abb. 7*). Schon bei den Stutzkäfern bedecken die Deckflügel (Elytren) den Hinterleib nicht mehr ganz. Das ist nun noch viel weniger bei den Kurzflüglern der Fall, deren Elytren auf kurze Schuppen reduziert sind, unter denen zwei- oder dreimal gefaltet die Flugflügel liegen. Diese schlanken Tiere können ausgezeichnet fliegen. Die Mehrzahl besitzt auffallend große Facettenaugen. In ihrem emsigen, oft wieselflinken Bewegungsleben zeigen sie den hochnervösen Charakter besonders sinnesoffener Konstituierung. Im Zusammenhang mit dieser funktionellen Umweltoffenheit steht auch die hohe Differenzierung der Staphyliniden in weltweit circa 25.000 bekannte Arten. Sie ernähren sich auch carnivor, mehrheitlich aber saprophag an Tierleichen und besonders pflanzlichem Moder. Die phytophagen Arten gehen auch hier an die mehrheitlich leichtzersetzlichen, eiweißreichen Teile wie Algen, Pilze, Blütenblätter und Pollen. Damit sind auch sie wesentliche Regulatoren im Mikrohaushalt fast aller Lebensräume. Ihnen stehen polar die betont stoffwechselstarken Blatthornkäfer gegenüber, die den bakteriellen Verdauungsvorgang in das Innere der Blinddärme ihrer Engerlingslarven internalisiert haben.

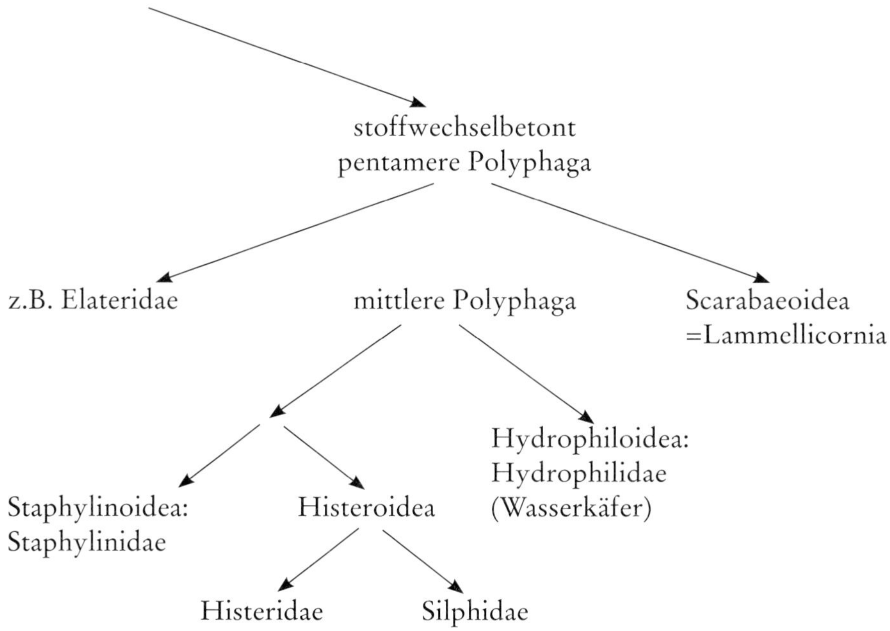

Hier sollte vorerst einmal die Probe vorgeführt werden, ob die durch eine dreigliedrige Analyse an den Säugetieren gefundenen Bildungsregeln (Korrelationen) nicht nur auf diese beschränkt sind, sondern auch in anderen Tiergruppen, ja vielleicht sogar unter Wirbellosen Geltung haben. Ein solcher Versuch bei den Käfern erbringt bei genügender Kenntnisnahme eine erstaunliche Bestätigung. Diese Parallelbeziehungen nur deshalb als zufällig abzutun, weil hier Nichtvergleichbares verglichen worden sei, ist unzulässig, weil es uns ja nirgends um Homologien geht, sondern um Konvergenzen. Diese stellen sich ihrerseits nicht nur als zufällige Überprägungen von extrinsischen Umwelteinwirkungen heraus (denn was sollen Hörnerbildungen mit Zelluloseverdauung zu tun haben?), sondern als Bildungsregeln, die in der Grundkonstitution jedes Organismus maßgeblich sind. Wir interpretieren also nicht fremdbezogen die Lebensformen kausalistisch aus dem Anorganischen, und ebenso wenig psychologisierend aus einer Zweckteleologie, die ja nur Subjekte bewusst betreiben können, sondern wir interpretieren aus den Gegebenheiten des Organischen selber, also geradezu *werkimmanent*. Damit wird erstmals viel verständlich, was durch die gängigen Methoden allzu lange schon allein nur als Fragemöglichkeit eliminiert worden ist. Das Ungewohnte daran ist doch nur, dass die Erscheinungen selbst ihre eigenen Erklärungen sein können. Eine Lebenserscheinung ist also durchaus aus der eigenen in Differenzen bestehenden Zusammengehörigkeit mit sich und ihrem Lebensraum verständlich, wie es das Prinzip jedes Organismus ausmacht – jedenfalls in vielem besser verstehbar als ohne diesen Ansatz. Die Großen konnten es immer ganz einfach sagen: «Man suche nur nichts hinter den Phänomenen; sie selbst sind die Lehre.»[9] (Goethe: *Maximen und Reflexionen*)

Miniaturen am Wege – zwei Süßwasser-Rotalgen, zwei Ritterfalter und zwei Lurche im Vergleich

Froschlaichalge und Gliederfadenalge

Wir sind am 14. September 2000 auf der Fahrt ins Siegerland zu dem bei uns wohl reichsten Vorkommen des so seltenen Königsfarns *Osmunda regalis* bei Silberg (nördlich von Kirchhundem). Dieser prächtige, hier fast mannshohe Farn verwandelt seine obersten Blattfiedern zu Sporangienträgern wie Blütenrispen. Er liebt den reichen Regen des atlantischen Klimas. Im westlichen Vorland, wo immer der erste Steigungsregen der Winde aus Westen fällt, sollen ja die Kinder – wie man in Wuppertal sagt – mit dem Regenschirm zur Welt kommen.

Südlich von Attendorn bei Einsiedelei ist vorerst ein enger Bacheinschnitt reichlich vom Rippenfarn *Blechnum spicant* bewachsen. Wir suchen sogleich nach dichotomen Verzweigungen an den sterilen und fertilen Wedeln dieses kleinen, ausgesprochen kieselholden Farnes und finden sie; der Untergrund ist devonische Grauwacke. Ein Teilnehmer sieht im niedrigen Bachwasser einen gallertartigen, rötlich angehauchten Steinbewuchs mit fingerlangen Verzweigungen. Es ist ganz unerwartet die Froschlaichalge *Batrachospermum*.

Nur in kleinen, raschfließenden, sauerstoffreichen Klarwasserbächen der Mittelgebirge ist sie bei uns zu finden. Bei der weitreichenden Wasserverschmutzung, besonders durch die giftversprühende Landwirtschaft, ist diese Kostbarkeit selten geworden. Das Verblüffendste ist, dass sie als Rotalge eigentlich ins Meer gehört, wo die meisten Rhodophyceen als marine Tange leben – zwar immer an der Küste, aber doch zumeist in den tieferen Dämmerungszonen der letzten Lichtspuren unter Wasser. Nur bei Niedrigstwasser zur Zeit der Springfluten liegen die oberen Vertreter bloß. 4000 Arten leben in den Weltmeeren, und nur 50 Arten in 12 Gattungen sind weltweit ins Süßwasser gegangen. Bei uns sind es nur ganz wenige Arten und Gattungen. *Porphyridium* lebt sogar an feuchten Mauern und auf feuchter Erde.

Unter Algen fasst man alle zur Photosynthese fähigen ein- oder mehrzelligen Pflanzen zusammen, die nicht Pilze noch Moose (mit Stängel u. Blatt) und auch nicht Kormophyten (mit Wurzel, Stängel, Blatt) sind. Diese Negativdefinition entstand, weil man sehr unterschiedliche, ja geradezu heterogene Gruppen vor sich hat. Die Merkmalsgemische sind so uneinheitlich, dass man zweihundert Jahre lang vor einem Rätsel stand, wenn man nach den Verwandtschafts- und Abstammungsverhältnissen der Algen untereinander fragte. Das lag daran, dass man seit Darwin und Haeckel nur in sich verzweigenden Stammbäumen dachte: Weiterentwicklung durch Abspaltung sich physiologisch abstoßender Artenbildung. Was schon 1867 S. Schwendener in der Symbiose von Algen und Pilzen, die zu Flechten geworden sind, erkannte[1], wird neuerdings durch zytologische und genetische Analysen als ein geradezu durchgängiger Evolutionsmodus entdeckt: das Zusammengehen, ja Zusammenfließen genetischer Strömungen. Verwandtschaftsströme divergieren nicht nur, sondern konvergieren auch miteinander, wobei sich alle denkbaren Stufen vorfinden: von der ökologischen Symbiose zur extrazellulären und intrazellulären bis zur genetischen Symbiose. So stellte sich bei vielen Algen heraus, dass ihre die Photosynthesepigmente enthaltenden Plastiden tatsächlich evolutiv erworbene Symbionten sind. Davon gibt die Tabelle 1 einen guten Überblick.

So kann man zwischen Phytozyten und Zoozyten unter den Algen unterscheiden. Die Braunalgen (Phaeophyceen) sind demnach ursprünglich tierische Organismen gewesen, die erst durch eingewanderte Symbionten zu Pflanzen geworden sind! Der Teilungsmodus durch echte Furchung und die Bildung von beweglichen Spermatozoen mit echter Oogamie zum Beispiel bei unserem Blasentang *Fucus* sind erst dadurch verständlich.

Umgekehrt verhält es sich mit den Rotalgen (Rhodophyceen). Der Teilungsmodus mit dem Phragmoblast ist typisch pflanzlich. Es gibt unter ihnen weder begeißelte Sporen noch begeißelte Gameten. Selbst die männliche Keimzelle ist ein unbewegliches Spermatium, das einfach an der ausgestreckten Wand (Trichogyne) des Eizellbehälters (Ovangium) durch klebrigen Schleim passiv hängenbleibt. Hier findet keine chemische Anlockung noch aktive Aufsuche statt. Die Rotalgen sind ausgesprochen tierferne, besonders rein pflanzlich organisierte Algen.

Das zeigt sich auch an ihren Farbpigmenten: Das grüne Chlorophyll a ist da, auch zwei gelbe Xanthophylle und das β-Carotin; insbesondere aber ist das vorherrschende rote Phycoerythrin da, ergänzt durch das blaue Allophycocyanin und Phycocyanin. Während die ersteren fettlöslich sind, sind die letzten beiden wasserlöslich und damit besonders leicht vom Leben einsetzbar.

	Phytocytensyndrom					Zoocytensyndrom				
	Plastiden einfach	mit Zentralvacuole	Dermatoblast	osmotroph	CytokineseZeliplatte	Plastiden komplex *	ohne Zentralvacuole	Gymnoblast	phagotroph	Cytokinese: Furchung
Rhodophyten	●	○	●	●	·	·	○	·	·	·
Chiorophyten	●	●	●	●	○	·	·	·	·	○
Volvocalen	●	·	·	●		·	●	●	·	·
Eugienen	·	·	·	·	·	●	●	●	●	●
Dinoflagellaten	·	·	·	·	·	●	●	●	●	●
Cryptophyten	·	·	·	·	·	●	●	●	·	●
Haptophyten	·	·	·	·	·	●	●	●	●	●
Chrysophyceen	·	·	·	·	·	●	●	●	●	●
Xanthophyceen	·	○	○	○	·	●	○	○	○	·
Diatomeen	·	●	·	●	·	●	·	●	·	●
Phaeophyceen	·	○	○	●	·	●	○	○	·	·
Glaucocystophyten	●	·	·	●	·	·	●	●	·	●

Tabelle 1: Die Verteilung pflanzlicher bzw. tierischer Typencharaktere bei den großen Algengruppen. Dunkler Kreis nur eine der Alternativen kommt vor; heller Kreis beide Alternativen sind in der gleichen Gruppe vorhanden.

Beides sind Phycobiliproteide und damit Gallen- und Blutfarbstoff-verwandt, also auch mit dem Häm in unserem Hämoglobin. Dieses findet sich nicht nur bei den Wirbeltieren, sondern auch bei Wirbellosen (wie roten Mückenlarven, Ringelwürmern, bestimmten Süßwasserschnecken, z.B. Posthorn-Schnecke) und auch bei niedersten Organismen: den prokaryonten Purpurbakterien. Soll man die Rotalgen also von diesen rotfarbigen Blaualgen ableiten, zumal sie auch deren blaues Phycocyanin enthalten? Was dagegen sprach, war die kernhaltige Zellnatur der Rotalgen gegenüber der kernlosen der Blaualgen. Das lange diskutierte Ableitungsproblem löste sich erst, als man endlich erkannte, dass die Rotalgenplastiden obligatorisch gewordene Blaualgensymbionten mit speziellen roten Farbstoffen sind. Wieder ein Beispiel, dass die großen, makroevolutiven Stufungen nicht so sehr auf Abtrennung (Militarismus im Kampf ums Dasein), sondern auf gegenseitiger Ergänzung (Hilfestellung zur besseren Lebenstauglichkeit) beruhen.

Die Süßwasser-Rotalgen sind bei uns seltene Kostbarkeiten. Zumeist nur im Mittelgebirge in ganz klaren, sauberen Gebirgsbächen des Harzes, Thüringer Waldes, Sauerlandes, Schwarzwaldes und der Vogesen kommen sie im mittleren Oberlauf zwischen 300 und 500 Meter Höhe noch am ehesten vor. Das Wasser muss kalkfrei sein, der geologische Untergrund am besten Granit, Gneis, Grauwacke oder Sandstein. Sprudelnd über die Steine springende Bäche mit damit hohem Sauerstoffgehalt sind Bedingung, oft auch schattige Kühle. Vor Ort erfährt man in dieser kühlen Frische durchsprudelten Wassers in Quellennähe die ätherische Stimmung frischester Lebenskräfte. Wasserverschmutzung tötet sofort hier etwaig lebende Rotalgen.

Es sind bei uns die zwei Gattungen *Batrachospermum* (Froschlaichalge) und *Lemanea* (Gliederfadenalge). Erstere sieht mehr zartrötlich, letztere dunkelrot bis schwarz aus. Sie sind auch ansonsten morphologische und physiologische Polaritäten, die wir im Nacheinander betrachten wollen.

Aus dem kleinen Bach im Sauerland südlich des Ebbegebirges wird eine Probe mitgenommen und in den nächsten Tagen mit Stereo und Mikroskop näher angesehen (Abb. 1). Der auffällige Makrothallus ist rundum etagenweise von fädigen Büscheln besetzt und selbst mehrfach verzweigt. Er sitzt mit einem Haftorgan (Rhizoid) unter Wasser an Steinen fest. Der «Stängel» (das Cauloid) trägt eine kleinzellige Haut, innen eine großzellige Zentralachse und ist zuinnerst hohl.

Besonders aufschlussreich ist nun die mikroskopische Betrachtung der den «Nodien» entspringenden Fadenbüschel (Abb. 2). Diese können nämlich die polaren Gameten – geißellose, unbewegliche Spermatien und Eizellen mit «Trychogyne» – bilden. Diese letztere ist der schlank zugespitzte Eibehälter, der damit der Anheftung von Seiten der Spermatien entgegenkommt. Da solche geschlechtlich polarisierten Keimzellen zuallermeist haploid (mit einfachem Chromosomensatz ausgestattet) sind, muss auch der ganze Makrothallus haploid sein. Weil er gerade dadurch über gewöhnliche Zellteilungen die Keimzellen (Gameten) hervorbringen kann, heißt er Gametophyt.

Wenn nun auf ihm die Befruchtung stattgefunden hat, so hat sich die Chromosomenanzahl dadurch verdoppelt: Der diploide Sporophyt ist entstanden. Er ist nun nicht, wie wir vom Tierreich gewohnt sind, der Beginn eines auch räumlich eigenständigen Organismus; sondern das, was aus der befruchteten Eizelle (Zygote) an neuen Zellen auswächst, bleibt wie eine Frucht (griechisch: karpos) mit der Mutterpflanze voll verwachsen sitzen und heißt deshalb Karposporophyt. Die haploide Mutterpflanze bildet dabei schützende Hüllfäden

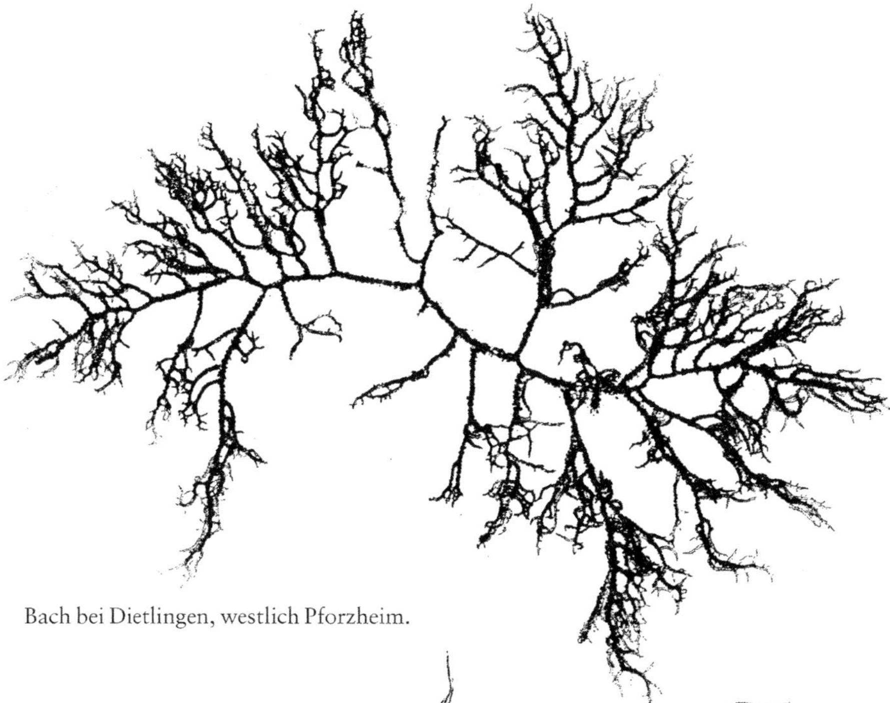

Bach bei Dietlingen, westlich Pforzheim.

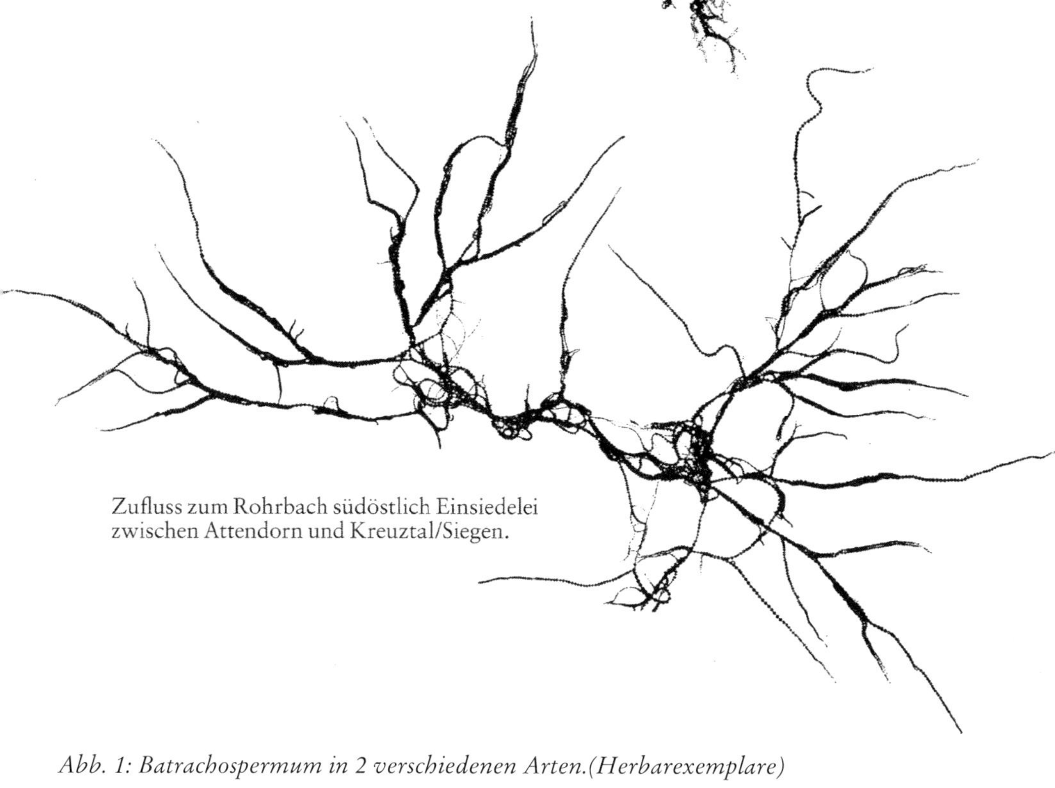

Zufluss zum Rohrbach südöstlich Einsiedelei zwischen Attendorn und Kreuztal/Siegen.

Abb. 1: Batrachospermum in 2 verschiedenen Arten.(Herbarexemplare)

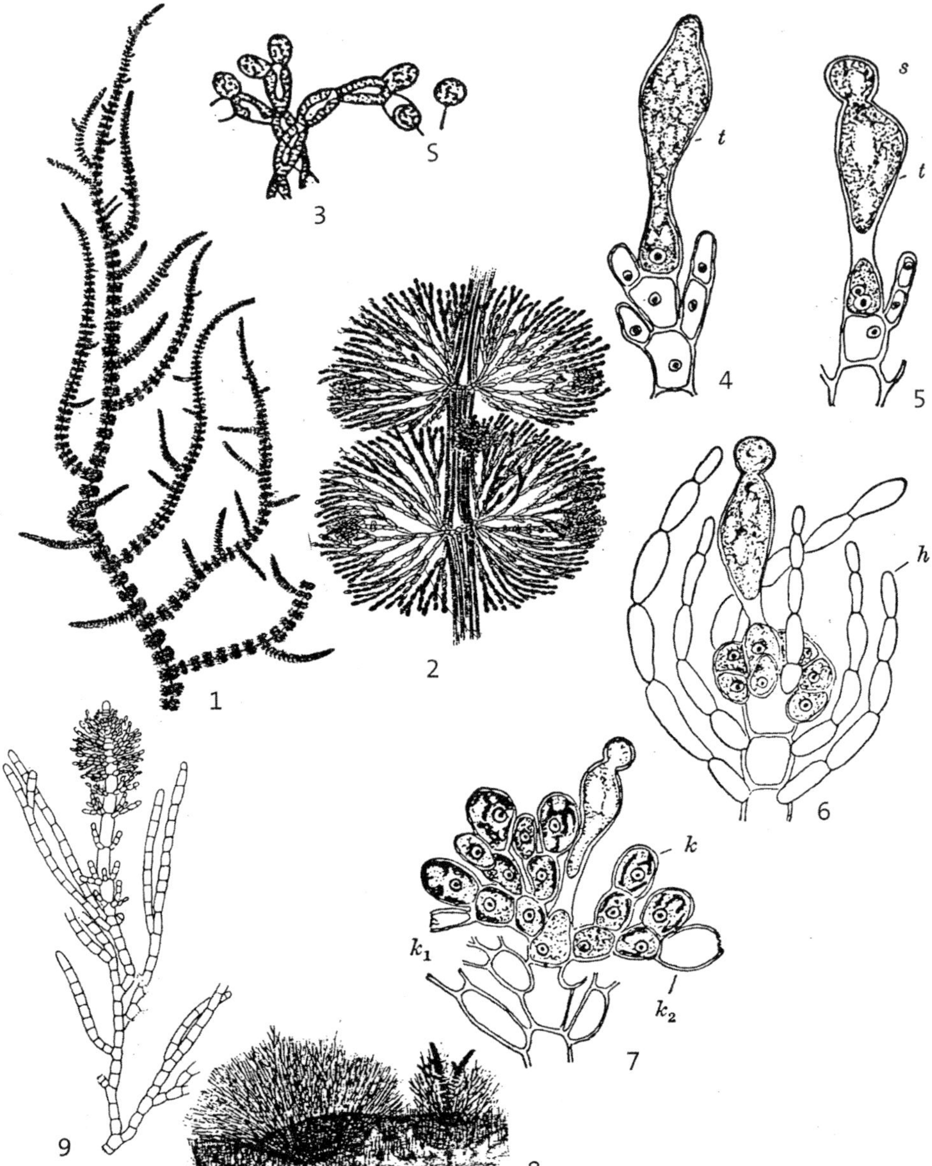

Abb. 2: Lebenszyklus von Batrachospermum. 1 Habitus des Makrothallus. 2 Wirtelbüschel vergrößert mit Gametangien. 3 Antheridien mit freiwerdendem Spermatium (s). 4 Trichogyne (t) mit Eizelle. 5 Eingetretene Befruchtung mit den beiden Zygotenkernen in der Trichogynenbasis. 6 Die Zygote wächst zu den wenigen Zellen des Karposporophyt aus, umgeben von Hüllfäden (h) des Makrothallus. 7 Der Karposporophyt bildet Karposporen (k), k_1, k_2 leere Karposporenbehälter. 8 Aus der Karpospore austreibender Mikrothallus-Rasen der Chantransia-Generation mit (rechts) austreibenden Makrothalli. 9 Chantransia-Fäden mit auswachsendem Makrothallus.

als eine Art Fruchthülle um den wenigzelligen diploiden Karposporophyt. Er bildet nun seinerseits, wie sein Name ja auch schon sagt, Sporen: die Karposporen, die wie der Karposporophyt diploid bleiben.

Sporen werden allgemein alle ungeschlechtlichen freien Fortpflanzungszellen genannt, gleichgültig ob sie diploid sind (Mitosporen, durch normale Zellteilung [Mitose] entstanden), oder haploid sind (Meiosporen durch Reduktionsteilungen [Meiose] entstanden). Die Karposporen sind also diploide Mitosporen, die in großer Menge vom Karposporophyt, der weiterhin auf der Mutterpflanze aufgewachsen sitzt, erzeugt und freigegeben werden. Sie sind die eigentlich wirksame Vermehrung aller Rotalgen, mit denen sich diese verbreiten. Die im rasch fließenden Wasser sehr viel seltener gelingende Zygotenbildung wird dadurch kompensiert. Die ungeschlechtliche Fortpflanzung überwiegt bei diesen ätherisch-betonten Algen.

Aus der diploiden Karpospore wird aber nicht sofort der nächste Gametophyt gebildet, denn dieser sollte haploid sein, jene und ihre Folgezellen sind aber immer noch diploid. Es muss also vorher noch der Chromosomensatz von der doppelten auf die einfache Menge an Chromosomen reduziert werden. Diese Reduktionsteilungen finden nun auf einer am neuen Standort aus der Karpospore sich entwickelnden Zwischengeneration statt. Sie bildet nur einen kleinen, ebenfalls unter Wasser festsitzenden Mikrothallus (*Chantransia*) aus abstehenden zelligen Fäden aus. Verdickt sich eine Endzelle und scheidet 2 charakteristische winzige «Polzellen» aus, so kennzeichnet das die vollzogene Meiose: die Haploidie ist erreicht. Der Vorgang erinnert stark an die Meiose bei der Eireifung zum Beispiel der Tiere, aber es ist keine weibliche Geschlechtszelle, die hier entsteht, weil sie nicht befruchtet wird. Oder man fasst sie doch als eine solche auf und muss dann von der parthenogenetischen (jungfräulichen) Zeugung der nächsten, haploiden Generation sprechen. Und das ist der aus der *Chantransia*-Alge nun aussprossende Makrothallus des makroskopisch auffälligen Gametophyten, von dem wir ausgegangen sind. Er ist eine jungfräuliche Bildung.

Zusammenfassend ergibt sich, dass nach der Vermehrung durch eine freie Karpospore eine gemeinsame Symbiose *dreier* Generationen, die zu einem Organismus verwachsen bleiben, heranwächst: die kleine diploide *Chantransia*, der auffällige haploide *Gametophyt* und der wieder kleine diploide *Karposporophyt*. Die mittlere Generation übertrifft die beiden anderen an Größe und bestimmt den Eindruck vor Ort. Und doch verunsichert die dreimalig verschiedene Ausbildung der morphologischen und genetischen Ausstattung innerhalb eines Lebenszyklus unsere normale Vermutung, dass es sich um *ein* Lebewesen handelt. Wir interpretieren immerfort die Lebewesen nach Individuen. Doch die Natur treibt mit dieser Verunsicherung ihr Spiel und scheint etwas zu sein, was doch noch etwas Anderes darlebt. Wer kannte das besser als der naturvertraute Goethe?

> «Freuet euch des wahren Scheins,
> Euch des ernsten Spieles:
> Kein Lebendiges ist ein Eins,
> Immer ist's ein Vieles.»[2]

Das Rein-Lebendige lebt in Zeitzyklen, nicht in Individuen; die Konstitution von Individuen sehen wir oft nur in das Leben hinein, weil wir selbst so hoch individualisiert sind.

*

Wir wandern im Märkischen Hügelland zwischen den Tälern der Wupper und der Ruhr. Zwischen Barmen und Langenberg fließen noch saubere Bäche der Ruhr zu. In einem wohl deshalb als Naturschutzgebiet ausgewiesenen Wald- und Wiesengelände sprudelt der Unterlauf des Felderbachs über die Steinstufen. In der Spritzzone und dicht darunter im Wasser hängen bis fingerlange schwarzbraune fleischige Stränge. Es ist die seltene Gliederfadenalge *Lemanea* (Abb. 3; Abb. 4). Im Gegensatz zur Froschlaichalge sind ihre Büschelwucherungen nicht nach außen, sondern nach innen gekehrt und so nur im Mikroskop sichtbar. Ihre Gametenbildung, die Befruchtung, der Karposporophyt als ihr Ergebnis und die Karposporen werden verschlossen im hohlen Innenraum aufbewahrt. Die Alge hat selbst keine Einrichtung, etwas davon nach außen abzugeben! Erst im Herbst und Winter, wenn die Makrothalli sich zersetzen, werden die Karposporen frei. Sonst nur eher, wenn bestimmte Insekten sie anstechen oder die Wellen sie zerschlagen. Ansonsten aber ist alles wie bei *Batrachospermum*: Drei Generationen bleiben miteinander verwachsen, und was wir im Bach makroskopisch sehen, ist wiederum der ungeschlechtlich entstandene, haploide Gametophyt. Diese zweite heimische Süßwasserrotalge ist jedoch eine deutliche Polarität gegenüber der Froschlaichalge. Diese lebt stärker nach außen gewendet, evers, und offen in voller Belichtung, jene nach innen gewendet, invers, in beschatteten Bachabschnitten. Hell rötlich gibt sich die erstere zu erkennen, dunkelschwarzbräunlich die letztere. Schon der erste Anblick ohne Mikroskop macht den jeweiligen Charakter kund.

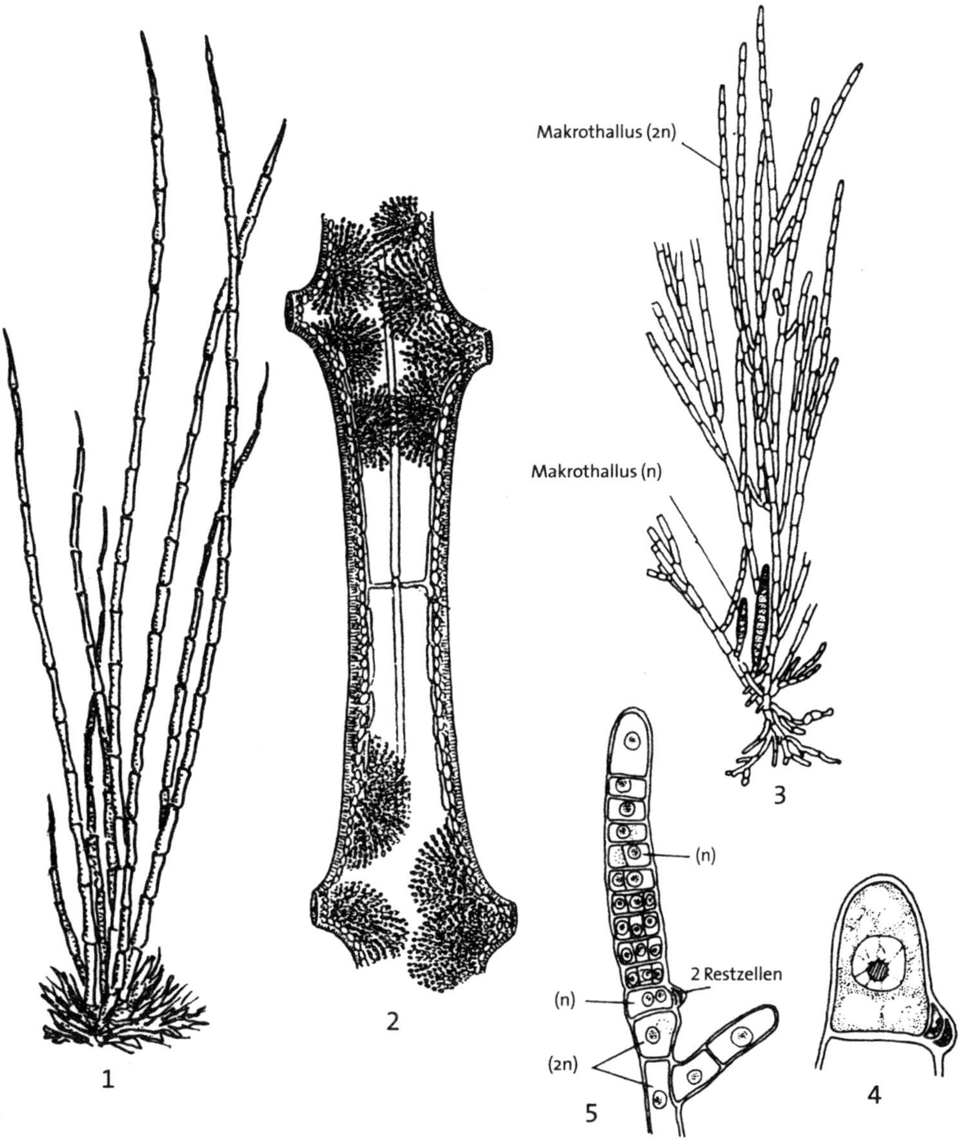

Abb. 3: Lebenszyklus von Lemanea. 1 Makrothallus aus dem Mikrothallus ausgewachsen. 2 Ein Glied im Längsschnitt mit nach innen gerichteten Fadenbüscheln, auf denen sich die Karposporophyten entwickeln werden. 3 Mikrothallus der Chantrasia-Generation mit auskeimenden Makrothalli nach vollzogener vegetativer Meiose. 4 Meiotisierte Ausgangszelle mit 2 Polzellen (Restzellen). 5 Aus dem diploiden Chantransia-Faden auswachsender haploider Makrothallus.

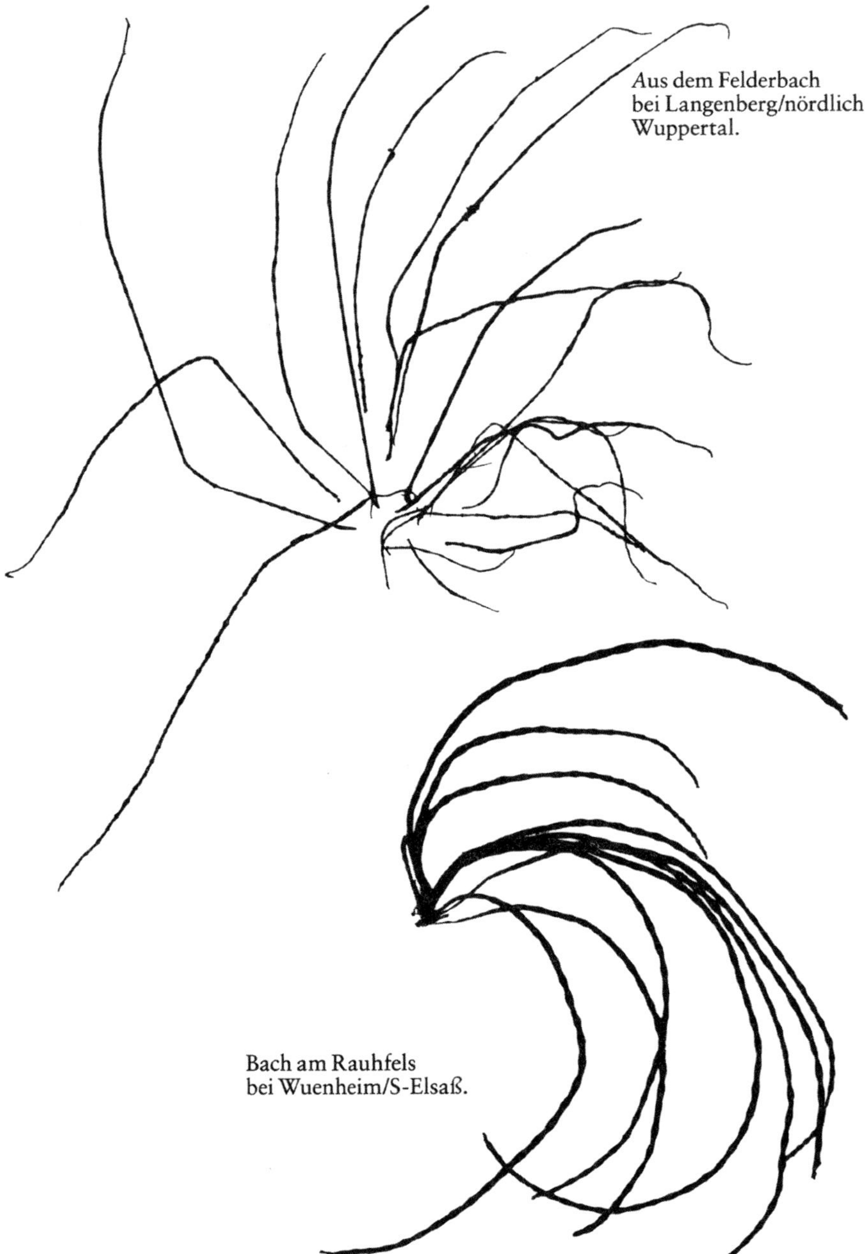

Abb. 4: Lemanea in 2 verschiedenen Arten. (Herbarexemplare)

Zwei Ritter unter den Faltern

Es ist der 25. Juli 2006, ein strahlend warmer Vormittag in Niederösterreich: in Guntrams zwischen Pottschach und Neudörfl, dem Kindheitsland Rudolf Steiners. Zwischen fruchtenden Aprikosen (hier Marillen genannt) und machtvollen alten Eichen liegt ein großes Heilpflanzenbeet mit *Echinopsis laciniata*, eine rotblühende, großwüchsige Composite aus Nordamerika, die zur Stärkung des Immunsystems medizinisch eingesetzt wird. Neben den Weißlingen und anderen Wiesenfaltern wie dem Großen Waldportier fliegt hier eine Kostbarkeit von Blüte zu Blüte, dazwischen immer wieder ausgreifende segelnde Flugmanöver einlegend. Es ist der Segelfalter mit seinen zwei Schwänzen und den schwarzen Längsstreifen auf milchigweißem Grunde.

Nachmittags, am nächsten Luzerne-Acker, begegnet mir dieser große Falter erneut. Aber hier nippt er an keiner Blüte mehr, sondern gleitet am warmen Rand eines lockeren Kiefernwaldes entlang, bestehend aus den hier schon heimischen mediterranen Schwarzkiefern, in deutlichen Suchbewegungen. Den Waldsaum am Wege bilden Gebüsche der Felsenbirne, des Feldahorns, Weißdorns, Hartriegels, Ligusters, der Heckenrosen und des Schlehengestrüpps (Abb. 5). Jetzt hängt sich der Falter an einen niedrigen Schlehenstrauch, verweilt für ca. 5 Sekunden und fliegt suchend weiter, um sich an einen anderen Schlehenzweig zu hängen. Jetzt war klar, was hier stattfand. Ich war begünstigter Zeuge eines Weibchens bei der Eiablage. Jedes Mal merkte ich mir die Stelle und fand auf der Unterseite eines vorstehenden Schlehenblattes ein angeklebtes einzelnes, kugelrundes Ei von weißgelber Färbung.

Nach einer Ferienwoche nahm ich sechs Zweige mit diesen Eiern mit nach Hause. Bald dunkelten sie: Die sich entwickelnden Räupchen bildeten ihr erstes Pigment. Nach vier Tagen schlüpften sie, fraßen die Eihülle und begannen an den Schlehenblättern zu nagen. Diese sind, neben den Blättern des Mandelbäumchens in südlicheren Ländern, die passende Nahrung. Wie kann nur das Falterweibchen aus der Pflanzenfülle des Waldrandes immer genau die richtige Pflanze in Sekundenschnelle finden? Es muss ein außerordentlich feines Geruchsvermögen an seinen Fühlerspitzen besitzen, um das Bittermandelöl (Benzaldehydcyanhydrin) wahrzunehmen, das für diese Steinobstgewächse (Prunoidea) der Rosengewächse charakteristisch ist. Nur Blätter, die diesen Duftstoff enthalten, schmecken den Räupchen. Zwar kannte ich die Raupen schon lange aus Büchern, aber in natura war vieles doch noch sehr viel unerwarteter, als man vorher ahnen konnte.

Das frischgeschlüpfte, weitgehend schwarze Räupchen trägt nicht nur wie

Abb. 5: Oben Die Segelfalterraupen schmiegen sich in Form und Farbe den Schlehenblättern an; August 2006. Unten Eiablage-Biotop des Segelfalters mit Schlehengebüsch am Waldrand bei Guntrams/Niederösterreich.

das des Schwalbenschwanzes einen, sondern zwei helle Rückenflecken, die es wie Vogelkot aussehen lassen. Nach einer Woche findet die erste Häutung statt, und zunehmend wird die Raupe vom aufgenommenen Chlorophyll selbst grün. Ein gelbgrüner Rückenstreif und schräg abgehende, parallele Seitenstreifen verschmelzen die Raupe optisch mit dem Schlehenblatt, auf dem sie sitzt, zumal sie sich zur Ruhe genau auf die Mittelader des Blattes setzt. Die nach vorn merkwürdig aufgestaute Raupenform wirkt im Seitenprofil wie die Silhouette eines halbgeöffneten Schlehenblattes. Bewegt sie sich, so in rhythmischen Vorn-Hinten-Wackelbewegungen, die wie das Flattern der Blätter im Winde aussehen. Im letzten Raupenstadium kommen schwarz-braune Flecken hinzu, ähnlich denen älterer Blätter. Sie sitzt nun nicht mehr auf den Blättern, sondern am kahlgefressenen Sprossdorn, dessen Blätter nachahmend (Abb. 6). Bekommt die Raupe kurz vor der Verpuppung den Wandertrieb, so verliert sie die grüne Farbe und wird blassbraun-gelblich mit kleinen roten Punkten, nimmt also die Farbe abgestorbener Schlehenblätter an. Zur Verpup-

Abb. 6: Oben Ausgewachsene Segelfalter-Raupe: Links von der Seite und Rechts von oben. Unten Links Nach Beendigung der Nahrungsaufnahme und Rechts als Puppe.

Abb. 7: Frischgeschlüpfter Segelfalter von der Ober- und Unterseite.

pung kriecht sie wieder nach oben, sucht sich einen beschatteten Ort und wird zur Gürtelpuppe. Diese wirkt zweigähnlicher als die eckigere des Schwalbenschwanzes. Ihre schwarze Bepunktung sieht aus wie Atemlöcher (Lentizellen) der Zweigrinde. Jedes Stadium macht in Form, Farbe und Bewegung den Habitus seiner engsten Umgebung mit – ein auffälliges Maß an mimetischer Unauffälligkeit! Hier geschah die Verpuppung am 3. bis 5. September.

Im Frühling 2007 erschienen die prächtigen Falter (Abb. 7). Ihre Streifung zeichnet noch den Luftstrom über die Flügel beim Fliegen nach. Das für sie so charakteristische Segeln, das ihnen den Namen gab, erfordert eine hohe Sensitivität, jede Luftbewegung im Fluge wahrzunehmen und danach die Flügel auszurichten. Die besonders langen Schwänze der Hinterflügel leiten alle etwaigen Luftturbulenzen ab – ein Könner auch hierin.

*

Es ist der 16. Oktober 2006 am Fuß der Schwäbischen Alb zwischen Bad Boll und Eckwälden. Über die abgemähten Wiesen und abgeernteten Getreidefelder wölbt sich ein blauer Herbsthimmel mit nicht mehr heiß-, aber doch warmstrahlender Sonne. Dort stehen noch lange Ackerstreifen mit angepflanztem Fenchel und Dill. In dem lockeren Gewirr der schmalen Blattfiedern und an den Doldenblüten sitzen dicke, ringelfarbige Raupen: von nahem besehen recht auffällig schwarz-rot-gelbgrün geringelt und gepunktet (Abb. 8 u. Abb.

Abb. 8: Oben Fenchelbeete vor Eckwälden am Fuße der Schwäbischen Alb im Oktober 2006. Sie werden wegen drohender Nachtfröste mit Folien abgedeckt. Links Eine Schwalbenschwanzraupe im Licht-Schattenspiel der Fencheldolden.

9). Aus wenig Abstand verschwimmt die bunte Farbgebung in dem Lichtgewirr der gelbgrünen Blattfäden, den vielen orange leuchtenden Blütenköpfchen und den schwarzen Schlagschatten. Oft hatte ich solche Raupen schon früher am sattgrünen Laub von Gartenmöhren – ebenfalls ein Doldenblütler – gefunden. Doch jetzt erst wurde ansichtig, dass die Raupenfärbung zu deren ursprünglichen Futterpflanzen der Mittelmeerländer passt: der dortigen Fenchel-, Dill- und Anisarten. Der charakteristische Duftstoff für die Weibchen bei der Eiablage und Aromastoff für die Raupen ist der Anisaldehyd. – Merkwürdigerweise waren hier tiefschwarz gefärbte Raupen mit allein noch roten Punkten und auch Übergangsfärbungen dabei.

Hat sich die Raupe dann ebenfalls in eine Gürtelpuppe verwandelt – grün,

Abb. 9: Die Blüten schmecken zum Schluss am besten: Links Normalgefärbte Rechts Melanistische Raupe.

wenn sie noch im gleichen Jahr, grau, wenn sie erst im nächsten Frühjahr den Falter ergibt –, so erscheint der nächste Verwandte des Segelfalters: unser Schwalbenschwanz (Abb. 10). Beide Male sind es leibgewordene Gedichte von unbeschreiblicher Eleganz in «Schnittmuster» und «Farbgebung». So hat sie Linné Ritterlinge (Equitidae) getauft.

Es war verwunderlich, so spät im Jahr überhaupt noch Raupen zu finden. Sie sollten längst verpuppt sein. Aber hier fanden sich alle Altersstufen bis zu den kleinen schwarzen Jungraupen mit *einem* weißen Rückenfleck: offensichtlich eine Folge der nun schon seit Jahren zunehmenden Klimaerwärmung – eben offensichtlich die dritte Generation im Jahr.

Meist belegt der Schwalbenschwanz bei uns in der Wildnatur die wilde Möhre (*Daucus carota*) oder – ersatzweise die von ihr abstammende Gartenmöhre unserer Möhrenbeete. Hier aber müssen sich um die Fenchelackerstreifen die Schwalbenschwänze der weiten Umgebung besonders reichlich versammelt haben, weil ihnen wohl Fenchel über alles geht. – Der Bauer kam, um große Kunststoffplanen für die Nacht gegen etwaigen Nachtfrost über diese Kultur zu legen. Er erzählte mir, dass oft der Lehrer des Ortes kommt, um sich Raupen für den Unterricht zu holen und den Kindern das Wunder des Schmetterlingsschlupfes vorzuführen. Es dauerte nicht lange, und ich hatte 30 Raupen abgelesen.

Bei der bevorstehenden Ernte wären sie wahrscheinlich umgekommen. Vorerst wanderten sie in den Kühlschrank – dem Labor der *Wala* sei Dank. Dann, kühl ruhiggestellt, überstanden sie mit wenig Futter gut die Reise bis nach Hause und fraßen sich reif bis zur Verpuppung. Eine nach der anderen baute ihren Miniatursarkophag, alle dunkelgrau für die Überwinterung. Im April und Mai schlüpfte die ganze Pracht und belebt nun die Ruhrauen. Die aus schwarzfarbigen Raupen entstandenen Falter zeigten keine Farbunterschiede gegenüber denen aus normalfarbigen. – Andreas Suchantke hatte mit den Waldorfstudenten in Witten-Annen schon vor wenigen Jahren eine sehr viel größere Zucht des Schwalbenschwanzes angelegt, um diesen eleganten Falter im Ruhrgebiet wieder vermehrt anzusiedeln.

Den Segelfaltern und Schwalbenschwänzen stehen innerhalb der Ritterlinge die Apollofalter gegenüber. Mit schwerem Leib (besonders bei den Weibchen) und gerundeten Flügeln sind diese auffällig weißen Falter langsame Flieger, die auch beim Blütenbesuch so träge sind, dass man sie bei ruhiger Annäherung mit der bloßen Hand abnehmen kann. Das sollte man aber nicht tun, denn sie sind außerhalb der Alpen bei uns sehr selten geworden. Sie lieben heißwarme, gebüschfreie Südhänge an Felspartien der Mittel- und Hochgebirge (Abb. 11). Das beim Segelfalter und Schwalbenschwanz an den Enden der Hinterflügel nur angedeutete farbige *Auge* prangt leuchtend rot mitten im Hinterflügel in doppelter Anzahl, denn alles an diesem Falter ist auffällige Selbstdarstellung – also das gerade Gegenteil des Segelfalters. Die schwarze Raupe trägt zwei Reihen auffällig rötlicher Flecken und frisst an der Trockenrasen liebenden Weißen Fetthenne (*Sedum album*). – Gestaltkundlich bildet der Schwalbenschwanz eine rhythmisch durchgemusterte Mitte zwischen beiden.

Heimische Ritterlinge

Segelfalter ← → Schwalbenschwanz → Apollofalter

Abb. 10: Oben links Puppe kurz vor dem Schlupf des Falters. Oben rechts Frischgeschlüpft hängt der Falter die Flügel aus. Unten Der Schwalbenschwanz zeigt seine abwechslungsreich durchrhythmisierte Oberseite.

Abb. 11: Oben Apollofalter an Distel der heißen Steinbruchhänge von Sollnhofen / Bayern. Unten Apollofalter an Distel, Engadin.

Das waren noch Zeiten, als der 28-jährige Goethe 1777 zwei Wochen lang im Winter den Harz per Pferd in Schnee und Kälte durchritt und als erster den Brocken im Winter bestieg. Damals gab es den Wolf noch wild dort (der letzte Harzwolf wurde 1798 abgeschossen), und in der Tropfsteinhöhle in Rübeland kroch Goethe zwei Tage lang herum: «und ich fühlte mich dadurch gar schön bereichert.»[3] 1866 wurde in Rübeland noch eine zweite Tropfsteinhöhle entdeckt: neben der schon länger bekannten Baumannshöhle die Hermannshöhle. Heute werden die Besucher jeweils in einer knappen Stunde hindurchgeschleust, und das alles auf geebneten Wegen und Treppen mit Geländer und elektrischem Licht. Das Höhlenerlebnis bleibt aus. Dazu müsste man wenigstens einmal eine viertel oder halbe Stunde ohne Licht im Dunkeln des Berginneren verweilen. Dann kommt man anders heraus.

Es gibt Tiere, die es ein halbes Jahr so halten: die Fledermäuse zum Überwintern bei gleichmäßig 8 °C feuchter Dauerkälte. Und es gibt ein höheres Tier, das es das ganze Leben so hält: der Grottenolm (*Proteus anguineus*), ein auffallend großer Schwanzlurch, mit den Molchen und Salamandern der Oberwelt verwandt. In Deutschland bekommt man ihn in seiner natürlichen Umgebung nur in der Hermannshöhle im Ostharz zu sehen. Mit der Taschenlampe der Höhlenführerin kurzzeitig angestrahlt, ruhen in einem natürlichen Wasserbecken milchweiße, langgestreckte, apathische Tiere mit kleinen Beinchen und stumpfer Schnauze. Dabei erfährt man, dass diese Individuen heimlich, weil illegal, aus ihren Vorkommen in den Karsthöhlen Dalmatiens in den fünfziger Jahren geschmuggelt worden waren und seitdem wie zeitlos hier überlebt haben, ohne sich zu vermehren.

Mitte Juli 2006 ist ein Treffen der Vertreter der osteuropäischen Waldorfschulen diesmal in Ljubljana (Laibach), der Hauptstadt Sloweniens. Es braucht nur eine weitere Autobahnstunde nach Westen, und man ist im Karstgebirge. Dort in Postojna, dem einst österreichischen Adelsberg, befinden sich gewaltige Höhlensysteme: die Adelsberger Grotten. Zweieinhalb Kilometer fährt man mit einer elektrischen Bahn in das Bergesinnere hinein durch gewaltige Säle, enge Gänge und zwischen überall hervorquellenden Tropfsteinwänden und -säulen im Übermaß. Dann kann man noch weitere zweieinhalb Kilometer zu Fuß weiterlaufen und sich in diese Welt einleben. Hier nun ist der Grottenolm zu Hause und lebt im Grundwasser auf der tiefsten Etage des 20 km langen Höhlensystems, wohin der Besucher nicht gelangt. Man bekommt ihn zum Schluss in einem großen künstlichen Becken vorgeführt. Es sind hier noch größere, bis einen halben Meter lange Tiere, die sich, vom schwachen Dauerlicht zur Zeit der Führungen beeinflusst, rotgrau pigmentiert haben – ein Schutz der Haut gegen das wenige Licht (Abb. 12). Rötlich vom blassen Blut gefärbt, leuchten die Kiemen, die Schnauze, die 3 Finger an jeder Hand und die 2 Zehen an jedem Fuß. Alles an ihnen ist träge und phlegmatisch. Was soll man auch sonst im Dunkeln unternehmen?

Hier aber vor Ort in der angestammten Umgebung wird klar, was weder im Harz noch in etwaigen dämmerigen Schauaquarien zoologischer Gärten möglich war. Was ist mit diesem besonderen Vertreter der Lurche los? Wie kann nur ein Lurch eine solche Vorliebe für das Dunkle entwickeln und sich gerade so ausformen, wie er ist? Die Tiere und ihr Lebensraum sagen alles. Wir müssen nur vergleichen.

Aus der Dreigliederung der Säugetiere ist jedem goetheanistischen Kenner vertraut, dass, umso mehr sich die Konstitution des mittleren, rhythmischen Systems in den Vordergrund schiebt, desto deutlicher Fleischnahrung aufgenommen wird. Das heißt: Solche Arten, Gattungen, Familien und Ordnungen beteiligen sich an der Regulation der sie umgebenden Fauna. Verfolgt man nun das weitere Funktionsmotiv der Autonomisierung der Organsysteme von der Umgebung, so zeigt uns bekanntlich die gesamte Tierreihe die zeitliche Ordnung ihrer Evolution im Sinne der organismischen Ordnung selber:

Wirbellose	Vorherrschen der Sinnessysteme mit dezentralem Nervensystem:	Peripherie überwiegt
Fische	Zentralisierung des Nervensystems	Gehirn
Lurche	Internalisierung der Atmung	Lunge
Kriechtiere	Autonomisierung des Wasserhaushaltes im Blutkreislauf	Herz
Vögel	Autonomisierung des Wärmehaushaltes	Bauchraum
Säugetiere	Internalisierung der Fortpflanzung	Uterus
Mensch	Biotop-ungebundene Gliedmaßen	Bein, Fuß

Wie in der Embryonalentwicklung jedes Tieres, prescht die Emanzipation des Sinnes-Nervensystems phylogenetisch voraus, schließt die des rhythmischen Funktionszentrums an und wird gefolgt vom Stoffwechsel- und Gliedmaßensystem. So nimmt es nicht Wunder, sondern ist eine organologische Bestätigung, dass fast alle Lurche und Kriechtiere carnivor sind. Nur einige vegetarische Ausnahmen finden sich bei großen Galapagos-Leguanen und den Landschildkröten. Unter den Froschlurchen sind es nur deren Kaulquappen, also die Larven, die sich zuerst pflanzlich ernähren. Wenn letztere im Zuge der

Metamorphose zum lungenatmenden Landtier werden, so schmelzen sie aktiv ihr Schwanzorgan ein in einer Art leibesinterner Carnivorie. Danach können sie es nicht mehr lassen, von tierischer Nahrung zu leben. – Der Grottenolm ist wie alle Schwanzlurche carnivor und lebt von winzig kleinen Höhlenkrebschen.

Einen Überblick über die Schwanzlurche gibt in erster Annäherung die folgende Dreigliederung:

Caudata

Molche — Salamander — Riesensalamander

Bis 1,80 m lang können die Riesensalamander in ihren chinesischen und japanischen Bachläufen werden. Die Hellbender in den Flüssen Nordamerikas bleiben nur etwas kleiner. Es sind kleinäugige, nimmersatte Räuber am Grunde ihrer Gewässer, die meist bewegungslos herumliegen und lauern. Ihre stoffwechselbetonte Ausrichtung ist evident.

Unser Feuersalamander ist in seinem schwarzen Habit mit hellgelber Fleckung ein gut durchrhythmisierter Lurch. Der fleckenlose Alpensalamander zeigt seine ähnliche Grundkonstitution in der ringelförmigen Rumpfgestaltung. Der verwandte spanische Rippenmolch geht darin so weit, dass er die Rippen, als ausgesprochene Skelettelemente des Brustkorbes, nicht nur in die Lendenregion fortsetzt, sondern ihre Enden als spitze Waffen aus der Rumpfwandung hervorstechen lässt: die Rippen in ihrer Begleitnatur der Mitte als Aggressionsorgane!

Die Molche sind die kleinen Vertreter der Schwanzlurche, die ihre artenreichen, zierlich-zarten Gestalten mit farbenfrohen Hochzeitskleidern im Frühjahr schmücken, ohne dass sie je grell auffällig wirken würden. Nicht so sehr Selbstdarstellung, sondern unauffälliges Sich-Einfügen in die wässrige oder feuchte Umgebung machen sie aus.

Wozu gehört nun der Grottenolm? Sowohl seine Anatomie, besonders aber sein Balzverhalten in der Laichzeit erweist ihn als engen Verwandten der Molche! Und doch sind sie ganz zu stoffwechselbetonten, äußerst langlebigen Gesellen geworden. Das Wachstum verläuft langsam und dauert permanent wohl

Abb. 12 (rechte Seite): Oben Tropfsteinkaskaden in der Adelsberger Grotte von Postojna/ Slowenien. Unten Ausgewachsene Grottenolme in Postojna, vom Besucherlicht graurötlich geworden.

Abb. 13: In der Höhlenfinsternis bleibt der Grottenolm weiß. Nur die Kiemen schimmern rötlich auf. Tropfsteinhöhle Nova Vas, Porec, Istrien, Kroatien.

bis zu ca. 100 Jahren. Zeit spielt keine Rolle. Schreck und Hast kennen sie nicht.

Wir wollen hier verstehen durch Vergleichen. Im Vergleichen wägen wir ab, was gleich ist und was ungleich ist. Dabei gehört der Vergleicher zum Vergleichen immer mit dazu. Das Evolutionsverständnis legt dabei nahe, dass wir selbst dadurch gerade alle Naturstufen prinzipiell verstehen können, weil wir sie selbst existentiell durchgemacht haben und damit bleibend in uns tragen. So ist der menschliche Organismus selbst schon ein Verständnisinstrument.

Das Organ in uns, welches am besten arbeitet, wenn es möglichst wenig bewegt, geschüttelt oder gar erschüttert wird, ist das Gehirn. Es ist selbst völlig frei von jeder Eigenbewegung, wie sonst kein Organ in uns. Es ist der leibliche Ruhepol, den wir selbst beim Sprint mit wirbelnden Gliedmaßen noch immer so ruhig wie möglich halten. Selbst dem Druck der Schwere ist es durch den Auftrieb im Hirnliquor entzogen. Es ist unser Bewusstmachungsorgan: Es spiegelt nur die Seeleninhalte, zum Beispiel die eigenen Gedanken ins Bewusstsein, aber erzeugt sie selbst nicht. Unbeeinflusst von den Seelenbetätigungen in allen anderen Organen, neigt es dazu, die Gedankenbildung so einfach wie möglich zu machen: Es generalisiert gerne die Welt auf möglichst *wenige* Prinzipien, um nicht der Überfülle der Welt genügen zu müssen. Gute Mathematiker pflegen, komplizierte Lösungswege durch möglichst kurze zu ersetzen, was sie «die elegante Lösung» nennen. In diesem wertfreien Sinne besteht das gehirngebundene Denken in dem Einsatz geschickt verwendeter Faulheit. Nur der möglichst ruhig gestellte Spiegel kann spiegeln. Erschütterungen führen zur Gehirnerschütterung.

Eine Grundeigenschaft hirngebundenen Seelenvermögens ist der Hang zur Miniaturisierung. Totaleindrücke stören, also werden sie in ihre Teile zerlegt – so klein wie nur irgend möglich. Der Aufbau neuer Ganzheiten, also die Entdeckung von Gedankenzusammenhängen, ist der ebenso mögliche Gegenprozess, oft ein Akt langfristiger geistiger Verdauung: Das Ergebnis hat oft den Anspruch, für alle weiteren Zeiten als endgültige Wahrheit zu gelten, auch wenn sich in geschichtlichen Dimensionen zeigt, dass auch sie zeitbedingt waren. Aber ihr historisches Verharrungspotenzial ist groß.

Nach dieser wohl unvermittelten Einlage der Selbstreflexion des abbildenden Denkens wenden wir uns umgekehrt säugetierkundlichen Beobachtungen zu. Die dreigliedrige Analyse ergab[4], dass Vertreter primär reichlich sinnesoffener Konstitutionen, wenn sie sekundär stoffwechselstark werden, die ausgesprochene Neigung haben, in Höhlen zu leben: Schon die Wühlmäuse lieben, gegenüber den Langschwanzmäusen, sich in die Erde einzuwühlen. Die Schermaus, noch mehr der Hamster und besonders das Stachelschwein, sind unter den Nagern durchgängige Beispiele. Unter den Raubtieren ist es bei den Wiesel- und Marderverwandten der Dachs, der zum großen Höhlengräber wird. Der Höhlenbär der letzten Eiszeit war das größte Extrem dieser arctoiden Raubtiere. Ähnliches lässt sich unter den Beuteltieren beim australischen Wombat verfolgen.

Diese Stoffwechselverstärkung beinhaltet nicht allein nur die zunehmende Verdauung schwer aufschließbarer Nahrung, sondern auch die verstärkte Verarbeitung der Sinnesreize. Dafür ist das Zentralnervensystem zuständig. Und tatsächlich lässt sich an der zunehmenden Furchung des Neocortex zeigen, dass das Gehirn des Stachelschweins deutlich mehr gefurcht ist als das der Kleinnager, so das Gehirn des Dachs oder gar Bären viel stärker als das der Wiesel und Marder. Das hat sicher seine Auswirkungen im Seelenleben dieser Tiere: Die Sinneseindrücke können besser verinnerlicht werden und seelisch genossen werden. Man muss einmal einen schlafenden Dachs in Ruhe beobachten, um in seinem geradezu heftig schnaufenden Schlaf zu bemerken, dass er in reichen, packenden Bildern träumt. Dazu braucht man gar nicht zu wissen, was für Traumbilderinhalte es denn nun sind. Sein heftiges Schnaufen verrät, dass viel «los ist».

Nun wird der Zusammenhang gedanklich deutlich. Das Tier zieht zeitweise jene Umgebung vor, die landschaftlich das bietet, was in ihm physiologisch und organologisch sich verstärkt durchgesetzt hat: Kein Organ ist bei den Säugetieren so in einer massiven Knochenhöhle geborgen wie das Gehirn. Es ist praktisch das beste ruhiggestellte, *innere Höhlenorgan*. Kein Wunder, wenn das Tier organisationsmäßig getrieben ist, das in der äußeren Landschaft, im Ökoorganismus, zu bevorzugen, was in der Innenlandschaft seines Eigenorganismus den konstitutionellen Akzent setzt.

Was hat das alles mit dem Grottenolm zu tun? Wozu diese beiden Intermezzi? Wenn es der Leser nicht selbst schon inzwischen gemerkt hat, sei für ihn die ideelle Bilanz gezogen. Der Grottenolm ist der in allem auffällig extrem zu hohen Stoffwechselleistungen disponierte nächste Verwandte der so sehr viel kleineren, sensiblen *Triturus*-Molche.

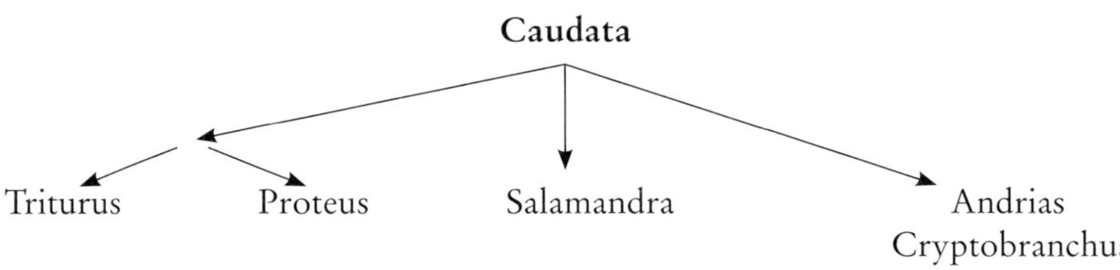

Stunden-, ja tagelang liegt er träge in völliger Ruhe bewegungslos in seinen unterirdischen Gewässern. Er sucht und findet die winzigen Höhlenflohkrebse, um sie durch seine winzige Mundöffnung einzuschlürfen. Daraus baut er in extremer innerer Gemächlichkeit nach und nach seine für einen Molch übergroße Leibessubstanz auf, mit der er 100 Jahre alt werden kann. Und das findet statt im größten Höhlensystem Europas in völliger Dunkelheit. Er wird dazu als Lurch kein besonders vergrößertes Gehirn bilden. Er ist als ganzes Tier selbst die leibgewordene Zusammenfassung der Gesetzlichkeit, die sich im Gehirn des Menschen am meisten internalisiert hat in einer besonders großen Gehirnhöhle, die den Menschen umso unabhängiger machte von äußeren Höhlen. Der Grottenolm ist ein leibgewordener Miniaturexperte und lebt das körperlich aus, was sich innerseelisch beim Menschen im hirngebundenen Seelenleben zeigt: den Hang zur Weltferne, wie es das große Reflexionsgenie Immanuel Kant uns beschert hat: Der Mensch kenne nie die Dinge an sich, sondern nur sich selbst. Wer es im mythischen Bild haben will, lese das Höhlengleichnis von Plato.

Am Nordrand Wittens liegen zwischen Feldern und Wiesen die Gebäude eines alten Bauernhofes, in denen heute die heilpädagogische Betreuungsstätte «Christopherushof» arbeitet. Ein verwachsener Feuerlöschteich liegt mitten darin. Abends, wenn die Dämmerung einfällt und die Zöglinge schlafen gehen, ertönt im Hof für die die Stille suchenden Ohren vom Frühling an ein feines Glockenspiel. Es ist der Ruf des Glockenfröschchens, auch Geburtshelferkröte oder hier auch Steinklinke genannt (Abb. 14). Doch ist es weder ein Frosch noch eine Kröte, sondern eine Unke. Nur die Männchen rufen; doch so leise ihre zarten Glöckchenstimmen auch klingen, so weit tragen sie. Versucht man ein solches Tier nach seinem Ruf zu orten, ist es meist nicht möglich – so diffus, wie von überall kommend, ist die Akustik. Die Tiere sitzen nicht im Wasser, sondern am liebsten unter feuchten Steinen an Land. Klein, hellgrau, mit feinen Hautwarzen besetzt, die Augeniris golden geädert, die Pupille ein senkrechter Spalt (Abb. 15 oben), nie in Rudeln, meist vereinzelt, benötigen sie das Wasser nur zur Jungenaufzucht. Die unterseits leuchtend gelb- bzw. rotgefleckte Bergunke bzw. Rotbauchunke sind die nächsten heimischen Verwandten. Während diese in der Norddeutschen Tiefebene und jene nach Süden zu im Mittelgebirge zu Hause ist, ist das Glockenfröschchen ein ausgesprochen westliches Faunenelement, so bei uns im Rheinischen Mittelgebirge und seinen Ausläufern.

Im Reigen der Froschlurche sind die Unken (Bombyciden) das feingliedrige Gegenteil zu den plumpen Kröten (Bufoniden), zwischen denen die agilen Frösche (Raniden) die gesteigerte Mitte sind.[5] Über die räumliche Gestaltung hinaus sind die Zeitgestalten von besonderem Interesse. Die Kröten als stoffwechselbetonteste Verwandtschaftsgruppe laichen am frühesten im Jahr, insbesondere die Erdkröte oft schon vor dem Grasfrosch im Februar. Die Kaulquappen schlüpfen recht klein aus den im Wasser abgelegten Laichschüren und wachsen langsam den Sommer über oft in Rudeln heran und gehen im Spätsommer recht spät an Land, machen also eine lange Wasserphase als Larven durch.

Unken hingegen laichen gerne in kurzzeitigen Gewässern wie regenwassergefüllten Wagenspuren oder flachen Tümpeln in Wäldern und Steinbrüchen. Die Ablage in kleinen Laichklumpen kann sich weit in den Sommer hinein fortsetzen. Die Kaulquappen wachsen rasch heran und wandeln sich bald um.

Das Extrem davon sind die Glockenfröschchen. Wie unter den Vögeln die sinnesbetonten Singvögel die ausführlichste Brutvorsorge und Brutpflege betreiben, so gibt es Ähnliches unter den oft winzigen tropischen Baumfrösch-

chen in verschiedenartigster Weise. So eben auch innerhalb der heimischen Lurche allein bei der sensibelsten Art. Darauf deutet schon der zweite Name des Glockenfröschchens: Geburtshelferkröte. Zum Ablaichen wird noch nicht einmal ins Wasser gegangen. Wenn die Laichschnüre aus der Kloake des Weibchens austreten, wickelt das befruchtende Männchen sie sich um seine Hinterbeine und, kräftig mit ihnen strampelnd, zieht es sie aus dem Weibchen heraus. So benannten die Zoologen die Alytes-Unke mit dem Artnamen «obstetricans», das heißt «hebammentätig». Leicht durch Laichschnüre behindert, hüpft das Männchen wenig herum, sondern verkriecht sich in Gesteinsspalten passender Feuchtigkeit, während die Keime zu Kaulquappen innerhalb der Gallertschnüre auswachsen (Abb. 15 unten).

Es ist in der heimischen Lurchfauna schon einzigartig, dass sich die Befruchtung und frühe Keimesentwicklung nicht im Wasser abspielen. Die kleine Geburtshelferkröte ist faktisch wasserscheu. Das teilt sie mit vielen betont sinneshellen Tieren: Langschwanzmäuse (Muriden) sind wasserscheu, Wasser- und Wanderratte nicht; Wiesel sind wasserscheu, Iltis und Fischotter nicht; Kleinkatzen sind wasserscheu, Großkatzen wie Jaguar und Tiger nicht. So wartet das Glockenfrosch-Männchen so lange wie möglich, bis es im rechten Augenblick nur mit seinem Hinterteil ins Wasser geht, woraufhin die Quappen die Laichschnüre sprengen und nun freischwimmend sich weiterentwickeln. Es werden auffallend große, weißliche Larven daraus, die ihr Wasserleben solitär vereinzelt führen. Wenn es dann zur Metamorphose für das Landleben kommt, schnurrt die Quappe in Größe und Masse stark zusammen, so dass nur ein kleiner Glockenfrosch übrigbleibt, der nur noch wenig wachsen wird. Kleinen Kaulquappen der Kröten mit großen ausgewachsenen Tieren stehen die großen Kaulquappen der Geburtshelferkröte mit kleinen Adultformen gegenüber. Die Erdkröten laichen nur einmal und sehr früh im Jahr, die Geburtshelferkröten beginnen erst im Mai damit, und können dann die Balz- und Laichzeit den ganzen Sommer über fortsetzen. Die Unterschiede in der Dominanz der Stoffwechsel- und der Sinnesfunktionen in beiden Gruppen stehen sich auch im Zeitmuster polar gegenüber.

Viele Menschen empfinden Abscheu vor den feuchten Lurchen. Ihnen kann man nur raten, sich doch einmal zu ihnen herunterzubeugen, ja sich auf den Boden zu legen, um ihre Augen von nahem zu sehen. Wundervolles goldfarbenes Aderwerk durchzieht ihre Iris, die Regenbogenhaut. Die Märchenweisheit hielt sie schon deshalb für verzauberte Prinzen.

Abb. 14 (linke Seite): Oben Laichbiotop der Geburtshelferkröte am Nordrand von Witten. Unten Das kleine Glockenfröschchen misst nur 4,5 cm.

Das gestaltbiologisch Interessante dabei ist, dass die Kröten eine horizontal verbreiterte Pupille, die Frösche eine eher runde und die Unken eine horizontal verengte, zu einem vertikalen Schlitz gewordene Pupille haben (Abb. 15). Ähnlich haben Kleinkatzen vertikal verengbare Pupillen, Großkatzen, Hunde und Robben kreisförmige und die meisten wiederkäuenden Huftiere horizontalisierte Pupillen. Hier besteht offenbar der gleiche Zusammenhang, den es weiter zu überdenken lohnt. So ist nichts an unserem kleinsten Froschlurch bedeutungslos, sondern er ist eine Zierde unserer Tierwelt, die sich bis hinein in den Silberklang seines Stimmchens gegenüber dem keckernden Gequake unserer Wasserfrösche oder dem dumpfen Laichgrunzen unserer Erdkröten absetzt. In Süddeutschland fehlt sie, doch vor vielen Jahrzehnten wurde die Geburtshelferkröte in einem verfallenen Steinbruchgelände bei Wendelsheim westlich von Tübingen ausgesetzt, so dass auch die Schwaben die Gelegenheit haben, dort ihren besonderen Klang zu hören.

Die ganze Eigenart des Glockenfröschchens kommt direkt in seiner charakteristischen Extremstellung innerhalb der heimischen Froschlurche (Anura) zum Ausdruck. Im Kontext der mit ihm verwandten Lurche wird das ihm zugehörige Merkmalsspektrum im Vergleich am besten verständlich:

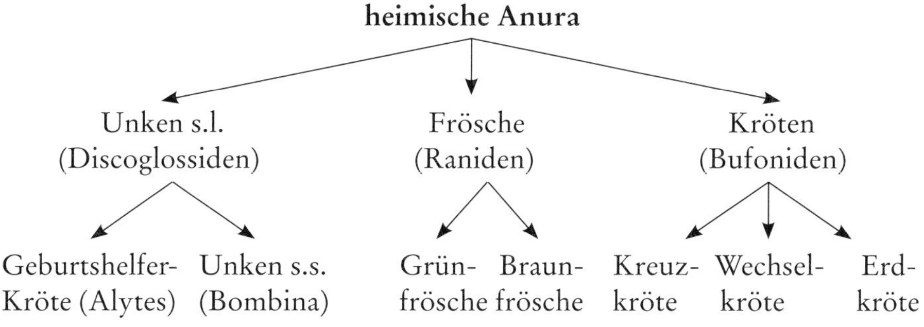

Bis in den anatomischen Bau des Skelettes lässt sich diese triadische Ordnung verfolgen. Die Discoglossiden und ihre weiteren Verwandten (Schlammtaucher, Knoblauchkröte etc.) besitzen zum Beispiel noch Rippen, die sich ja nach oben zunehmend kopfartig zusammenschließen. Die Raniden und Bufoniden hingegen besitzen keine Rippen mehr: Was bei den meisten Vierfüßlern (Te-

Abb. 15 (linke Seite): Oben Die goldene Iris mit vertikaler Pupille der Geburtshelferkröte (Witten). Unten Männchen mit Eischnüren an den Hinterbeinen.

trapoden) charakteristischerweise für den Bauchraum gilt, betrifft hier sogar ebenso den oberen Rumpfbereich, den Brustraum: eben die Rippenlosigkeit. – Der am besten durchrhythmisierte Skelettbau, die Wirbelsäule, trägt bei den Discoglossiden procoele (vorn ausgehöhlte) Wirbel, bei den Bufoniden hingegen opisthocoele (hinten ausgehöhlte) Wirbel. Die Raniden als gesteigerte Mitte tragen beckennah vorn wie hinten ausgehöhlte (amphicoele) Wirbel, während die kopfnahen Wirbel procoel sind (diplocoele Wirbelsäule).

Dieser Reigen der heimischen Froschlurche (Anura = Schwanzlose) macht auf jeden Betrachter wegen ihrer Schwanzlosigkeit, den oft deutlich verlängerten Hinterbeinen, ihrer großen Aufmerksamkeit und wacheren Reaktionsschnelligkeit gegenüber den Schwanzlurchen (Caudata) den Eindruck einer miniaturhaften Menschenähnlichkeit. Der obige Entwurf ist eine hilfreiche Anregung, dieser uns darin so anrührenden Lurchgruppe auf unseren Wanderwegen nun auch selbst mit erhöhter Aufmerksamkeit und einfühlsamer Verständnisbereitschaft zu begegnen. Auch diese Tiere erzählen jedem alles, was er zu ihrem Verständnis braucht. Denn wie sagte Goethe zu Eckermann?:

«[...] aber die Natur versteht gar keinen Spaß, sie ist immer wahr, immer ernst, immer streng, sie hat immer recht, und die Fehler und Irrtümer sind des Menschen.»[6]

Mensch und Tier im Wandel des Miteinanders

Bei den Germanen wurden die Götter in Baumgestalt verehrt. Heilige Eichenhaine gab es, die dem Donar geweiht waren. Auf dem Thingplatz wurde immer unter einer Linde Recht gesprochen. Aus Ask und Embla, Esche und Ulme, wurde das erste Menschenpaar geschaffen.

Bei den alten Ägyptern wurden die Tiere heiliggehalten und die Götter in Tieren verehrt: Osiris als Stier, Hathor als Kuh, Horus als Falke, die Liebesgöttin Bastet als Katze, die Kriegsgöttin Sachmet als Löwin, der Totenbegleiter Anubis als Schakal. Die tödliche Uräuskobra und der aasfressende Geier krönten das Haupt jedes Pharaos. Das Krokodil Sobeth wurde wie viele Katzen, Hunde, Falken und der Ibisvogel für die Ewigkeit mumifiziert. Der giftige Skorpion und der kotfressende Skarabäus-Käfer waren hochheilig, und der Paviangott inspirierte mit seiner Weisheit die Schreiber am Pharaonenhof (Abb. 1). Noch heute sind in Indien die Kühe heilig. Wieso schaute einst der Mensch zu den Tieren hinauf und nicht, wie wir, auf sie herab?

Die Sphinx von Gizeh erhebt ihr Haupt mit dem Antlitz des Pharao Cheops über ihren gewaltigen Löwenleib: Hier beginnt sich der Mensch aus dem Tier hervorzuringen (Abb. 2). Im frühen noch mythischen Griechenland erhob sich im Kentaur Chiron der Menschenleib aus einem Pferderumpf – ein Mischwesen, aus dem sich nun schon der Menschenrumpf samt Kopf und Armen befreit hat (Abb. 3). Aber Chiron galt den Griechen auch noch als der Lehrer der Ärztekunst und Heilkräuterkenntnis. In der Klassischen Walpurgisnacht lässt Goethe seinen *Faust* auf dessen Pferderücken reiten:

«Den Arzt, der jede Pflanze nennt,
Die Wurzeln bis ins Tiefste kennt,
Dem Kranken Heil, dem Wunden Lindrung schafft,
Umarm' ich hier in Geist- und Körperkraft! […]»[1]

Abb. 1: Der Schreiber des Pharaos bekommt von Thot, dem Gott der Wissenschaft in Gestalt eines Pavians, seine Texte diktiert. Aus Amarna um 1350 v. Chr; heute Ägyptisches Museum, Kairo.

Abb. 2: Der Pharao Cheops erhebt sein menschliches Haupt über einem Löwenleib vor dem Hintergrund seiner Grabespyramide bei Gizeh, Kairo. Um 2500 v. Chr.

Darauf erzählt ihm Chiron, dass er einst die zehnjährige Helena, die kommende schönste Frau der Welt, ebenfalls schon getragen hat, und Faust kann sich vor Freude kaum fassen:

«*Faust*:
[…]
Nun ist mein Sinn, mein Wesen streng umfangen;
Ich lebe nicht, kann ich sie nicht erlangen.
Chiron:
Mein fremder Mann! als Mensch bist du entzückt;
Doch unter Geistern scheinst du wohl verrückt. […]»

Abb. 3: Lapithe im Kampf mit dem Kentaur. Metope von der Südseite des Parthenon auf der Akropolis von Athen. Um 444 v. Chr.; heute Britisches Museum, London.

Er schlägt Faust vor, bei der Heilsibylle *Manto* einzutreten:

«*Chiron*:
[…]
Der Tochter Äskulaps; im stillen Beten
Fleht sie zum Vater, dass, zu seiner Ehre,
Er endlich doch der Ärzte Sinn verkläre
Und vom verwegnen Totschlag sie bekehre …
[…]
Ihr glückt es wohl, bei einigem Verweilen,
Mit Wurzelkräften dich von Grund zu heilen.
Faust:
Geheilt will ich nicht sein, mein Sinn ist mächtig,
Da wär' ich ja wie andre niederträchtig.»

Ist doch im Zweiten Teil des «Faust» *Helena*, der schönste Mensch, die Personifikation der geistigen Welt selbst, nach der zu streben und zu suchen er nicht aufgeben will. Bei Manto angekommen, stellt Chiron ihr den *Faust* vor:

«*Chiron*:
[…]
Helenen, mit verrückten Sinnen,
Helenen will er sich gewinnen
Und weiß nicht, wie und wo beginnen;
Asklepischer Kur vor anderen wert.
Manto:
Den lieb' ich, der Unmögliches begehrt.»

Die daran anzuschließende Heilungsszene hat Goethe nie ausgedichtet. Goethe wollte offenbar nicht, dass der Mensch von seinem Streben zum Geiste «geheilt» werde. Denn durch die ausbleibende «Heilung» finden nun anschließend tatsächlich Faust und Helena zusammen. Doch geheimnisvollerweise war der Kentaurhalbgott daran vorbereitend beteiligt.

Am Parthenon auf der Akropolis in Athen, auf der Südseite dieses Tempels der Stadtgöttin Athene, der Göttin der Weisheit, ist auf den Metopen oberhalb der Säulen der Kampf der nordgriechischen Lapithen gegen die Kentauren, der Sieg des Menschen über die Tiermenschen, dargestellt (die Originale sind heute im Britischen Museum in London). Das gleiche Motiv enthielt das westliche Giebelfeld des Zeustempels von Olympia, des Gottes, aus dessen Haupt (!) Athene in voller Rüstung geboren wurde (die Originale heute im dortigen Olympia-Museum). Der Heros Theseus und der Lichtgott Apollo verhelfen den Lapithen zum Sieg.

Zur Gründung des Weisheitszentrums Griechenlands in Delphi tötete dort Apollo die Schlange Python. Nach ihr heißt nun jene Pythia, aus deren mantrischen Lauten im Tempel des Apollos die Priester die Orakelsprüche des Gottes heraushören. Diese sind so doppeldeutig, dass die um Rat Fragenden ihr eigenes Denken einsetzen müssen, um den Rat auch zu verstehen. Der Lichtgott schulte so die Griechen im erwachenden Denken und führte sie aus der Bilderwelt des Mythos heraus zum Logos.[2] In der Logik erwachte nun die Verstandesseele und damit der «abendländische Geist», welcher in Aristoteles, der selbst zeitweise in Delphi lebte, seinen ersten Höhepunkt erreichte. Nun erfuhr sich der Mensch erstmals über dem Tier stehend und blickt seitdem auf es herab.

Abb. 4: Christus reitet auf einer Eselin am Palmsonntag in Jerusalem ein. Sie nährt zugleich ihr Fohlen. Ottonische Buchmalerei, um 1010 n. Chr.

Aber ist damit schon das endgültige Verhältnis des Menschen zu den Tieren erreicht? Was hat das Christentum daran verändert? Gibt es nicht auch in der christlichen Ikonografie positive Anschauungen von göttlichen Tieren? So doch der Heilige Geist als weiße Taube. Auch der Geist des Christus senkt sich bei der Taufe im Jordan als eine Taube in den Jesus von Nazareth «und blieb auf ihm» (Joh 1,32). Die Passion beginnt am Gründonnerstag mit dem Einzug Christi in Jerusalem auf einer Eselin mit ihrem Fohlen (Abb. 4).

Christus selbst wird das Lamm Gottes genannt. Aber welch andere Tiere als in Ägypten – und doch Tiere! Drei der vier Evangelisten werden immerhin mit den Symbolen von Adler (Johannes), Löwe (Markus) und Stier (Lukas) gekennzeichnet. Und wenn das Symbol des Matthäus der Mensch selber ist, so ist er damit durchaus nicht als der über den anderen dreien Stehende bezeichnet.

Diese Symbolik erschien allerdings schon im Alten Testament beim Propheten Hesekiel (Ezechiel) in dessen erstem Kapitel. Am bekanntesten ist diese «Vision des Ezechiels» in dem Gemälde Raphaels geworden, worin er Jahwe,

Abb. 5 (Links): Die Vision des Ezechiel von Raffael 1518, zwei Jahre vor seinem Tod gemalt.

Abb. 6 (Rechts): Christophorus Kynokephalus. Ikone 1685. Byzantinisches Museum, Athen.

umgeben vom «Viergetier», dargestellt hat (heute im Palazzo Pitti in Florenz) (Abb. 5). In der Apokalypse des Johannes (6,1ff.) reitet der Auferstandene auf einem weißen Pferd. Und die Ostkirche kennt sogar einen Heiligen Christophorus Kynokephalus, den «Hundsköpfigen» (Abb. 6). Der Hund war das erste gezähmte Tier und ist bis heute der treueste und anhänglichste Begleiter zahlloser Menschen geblieben.

Wenn das Kind ins Jugendalter heranreift, reift auch das selbständige Urteilsvermögen erstmals heran. Fragt man heutige Jugendliche nach dem Unterschied des Menschen vom Tierreich, so nennen sie rasch ihr eigenes Selbstbewusstsein, das sich selbst befähigende Denken, die Fähigkeit zur selbstbestimmten Selbstverwirklichung als zentrale Unterschiede. Das Tier ist zwar auch ein eigenwilliges Subjekt, aber es kann sich als solches nicht selbst in den Blick nehmen; es hat keine Selbstidentifikation, kein volles Ich-Bewusstsein und ist damit nicht für sich und andere verantwortlich. Es gab Zeiten, wo man ein wildgewordenes Pferd vor das Dorfgericht stellte und verurteilte – eine wirklichkeitsfremde Absurdität. Sein Seelenleben ist art-, rassen-, gruppengebunden. Es wird geleitet von gruppenhaft vererbten Verhaltensweisen, die wir Instinkte nennen.

Solche gibt es auch beim Menschen, aber nicht nur. An den einstigen Begründer der Berliner Universität, Wilhelm von Humboldt, schrieb der alte Goethe noch zwei Wochen vor seinem Tode in seinem letzten Brief:

«Die Tiere werden durch ihre Organe belehrt, sagten die Alten, ich setze hinzu: die Menschen gleichfalls, sie haben jedoch den Vorzug, ihre Organe dagegen wieder zu belehren.«[3]

Diese hinzugewonnene Freiheit macht den Menschen mündig, nämlich darin, dass er durch seinen Mund Antwort und Rechenschaft geben kann über die Motive seines Handelns, also Ver-«antwortung» im wörtlichen Sinne übernehmen kann. – Mit der erhöhten Freiheit von der Welt entsteht nun aber folgenreich zugleich das Risiko, zu irren und weltfremd, eben falsch zu handeln. Kein Tier hat je eine solche verheerende Zerstörung der Lebensgemeinschaften auf der ganzen Erde in der Moderne angerichtet wie der sich alle Freiheiten nehmende und diese zugleich nicht mehr verantwortende, gewinnmaximierende Mensch. Selbst die größten Heuschreckenschwärme haben nie eine Tier- oder Pflanzenart ausgerottet; die heutige Menschheit tut es jetzt täglich. Wenn Tiere handeln, muss es von ihnen gar nicht verantwortet werden, sondern sie leben in erdgeschichtlich gewachsenen Abstimmungen gruppenhaft gesichert. Diese naturhafte Weisheit haben immer alle Völker früher bewundert. Denn sie haben bemerkt, dass die Weisheiten der Gruppen-Iche der Tiere die Weisheiten der Menschen-Iche oft weit übertreffen, schon weil jene nicht irren können. So Goethe zu Eckermann:

«[...] aber die Natur versteht gar keinen Spaß, sie ist immer wahr, immer ernst, immer strenge, sie hat immer recht, und die Fehler und Irrtümer sind immer des Menschen.»[4]

Zu dieser Weisheit blickten deshalb die alten Ägypter ehrfürchtig auf und legten in die Mumie ihres Gottkönigs Pharao anstelle des Herzens einen aus edlem Stein geschnittenen Käfer, den Heiligen Pillendreher *Scarabaeus sacer*. Muss er doch seine Weisheit sorgfältiger Brutvorsorge und Brutpflege nie lernen, sondern kann alles Lebensnotwendige von vornherein vollkommen.

Geht man dieser Naturweisheit näher nach, so ist das Bemerkenswerte, dass die höheren Tiere, von der Verhaltensforschung inzwischen gut studiert, schon erste Freiheitsgrade besitzen, nämlich schon lernen können. Damit können sie aber auch künstlich fehlgeprägt und fehldressiert werden – und das umso mehr, je näher sie dem Menschen verwandtschaftlich stehen. Am gesichertsten sind deshalb die angeborenen Verhaltensweisen der allermeisten wirbellosen, also niederen Tiere. Aus der Perspektive der Naturweisheit ist nämlich das sogenannte niedere Tierreich das höhere.

Welch hohe, völlig unbewusste Ordnung lebt in der Raupe des Nachtschmetterlings Kleines Nachtpfauenauge *Saturnia pavona*, die meist an den Blättern der Waldhimbeeren frisst. Wenn sie zur Verpuppung ihren Kokon spinnt, so baut sie – ohne es zu wissen – trotzdem vorsorglich am Eingang eine Reuse ein, sodass niemand in den Puppenraum hineinkann, der frisch geschlüpfte Schmetterling aber leicht entweichen kann.

Unter den Käfern findet sich eine ausgeprägte Brutvor- und -fürsorge bei den Aaskäfern und Mistkäfern[5], eben zum Beispiel beim Skarabäus. Seine Hieroglyphe hatte den Lautwert Chepre, woraus unser Wort Käfer entstand. Sein Begriffswert war: «der aus sich selbst neu Entstehende». Das aber ist der Begriffswert des Schöpfers selbst. Aus Chepre ist demnach die Welt und sind alle Götter hervorgegangen.[6]

Eine Hochentwicklung an Naturintelligenz erfuhren die sozialen, staatenbildenden Insekten: die Hummeln, Wespen, Bienen und besonders die Ameisen.[7] Hier finden sich sogar bei Wirbellosen die ersten Freiheitsgrade zu lernen. Bienen lassen sich tatsächlich dressieren, doch nie das Einzeltier, sondern nur im Kontext des intakten Bienenstockes.[8] Noch höher stehen in den Intelligenzleistungen die sozialen Völker der niederen Insekten: der Termiten, die die Länder der Tropen und Subtropen unterirdisch beherrschend durchziehen.

Die Insekten = Kerbtiere werden mit ihren sechs Beinen auch Hexapoden genannt. Noch primitiver sind, weil noch mit acht Beinen ausgestattet, die Spinnen. Diese so verkannten Bewohner aller Lebensräume können die hohe Kunst, äußerst regelmäßige Radnetze zu spinnen und vieles mehr (Abb. 7). Das hat ihnen bei allen Spinnenforschern große Bewunderung eingebracht.[9,10] Warum ekeln sich aber dann so viele Menschen vor ihnen? Rudolf Steiner soll einmal davon gesprochen haben, dass beim Anblick einer Spinne die Menschen im Unterbewusstsein den Eindruck haben, dass das Gruppen-Ich bei den Spinnen weit den Menschen an Weisheit übertrifft und dieser sich dadurch unbewusst vor ihnen schämt. Im Tagesbewusstsein will er diese Scham aber nicht wahrhaben und reagiert abwehrend mit Antipathie. – Man bewundere in

Abb. 7: Spinnennetz-Ausschnitt im Tau.

der Morgenfrühe doch einmal wieder das mit Tautropfen behangene wunderbare Netz einer Radspinne.

Lorenz Oken (1787–1854), ein Zoologe der Goethezeit, hatte die Idee, dass der menschliche Organismus eine Zusammenfassung des ganzen Tierreiches ist. Durch sein Zentralnervensystem – Gehirn und Rückenmark, umgeben von der Schädelkapsel und der Wirbelsäule – ist er verwandt mit allen Wirbeltieren. Doch er trägt auch das ganze niedere Tierreich in den Organen in sich, die tiefschlafend vom vegetativen Nervensystem durchzogen sind. Die Wirbellosen haben diffuse, ringförmige oder strickleiterartige Nervennetze in sich, und so der Mensch auch ein dezentralisiertes Eingeweide-Nervensystem, das die Verdauungsorgane, das Blutadernetz und die Hormondrüsen hochweisheitsvoll reguliert. Die Benennung als vegetativ = pflanzlich ist jedoch unpassend, denn auch in ihm lebt das Seelisch-Geistige des Menschen. Rudolf Steiner entdeckte, dass das Tages-Ich nur ein Nachklang, ein Spiegelbild des wahren individuellen Ich ist, mit dem wir jede Nacht im Tiefschlaf kosmisch vereinigt sind.[11] Es ist das, was an eigenstem Lebenswillen uns ins Leben geführt hat und durchs Leben hindurch uns aus unseren Tiefen mit Tatkraft impulsiert.

Dieses unser wahres Wesen ist schon früh während der Embryonalentwicklung in der Leibesbildung mittätig. Einen noch viel unerwarteteren Schritt ging Rudolf Steiner weiter, indem er den ersten anthroposophisch orientierten Ärzten davon sprach, dass noch wichtiger als das Studium des Embryos das Studium der Embryonalhüllen sei, denn darin lebe zuerst der vorirdische Mensch.[12] Die Zottenhaut (das Chorion), die Fruchtblase (das Amnion), die Wurstblase (die Allantois) und der Dottersack (der Saccus vitellinus) sind zusammen der erste physische Leib des kindlichen Geistwesens, und erst später ist es der sich daraus abschnürende Embryo. Denn die zugehörigen Hüllen sind erbgleiches kindliches Gewebe aus derselben befruchteten Eizelle, also ebenso schon das Kind. Die vorher in den ersten zwei Wochen gebildeten Hüllen stellen einen Hüllenmenschen aus sphärisch gestalteten Hohlorganen dar, die stärker auf ihren Umkreis funktionell ausgerichtet sind als auf sich selbst.

Diesen vom Kosmos noch nicht abgeschnürten Paradiesesmenschen nannte die jüdische Kabbala den Adam Kadmon.[13] Steiners Farbskizze von dieser makrokosmischen Menschenanlage zeigt in zarten smaragdgrünen, sonnengelben und rubinroten Andeutungen von sphärischen Gebilden, die in und um sich von Glockenformen begleitet sind (Abb. 8).

Solche Glockenformen treten auch bei der Bildung der ersten Embryonalhüllen auf (Abb. 9). Sie sind offen für den Umkreis und beginnen zugleich mit einer ersten inneren Abschirmung gegenüber dem Außen. Weltoffenheit und Eigenraumbildung stehen noch gleicherweise zueinander in der Balance des harmonischen Menschseins, noch unberührt vom Eigensinn Luzifers, der erst dem Embryo im engeren Sinne zur Abschnürung verhilft.

Der kosmische Leib stirbt nach der Geburt als die Nachgeburt. Der irdische Leib überlebt. Vor der Geburt ist jeder Mensch noch ein voller Mensch, im Erdenleben nur noch ein Teil seiner selbst, der der Ergänzung durch die Kultur des Miteinanders bedarf.[14]

Primus heißt: der Erste. Was uns als das Primitivste = Erste erscheint, ist zugleich schon das Geistvollste. Von dort her stammen wir. Das gilt nicht nur für die Entwicklung des Einzelnen, sondern auch für die gemeinsame Entwicklung des Menschen mit allen Tieren. Die geistnächste Gestaltung zeigen die *niedersten* echten Vielzeller des Tierreiches noch heute. Es sind die Hohltiere (Coelenteraten) der Meere (wenige auch im Süßwasser). Die Rippenquallen bestehen in ihrer Substanz aus 99,8 % purem Wasser und ganz wenig Eiweiß. Sie sind völlig klar durchsichtig, sodass sie im Umgebungswasser nicht zu sehen sind, wenn sich nicht das Licht an ihrer Ober-

Abb. 8: Adam Kadmon. Pastellskizze von Rudolf Steiner, 1923.

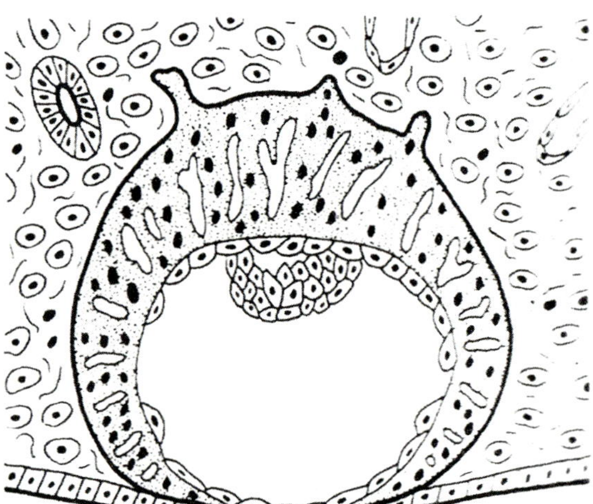

Abb. 9: Die Glockenform des menschlichen Keimes während der Einnistung in das obere Uterusgewölbe am 8./9. Tag.

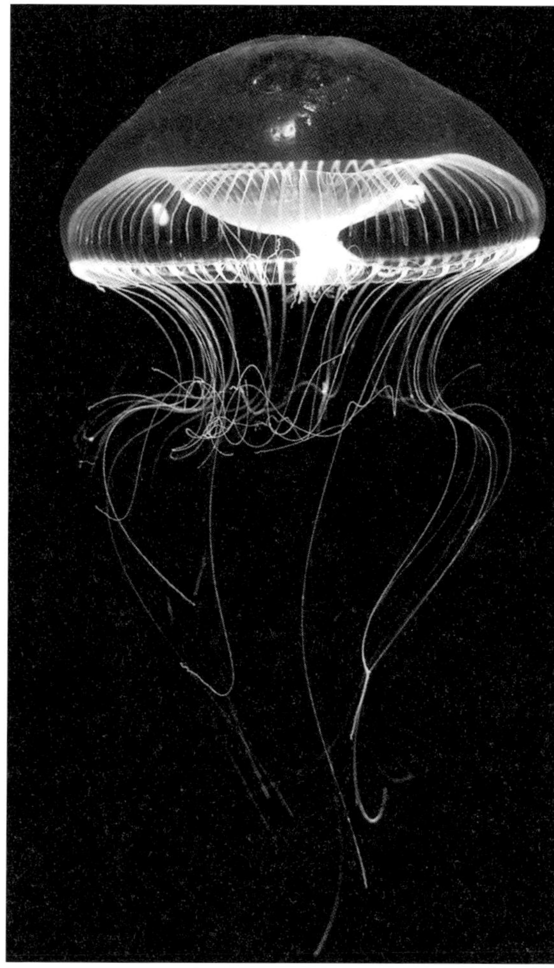

Abb. 10: Die Hydromeduse Aequoria victoria.

fläche in herrlich leuchtenden Regenbogenfarben bricht. Viele können im Dunkeln selbst leuchten. Das Meereswasser in ihrer Leibeshöhle liefert die Blutflüssigkeit in ihrem achtstrahligen Aderwerk. So eins sind sie noch mit ihrer Umgebung.

Nur wenig wasserärmer sind ihre nächsten Verwandten, die Polypen, zum Beispiel der Korallen, und die Medusen: die höheren Quallen. Von ihnen sprach einmal Rudolf Steiner als von besonders hohen Gruppen-Ichen.[15] Sie entspringen alle einer Glockenform, dem Becherkeim (der Gastrula). Alle Medusen sind solche freischwimmenden Glocken in oft herrlich reinen Farben (Abb. 10). Ihr erster ausführlicher Erforscher, der Jenaer Zoologe Ernst Haeckel (1834–1919),

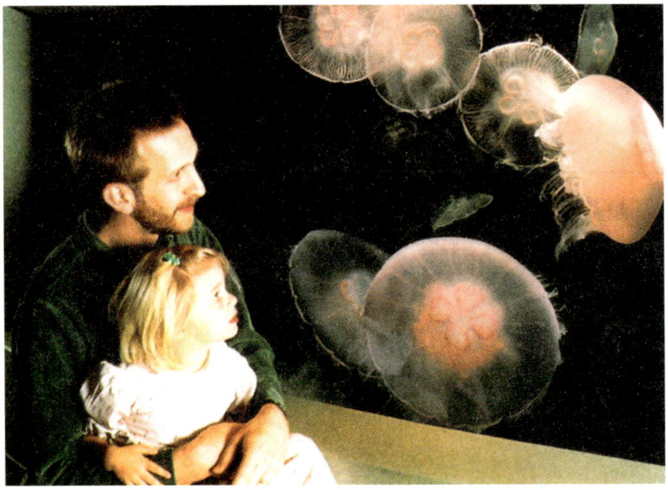

Abb. 11: Oben Ohrenquallen Aurelia aurita im Schauaquarium von Monterey Bay / Kalifornien. Bei uns häufig in der Ostsee. Unten Die Kompassqualle Chrysaora hysoscella, eine häufige Meduse der Nordsee.

benannte 1879/80 eine besonders schöne Art nach seiner eigenen allzu früh verstorbenen ersten Frau Anna Sethe *Desmonema annasethe*.[16,17]

Lange haben sich die Zoologischen Gärten bemüht, sie länger zu halten, um sie in ihren Aquarien dem Publikum vorzuführen. Das gelang lange Zeit nicht, bis man kürzlich herausfand, weshalb sie rasch starben: Sie vertragen kein ruhendes Wasser, sondern dieses muss unentwegt in rhythmisch kreisender Bewegung sein, der sie sich ebenso rhythmisch pulsierend anschließen können, wie sie von ihrer bewegten Umgebung zur Pulsation angeregt werden. Außen und Innen sind funktionell noch nicht zu trennen. So kann man sie heute zum Beispiel im Schau-Aquarium des Westberliner Zoos bewundern, wie sie in einem Kreisstrom von Meereswasser gut gedeihen (Abb. 11). Diese *niedrigsten* Tiere haben die größte kosmische Offenheit bewahrt. Geist ist nur, wo sich unablässig etwas bewegt und tut.

Die Hohltiere stehen am Anfang des Tierreiches, der Mensch in seiner eingetretenen Weltentfremdung durch die besonders abgekapselte Großhirnausbildung am anderen Ende. Das Gruppen-Ich der Tiere ist zum Einzel-Ich des individuellen Menschen geworden. Die Tiefenpsychologie der Anthroposophie aber schlägt auch die Brücke zwischen dem Tierreich und dem Menschen, indem Rudolf Steiner 1907 andeutete, dass die Menschheit auch Gruppen-Iche besitzt, und zwar vier. Das ist das Viergetier, welches die jüdische Symbolik in der Vision des Hesekiel und das Urchristentum als die Inspiratoren der vier Evangelienschreiber verehrte: Adler, Löwe, Stier und Mensch.[18,19] Der Mensch trägt alle vier in sich als die Dreigliederung des menschlichen Leibes und zugleich ihre Zusammenfassung des Menschseins als ein Ganzes. Woran lassen sich diese vier Gruppenseelen an der heutigen Menschheit ablesen? Dazu begebe man sich auf gemeinsame Suche. Das wäre der Beginn einer neuen unkonfessionellen christlichen Globalisierung zu einer differenzierten und ebenso zugleich gemeinsamen Menschheitskultur in Zukunft. Das einzelne Menschen-Ich, die menschlichen Gruppen-Iche und Christus als das umfassende Menschheits-Ich finden dann zusammen, um auch die Tiere zu erlösen. Und dessen sind sie umso bedürftiger, je näher sie mit dem Menschen verwandt sind. Im Alten Testament heißt es noch: «Füllet die Erde und macht sie euch untertan» (1. Mos 1,28). Im Neuen Testament aber heißt es ganz neu: «Denn das ängstliche Harren der Kreatur wartet auf die Erleuchtung der Söhne Gottes» (Röm 8,19).

Anmerkungen und Literaturhinweise

Siglen für Johann Wolfgang von Goethe

dtv = Johann Wolfgang von Goethe. Gesamtausgabe. 45 Bände. (Deutscher Taschenbuchverlag) München 1963.

Em = S. Projekt Gutenberg (www.projekte-gutenberg.org): Johann Peter Eckermann – Gespräche mit Goethe in den letzten Jahren seines Lebens.
S. auch: Eckermann, J. P.: Gespräche mit Goethe in den letzten Jahren seines Lebens, 1823–1832. 3 Bde., Bd. 1 u. 2: (Brockhaus) Leipzig 1836. Bd. 3: (Brockhaus) Leipzig 1848.

HA = Hamburger Ausgabe. Goethes Werke in 14 Bänden. Trunz, E. (Hrsg.). (Beck) München [15]1993.

WA = Goethes Werke. Herausgegeben im Auftrage der Großherzogin Sophie von Sachsen. Weimarer Ausgabe. (Sophien-Ausgabe). (Böhlau u. Nachf.) Weimar 1887–1919. Reprint (dtv) München 1987.

Siglen für Rudolf Steiner

GA = Bibliographie-Nummer innerhalb der Rudolf Steiner Gesamtausgabe des Rudolf Steiner Verlages. Basel, Schweiz.

GA 9 Theosophie. Einführung in übersinnliche Welterkenntnis und Menschenbestimmung. Dornach [32]2003.

GA 13 Die Geheimwissenschaft im Umriss. Dornach [30]1989.

GA 17 Die Schwelle der geistigen Welt. Aphoristische Ausführungen. Dornach [8]2009.

GA 21 Von Seelenrätseln. Anthropologie und Anthroposophie, Max Dessoir über Anthroposophie, Franz Brentano (Ein Nachruf). Skizzenhafte Erweiterungen. Dornach [5]1983.

GA 35 Philosophie und Anthroposophie. Gesammelte Aufsätze 1904–1923. Dornach [2]1984.

GA 36 Der Goetheanum-Gedanke inmitten der Kulturkrisis der Gegenwart. Dornach 1961.

GA 94 Kosmogonie. Populärer Okkultismus, Das Johannes-Evangelium, Die Theosophie anhand des Johannes-Evangeliums. Dornach ^{2}2001.

GA 99 Die Theosophie des Rosenkreuzers. Dornach ^{7}1985.

GA 101 Mythen und Sagen. Okkulte Zeichen und Symbole. Dornach ^{2}1992.

GA 107 Geisteswissenschaftliche Menschenkunde. Dornach ^{6}2011.

GA 110 Geistige Hierarchien und ihre Widerspiegelung in der physischen Welt. Tierkreis, Planeten, Kosmos. Dornach ^{7}1991.

GA 136 Die geistigen Wesenheiten in den Himmelkörpern und Naturreichen. Dornach ^{7}2009.

GA 137 Der Mensch im Lichte von Okkultismus, Philosophie und Theosophie. Dornach ^{5}1993.

GA 141 Das Leben zwischen dem Tode und der neuen Geburt im Verhältnis zu den kosmischen Tatsachen. Dornach ^{5}1997.

GA 152 Vorstufen zum Mysterium von Golgatha. Dornach ^{3}1990.

GA 156 Okkultes Lesen und okkultes Hören. Dornach ^{3}2003.

GA 176 Menschliche und menschheitliche Entwicklungswahrheiten. Das Karma des Materialismus. Dornach ^{2}1982.

GA 178 Geistige Wesen und ihre Wirkungen, Band II: Individuelle Geistwesen und ihr Wirken in der Seele des Menschen. Dornach ^{4}1992.

GA 188 Der Goetheanismus – ein Umwandlungsimpuls und Auferstehungsgedanke. Menschenwissenschaft und Sozialwissenschaft. Dornach ^{3}1982.

GA 203 Die Verantwortung des Menschen für die Weltentwicklung durch seinen geistigen Zusammenhang mit dem Erdplaneten und der Sternenwelt. Dornach ^{2}1989.

GA 228 Initiationswissenschaft und Sternenerkenntnis. Der Mensch in Vergangenheit, Gegenwart und Zukunft vom Gesichtspunkt der Bewusstseinsentwickelung. Dornach ^{3}2002.

GA 260a Die Konstitution der Allgemeinen Anthroposophischen Gesellschaft und der Freien Hochschule für Geisteswissenschaft. Der Wiederaufbau des Goetheanum 1924–1925. Dornach ^{2}1987.

GA 293 Allgemeine Menschenkunde als Grundlage der Pädagogik. Dornach ^{9}1992.

GA 294 Erziehungskunst. Methodisch-Didaktisches. Dornach ^{6}1990.

GA 295 Erziehungskunst – Seminarbesprechungen und Lehrplanvorträge. Dornach ^{4}1984.

GA 303 Die gesunde Entwickelung des Menschenwesens. Eine Einführung in die anthroposophische Pädagogik und Didaktik. Dornach ^{4}1987.

GA 306 Die pädagogische Praxis vom Gesichtspunkte geisteswissenschaftlicher Menschenerkenntnis. Die Erziehung des Kindes und jüngeren Menschen. Dornach ^{4}1989.

GA 307 Gegenwärtiges Geistesleben und Erziehung. Dornach ^{5}1986.

GA 312 Geisteswissenschaft und Medizin. Dornach ^{7}1999.

GA 314 Physiologisch-Therapeutisches auf Grundlage der Geisteswissenschaft. Zur Therapie und Hygiene. Dornach ^{4}2011.

GA 316 Meditative Betrachtungen und Anleitungen zur Vertiefung der Heilkunst. Vorträge für Ärzte und Studierende der Medizin. Dornach ^{5}2008.

GA 327 Geisteswissenschaftliche Grundlagen zum Gedeihen der Landwirtschaft. Landwirtschaftlicher Kurs. Dornach ^{8}1999.

GA 350 Rhythmen im Kosmos und im Menschenwesen. Wie kommt man zum Schauen der geistigen Welt? Dornach ^{3}1991.

Vom Naturlaut zum Sprachlaut

Anmerkungen

1 Aeppli 1967.
2 Steiner, R., GA 99, S. 88f., Vortrag vom 1.6.1907.
3 Bennet-Clark 1971.
4 Steiner, R., GA 350, S. 47, Vortrag vom 2.6.1923.
5 Schneider 1966.
6 Lörcher 1969.
7 Frieling 1937.
8 Kipp 1941.
9 Ploog 1972.
10 Steiner, R., GA 188, S. 19, Vortrag vom 3.1.1919.
11 Köhler 1952, 1953.
12 Zimmermann 1979.
13 Goethe, J. W. v.: «Zueignung» (1784). dtv 1: 7-10.

Literatur

Aeppli, W.: *Sinnesorganismus, Sinnesverlust, Sinnespflege. Die Sinneslehre Rudolf Steiners und ihre Bedeutung für die Erziehung*. (Freies Geistesleben) Stuttgart 1967.

Bennet-Clark, H. C.: Schallerzeugung bei der Maulwurfs-Grille. *Naturwissenschaftliche Rundschau*, Jg. 24, H. 6, S. 267. 1971.

Frieling, H.: *Die Stimme der Landschaft*. (R. Oldenbourg) München, Berlin 1937.

Kipp, F. A.: Über die Pfahlstellung der Rohrdommeln und verwandte Erscheinungen. *Beiträge zur Fortpflanzungsbiologie der Vögel*, Jg. 17, Nr. 3, S. 101-105. 1941. Ebenso: S. 126-130. In: Schad, W. (Hrsg.): *Goetheanistische Naturwissenschaft, Bd. 3: Zoologie*. (Verlag Freies Geistesleben) Stuttgart 1983.

Köhler, O.: Vom unbenannten Denken. *Verh. Dt. Zool. Ges.* 1952, S. 202-211. (Akademische Verlagsges.) Freiburg 1952.

Köhler, O.: Tierpsychologische Versuche zur Frage des «unbenannten Denkens». *Vierteljahresschrift der Naturforschenden Gesellschaft*, Bd. 98. Zürich 1953.

Lörcher, K.: Vergleichende bioakustische Untersuchungen an der Rot- und Gelbbauchunke. *Oecologia* Bd. 3, S. 84-124. Berlin 1969.

Ploog, D.: Kommunikation in Affengesellschaften und deren Bedeutung für die Verständigungsweisen des Menschen. In: Gadamer, H.-G. u. Vogler, P. (Hrsg.): *Neue Anthropologie*, Bd. 2, S. 98-178, insbesondere S. 140. (Thieme) Stuttgart 1972.

Schneider, H.: Bio-Akustik der Froschlurche, ein Bericht über den gegenwärtigen Stand der Forschung. *Stuttgarter Beiträge zur Naturkunde* Nr. 152. Stuttgart 1966.

Zimmermann, H.: Vom Ausruf zum Begriff. In: Löffler, H. et al. (Hrsg.): *Standard und Dialekt: Studien zur gesprochenen und geschriebenen Gegenwartssprache. Festschrift für Heinz Rupp zum 60. Geburtstag*. S. 111ff. (Francke) Bern 1979.

Anmerkungen

1 Strasburger 1978, S. 544.
2 Huber 1935.
3 Leick 1915.
4 Turner 2000.
5 Steiner 1947.
6 Nagy u. Stallone 1976.
7 Carey 1973.
8 Bachmeister 1949.
9 Lehtonen 1969.
10 Wurmbach 1968, S. 608.
11 Hensel 1977.
12 Wolff 1980.
13 Blagden 1775.
14 Blockley u. Taylor 1948.
15 Precht et al. 1973.
16 Siehe zum Thema Tumor und Wärme: Dietzel 1978, LeVeen et al. 1976, *Süddeutsche Zeitung* 1976, Ungar u. Pirquets 1954, Steiner, R., GA 314, Vortrag vom 27.10.1922.

Literatur

Bachmeister, W.: Überwintert die Nachtschwalbe? *Kosmos*, Jg. 45, H. 2, S. 58-59. Stuttgart 1949.

Blagden, C.: Experiments and observations in a heated room. *Philosophical Transactions of the Royal Society of London*, Bd. 65, Part 1, S. 111-123. London 1775.

Blockley, W. V. u. Taylor, C. L.: Air Material Command, Wright-Patterson Air Force Base. *Memor. Rept.* MCREXD 696–113A. 1948.

Carey, F. G.: Fishes with warm bodies. *Scientific American* 228 (2): 36-44. New York 1973.

Dietzel, F.: *Thermo-Radiotherapie*. (Urban & Schwarzenberg) München 1978.

Hensel, H.: Die Lebertemperatur des Menschen. Zur Geschichte eines physiologischen Irrtums. *Beiträge zu einer Erweiterung der Heilkunst nach geisteswissenschaftlichen Erkenntnissen* 30 (5): 157-159. Stuttgart 1977.

Huber, B.: Der Wärmehaushalt der Pflanzen. *Naturwissenschaft und Landwirtschaft*, H. 17. (Datterer u. Cie.) Freising-München 1935.

Lehtonen, L.: In: *Grzimeks Tierleben*, Bd. 8, S. 417-420. (dtv) München 1969.

Leick, E.: Die Erwärmungstypen der Araceen und ihre blütenbiologische Deutung. *Berichte der Deutschen Botanischen Gesellschaft*, Bd. 33, S. 518-536. 1915.

LeVeen, H. H. et. al.: Tumor Eradication by Radiofrequency Therapy. Jama. *The Journal of the American Medical Association*, Vol. 235, Nr. 20, S. 2198-2200. Chicago 1976.

Nagy, K. A. u. Stallone, J. N.: Temperature maintenance and CO_2-concentration in a swarm cluster of honey bees, *Apis mellifera. Comparative Biochemistry and Physiology, Part A Physiology* 55, 2: 169-171. 1976.

Precht, H., Christopherson, J. u. Hensel, H.: *Temperatur und Leben.* (Springer) Heidelberg, Berlin, New York 1973.
Steiner, A.: Der Wärmehaushalt der einheimischen sozialen Hautflügler: Wespen, Hummeln, Bienen und Ameisen. *Beihefte zur Schweizerischen Bienen-Zeitung*, Bd. 2, H. 16 (Dez.), S. 139-256. (H. R. Sauerländer u. Company) Aarau 1947.
Strasburger, E.: *Lehrbuch der Botanik für Hochschulen.* (Spektrum Akademischer V.) Stuttgart, New York 1978.
Süddeutsche Zeitung Nr. 216, S. 38 vom 17. 9. 1976.
Ungar, F. und Pirquets, H.: Allergie-Begriff und das Problem der bösartigen Geschwülste. *Die Medizinische* Nr. 47. 1954.
Turner, J. S.: *The extended organism. The physiology of animal-built structures.* (Harvard University Press) Cambridge, London 2000.
Wolff, O.: Die Lebertemperatur als physiologischer Irrtum. *Beiträge zu einer Erweiterung der Heilkunst nach geisteswissenschaftlichen Erkenntnissen* 33 (2): 57-63. Stuttgart 1980.
Wurmbach, H.: *Lehrbuch der Zoologie*, Bd. 2. (Gustav Fischer Verlag) Stuttgart 1968.

Vögel über uns

Anmerkungen

1 Vgl. Göbel 1983.
2 Bent 1980. S.a. Kipp 1948.
3 Beobachtungen von Friedrich A. Kipp.
4 Haeckel 1901.
5 Brehm 1890–1896; s.a. Jenni 2022.
6 Morgenstern 1980.
7 Steiner, R., GA 101, Vortrag vom 21.10.1907 vormittags, S. 61f.

Literatur

Bent, A. C.: Zitiert in: Grzimek, B.: *Grzimeks Tierleben. Enzyklopädie des Tierreiches*, Bd. 8: Vögel 2, S. 219. (dtv) München 1980.
Brehm, A.E.: *Brehms Tierleben. Allgemeine Kunde des Tierreichs.* 10 Bände. Hrsg. von Prof. Dr. Pechuel-Loesche. (Bibliographisches Institut) Leipzig [3]1890–1896.
Kipp, F. A.: Über den Vogelzug. In: *Sternkalender 1949*, hrsg. von der Mathematisch-Astronomischen Sektion am Goetheanum, Dornach/Schweiz. Freiburg 1948.
Göbel, Th.: Von Sperlingen, Webervögeln und Witwen. *Die Drei* 53 (7/8): 520-539. 1983.
Haeckel, E.: *Aus Insulinde – Malayische Reisebriefe.* (Emil Strauß) Bonn 1901.
Jenni, L.: Wahl der Nahrungsgebiete von Bergfinken *Fringilla montifringilla* in Massenschlafplätzen. *Ornithologischer Beobachter* 119: 194-211. 2022.

Morgenstern, Chr.: Wir fanden einen Pfad. Gedichte. *Sämtliche Dichtungen I*, Band 11, S. 65. (Zbinden) Basel [3]1980.

Vom Geist in der Natur – Lebenskreis und Lebensumkreis des Mondhornkäfers

Anmerkungen

1 Suchantke 1972, 1978, 1982.
2 Kraus 1978.
3 Heinrich u. Bartholomew 1980.
4 Bornemissza 1976; Bornemissza u. Williams 1970.
5 Faill 1971 u. 1973; Topp 1981; Vogt 1971.
6 Illies 1971.
7 Engel 1962.
8 Reitter 1909, S. 327.
9 Fabre 1905; s.a. 1961.
10 Lengerken 1939 u. 1952.
11 Steiner, R., GA 327, Vortrag vom 12.6.1924, S. 96.
12 Schad 1971.
13 Steiner, R., GA 327, Vortrag vom 12.6.1924, S. 98-100.
14 Steiner, R., GA 327, Vortrag vom 12.6.1924, S. 91.
15 Steiner, R., GA 327, Vortrag vom 16.6.1924, S. 201.
16 Steiner, R., GA 312, Vortrag vom 24.3.1920, S. 93f.
17 König 1929/30.
18 Steiner, R., GA 260a, Vortrag vom 17.6.1924, S. 295.
19 Steiner, R., GA 260a, Vortrag vom 17.6.1924, S. 293f.
20 Fortlage 1869; Steiner GA 176, Vortrag vom 28.8.1917, S. 285.
21 Steiner, R., GA 295, Vortrag vom 1.9.1919, S. 118.
22 Hautmann 1924.
23 Goetze 1942.
24 HA 3: 45-49, 576.

Literatur

Bornemissza, G. F.: The Australian dung beetle project 1965–1975. *Australian Meat Research Committee Review* 30: 1-30. 1976.

Bornemissza, G. F. u. Williams, C. H.: An effect of dung beetle activity on plant yield. *Pedobiologia* 10: 1-7. 1970.

Engel, H., in: Cramer, E.: *Mitteleuropäische Insekten – Sammlung Naturkundlicher Tafeln.* (Kronen) Hamburg 1962.

Fabre, J.-H.: Totengräber bei der Arbeit, ein Bild aus der Insektenwelt. *Kosmos*, Jg. 2, S. 19-25 u. 47-53. Stuttgart 1905.

Fabre, J.-H.: *Das offenbare Geheimnis. Aus dem Lebenswerk des Insektenforschers.* Hrsg. von Guggenheim, K. u. Portmann, A. Aus dem Französischen von Guggenheim, K. (Artemis) Zürich 1961.

Faill, W. M.: Dung-beetles – a new African export? *New Scientist*, Vol. 51, Nr. 758, S. 36-37. London 1971.

Faill, W. M.: Mistkäfer als Retter in der Not. *Südafrikanisches Panorama*, Nr. 51, S. 22-23. Deutschsprachige Ausgabe Bern/Schweiz, Dezember 1973.

Fortlage, C.: Über die Natur der Seele. In: *Acht psychologische Vorträge.* (Mauke) Jena 1869.

Goetze, G.: Die Bienen sind noch nützlicher als wir wussten. *Deutscher Imkerführer*, Bd. 14, S. 125-126. Dezember 1942.

Hautmann, Fr.: Über die Nektarhefe *Anthomyces reukauffii. Archiv für Protistenkunde* 48, S. 213-244. Jena 1924.

Heinrich, B. u. Bartholomew, G. A.: Afrikanische Kotkäfer. *Spektrum der Wissenschaft*, H. 1, S. 61-67. Januar 1980.

Illies, J.: *Wir beobachten und züchten Insekten.* S. 88 ff. (Kosmos) Stuttgart [3]1971.

König, K.: Betrachtungen über den Zusammenhang des Verdauungssystems mit der Gehirnorganisation bei Mensch und Tier. *Natura*, Jg. 4, S. 289-307. 1929/30. Reprint Arlesheim 1981.

Kraus, O. (Hrsg.): Co-Evolution. *20. Phylogenetisches Symposium.* (Parey) Hamburg-Berlin 1978.

Lengerken, H. v.: *Die Brutfürsorge- und Brutpflegeinstinkte der Käfer.* (Akademische Verlagsgesellschaft) Leipzig 1939.

Lengerken, H. v.: Der Mondhornkäfer und seine Verwandten. *Neue Brehm-Bücherei*, Band 58. (Akademische Verlagsgesellschaft) Leipzig 1952.

Reitter, E.: Fauna Germanica. *Die Käfer des Deutschen Reiches.* II Band. (K.G. Lutz) Stuttgart 1909.

Schad, W.: *Säugetiere und Mensch. Ihre Gestaltbiologie in Raum und Zeit.* (Freies Geistesleben) Stuttgart 1971.

Suchantke, A.: *Sonnensavannen und Nebelwälder – Pflanzen, Tiere und Menschen in Ostafrika.* (Freies Geistesleben) Stuttgart 1972.

Suchantke, A.: Der dreigliedrige Landschaftsorganismus Afrikas, S. 11-72, in: Bockemühl, J. Schad, W. u. Suchantke, A.: *Mensch und Landschaft Afrikas.* (Freies Geistesleben) Stuttgart 1978.

Suchantke, A.: *Der Kontinent der Kolibris.* (Freies Geistesleben) Stuttgart 1982.

Topp, W.: *Biologie der Bodenorganismen.* S. 191 ff. (Quelle und Meyer) Uni-Tb. 1101. Heidelberg 1981.

Vogt, H. H.: Mistkäfer für Australien. *Naturwissenschaftliche Rundschau*, Jg. 24, H. 12, S. 535. Stuttgart 1971.

Fliegende Feuer und verschattete Falter in Nordamerika

Anmerkungen

1 Walton 1990.
2 Urquhart 1976.
3 Herberman 1990.
4 Glendinning u. Brower 1990.
5 Hediger 1965.
6 Elger 1969.
7 Ben-Mayor 1990.
8 Steiner, R., GA 178, Vortrag vom 16.11.1917 (St. Gallen).
9 Magnus 1950.
10 Bates 1862.
11 Urquhart 1960, S. 209.
12 Glendinning u. Brower 1990.
13 Ritland u. Brower 1991.
14 HA 12: 432; Maximen und Reflexionen 488.
15 Suchantke 1991, S. 167.
16 Marti 1989.
17 Weidemann 1986/1988.
18 Magnus 1950.
19 Thomas u. Lewington 1991.
20 Fisher u. Ford 1928.
21 Pyle 1981.
22 Kerr 1912.
23 Docters von Leeuwen-Reijnvaan 1913.
24 Suchantke 1991.
25 Reinhardt 1972.
26 Suchantke 1991.
27 Suchantke 1991.
28 Suchantke 1983a, 1983b.

Literatur

Bates, H. W.: Contributions to an insect fauna of the Amazon Valley. Lepidoptera: Heliconidae. *Transactions of the Linnean Society of London* 23: 495-566. London 1862.

Ben-Mayor, Y.: Butterfly breeding on the beach: the Plain Tiger. *Israel – Land and Nature* 16 (1): 3032. Jerusalem 1990.

Docters von Leeuwen-Reijnvaan, W. u. J.: Beiträge zur Kenntnis der Lebensweise einiger Dischidia-Arten. *Annales du Jardin botanique de Buitenzorg*, Ser. 2, Vol. 12 (27): 65-90, Tafeln 13-16. ('s'-Land-Plantentuin) Leiden 1913.

Elger, B.: Freilandstudien zur Biologie und Ökologie von Panaxia quadripunctaria (Lep., Arctiidae) auf der Insel Rhodos. *Oecologia* 2: 162-197. 1969.

Fisher, R. A. u. Ford, E. B. The variabilitv of species in the Lepidoptera, with reference to abundance and sex. *Transactions of the Royal Entomological Society of London* 76: 367-379. 1928.

Glendinning, J. I. u. Brower, L. P.: Feeding and breeding response of five mice species to overwintering aggregations of the Monarch Butterfly. *Journal of Animal Ecology* 59: 1091-1112. 1990. Siehe auch: *Naturwissenschaftliche Rundschau* 44 (19): 402. 1991.

Hediger, H.: Rätselhaftes Tal der Schmetterlinge. *Das Tier* (4): 44-46. 1965.

Herberman, E.: *The Great Butterfly Hunt, The Mystery of the Migrating Monarchs.* (Simon & Schuster) New York 1990.

Kerr, A. F. G.: Notes on Dischidia rafflesiana WALL. and Dischidia nummularia BR. *Notes from the Botanical School of Trinity College Dublin* 2: 135-149. Tafeln 25-31. Dublin 1912.

Magnus, D.: Beobachtungen zur Balz und Eiablage des Kaisermantels *Argynnis paphia* L. (Lepidoptera: Nymphalidae). *Zeitschrift für Tierpsychologie* 7: 435-449. 1950.

Marti; T.: *Heuschrecken und Landschaft. Ein exemplarischer Einblick in Theorie und Praxis goetheanistischer Naturwissenschaft.* (Paul Haupt) Bern, Stuttgart 1989.

Pyle, R. M.: *The Audubon Society Field Guide to North American Butterflies.* (Alfred A. Knopf) New York 1981.

Reinhardt, R.: *Der Landkärtchenfalter.* Die Neue Brehm-Bücherei Nr. 458. (Ziemsen) Wittenberg-Lutherstadt 1972.

Ritland, D. B. u. Brower, L. P.: The Viceroy Butterfly is not a Batesian Mimic. *Nature* 350: 497. 1991.

Suchantke, A.: Biotoptracht und Mimikry bei afrikanischen Tagfaltern, S. 91-117. In: Schad, W. (Hrsg.): *Goetheanistische Naturwissenschaft, Bd. 3: Zoologie.* (Freies Geistesleben) Stuttgart 1983a.

Suchantke, A.: Biotoptracht bei südamerikanischen Schmetterlingen, S. 118-125. In: Schad, W. (Hrsg.): *Goetheanistische Naturwissenschaft, Bd. 3: Zoologie.* (Freies Geistesleben) Stuttgart 1983b.

Suchantke, A.: Der Schmetterling in der Landschaft. Biotoptrachten europäischer Tagfalter, verglichen mit den Verhältnissen in tropischen Breiten. *Tycho de Brahe-Jahrbuch für Goetheanismus.* S. 158-227. Niefern-Öschelbronn 1991.

Thomas, J. u. Lewington, R.: *The Butterflies of Britain and Ireland.* (Dorling Kindersley) London/New York, Stuttgart. 1991.

Urquhart, F. A.: *The Monarch Butterfly.* (Univers. of Toronto Press) Toronto 1960.

Urquhart, F. A.: Found at Last: the Monarch's Winter Home. *National Geographic* 150 (2): 160-173. Washington 1976.

Walton, R. K.: *Familiar butterflies, North America. The Audubon Society Pocket Guides.* (A.A. Knopf) New York. 1990.

Weidemann, J.: *Tagfalter.* Bd. 1 u. 2. (Neumann-Neudamm) Melsungen. 1986 bzw. 1988.

Rund um den Großen Eisvogel, mit einem Vorschlag zur natürlichen Gliederung der Tagfalterfamilien

Anmerkungen

1 Brehm 1892.
2 Schad 1993.
3 Riesch 1964.
4 Weidemann 1988, Band 2, S. 127.
5 Schnack 1972, S. 81.
6 Lederer 1941.
7 Weidemann 1988.
8 dtv 21: 22. (Maximen und Reflexionen. Aus Kunst und Altertum. Vierten Bandes zweites Heft, 1823, Eigenes und Angeeignetes; Nr. 203)
9 Haeckel 1901.
10 Staneck 1968, S. 469.
11 Schad 1993.
12 Suchantke 1991.
13 Schad 1971.
14 Suchantke 1991.
15 Schad 1971.
16 Vereijken 1990.
17 Thomas u. Lewington 1991.
18 Suchantke 1991, S. 216-219.
19 Schad 1993.
20 Suchantke 1991.

Literatur

Brehm, A. E.: *Brehms Tierleben. Allgemeine Kunde des Tierreichts.* Bd. 9: 382. Hrsg. von Prof. Dr. Pechuel-Loesche. (Bibliographisches Institut) Leipzig [3]1892.

Haeckel, E.: *Aus Insulinde. Malayische Reisebriefe.* (Emil Strauß) Bonn 1901.

Lederer, G.: *Die Naturgeschichte der Tagfalter unter besonderer Berücksichtigung der palaearktischen Arten*, Teil 2. (Alfred Kernen) Frankfurt am Main 1941.

Riesch, H.: Die frühen Larvalstadien von Limenites populi und L. camilla unter besonderer Berücksichtigung der Anlage ihrer Hibernarien (Lep., Nymphalidae). *Entomologische Zeitschrift* 74: 105-114. Frankfurt am Main 1964.

Schad, W.: *Säugetiere und Mensch.* (Freies Geistesleben) Stuttgart 1971.

Schad, W.: Fliegende Feuer und verschattete Falter in Nordamerika. *Tycho de Brahe-Jahrbuch für Goetheanismus*: 104-149. Niefern-Öschelbronn 1993.

Schnack, F.: *Das Leben der Schmetterlinge.* (Langen Müller) München, Wien 1972.

Stanek, V. J.: *Das große Bilderlexikon der Insekten.* (Bertelsmann) Gütersloh 1968.

Suchantke, A.: Der Schmetterling in der Landschaft. Biotoptrachten europäischer Tagfalter,

verglichen mit den Verhältnissen in tropischen Breiten. *Tycho de Brahe-Jahrbuch für Goetheanismus*, S. 158-227. Niefern-Öschelbronn 1991.
Thomas, J. u. Lewington, R: *The Butterflies of Britain and Ireland.* (Dorling Kindersley) London, New York, Stuttgart 1991.
Vereijken, H.: Beobachtungen an westeuropäischen Tagfaltern. *Elemente der Naturwissenschaft* 53: 22-40. Dornach 1990.
Weidemann, H.-J.: *Tagfalter*. Bde. 1 u. 2. (Neumann-Neudamm) Melsungen 1986 bzw. 1988.

Über die Färbung und Zeichnung der Vogeleier

Anmerkungen

1 Grzimek 1980a.
2 Flindt 1986, S. 50.
3 Baird et al. 1975; Harrison 1975; Kennedy u. Vevers 1976; Lang u. Wells 1987; Solomon 1987.
4 Solomon 1987; With 1973.
5 Granick u. Mauzerall 1958; Kennedy 1975; Michal 1976; Moore 1989; Solomon 1987; With 1973.
6 Giersberg 1921.
7 Herder-Lexikon 1994.
8 Schönwetter 1967.
9 Beyer 1967; Heocha 1968; Scheunert u. Trautmann 1976; Stryer 1990.
10 Beyer 1967; Stryer 1990.
11 Stryer 1990.
12 Portmann 1984.
13 Giersberg 1921; Tullett 1987.
14 Baird et al. 1975; Lang u. Wells 1987; Solomon 1987.
15 Baird et al. 1975; Lang u. Wells 1987.
16 Dresel u. Falk 1954; Granick u. Mauzerall 1958.
17 Baird et al. 1975.
18 Solomon 1987.
19 Lang u. Wells 1987.
20 Solomon 1987.
21 Grzimek 1980b; Harrison 1975; Sauer 1982 a, 1982 b; Schönwetter 1967.
22 Kipp 1983; Suchantke 1983.
23 Goethe 1795; Kipp 1983.
24 Sauer 1982a.
25 Harrison 1975.
26 Sauer 1982b.
27 Harrison 1975; Makatsch 1974.
28 Harrison 1975.
29 Harrison 1975.

30 Harrison 1975; Sauer 1982a.
31 Harrison 1975.
32 Harrison 1975.
33 Einen ähnlichen Zusammenhang kennt man von den Vogelfedern: Die dem Licht zugewandten Deckfedern sind oft farbig, die dem Körper anliegenden Federn sind im Allgemeinen nicht gefärbt.
34 Harrison 1975.
35 Schad 1971.
36 Die kleinsten, besonders farbigen Vögel mit dem höchsten Energieumsatz überhaupt sind die Kolibris.
37 Grzimek 1980b; Harrison 1975; Sauer 1982 a, b; Schönwetter 1967.
38 Schönwetter 1967.
39 Harrison 1975.
40 Grzimek 1980b; Harrison 1975; Sauer 1982 a, b; Schönwetter 1967.
41 Schönwetter 1967.
42 Grzimek 1980b.
43 Schad 1971.
44 Harrison 1975.
45 Novalis 1963, S. 9; Die Lehrlinge zu Sais, 1. Der Lehrling.
46 Steiner, R., GA 13.
47 Steiner, GA 203, Vortrag vom 29.1.1921, S. 135.
48 Steiner, GA 203, Vortrag vom 29.1.1921, S. 133.

Literatur

Baird, T. et al.: Localization and characterization of egg shell porphyrins in several avian species. *British Poultry Science* 16: 201-208. 1975.

Beyer, H.: *Lehrbuch der organischen Chemie*. (S. Hirzel) Leipzig [13/14]1967.

Dresel, E. J. B. u. Falk, J. E.: Studies on the biosynthesis of blood pigments. *Biochemical Journal* 56: 156-163. 1954.

Flindt, R.: *Biologie in Zahlen*. (G. Fischer) Stuttgart 1986.

Giersberg, H.: Eihüllenbildung der Vögel, sowie Entstehung der Färbung der Vogeleier. *Biologisches Zentralblatt* 41: 252-268. 1921.

Goethe, J. W. v. (1795): Erster Entwurf einer allgemeinen Einleitung in die vergleichende Anatomie, ausgehend von der Osteologie. In: Steiner, R. (Hrsg.): *Goethes naturwissenschaftliche Schriften*. Dornach 1975.

Granick, S. u. Mauzerall, D.: Enzymes of porphyrin synthesis in red blood cells. *Annals of the New York Academy of Sciences* 75: 115-121. 1958.

Grzimek, B.: *Grzimeks Tierleben. Enzyklopädie des Tierreichs*, Bd. 6: Kriechtiere. (dtv) München 1980a.

Grzimek, B.: *Grzimeks Tierleben. Enzyklopädie des Tierreiches*, Bd. 7: Vögel 1 und Bd. 8: Vögel 2. (dtv) München 1980b.

Harrison, C.: *Jungvögel, Eier und Nester aller Vögel Europas, Nordafrikas und des Mittleren Ostens*. (Parey) Hamburg 1975.

Heocha, C. O.: The formation of bile pigments. In: Goodwin, T. W.: *Porphyrins and Related Compounds*, S. 91-105. (Academic Press) New York 1968.
Herder-Lexikon der Biologie. Heidelberg 1994.
Kennedy, G. Y.: Porphyrins in invertebrates. *Annals of the New York Academy of Sciences* 244: 662-673. 1975.
Kennedy, G. Y. u. Vevers. H. G.: A survey of avian eggshell pigments. *Comparative Biochemistry and Physiology* 55 B: 117-123 1976.
Kipp, F. A.: Das Kompensationsprinzip in der Brutbiologie der Vögel. In: Schad, W. (Hrsg.): *Goetheanistische Naturwissenschaft, Bd. 3 (Zoologie)*, S. 131-138. (Freies Geistesleben) Stuttgart 1983.
Lang, M. R. u. Wells, J. W.: A review of egg shell pigmentation. *World's Poultry Science Journal* 43: 238-246. 1987.
Makatsch, W.: *Die Eier der Vögel Europas*, 2 Bände. (Neumann) Berlin 1974.
Michal, G.: *Biochemical Pathways*. (Boehringer GmbH) Mannheim [3]1976.
Moore, M. R.: An introduction – the history of porphyrins and porphyrias. In: Moore, M. R. (Hrsg.): *A century of porphyrias*, S. 3-5. Oxford 1989.
Novalis. Grassi, E. u. Hess, W. (Hrsg.). (Rowohlt) Reinbek bei Hamburg 1963.
Portmann, A.: *Vom Wunder des Vogellebens*. (Piper) Zürich 1984.
Sauer, F.: *Steinbachs Naturführer Wasservögel*. (Mosaik-V.) München 1982a.
Sauer, F.: *Steinbachs Naturführer Landvögel*. (Mosaik-V.) München 1982b.
Schad, W.: *Säugetiere und Mensch*. (Freies Geistesleben) Stuttgart 1971.
Scheunert, A. u. Trautmann, A.: *Lehrbuch der Veterinär-Physiologie*. (Parey) Hamburg [6]1976.
Schönwetter, M., in: Meise, W. (Hrsg.): *Handbuch der Oologie*, Bd. 1 (Nonpasseres). Berlin 1967.
Solomon, S. E: Egg shell pigmentation. In: Wells, R. G. u. Belyavin, C. G. (Hrsg.): *Egg quality: Current problems and recent advances*, S. 147-157. (Butterworth-Heinemann) London 1987.
Stryer, L.: *Biochemie*. (Spektrum Akademischer V.) Heidelberg 1990.
Suchantke, A.: Was spricht sich in den Prachtkleidern der Vögel aus? In: Schad, W. (Hrsg.): *Goetheanistische Naturwissenschaft, Bd. 3 (Zoologie)*, S. 139-161. (Freies Geistesleben) Stuttgart 1983.
Tullett, S. G.: Egg shell formation and quality. In: Wells, R. G. u. Belyavin, C. G. (Hrsg.): *Egg quality: Current problems and recent advances*, S. 123-145. (Butterworth-Heinemann) London 1987.
With, T. K.: Porphyrins in egg shells. *Biochemical Journal* 137: 597-598. 1973.

Vom Menschlichen in der Natur

Anmerkungen

1 Schad 1978.
2 Brehm 1891, S. 232.
3 Schad 1997, S. 223.

4 Pätzold 1986, S. 12.
5 Tretzel 1965, S. 807.
6 Abs 1980, S. 163.
7 Schad 1971, S. Kapitel: Zur Umweltgestalt.
8 Kuhn 1965, S. 27.
9 Baer 1876.
10 Schad 1992a.
11 Dorst u. Dandelot 1970, S. 161.
12 Dorst u. Dandelot 1970, S. 162.
13 Vgl. Schad 1971.
14 Conroy 1997.
15 Schad 1985.
16 Spencer 1991.
17 Lucae 1865.
18 Hagner 1997.
19 Erst in neuester Zeit zeichnet sich in der Biologischen Psychologie anhand der Neurologie eine Aufwertung der Peripherie gegenüber dem Zentralnervensystem wieder ab. (Vgl. Birbaumer u. Schmidt 1990).
20 Goethe, WA I 2: 260.
21 Goethe, WA I 19: 200f.
22 Goethe, WA I 28: 91.
23 Goethe, WA I 28: 118f.
24 Goethe, WA II 13: 402.
25 Goethe, WA I 4: 134; WA I 23: 198.
26 Goethe, WA I 25/1: 74f.
27 Gall u. Spurzheim 1809.
28 Carus 1856.
29 Steiner, R., GA 9: 34 (Abschnitt: Das Wesen des Menschen. IV: Leib, Seele und Geist.
30 Steiner, R., GA 35: 111ff. (Die psychologischen Grundlagen und die erkenntnistheoretische Stellung der Anthroposophie)
31 Steiner, R., GA 36: 73f. (Psychologische Aphorismen, 2.7.1922); GA 94: 77ff. (Vortrag vom 7.6.1906); GA 107, Vortrag vom 17.6.1909; GA 137: 54f. (Vortrag vom 5.6.1912); GA 141: 144f. (Vortrag vom 11.2.1913); GA 156: 22ff. (Vortrag vom 3.10.1914).
32 Steiner, R., GA 17: 40f. (Kapitel: Vom astralischen Leibe und von luziferischen Wesenheiten. Von dem Wesen des ätherischen Leibes.)
33 Steiner, R., GA 21: 158f. (IV, 6: Die physischen und die geistigen Abhängigkeiten der Menschenwesenheit).
34 Steiner, R., GA 293, Vorträge vom 1. und 4.9.1919.
35 Schad 1989.
36 Steiner, R., GA 294: 103ff. (Vortrag vom 28.8.1919).
37 Steiner, R., GA 293: 157 (Vortrag vom 1.9.1919).
38 Steiner, R., GA 303.
39 Steiner, R., GA 307.
40 Carroll 1993, S. 392.
41 S.a. Grah 1986.
42 Steiner, R., GA 294: 104 (Vortrag vom 28.8.1919).

43 Schad 1965.
44 Stein 1985, S. 38.
45 Steiner, R., GA 306: 47f. (Vortrag vom 16.4.1923).
46 Steiner, R., GA 152, Vorträge vom 5. und 7. 3.1914.
47 Steiner, R., GA 136, Vortrag vom 5.4.1912.
48 Martin 1991, S. 21.
49 Weinrich 1983, S. 35.
50 Garrett u. Garrett 1987, S. 19.
51 Schad 1971.
52 Schad 1998.
53 Martin 1993, S. 35.
54 Dietz 1982, S. 17.
55 Keller 1990, S. 59.
56 Schad 1971.
57 Man sehe sich dazu die Serie der Fotos individueller Tiere bei Weinrich 1983 an.
58 Schad 1992b.

Literatur

Abs, M.: Die Lerchen. In *Grzimeks Tierleben*, Bd. 9: Vögel 3. (dtv) München 1980.

Baer, C. E. v.: *Reden*. Bd. 2: S. 235-480. 1876. Neudruck (Vieweg) Braunschweig 1886.

Birbaumer, N. u. Schmidt, R.F.: *Biologische Psychologie*. (Springer) Berlin 1990.

Brehm, A. E.: *Brehms Tierleben*, Bd. IV: Baumvögel. (Bibliographisches Institut) Leipzig, Wien 1891.

Burmeister, H.: *Geologische Bilder zur Geschichte der Erde und ihrer Bewohner*. 2. Kapitel: Der menschliche Fuß als Charakter der Menschheit. (O. Wigand) Leipzig [1]1849, [2]1855.

Carroll, R. L.: *Paläontologie und Evolution der Wirbeltiere*. (Thieme) Stuttgart, New York 1993.

Carus, C. G.: *Organon der Erkenntnis der Natur und des Geistes*. (Brockhaus) Leipzig 1856.

Conroy, G. C.: *Reconstructing human origins: a modern synthesis*. (Norton) New York 1997.

Dietz, R.: *Tales of whales*. (Gannett) Portland/Maine USA 1982.

Dorst, J. u. Dandelot, P.: *Säugetiere Afrikas*. (Parey) Hamburg, Berlin 1970.

Gall, F. J. u. Spurzheim, J. C.: *Untersuchungen über die Anatomie des Nervensystems überhaupt und des Gehirns insbesondere*. (Treutel u. Würtz) Paris, Straßburg 1809.

Garrett, H. u. Garrett, C. K.: *New England Whales*. (Cape Ann Publications) Gloucester, Mass., USA 1987.

Grah, C.: Das Menschlichste am Menschen ist sein Fuß. *Tycho de Brahe-Jahrbuch für Goetheanismus*, S. 217-246. Niefern-Öschelbronn 1986.

Hagner, M.: *Homo cerebralis. Der Wandel vom Seelenorgan zum Gehirn*. (Wissenschaftliche Buchgesellschaft) Darmstadt 1997.

Keller, J. (Hrsg.): *Wale und Delphine*. (Jahr V.) Hamburg 1990.

Kuhn, O.: *Die fossilen Vögel*. (Oeben) Krailling bei München 1965.

Lucae, J. C. G.: *Die Hand und der Fuß. Ein Beitrag zur vergleichenden Osteologie der Menschen, Affen und Beuteltiere*. (Christian Winter) Frankfurt am Main 1865.

Martin, A.R.: *Das große Bestimmungsbuch der Wale und Delphine.* (Mosaik) München 1991.
Martin, A. R.: *Das Buch der Wale.* (Moewig) Rastatt 1993.
National Geographic 162 (1): 24B. Washington Januar 1979.
Pätzold, R.: *Heidelerche und Haubenlerche.* Die Neue Brehmbücherei Nr. 440. (Ziemsen) Wittenberg-Lutherstadt 1986.
Schad, W.: Stauphänomene am menschlichen Knochenbau. In: *Elemente der Naturwissenschaft* 3: 15-27. 1965. Wiederabdruck in: Schad, W. (Hrsg.): *Goetheanistische Naturwissenschaft, Bd. 4 (Anthropologie).* Stuttgart 1985.
Schad, W.: *Säugetiere und Mensch – Zur Gestaltbiologie vom Gesichtspunkt der Dreigliederung.* (Freies Geistesleben) Stuttgart 1971. Amerikanische Übersetzung: *Man and Mammals – Toward a Biology of Form.* Garden City/New York 1977.
Schad, W.: Europäisches zu Mitteleuropa. In: Rieche, H. u. Schuchardt, W. (Hrsg.): *Mitteleuropa, Landschaften – Völker – Kulturen.* S. 74-93. (Urachhaus) Stuttgart 1978.
Schad, W.: Zur Organologie und Physiologie des Lernens. In: Lippitz, W. u. Rittelmeyer, C. (Hrsg.): *Phänomene des Kinderlebens – Beispiele und methodische Probleme einer pädagogischen Phänomenologie.* (J. Klinkhardt) Bad Heilbrunn/Obb. [1]1989, [2]1990.
Schad, W.: Afrika – Geburtsland der Menschheit. Lebensformen einer menschengemäßen Natur. *Die Drei* 62 (2): 100-126. Stuttgart 1992a.
Schad, W.: *Der Heterochronie-Modus in der Evolution der Wirbeltierklassen und Hominiden.* Dissertation Witten/Herdecke 1992b.
Schad, W.: Die Zweiheit der Mitte. In: *Tycho de Brahe-Jahrbuch für Goetheanismus*, S. 217-266. Niefern-Öschelbronn 1997.
Schad, W.: Die Zeitintegration als Entwicklungsmodus in der Makroevolution. In: Dorka, R. et al. (Hrsg.): *«Zum Erstaunen bin ich da». Forschungswege in Goetheanismus und Anthroposophie.* S. 151-174. (Verlag am Goetheanum) Dornach 1998.
Spencer; F.: *Piltdown – a scientific forgery.* (Oxford University Press) Oxford 1991.
Stein, W. J. u. Steiner, R.: Hrsg.: Meyer, Th.: *Dokumentation eines wegweisenden Zusammenwirkens.* (Goetheanum-Verlag) Dornach 1985.
Tretzel, E.: Imitation und Variation von Schäferpfiffen durch Haubenlerchen. Ein Beispiel für spezielle Spottmotiv-Prädisposition. *Zeitschrift für Tierpsychologie* 22: 784-809. 1965.
Weinrich, M. T.: *Observations: The Humpback Whales of Stellwagen Bank.* (Whale Research Pr.) Gloucester, Maine/USA 1983.

Spiral-Asymmetrien bei Tier und Mensch

Anmerkungen

1 Raven 1966.
2 Pernkopf 1937.
3 Baker-Cohen 1961.
4 Von Kraft 1971, S. 144.
5 Baker-Cohen 1961.

6 Hummel u. Chapman 1959.
7 Torgersen 1949.
8 Mangold 1921.
9 Wilhelmi 1921.
10 Von Kraft 1971.
11 Von Kraft 1979.
12 Von Kraft 1995.
13 Spemann u. Falkenberg 1919.
14 Von Kraft 1979.
15 Strasburger 1978, S. 471.
16 Van't Hoff 1874.
17 Van't Hoff 1875.
18 Le Bel 1874.
19 Wedekind 1930.
20 Man et al. 1983.
21 Wimmenauer, W.: Mündliche Mitteilung.
22 Brown u. Wolpert 1990.

Literatur

Baker-Cohen, K. F.: Visceral and vascular transposition in fishes, and a comparison with similar anomalies in man. *American Journal of Anatomy* 109: 37-55. Philadelphia 1961.

Brown, N. A. u. Wolpert, L.: The development of handedness in left/right asymmetry. *Development* 109 (1): 1-9. 1990.

Hummel, K. P. u. Chapman, D. B.: *Journal of Heredity* 50: 9ff. Washington 1959.

Kraft, A. von: Entstehung der Eingeweide-Asymmetrie bei den Wirbeltieren. *Naturwissenschaftliche Rundschau* 24 (4): 142-151. 1971.

Kraft, A. von: Spiegelsymmetrische Organbildung bei «Parabiose-Molchen». Ein experimenteller Beitrag zum Problem tierischer Formbildung. *Elemente der Naturwissenschaft* Nr. 31 (H. 2): 1-9. Dornach 1979.

Kraft, A. von: Spiegelsymmetrische und «linksdominante» Organogenese bei im Gastrulastadium verschmolzenen Parabioselarven des Bergmolches (Triturus alpestris). *Annals of Anatomy* 177: 367-374. Jena 1995.

Le Bel, J.A.: Sur les relations, qui existent entre les formules atomiques et le pouvoir rotatoire de leurs dissolutions. *Bulletin de la Société chimique* 22: 337ff. 1874.

Man, E. H., Sandhouse, M. E., Burg, J. u. Fischer, G. H.: Accumulation of D-Aspartic Acid with age in the human brain. *Science* 220: 1407-1408. 1983. Siehe auch *Frankfurter Zeitung* vom 15.12.1983.

Mangold, O.: Situs inversus bei Triton. *Wilhelm Roux' Archiv für Entwicklungsmechanik der Organismen* 48: 505-516. 1921.

Pernkopf, E.: Asymmetrie, Inversion und Vererbung. *Zeitschrift für menschliche Vererbungs- und Konstitutionslehre* 20: 606-656. 1937.

Raven, C. P.: *Morphogenesis: the analysis of Molluscan development*. (Pergamon) Oxford [2]1966.

Spemann, H. u. Falkenberg, H.: Über asymmetrische Entwicklung und Situs inversus bei Zwillingen und Doppelmissbildungen. *Roux' Archiv für Entwicklungsmechanik der Organismen* 45: 371-422. 1919.

Strasburger, E. et al.: *Lehrbuch der Botanik für Hochschulen.* (G. Fischer) Stuttgart, New York 1978.

Torgersen, J.: Genic factors in visceral asymmetry. *Arch. Pathol.* 47: 566ff. 1949.

Van't Hoff, J. H.: *Vorschlag zur Ausdehnung der gegenwärtig in der Chemie gebrauchten Strukturformeln in den Raum nebst einer damit zusammenhängenden Bemerkung über die Beziehung zwischen dem optischen Drehvermögen und der chemischen Konstitution organischer Verbindungen.* (J. Greven) Utrecht 1874.

Van't Hoff, J. H.: *La chimie dans L'Espace.* (Bazendigk) Rotterdam 1875. Deutsche Übersetzung: *Die Lagerung der Atome im Raum.* (Vieweg) Braunschweig 1875.

Wedekind, E.: Aus der Geschichte der Stereochemie: ein Gedenkwort zum Tode J.A. Le Bels. *Zeitschrift für Angewandte Chemie* 43 (45): 985-986. 1930.

Wilhelmi, H.: Experimentelle Untersuchungen über Situs inversus viscerum. *Wilhelm Roux' Archiv für Entwicklungsmechanik der Organismen* 48: 517-532. 1921.

Kopffüßer, Schnecken und Muscheln in ihrer organismischen Verwandtschaftsordnung

Anmerkungen

1 Jahn 1998, S. 300.
2 Em 2.8.1830.
3 Remane 1959, S. 363f.
4 Nüsslein-Volhard 1996; Hogan 1995; Holley et al. 1995.
5 Vgl. Kühn 1950.
6 Kaestner 1960, S. 331.
7 Brehm 1890–1893, Bd. 10: Niedere Tiere, S. 273.
8 Brehm 1890–1893, Bd. 10: 266ff.; Kaestner 1960, S. 330ff.; Salvini-Plawen 1970, S. 218ff.
9 Schad 1971; Lockley 1999.
10 Portmann 1948, 1957, 1958, 1965; Schad 1983.
11 Bernard 1878/79.
12 Müller 1993/94.

Literatur

Bernard, C.: *Leçons sur les phénomènes de la vie communs aux animaux et aux végétaux.* (A. Dastre) Paris 1878/79.

Brehm, A. E.: *Brehms Tierleben*, 10 Bände. (Bibliographisches Institut) Leipzig 1890-1893.

Hogan, B. L. M.: Upside-down ideas vindicated. *Nature* 376: 210f. 1995.

Holley, S. A. et al.: A conserved system for dorsal-ventral pattering in insects and vertebrates involving sog and chordin. *Nature* 376: 249-253. 1995.

Jahn, I. (Hrsg.): *Geschichte der Biologie*. (Fischer) Jena [3]1998.

Kaestner, A.: *Lehrbuch der Speziellen Zoologie*. Teil 1: Wirbellose, 1. Halbband. (G. Fischer) Jena 1960.

Kühn, A.: Über Farbensinn und Farbwechsel bei Cephalopoden. *Zeitschrift für Vergleichende Physiologie* 32: 572-598. 1950.

Lockley, M.: Einblicke in die Gestaltbiologie der Dinosaurier anhand ihrer Fährtenspuren. *Tycho de Brahe-Jahrbuch für Goetheanismus*, S. 134-166. Niefern-Öschelbronn 1999.

Müller, A. H.: *Lehrbuch der Paläozoologie* Bd. II, Teil 1 u. 2. (G. Fischer) Jena 1993/94.

Nüsslein-Volhard, C.-E.: The identification of genes controlling development in flies and fishes. *Angewandte Chemie – International Edition in English* 35 (19): 2176-2187. 1996.

Portmann, A.: *Die Tiergestalt. Studien über die Bedeutung der tierischen Erscheinung*. (Friedrich Reinhardt) Basel 1948, [2]1960.

Portmann, A.: Die Erscheinung der lebendigen Gestalten im Lichtfelde. In: Ziegler, K. (Hrsg.): *Wesen und Wirklichkeit des Menschen. Festschrift für Helmuth Plessner*. (Vandenhoeck u. Ruprecht) Göttingen 1957.

Portmann, A.: *Meerestiere und ihre Geheimnisse*. (F. Reinhardt) Basel 1958.

Portmann, A.: Erhalt und Erscheinung als Aufgaben des Lebendigen. *Naturwissenschaft und Medizin (n+m)* 2 (8): 3-17. Mannheim 1965.

Remane, A.: Die Geschichte der Tiere, S. 340-422. In: Heberer, G. (Hrsg.): *Die Evolution der Organismen. Ergebnisse und Probleme der Abstammungslehre*. Bd. 1. (Fischer) Stuttgart 1959.

Salvini-Plawen, L. von: Die Kopffüßer. In: *Grzimeks Tierleben*, Bd. 3, S. 189-225. (Kindler) München 1970.

Schad, W.: *Säugetiere und Mensch. Zur Gestaltbiologie vom Gesichtspunkt der Dreigliederung*. Stuttgart 1971.

Schad, W.: Vom Leben im Lichtraum. In: Schad, W. (Hrsg.): *Goetheanistische Naturwissenschaft, Bd. 3 (Zoologie)*, S. 42-49. Stuttgart 1983.

Zur Dreigliederung der Käfer

Anmerkungen

1 Vgl. Schad 1971.
2 Goethe 1851.
3 Arrow 1951.
4 Lockley 1999.
5 Schad 1971, S. 144.
6 Schad 1977, S. 97.
7 Lockley 1999, S. 158.
8 Schad 1985.
9 HA 12: 432; Maximen und Reflexionen 488.

Literatur

Arrow, G. J.: *Horned beetles. A study of the Fantastic in Nature*. (W. Junk) The Hague [1]1951.

Goethe, J. W. v.: *Goethe's sämtliche Werke in 30 Bänden. Vollständig, neugeordnete Ausgabe*. Band 27, S. 275 (Osteologie, Die Skelette der Nagetiere, abgebildet und verglichen von d'Alton). (Cotta'scher Verlag) Stuttgart und Tübingen 1851.

Lockley, M.: Einblicke in die Gestaltbiologie der Dinosaurier anhand ihrer Fährtenspuren. *Tycho de Brahe-Jahrbuch für Goetheanismus*, S. 134-166. Niefern-Öschelbronn 1999.

Schad, W.: *Säugetiere und Mensch. Zur Gestaltbiologie vom Gesichtspunkt der Dreigliederung*. Stuttgart 1971. Amerikanische Übersetzung: *Man and Mammals – Toward a Biology of Form*. Garden City/New York 1977.

Schad, W.: Vom Geist in der Natur. Rund um den Mondhornkäfer. Lebenskreis und Lebensumkreis des Mondhornkäfers. In Endlich, Br. (Hrsg.): *Der Organismus der Erde – Grundlagen einer neuen Ökologie*. (Verlag Freies Geistesleben) Stuttgart 1985.

Miniaturen am Wege – zwei Süßwasser-Rotalgen, zwei Ritterfalter und zwei Lurche im Vergleich

Anmerkungen

1 Schwendener 1867.
2 HA 1: 358; aus: Epirrhema.
3 HA 10: 327; Campagne in Frankreich.
4 Schad 1971.
5 Goebel et al. 1971.
6 Em 13.2.1829.

Literatur

Göbel, Th., Koehler, R. u. Schad, W.: Mistelpräparate in ihrer Wirkung auf Grasfroschlarven. In: *Elemente der Naturwissenschaft* 14: 1-18. Dornach 1971.

Schad, W.: *Säugetiere und Mensch*. Stuttgart 1971.

Schwendener, S.: Über die wahre Natur der Flechten. *Verhandlungen der Schweizer Naturforschenden Gesellschaft zu Rheinfelden* 51: 88-90. 1867.

Mensch und Tier im Wandel des Miteinanders

Anmerkungen

1 HA 3: 224; Zeile 7345ff.
2 Teichmann 1993.
3 WA IV 49: 281, Brief vom 17.3.1832.
4 Em 13.2.1829.
5 Schad 1985.
6 Bonnet 2000.
7 Hölldobler u. Wilson 2016.
8 Frisch 1969.
9 Foelix 1992.
10 Hemer 1988.
11 Steiner, R., GA 228, Vortrag vom 2.9.1923.
12 Steiner, R., GA 316, Vortrag vom 21.4.1924.
13 Steiner, R., GA 110, Vortrag vom 18.4.1909 vormittags.
14 Schad 2016.
15 Steiner, R., GA 110, S. 179.
16 Haeckel 1879/1880.
17 Haeckel 1899–1904.
18 Steiner, R., GA 99, Vortrag vom 25.5.1907.
19 Steiner, R., GA 107, Vortrag vom 29.10.1908.

Literatur

Bonnet, H.: *Lexikon der ägyptischen Religionsgeschichte* (W. de. Gruyter) Berlin [3]2000.

Foelix, R.F.: *Biologie der Spinnen* (G. Thieme) Stuttgart 1992.

Frisch, K. von: *Aus dem Leben der Bienen.* (Springer) Berlin, Heidelberg, New York 1969.

Haeckel, E.: *Das System der Medusen in 2 Bänden.* (Fischer) Jena 1879/1880.

Haeckel, E.: *Kunstformen der Natur.* (Bibliograhpisches Institut) Leipzig, Wien 1899–1904.

Hemer, S.: *Wunderbare Welt der Spinnen.* (Urania) Leipzig, Jena, 1988.

Hölldobler, B. u. Wilson, E. O.: *Auf den Spuren der Ameisen.* (Springer) Berlin, Heidelberg [3]2016.

Schad, W.: Vom Geist in der Natur – Lebenskreis und Lebensumkreis des Mondhornkäfers. In: Endlich, B. (Hrsg.): *Der Organismus der Erde* (Freies Geistesleben) Stuttgart 1985.

Schad, W.: *Die verlorene Hälfte des Menschen. Die Plazenta vor und nach der Geburt in Medizin, Anthroposophie und Ethnologie.* (Freies Geistesleben) Stuttgart [3]2016.

Teichmann, F.: *Die Kultur der Verstandesseele. Griechenland – Texte und Bilder.* (Freies Geistesleben) Stuttgart 1993.

Quellennachweise

Vom Naturlaut zum Sprachlaut

Erziehungskunst Jg. 44, Heft 4, S. 214-222. Stuttgart 1980.
Leicht veränderter Wiederabdruck unter gleichem Titel, S. 90-103. In: Schad, W. (Hrsg.): *Goetheanistische Naturwissenschaft, Bd. 1: Allgemeine Biologie*. (Freies Geistesleben) Stuttgart 1982. Im vorliegenden Band: 1982.

Der Entwicklungsgang zur organischen Eigenwärme

S. 80-89. In: Schad, W. (Hrsg.): *Goetheanistische Naturwissenschaft, Bd. 1. Allgemeine Biologie*. (Freies Geistesleben) Stuttgart 1982.
Leicht veränderter Wiederabdruck in: *Der Merkurstab* 65 (6): 516-521. 2012.
Der Aufsatz «Der Entwicklungsgang zur organischen Eigenwärme» ist ein erweiterter und zusammengenommener Wiederabdruck zweier früherer Aufsätze: «Organische Eigenwärme als Entwicklungsgang – Die Wärme bei Mensch und Tier. *Weleda-Nachrichten* Heft 108, S. 5-9. Schwäbisch Gmünd Weihnachten 1972. Und: «Zur Evolution des Wärmeorganismus». *Mitteilungen der wissenschaftlichen Mitarbeiter der Weleda AG*, Nr. 14, S. 11-17. Arlesheim/Schwäbisch Gmünd März 1973.
Im vorliegenden Band: 2012.

Vögel über uns

Die Drei Jg. 53, Heft 7/8, S. 480-493. Stuttgart 1983.

Vom Geist in der Natur – Lebenskreis und Lebensumkreis des Mondhornkäfers

In: Endlich, Br. (Hrsg.): *Der Organismus der Erde – Grundlagen einer neuen Ökologie*. S. 141-176. (Freies Geistesleben) Stuttgart 1985.
Gekürzter Wiederabdruck unter dem Titel: *Lebenskreis und Lebensumkreis des Mondhorn-*

käfers, in: Sauer, W. (Hrsg.): *Verlassene Wege zur Natur – Impulse für eine Neubesinnung – Ein Lesebuch*. S. 154-166. Die Graue Edition. (Südmarkverlag M. Fritz) Witzenhausen 1992. Im vorliegenden Band: 1985.

Fliegende Feuer und verschattete Falter in Nord-Amerika

Tycho de Brahe-Jahrbuch für Goetheanismus. S. 104-149. (Tycho Brahe-Verlag) Niefern-Öschelbronn 1993.

Rund um den großen Eisvogel – Mit einem Vorschlag zur natürlichen Gliederung der Tagfalterfamilien

Tycho de Brahe-Jahrbuch für Goetheanismus. S. 249-280. (Tycho Brahe-Verlag) Niefern-Öschelbronn 1996.

Über die Färbung und Zeichnung der Vogeleier (Mit Roselies Gehlig)

Tycho de Brahe-Jahrbuch für Goetheanism8us. S. 282-371. (Tycho Brahe-Verlag) Niefern-Öschelbronn 1996.

Skorpione und ihre Verwandten

Nachwort. In: Fabre, J.-H.: *Der Skorpion von Sérignan. Beobachtungen an Gliederfüßlern*. S. 75-83. (Edition Pixis bei Janus Press) Berlin und München [1]1997.

Vom Menschlichen in der Natur

Tycho de Brahe-Jahrbuch für Goetheanismus. S. 293-340. (Tycho Brahe-Verlag) Niefern-Öschelbronn 1998.

Spiral-Asymmetrien bei Tier und Mensch

Tycho de Brahe-Jahrbuch für Goetheanismus. S. 93-110. (Tycho Brahe-Verlag) Niefern-Öschelbronn 2000. (Schriftliche Abfassung der Antrittsvorlesung von Prof. Dr. Wolfgang Schad am 22.1.1998, Universität Witten/Herdecke).

Kopffüßer, Schnecken und Muscheln in ihrer organismischen Verwandtschaftsordnung (Mit Th. Göbel)

Tycho de Brahe-Jahrbuch für Goetheanismus. S. 214-259. (Tycho Brahe-Verlag) Niefern-Öschelbronn 2001.

Zur Dreigliederung der Käfer

Tycho de Brahe-Jahrbuch für Goetheanismus. S. 181-199. (Tycho Brahe-Verlag) Niefern-Öschelbronn 2002.

Miniaturen am Wege – zwei Süßwasser-Rotalgen, zwei Ritterfalter und zwei Lurche im Vergleich

Tycho de Brahe-Jahrbuch für Goetheanismus. S. 79-111. (Tycho Brahe-Verlag) Niefern-Öschelbronn 2007.

Mensch und Tier im Wandel des Miteinanders

Die Christengemeinschaft 89 (7-8): S. 14-21. Stuttgart 2017.

Abbildungsnachweise

Bei den Bildern von Alamy wird zuerst der Fotograf genannt. ASF steht für Alamy Stock Foto. Daran schließt sich die Bild-ID an.

Vom Naturlaut zum Sprachlaut: *Abb. 1*: Zeichnung: A. Suchantke. *Abb. 2*: Wikimedia. *Abb. 3*: Aus: Bennet-Clark, H. C.: Schallerzeugung bei der Maulwurfs-Grille. Naturwissenschaftliche Rundschau Jg. 24, H. 6, S. 267. 1971. *Abb. 4*: Zeichnung: U. Winkler. *Abb. 5: und 6*: Aus: Stresemann, E.: Aves. In: Kükenthal, W. u. Krumbach, T. (Hrsg.): Handbuch der Zoologie, eine Naturgeschichte der Stämme des Tierreichs. Bd. 7, 2. Hälfte, S. 633f. Berlin 1927-1934. *Abb. 8*: Foto: Wolfgang Schad.

Der Entwicklungsgang zur organischen Eigenwärme: *Abb. 1*: Wikimedia. *Abb. 2*: *Oben* Wikimedia. *Unten* Aus: Eimerl, S. u. Devore, J.: Die Primaten. (Time-Life International) Reinbek 1976.

Vögel über uns: *Abb. 1*: Zeichnung: A. Burton, aus: Harrison, C.: Jungvögel, Eier und Nester aller Vögel Europas, Nordafrikas und des Mittleren Ostens. (Parey) Hamburg 1975. *Abb. 2*: Zeichnung Gänsesäger: U. Winkler. Zeichnung: A. Burton, aus: Harrison, C., 1975, a.a.O. *Abb. 3*: Aus: Storr, G. M.: Migration routes of the Arctic Tern. The Emu 58(1): 59-62. 1958. S.a. Die önj (Österreichische Naturschutzjugend). Nr. 3, S. 24. (ÖNJ-Tirol) Lamprechtshausen 1994. Abb. 4: imageBROKER.com AFF EWX7JM. Abb. 5: Zoonar GmbH ASF G0G3N4.

Vom Geist in der Natur – Lebenskreis und Lebensumkreis des Mondhornkäfers: *Abb. 1*: Nach Bornemissza, aus: Topp, W.: Biologie der Bodenorganismen. (Quelle und Meyer) Uni-Tb. 1101. Heidelberg 1981. *Abb. 2*: Frank Hecker ASF H8W74G. *Abb. 3*: Aus: Chinery, M.: Insekten Mitteleuropas. (P. Parey) Hamburg, Berlin 1976. / Reitter, E.: Fauna Germanica. Die Käfer des Deutschen Reiches. II Band. (K.G. Lutz) Stuttgart 1909. / Lengerken, H. v.: Die Brutfürsorge- und Brutpflegeinstinkte der Käfer. (Akademische Verlagsgesellschaft) Leipzig 1939. / Lengerken, H. v.: Der Mondhornkäfer und seine Verwandten. Neue Brehm-Bücherei, Band 58. (Akademische Verlagsgesellschaft) Leipzig 1952. *Abb. 4*: Aus: Chinery, M. 1976, a.a.O. / Wurmbach, H.: Lehrbuch der Zoologie. Band 1: Allgemeine Zoologie und Ökologie. (Gustav Fischer) Stuttgart 1970. *Abb. 5*: Aus: Illies, J.: Wir beobachten und züchten Insekten. S. 88 ff. (Kosmos) Stuttgart [3]1971. / Kaestner, A.: Lehrbuch der Speziellen Zoologie, Bd. I Wirbellose, 3. Teil Insecta, B: Spezieller Teil. (Gustav Fischer) Stuttgart 1973. *Abb. 6*: Aus: Fabre, J.-H.: Totengräber bei der Arbeit, ein Bild aus der Insektenwelt. Kosmos, Jg. 2, S. 19-25 u. 47-53. Stuttgart 1905. / Stanek, V.J.: Das große Bilderlexikon der Insekten. (Bertelsmann) Gütersloh 1968. *Abb. 7*: Aus: Lengerken, H. v., 1939, a.a.O. / Lengerken, H. v., 1952, a.a.O. *Abb. 8*: *Oben* Wildlife GmbH ASF BJETT8. *Unten* Aus: Henschel, H.: Der Nashornkäfer. (Oryctes nasicornis L.). Neue Brehm-Bücherei, Band 301. (A. Ziemsen) Wittenberg-Lutherstadt 1962. *Abb. 9*: *Links* Foto Matthias Jensen. *Rechts* Sergio Yoneda ASF 2C3HRR1. *Abb. 10*: *Oben* Nach Escherich aus: Weber, H.: Grundriss der Insektenkunde. (Fischer) Stuttgart ^{4}1966. Unten Foto: Wolfgang Schad. *Abb. 11*: Aus: Kaestner, A., 1973, a.a.O. *Abb. 12*: Aus: Kaestner, A., 1973, a.a.O. *Abb. 13*: Aus: Fabre, J.-H. 1905, a.a.O. / Wurmbach, H., 1970, a.a.O. *Abb. 14*: *Oben* Emil Enchev ASF A5NT6H. *Unten* Kairo, Ägyptisches Museum. *Abb. 15*: *Links* Aus: Sajó, K.: Aus der Käferwelt. Mit Rücksicht auf die Beziehungen der Kerfe zur menschlichen Kulturgeschichte. (Theodor Thomas) Leipzig 1910. *Rechts* Aus: Reitter, E., 1909, a.a.O.

Fliegende Feuer und verschattete Falter in Nord-Amerika: *Abb. 1*: *Links* Foto: Wolfgang Schad. *Rechts* All Canada Photos ASF T8YHFC. *Abb. 2*: *Oben* Phil Degginger ASF ANB4KG. *Unten links* Skip Moody – Dembinsky Photo Associates – Alamy ASF CXXAAC. *Unten rechts* Skip Moody – Dembinsky Photo Associates – Alamy ASF PPRMN0. *Abb. 3*: Aus: Urquhart, F. A.: The Monarch Butterfly. (University of Toronto Press) Toronto 1960. *Abb. 4*: Corry Anne ASF 2JDJG77. *Abb. 5*: Aus: Urquhart, F. A., 1960, a.a.O. *Abb. 6*: *Oben* Urquhart, F. A.: Found at Last: the Monarch's Winter Home. National Geographic Magazine 150(2): 161-173. Washington 1976. / Scott, J. A.: The Butterflies of North America. A Natural History and Field Guide. (Stanford Univers. Press) Stanford 1986. *Unten* Herberman, E.: The Great Butterfly Hunt, The Mystery of the Migrating Monarchs. (Simon & Schuster) New York 1990. *Abb. 7*: *Oben* Kendal Blust. KJZZ. Piedra Herrada Butterfly Sanctuary, Mexico. Dezember 2019. *Unten* Nature Picture Library ASF 2AKEMKF. Abb. 8: *Oben* Kevin Knight ASF BMN3TP. *Unten* Ernst Mutchnick ASF EGKADK. Abb. *9*: Foto: Wolfgang Schad. *Abb. 10*: Wikimedia. *Abb. 11*: Aus: Kricher, J. C. u. Morrison, G.: Field Guide to Eastern Forests of North America. The Peterson Field Guide Series No. 37. (Houghton Mifflin) Boston 1988. *Abb. 12*: imageBROKER com ASF AX1X1H. *Abb. 13*: Aus: Suchantke, A.: Der Schmetterling in der Landschaft. Biotoptrachten europäischer Tagfalter, verglichen mit den Verhältnissen in tropischen Breiten. Tycho de Brahe-Jahrbuch für Goetheanismus. S. 158-227. Niefern-Öschelbronn 1991. *Abb. 14*: Aus: Suchantke, A.: Sonnensavannen und Nebelwälder. Pflanzen, Tiere und Menschen in Ostafrika. Kapitel: Die Schmetterlinge und das Licht. (Freies Geistesleben) Stuttgart 1993. *Abb. 15*: Foto: Wolfgang Schad. *Abb. 16*: Nach Payer, aus: Strasburger, E.: Lehrbuch der Botanik für Hochschulen. Stuttgart 1954. *Abb. 17*: Aus: Venning, F. D.: Wildflowers of North America. (Golden Press) New York. 1984. / Kerner von Marilaun, A.: Pflanzenleben, Bd. 2, Leipzig, Wien 1905. *Abb. 18*: Nach: Warburg, O.: Die Pflanzenwelt. Bd. 1-3. Leipzig 1923. *Abb. 19*: *Oben* Sterkl ASF 2BP87HX. *Mitte* European Wildlife ASF DBCC22. *Unten* Ger Bosma ASF ED2MH7.

Rund um den Großen Eisvogel, mit einem Vorschlag zur natürlichen Gliederung der Tagfalterfamilien: *Abb. 1*: *Oben* Buschkind ASF WXX88R. Unten Wikimedia. *Abb. 2*: *Oben* Foto: Tack aus: Ebert, G. u. Rennwald, E. (Hrsg.): Die Schmetterlinge Baden-Württembergs. Bd. 1, S. 337-344. (Eugen Ulmer) Stuttgart 1991. *Unten* Aus: Weidemann, H.-J.: Tagfalter. Bde. 1 u. 2. (Neumann-Neudamm) Melsungen 1986 bzw. 1988. *Abb. 5*: Aus: Weidemann, H.-J., 1986 bzw. 1988, a.a.O. *Abb. 6*: Foto: Tack, aus: Ebert, G. u. Rennwald, E., 1991, a.a.O. *Unten rechts* aus: Weidemann, H. J. 1986 bzw. 1988, a.a.O. *Abb. 7*: Fotos: André Grabs. *Abb. 8*: Nach: Novak, I. u. Severa, F.: Der Kosmos-Schmetterlingsführer. (Kosmos) Stuttgart 1992. *Abb. 10*: Aus: Thomas, J. u. Lewington, R: The Butterflies of Britain and Ireland. (Dorling Kindersley) London, New York, Stuttgart 1991.

Über die Färbung und Zeichnung der Vogeleier: *Abb. 1*: Portmann, A.: Vom Wunder des Vogellebens, S. 93. (Piper) Zürich 1984. *Abb. 2*: Palmer, B. D. u. Guillette, L. J. Jr.: Oviductal proteins and their influence on embryonic development in birds and reptiles, S. 35. In: Deeming, D. C. u. Ferguson, M.W. J. (Hrsg.:) Egg incubation – its effects on embryonic development in birds and reptiles. (Cambridge University Press) New York 1991. *Abb. 3*: *Oben* Wikimedia. *Unten* Björn Wylezich ASF P94KM7. *Abb. 4*: Wildlife GmbH ASF C5WGDG. *Abb. 5*: Wildscotphotos ASF BHA5RC. *Abb. 6*: A u. J Visage ASF B12CBB. *Abb. 7*: a Durk Talsma ASF T0B982. *b* Wildlife GmbH ASF C5WG46. *c* imageBROKER com ASF ECME1T. *d* Robin Chittenden ASF DNM6HF. *Abb. 8*: Goean Iliuta ASF M3F006. *Abb. 9*: *Oben* McPhoto/Rolfes ASF 2DFE28R. *Links* Wikimedia. *Abb. 10*: Grzimek, B.: Grzimeks Tierleben. Enzyklopädie des Tierreiches, Bd. 7: Vögel 1, S. 168. (dtv) München 1980. *Abb. 11*: *Oben* Mark Boulton ASF A5X92Y. *Unten* David Keep ASF 2YTGE0W. *Abb. 12*: imageBROKER com ASF 2PYMECT. *Abb. 13*: *a* WILDLIFE GmbH ASF BGC3DR. *b* Nature Picture Library ASF 2BNK55B. *c* Saverio Gatto ASF EWPYM2. *d* imageBROKER com GmbH Co. KG ASF GDC88E. *Abb. 14*: Jeff Kingma ASF T5MMAX. *Abb. 15*: Harrison, C.: Jungvögel, Eier und Nester aller Vögel Europas, Nordafrikas und des Mittleren Ostens, S. 333. (Parey) Hamburg 1975. *Abb. 16*: Harrison, C. 1975, S. 353, a.a.O. *Abb. 17*: Harrison, C. 1975, S. 401, a.a.O. *Abb. 18*: *Links* Simon Stirrup ASF W2AJPT. *Rechts* Maxime Homand ASF 2K83X7W. *Abb. 19*: *Links* Simon Stirrup ASF 2M5ERC6. *Rechts* Erich Thielscher ASF D222YJ. *Abb. 20*: *a* Remo Savisaar ASF C5ARTD. *b* fgphotos ASF B667YD. *c* Wikimedia. *Abb. 21*: *Links* David Tipling Photo Library ASF MB2JGW. *Rechts* imageBROKER com ASF 2PNAHED. *Abb. 22*: *a-d* Wikimedia. *Abb. 23*: *a* Nature Picture Library ASF 2XFX0A3. *b*, *c* Wikimedia. *Abb. 24*: *a* Naturfoto-Online ASF DBRCJ8. *b-h* Wikimedia. *i* imageBROKER com GmbH u Co KG ASF AX6DR4. *Abb. 25*: *Links*, *Rechts* Wikimedia. *Abb. 26*: *a-c* Wikimedia. *d* Patrick Fox ASF CP73F4. *Abb. 27*: Fotos: Peter Endres. *Abb. 28*: *a, b, d* Wikimedia. *Abb. 29*: Ondrej Prosicky ASF 2J65HH2. *Abb. 30*: a-f Wikimedia. g imageBROCKER com Gmbh Co KG ASF R72R7G. h Wikimedia. Abb. 31: *a* Andrew Darrington ASF AH93EC. *b* McPhoto/Rolf Mueller ASF W3YDXT. *c, d* Wikimedia. *Abb. 32*: a Westend61 GmbH ASF T15DBN. b Arterra Picture Library ASF BGP9DR. c imageBROKER com ASF 2R1P7TC. *Abb. 33*: *Oben* Arto Hakola

ASF 2GCCBEY. *Unten* Nature Picture Library ASF G9XNGP. Abb. 34: a-c, e, f Wikimedia. *Abb. 35*: All Canada Photos ASF KCKE25. *Abb. 36*: Design Pics Inc ASF 2N3JB41. Abb. 37: a Henri Lehtola ASF 2HAGRP0. b FLPA ASF BWWCFR. c Buiten-Beeld ASF BKH7FP. Abb. 38: Grzimek, B., 1980, Bd. 7, S. 481, a.a.O. *Abb. 39*: Grzimek, B. 1980, Bd. 7, S. 480, a.a.O. *Abb. 40*: Neil Bowman ASF 2MNDDNE. *Abb. 41*: *Oben* Juniors Bildarchiv GmbH ASF B0W1PC. *Unten* imageBroker com ASF 2R1P83W. *Abb. 42*: Grzimek, B. 1980, Bd. 7, S. 470, a.a.O. *Abb. 43*: Junior Bildarchiv GmbH ASF MARCC9. *Abb. 44*: Grzimek, B. 1980, Bd. 7, S. 479, a.a.O.

Skorpione und ihre Verwandten: *Abb. 1*: Aus: Kaestner, A.: Lehrbuch der speziellen Zoologie. Band I: Wirbellose Tiere. Teil 4: Arthropoda (ohne Insecta), hrsg. von Gruner, H.-E. et al. (Gustav Fischer) Frankfurt am Main ^{4}1999.

Vom Menschlichen in der Natur: *Abb. 1*: Aus: Brühl, C. B.: Buch der Vögel – Mitteleuropa. (Das Beste) Stuttgart 1994. / Nach Murr, aus: Pätzold, R.: Heidelerche und Haubenlerche. Die Neue Brehmbücherei Nr. 440. (Ziemsen) Wittenberg-Lutherstadt 1986. *Abb. 2*: Aus: Haffer, J.: Alaudidae – Lerchen. In: Glutz von Blotzheim, U.N. (Hrsg.): Handbuch der Vögel Mitteleuropas. (Aula) Wiesbaden 1985. *Abb. 3*: Aus: Heinzel, H., Fitter, R. u. Parslow, J.: Pareys Vogelbuch. Hamburg, Berlin 1972. *Abb. 4*: Aus: Haffer, J., 1985, a.a.O. *Abb. 5*: Aus: Suchantke, A.: Sonnensavannen und Nebelwälder. Pflanzen, Tiere und Menschen in Ostafrika. (Verlag Freies Geistesleben) Stuttgart 1992. *Abb. 6*: Ariadne Van Zandbergen ASF RR4ER7. *Abb. 7*: Aus: Brehm, A.E.: Brehms Tierleben. Allgemeine Kunde des Tierreichs. 10 Bände. Hrsg. von Prof. Dr. Pechuel-Loesche. (Bibliographisches Institut) Leipzig ^{3}1890-1896. *Abb. 8*: Aus: Brehm, A.E., ^{3}1890-1896, a.a.O. *Abb. 9*: Wikimedia. *Abb. 10*: Klaus Steinkamp ASF 2A9JBCT. *Abb. 11*: *Links* Zeichnung: Walther. *Rechts* NatureRules1Wiki: https://static.wikia.nocookie.net/naturerules1/images/8/81/Dibatag-e3945fd4-70d2-4ba5-b192-d5b66e72b49-resize-750.jpeg/revision/latest?cb=20210215200546 *Abb. 12*: Mark Levy ASF JKHJ5F. *Abb. 13*: S-Zagrebun ASF B3KXKT. *Abb. 14*: Images of Africa Photobank ASF AJ8605. *Abb. 16*: Aus: Bernatzik, H.A.: Gari-Gari. (Gutenberg) Frankfurt am Main 1951. *Abb. 17*: Kopsch, F.: Raubers Lehrbuch der Anatomie des Menschen. S. 18 und 22. (Thieme) Leipzig 1914. *Abb. 18*: Dietz, R.: Tales of whales. (Gannett) Portland/Maine USA 1982. *Abb. 19*: Mircea Costina ASF F3BNX5. *Abb. 20*: *Oben* Pics4view ASF 2JW37X8. *Unten* imageBroker com ASF 2RWEE4B. *Abb. 21*: Nature Picture Library ASF PBAEGW. *Abb. 22*: Alexander Trusler ASF H64TGJ. *Abb. 23*: Rolf Hicker Photography ASF PNYPD1.

Spiral-Asymmetrien bei Tier und Mensch: *Abb. 1*: Dorling Kindersley ltd ASF PFETB1. *Abb. 2*: Aus: Janus, H.: Unsere Schnecken und Muscheln: 45, 77, 90. (Frankh) Stuttgart 1962. *Abb. 3*: *Oben* Nach: Fioroni, O.: Allgemeine und vergleichende Embryologie der Tiere: 137. (Springer) Berlin ^{2}1992. *Unten* Nach: Bromann. *Abb. 4*: Aus: Siewing, R.: Lehrbuch der vergleichenden Entwicklungsgeschichte der Tiere: 60. (Parey) Hamburg, Berlin 1969. *Abb. 5*: Aus: Schad, W.: Man and Mammels. Toward a Biologie of Form: 23. Garden City/ New York 1977. *Abb. 6*: Aus: Starck, D.: Embryologie. Ein Lehrbuch auf allgemein biologischer Grundlage: 480. (Thieme) Stuttgart ^{3}1975. /

Langman, J.: Medizinische Embryologie: 309. (Thieme) Stuttgart, New York 1980. *Abb. 7*: *Links* Nach: Koller, A.: Ein Fall von Situs viscerum inversus totalis und seine Bedeutung. (Reimer) Berlin 1899a. / Koller, A.: Ein Fall von Situs viscerum inversus und seine Deutung. Virchow's Archiv für pathologische Anatomie und Physiologie und für klinische Medicin 156: 115-150. 1899b. *Rechts* Aus: Monteil, A. u. Vogt, C.: Basel. du – Die Zeitschrift für Kunst und Kultur 2: 44. Zürich 1986. *Abb. 8*: *Links* Aus: Spemann, H. u. Falkenberg, H.: Über asymmetrische Entwicklung und Situs inversus bei Zwillingen und Doppelmissbildungen. Roux' Archiv für Entwicklungsmechanik der Organismen 45: 371-422. 1919. Sonst aus: Von Kraft, A.: Symmetrie und Asymmetrie in der Morphogenese parabiotischer, im Neuralstadium verschmolzener Bergmolchlarven (Triturus alpestris). Zoologisches Jahrbuch für Anatomie 96: 242. 1976. / Von Kraft, A.: Spiegelsymmetrische Organbildung bei «Parabiose-Molchen». Ein experimenteller Beitrag zum Problem tierischer Formbildung. Elemente der Naturwissenschaft Nr. 31 (H. 2): 2, 6. Dornach 1979. / Von Kraft, A.: Spiegelsymmetrische und «linksdominante» Organogenese bei im Gastrulastadium verschmolzenen Parabioselarven des Bergmolches (Triturus alpestris). Annals of Anatomy 177: 368. Jena 1995. *Abb. 9*: Aus: Holländer, F.: Wunder, Wundergeburt und Wundergestalt. Stuttgart 1919. *Abb. 10*: Nach Wilder aus: Starck, D.: Embryologie. Ein Lehrbuch auf allgemein biologischer Grundlage: 154. (Thieme) Stuttgart [3]1975. *Abb. 11*: Aus: Rykart, R.: Bergkristall. Form und Schönheit alpiner Quarze. (Ott) Thun/Schweiz [2]1977.

Kopffüßer, Schnecken und Muscheln in ihrer organismischen Verwandtschaftsordnung: *Abb. 1*: Nach: Marti, Th.: Motive der Entwicklungsgeschichte des Tierreiches. Emanzipation und Individualisierung in der Evolution. Tycho de Brahe-Jahrbuch für Goetheanismus, S. 144-215. Niefern-Öschelbronn 1997. *Abb. 2*: Aus: Siewing, R.: Lehrbuch der Vergleichenden Entwicklungsgeschichte der Tiere. (Parey) Hamburg 1969. *Abb. 3*: Aus: Göbel, Th.: Naturbilder menschlicher Gestaltungskräfte. Tintenfische, Schnecke und Muschel. Die Drei 43(10): 476-482 und 43(11): 539-552. Stuttgart 1973. Nach: Portmann, A.: Meerestiere und ihre Geheimnisse. (F. Reinhardt) Basel 1958. *Abb. 4*: Aus: Brehm, A. E.: Brehms Tierleben, 10 Bände. (Bibliographisches Institut) Leipzig 1890-1893. / Riedl, R.: Fauna und Flora des Mittelmeeres. (Parey) Berlin 1983. / Wurmbach, H.: Lehrbuch der Zoologie, Bd. 2.: Spezielle Zoologie. (Fischer) Stuttgart 1968. / Nach: Kühn, A.: Über Farbensinn und Farbwechsel bei Cephalopoden. Zeitschrift für Vergleichende Physiologie 32: 572-598. 1950. *Abb. 5*: Kilias, R.: In: Kaestner, A. u. Gruner, H.-E. (Hrsg.), Lehrbuch der Zoologie, Band 1, Teil 3: Mollusken etc. (Gustav Fischer) Jena, Stuttgart, New York 1993, nach Merculiano. *Abb. 6*: *Oben* Aus: Wurmbach, H. 1968, a.a.O. 1968. *Unten* Internetabruf: https://mineralartgallery.com/image/cache/catalog/coralli_e_conchiglie/conchiglie/ARA-07/argonauta-guinness-1000x1000.JPG *Abb. 7*: *Oben* Salvini-Plawen, L. v.: Die Kopffüßer. In: Grzimeks Tierleben, Bd. 3, S. 189-225. (Kindler) München 1970, nach: Göbel, Th. 1973, a.a.O. *Unten* SeaTops ASF 2XX09TA. *Abb. 8*: Aus: Portmann, A.: Die Tiergestalt. Studien über die Bedeutung der tierischen Erscheinung. (Friedrich Reinhardt) Basel 1948, [2]1960. *Abb. 9*: *Links* Kilias, R.: In: Kaestner, A. u. Gruner, H.-E. (Hrsg.), 1993, a.a.O., nach Chun. *Rechts* Zeichnung: Wolfgang Schad. *Abb. 10*:

Nach: Kilias, R.: In: Kaestner, A. u. Gruner, H.-E. (Hrsg.), 1993, a.a.O.. *Tafel I*: Foto: Thomas Göbel. *Abb. 11*: Göbel, Th., 1973, a.a.O. *Tafel II*: Foto: Thomas Göbel. *Abb. 12*: Foto: Thomas Göbel. *Tafel III*: Foto: Thomas Göbel. *Abb. 15*: Portmann, A., 1948, a.a.O. *Abb. 16*: Salvini-Plawen, L. v., 1970, a.a.O. / Kilias, R.: In: Kaestner, A. u. Gruner, H.-E. (Hrsg.), 1993, a.a.O., nach: Kawaguti. *Abb. 17*: Kilias, R.: In: Kaestner, A. u. Gruner, H.-E. (Hrsg.), 1993, a.a.O. *Abb. 18*: Aus: Schad, W.: Säugetiere und Mensch. Zur Gestaltbiologie vom Gesichtspunkt der Dreigliederung. Stuttgart 1971. *Tafel IV*: Foto: Thomas Göbel. *Abb. 19*: *Oben* Nach: Kilias, R.: In: Kaestner, A. u. Gruner, H.-E. (Hrsg.), 1993, a.a.O. / Salvini-Plawen, L. v., 1970, a.a.O. / Haas, W. de u. Knorr, F.: Was lebt im Meer an Europas Küsten? (Frankh) Stuttgart 1971. *Unten* Abbott, R. T.: Muscheln und Meeresschnecken. (Karl Müller) Erlangen 1994. *Abb. 20*: *Links* Riedl, R., 1983, a.a.O. *Rechts* Zeichnung: Wolfgang Schad. *Abb. 21*: Zeichnung: Wolfgang Schad. *Abb. 22*: Storch, V. u. Welsch, U.: Systematische Zoologie. (G. Fischer) Stuttgart 1991. *Abb. 23*: Steinmann, D.: Einführung in die Paläontologie. (Wilhelm Engelmann) Leipzig 1907. / Coogan, A. H.: Evolutionary trends in Rudist hard parts. In: Moore, R. C. u. Teichert, C. (Hrsg.): Treatise on invertebrate paleontology, Part N, Mollusca 6 Vol. 2. 1969. / Zittel, K. A.: Handbuch der Palaeontologie. 1. Abteilung: Palaeozoologie, II. Band. (R. Oldenbourg) München, Leipzig 1885. *Abb. 24*: Müller, A. H.: Lehrbuch der Paläozoologie Bd. II, Teil 1 u. 2. (G. Fischer) Jena 1993/94. / Kilias, R.: In: Kaestner, A. u. Gruner, H.-E. (Hrsg.), 1993, a.a.O.

Zur Dreigliederung der Käfer: *Abb. 1*: Nach: Engel, H.: Mitteleuropäische Insekten. Table 49, 53, 86. Hamburg 1956. *Abb. 2*: Nach: Lengerken, H. von: Die Brutfürsorge- und Brutpflegeinstinkte der Käfer. Leipzig 1954. / Engel, H.: Mitteleuropäische Insekten. Table 49, 53, 86. Hamburg 1956. / Mühl, K.: Larven und Käfer. Stuttgart 1909. / Strassen, R. zur: Die Käfer. In: Grzimeks Tierleben, Vol. 2, p. 258. Zürich 1969. *Abb. 3*: Aus: Yasuda, Y. u. Okajima, Sh.: Beetles of the World. Tokyo 1980. *Abb. 4*: Aus: Aus: Yasuda, Y. u. Okajima, Sh., 1980, a.a.O. / Sajo, K.: Aus dem Leben der Käfer. Leipzig 1910. / Suchantke, A.: Metamorphosen im Insektenreich. Stuttgart [1]1965, [2]1994. *Abb. 5*: Nach: Didier, R. u. Seguy, E.: Catalogue illustré des Lucanides du globe. Encyclopédie Entomologique: Atlas, Text. Paris 1952, 1953. / Schad, W.: Säugetiere und Mensch. Zur Gestaltbiologie vom Gesichtspunkt der Dreigliederung. Stuttgart 1971. *Abb. 6*: Aus: Mühl, K.: Larven und Käfer. Stuttgart 1909. / Reitter, E.: Fauna germanica. Die Käfer des Deutschen Reiches. Bd. 1 u. 2. Stuttgart 1908, 1909. / Yasuda, Y. u. Okajima, Sh., 1980, a.a.O. / Strassen, R. zur: Die Käfer. In: Grzimeks Tierleben, Vol. 2, p. 258. Zürich 1969. / Engel, H.: Mitteleuropäische Insekten. Table 49, 53, 86. Hamburg 1956. *Abb. 7*: Aus: Strassen, R., 1969, a.a.O. / Engel, H., 1956, a.a.O. / Zahradnik, J.: Käfer Mittel- und Nordwesteuropas. (Parey) Hamburg, Berlin 1985. / Yasuda, Y. u. Okajima, Sh., 1980, a.a.O.

Miniaturen am Wege – zwei Süßwasser-Rotalgen, zwei Ritterfalter und zwei Lurche im Vergleich: *Tabelle 1:* Aus: Sitte, P.: Phylogenetische Aspekte der Zellevolution. Biologische Rundschau 28: 1-18. Jena 1990. *Abb. 2*: Aus: Strasburger, E. et al.: Lehrbuch der Botanik für Hochschulen. Stuttgart, New York 1978. / Oltmanns, Fr.: Morphologie und Biologie der Algen. Bd. 2. Jena 1922. *Abb. 3*: Aus: Oltmanns, Fr.,

1922, a.a.O. / Warburg, O.: Die Pflanzenwelt, Bd. 1. Leipzig 1923. / Van den Hoek, C.: Algen. Einführung in die Phytologie. Thieme-tb. Stuttgart 1978. *Abb. 5-9*: Fotos: Wolfgang Schad. *Abb. 10*: *Oben* Fotos: A. Suchantke. *Unten*: Foto: W. Schad. *Abb. 11*: *Oben* Christoph Bosch ASF C2PFTG. *Unten* RBO Nature ASF GCRMJR. *Abb. 12*: *Oben* Panther Media GmbH ASF GKAY88. *Unten* Wikimedia. *Abb. 13*: Bildagentur-online ASF T9T469. *Abb. 14*: Fotos: Wolfgang Schad. *Abb. 15*: *Oben* Foto: Wolfgang Schad. *Unten* Panther Media GmbH ASF R34T5N.

Mensch und Tier im Wandel des Miteinanders: *Abb. 1*: Internetabruf: https://endangeredheritage.wordpress.com/wp-content/uploads/2015/06/ta_32-33_0019.jpg *Abb. 2*: Ariadne Van Zandbergen ASF A5P7WP. *Abb. 3*: Peter Barritt ASF D2MYB7. *Abb. 4*: Aus: Metz, P.: Ottonische Buchmalerei. (Hirmer Verlag) München 1959. *Abb. 5*: Wikimedia. *Abb. 6*: Kunstpostkarte Nr. 152. (Berghaus Verlag) München o.J. *Abb. 7*: Roman Milert ASF H2G91Y. *Abb. 8*: Anthrowiki. *Abb. 9*: Aus: Becker, V. et al.: Die Plazenta des Menschen. S. 14. (G. Thieme Verlag) Stuttgart, New York 1981. *Abb. 10*: Aus: Heeger, Th.: Quallen. Gefährliche Schönheiten. (Wissenschaftliche Verlagsgesellschaft) Stuttgart 1998. (C. Mills). *Abb. 11*: *Oben* Aus: Heeger, Th., 1998, a.a.O. *Unten* Wikimedia.